奥 妙 化 学

《奥妙化学》编委会 编

科 学 出 版 社

北 京

内 容 简 介

云南大学化学科学与工程学院•药学院和自然资源药物化学教育部重点实验室的多位一线教师在长期教学科研实践的基础上，汲取国内外同类教材和书籍的特点，以"有趣的化学，有用的分子"为主线，从化学分子的角度，感悟化学的真谛，并编写成一本综合性的化学通识素质教育教材。全书主要包括天然产物、药物、食品、新能源、高分子材料、毒物、日用保健品和化学品等领域的代表分子共七部分内容，49 个分子的相关知识，旨在通过对社会发展和人们生活产生重要影响的分子的精彩介绍，以纵横捭阖的风格，揭开化学的神秘面纱，展现化学知识、化学的奥妙和魅力。

本书可供化学爱好者和其他专业人员作为扩充化学知识阅读，也可供从事化学研究和相关工作的人员扩充专业背景知识参考。

图书在版编目(CIP)数据

奥妙化学/《奥妙化学》编委会编. ——北京: 科学出版社，2018.6
ISBN 978-7-03-057346-9

Ⅰ. ①奥… Ⅱ. ①奥… Ⅲ. ①化学–普及读物 Ⅳ. ①O6-49

中国版本图书馆 CIP 数据核字(2018)第 093267 号

责任编辑: 张 析 / 责任校对: 张小霞
责任印制: 吴兆东 / 封面设计: 东方人华

科 学 出 版 社 出版
北京东黄城根北街 16 号
邮政编码: 100717
http://www.sciencep.com
北京虎彩文化传播有限公司 印刷
科学出版社发行 各地新华书店经销
*
2018 年 6 月第 一 版 开本: 720×1000 1/16
2024 年 1 月第三次印刷 印张: 19
字数: 370000
定价: **78.00 元**
(如有印装质量问题，我社负责调换)

前　言

化学科技日新月异，研究领域不断扩展，研究成果不断创新。化学产品已经与人们的生产、生活密不可分，化学科学的发展和应用直接关系着国民经济的发展，社会的进步和人们生产、生活质量的提高。

高等院校一直是我国培养新世纪创新人才的基地，尤其对本科生的培养正逐步以培养创新型、复合型、应用型人才为目的。这类人才不仅要保持和发扬理论基础扎实、后劲大、研究素质好、适应能力强的特点，还要具备对与生产实际密切相关的实验方法和技术的应用、改进和创新的能力。更重要的是让每个不同专业背景的学生均能具有一定的化学知识，对社会上的新材料、新能源、新药及一些新型添加剂等化学相关产品和事件有更加科学客观的认识。"奥妙化学"正是云南大学根据实际需要对全校一至四年级本科生开设的素质通识教育课程。多年教学实践证明，该课程拓展了本科生的知识面和专业面，提高了学生分析问题和解决问题的能力，培养了学生的创新思维和创新能力，激发了他们认识化学、学习化学、钻研化学的兴趣和热情。"奥妙化学"教研组六位不同专业背景的科研教学一线教师，根据"奥妙化学"课程教学的新发展和新要求，在自身教学和科研的基础上，积累、整理和总结教学和科研相关材料，编写出了一本内容丰富实用，具有最新科技领域的基本知识、生动背景知识和趣味故事案例的对口教材。作为高等院校通识教育课程"奥妙化学"的配套教材，本书具有较强的实用性。本书从分子的角度诠释化学的真谛、研究和发展。内容涉及天然产物、药物、高分子材料、新能源、食品添加剂、化学和生物毒素等众多方面的典型分子的发现或发明、制备、性质、研究和应用。其中插入相关的背景知识和研究应用案例等，对于一些典型生物活性的重要分子，还剖析了其全合成的方法和路线，利于对这些分子全合成感兴趣的学生和学者参考。

本书内容深浅适宜，既有科普内容，也有专业研究进展，不仅适用于化学爱好者和其他专业人员作为扩充化学知识阅读，也可作为从事化学研究和相关工作的人员专业背景知识的参考。

本书得到云南省高水平创新人才培养基地"云南大学特色资源化学与化工创新人才培养基地"、长江学者和创新团队发展计划（IRT17R94）、云南省创新团队（2014HC004）及云南省学术技术带头人后备人才培养计划（2014HB001）项目资助出版。

本书由张洪彬教授编写第 1 章，姚赟老师编写第 2 章，曹秋娥教授编写第 3 章，王林教授编写第 4 章，王继亮副教授编写第 5 章，汤峨教授编写第 6、7 章。在本书校改过程中，还得到了中国科学院昆明植物研究所韩希老师，以及张梦、付婷婷、宋谭俊颖、孙筱英、李奔、魏季岩、叶剑涛、张明哲等同学的大力协助，在此一并表示感谢。

本书因涉及化学领域相关的多个学科及世界上很多国家的人名、地名和一些事件，加之受编者专业水平限制，书中难免存在错误、疏漏和不当之处，欢迎广大读者批评指正。

编　者

2017 年 12 月

目　　录

第1章 天然产物中的"明星分子"

什么是天然产物？天然产物顾名思义是指从自然界（植物、动物、昆虫及微生物等）中分离获得的化学物质。天然产物约定俗成的或更为学术的定义是自然界中生物的次生代谢产物即有机化合物。植物中有用成分的使用历史可以追溯到人类的远古时代，例如，神农尝百草，这一记载如果确切，可以说是最早的植物活性成分的人体试验。与植物活性成分使用的历史相比，天然产物研究的历史却只有短短的二百多年时间。尽管时间不长，时至今日，人类已从自然界分离获得并鉴定了数以百万计的天然产物。本章的题目为天然产物中的"明星分子"。为什么要提明星分子？与丰富多彩的世界相对应，天然产物也是一个五彩斑斓的世界，其中也有"明星"，即那些被高度关注和追捧的分子。每一个时代都会有特定的热点分子，这与人们的认知以及社会的需求密切相关。但只有那些历久弥新、长盛不衰的分子才称得上是分子中的"常春藤"，持续地拨动不同时代、不同学科的科学工作者的心弦。在本章中我们挑选了一些天然产物来介绍其发现、分离获取、结构鉴定、功能以及简要的人工合成。

1.1 "鬼臼毒素"的前世今生

在美洲，印第安人用酒浸泡小檗科（Berberidaceae）植物美洲盾叶鬼臼（mayapple, *Podophyllum peltatum*，图 1.1）的根获得一种树脂状混合物用作泻药，同时用作驱虫药。他们发现该树脂也可用作毒杀药物，称为鬼臼树脂(podophyllin)，

图 1.1　盾叶鬼臼

这是一种棕色的含有油、色素及脂质的粉末。早期的欧洲殖民者将鬼臼树脂作为催吐剂，1820 年的《美国药典》就将其收载作为泻药及利胆药，1942 年因其毒性太大而被从药典中剔除。无独有偶，在亚洲，尤其在中国，鬼臼类群植物具有悠久的药用历史，最早可追溯到汉代的《神农本草经》中，以"鬼臼"之名记载。中国民间主要用其治疗蛇咬伤、痈疽肿毒等症[1]。

鬼臼毒素是一种有毒物质，是鬼臼树脂中的活性成分。鬼臼毒素的纯品最早由欧洲药物学家于 1881 年从鬼臼树脂（podophyllin）中分离获得[2]，一般而言占原植物根干重的 0.3%~3%，因为其毒性，同时按照天然产物来源命名的习惯（植物名+化学俗名）被命名为 podophyllotoxin（鬼臼毒素）。鬼臼毒素在小檗科植物，包括八角莲属（*Dysosma* Woodson）、足叶草（鬼臼）属（*Podophyllum* L.）、桃儿七属（*Sinopodophyllum* Ying）和山荷叶属（*Diphylleia* Michx.）植物中均有分布。广义来讲鬼臼毒素在天然产物化学的分类上属于木质素（lignin）类型化合物（更细的分类称木脂素 lignan）。广义的木质素即植物中的多酚化合物的聚合体或者衍生物，木脂素一般指以苯环连接三个碳的直链烃为结构单元二聚的植物次生代谢产物[3]。鬼臼毒素属于芳基四氢萘环系的木脂素，其分子式为 $C_{22}H_{22}O_8$。尽管其纯品分离获得较早，但直到 1932 年才经过元素分析及化学降解等手段提出了其平面结构[4,5]，见图 1.2。其后不少化学家又从鬼臼树脂中分离获得了不少结构类似的化合物，由于鬼臼毒素的生物活性触发了对其化学结构进一步的研究并于 1950 年提出了鬼臼毒素正确的平面结构式[6]。1953 年 Schrecker 和 Hartwell 确认了鬼臼毒素的相对立体化学，之后又将鬼臼毒素降解到已知的光学活性化合物并进行旋光度比较后于 1956 年正式鉴定出其立体化学结构[7,8]。值得一提的是在 20 世纪 60 年代以前，我们今天习以为常的波谱学方法和技术手段尚未发展出来，当时天然产物的结构鉴定是一件非常辛苦的工作，要做很多的化学降解或者是衍生化工作。一种天然产物的结构鉴定从分离获得纯品到提出正确的立体结构通常要花费多年的时间。对于天然产物的微量成分而言基本上就没有鉴定出结构的机会。今天，由于化学、物理学以及计算机科学的长足进步使得用于分子结构鉴定的手段不断增强，鉴定方法发生了本质的变化。鉴定一个分子的精确分子量可采用高分辨质谱，得到分子中原子之间的连接方式可以依赖于高分辨核磁共振，其空间的相对位置和关系也可用高分辨核磁共振技术来解决。可以用圆二色散光谱结合计算化学来解决一个基团在空间排布的绝对构型，对于可以结晶的分子而言还可以用 X 射线单晶衍射来确定其空间的相对构型和绝对构型。一个天然产物从获得纯品到结构鉴定的时间大为缩短，通常情况下可在几天到一个月的时间内解决。但即便在化学分析仪器设备高度发达的今天，对于分离获得的一些结构复杂、不结晶的微量天然产物成分而言，结构鉴定错误的情况也还会时有发生。

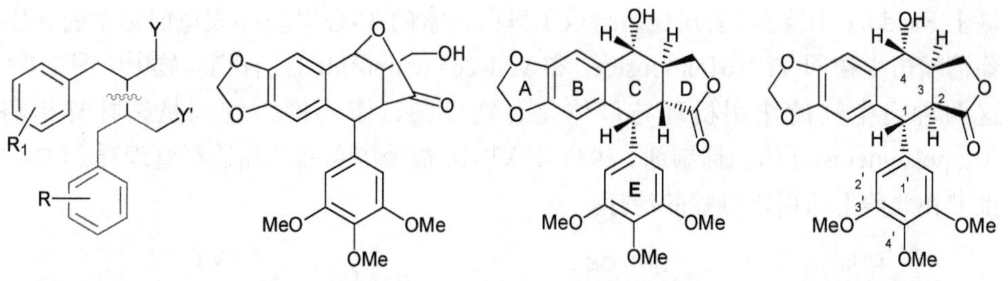

木脂素基本骨架　　　1932年提出的结构　　　鬼臼毒素　　　　鬼臼苦素
　　　　　　　　　　　　　　　　　　　　　　（podophyllotoxin）　（picropodophyllotoxin）

图 1.2　鬼臼毒素的结构

　　鬼臼毒素的分子很特别，有五个环（见图 1.2），其中 E 环几乎与其他四个环垂直，有四个相邻的手性碳，CD 环涉及的四个手性碳空间关系遵循 *trans*（反式 C_1-C_2）-*trans*（反式 C_2-C_3）-*cis*（顺式 C_3-C_4）排布。值得一提的是鬼臼毒素含有热力学不稳定的一个反式稠合的五元内酯环，这是其具有高生物活性的重要构型因素之一。例如，鬼臼苦素（又称苦鬼臼毒素，picropodophyllotoxin）的活性就远不如鬼臼毒素。天然的鬼臼毒素是无色的晶体，熔点一般为 157~160°C，比旋光度 $[\alpha]_D^{22} = -136.9$ (c=0.529，$CHCl_3$ 中）；$[\alpha]_D^{22} = -102.1$ (c=0.529，EtOH 中）。上文中我们说过鬼臼毒素属于木质素（lignin），但文献中更多地用木脂素（lignan）来归纳通常具有光学活性的含苯丙素结构单元的这一系列小分子化合物。木脂素的植物体内功能目前还没有定论，一般认为是植物对付病害及虫害的植物抗毒素。从生物合成的角度来看拥有相同基本结构单元的木质素和木脂素可能均是从苯丙氨酸衍生物开始来进行生物合成的，但得到肉桂醇衍生物例如松柏醇（coniferyl alcohol）之后合成途径开始不同。木质素可能经随机的自由基途径聚合而得，而木脂素则可能经酶催化控制的单电子氧化二聚成松脂素（pinoresinol）开始，见图 1.3[9,10]。

　　前面提到鬼臼树脂因为毒性太大的原因于 1942 年被从《美国药典》中删除。但有趣的是药物学家同时在 1942 年确证了鬼臼毒素对性病尖锐湿疣的治疗效果，之后，鬼臼树脂或鬼臼毒素制剂成为治疗尖锐湿疣最有效的药物之一。今天，鬼臼毒素仍然是世界卫生组织（WHO）推荐的治疗尖锐湿疣的重要药物。鬼臼毒素在抗癌研究方面的一个重要里程碑是 1946 年发现鬼臼毒素在细胞有丝分裂过程中对微管蛋白的选择性抑制作用，可以阻止细胞有丝分裂中期微管束形成[11]。这一结果引起很多的药物化学家和制药公司对鬼臼毒素的浓厚兴趣。但接下来的研究令人失望，鬼臼毒素对癌细胞和正常细胞没有选择性，会损伤正常细胞、引起胃肠严重不适等。太大的毒性制约了鬼臼毒素在治疗恶性肿瘤中的应用。幸运的是，药物化学家并没有停止对鬼臼毒素衍生物的成药性研究，20 世纪 60 年代，瑞士 Sandoz（山德士）公司先后合成了鬼臼毒素的 4′-去甲基-4-表鬼臼毒素的 β-D-葡萄糖衍生物即 VP-16（etoposide）和 VM-26（teniposide）两种衍生物[12]（图 1.4），这两种衍生物的作用机理与母体化合物鬼臼毒素不同，它们是拓扑异构酶（topoisomerase）的强抑制剂。1983 年 VP-16 被美国食品药品监督管理局（FDA）批准在北美上市用于癌症的治疗。

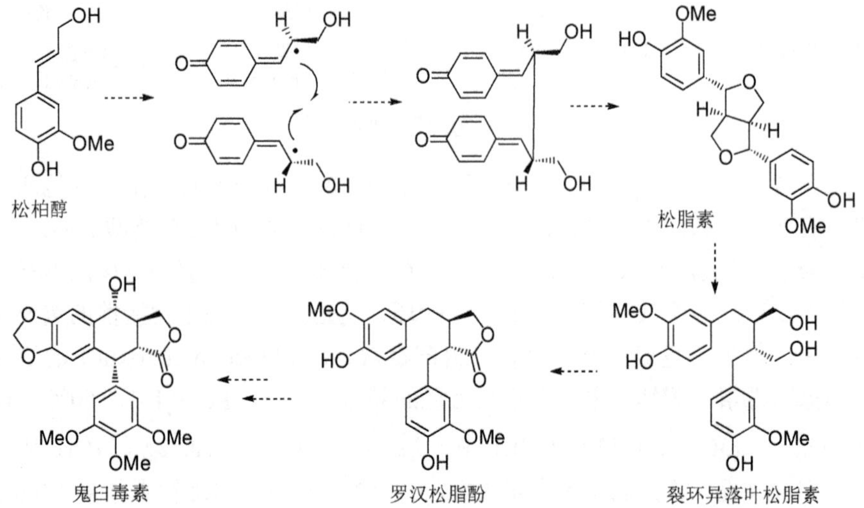

图 1.3　鬼臼毒素的生物合成

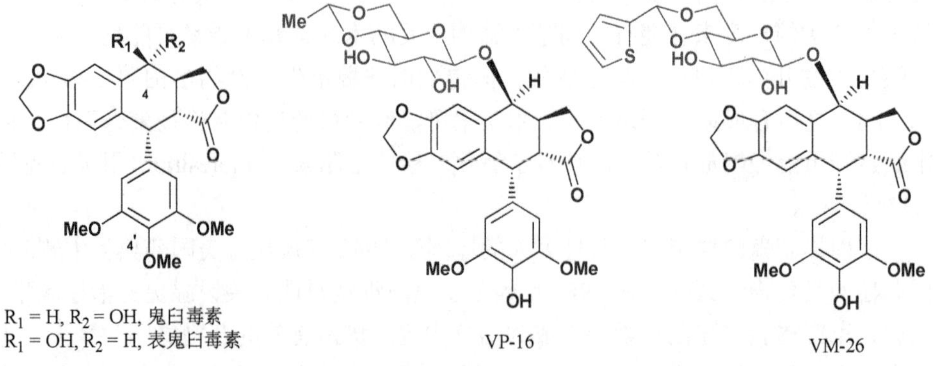

R₁ = H, R₂ = OH, 鬼臼毒素
R₁ = OH, R₂ = H, 表鬼臼毒素　　　　VP-16　　　　VM-26

图 1.4　由鬼臼毒素衍生获得的两种抗癌药物

　　尽管这两种药物至今仍然用于恶性肿瘤的治疗，但科学家并没有停止对鬼臼毒素进行进一步改造的研究。迄今为止又有一些水溶性更好、生物利用度更高的衍生物用于临床或抗癌基础研究，另外两种临床应用的药物见图 1.5。抗癌药物研究的推动力一方面来自于寻求完美药物（更好的疗效和更低的毒副作用）的努力，而另一方面则是来自恶性肿瘤不断产生的对药物的耐受性。可以肯定的是对鬼臼毒素的结构改造和结构模拟还将持续[13,14]。

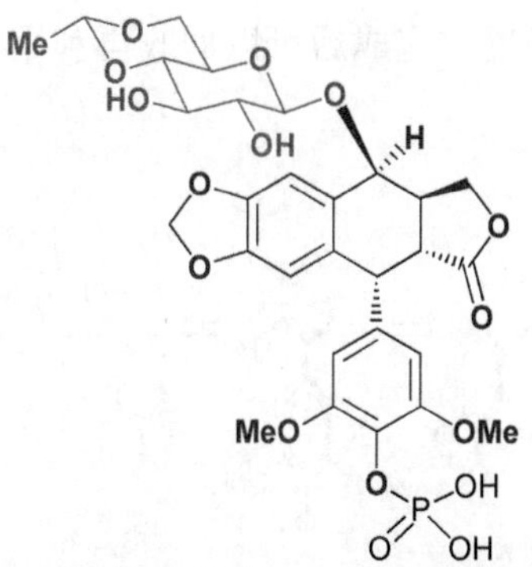

图 1.5　临床应用的另外两种鬼臼毒素结构改造化合物

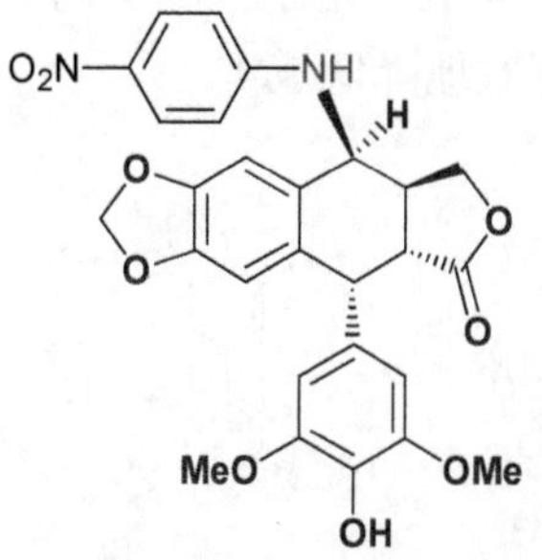

接下来要讲鬼臼毒素结构与活性的关系（structure-activity relationship）。我们知道有机分子的结构是三维的立体结构，活性有机小分子通过与生物大分子（受体）的缔合而发生作用。通过对鬼臼毒素类型的化合物多年的研究，其构效关系已经比较清楚，其中关键的结构是 2,3-位反式稠合的内酯环，1,2-位均为 α 构型，2,3-位分别为 α,β 构型；对于抑制拓扑异构酶而言，4-位为 β 构型取代基，E 环可自由旋转且 4′-位没有取代基（保留羟基）或者取代基易于解离很重要。AB 环中 A 环的亚甲基二氧戊环结构对拓扑异构酶的抑制活性是必需的。对于鬼臼毒素的结构改造而言，保留上述活性部位的取代方式和立体构型是关键。

鬼臼毒素除本身用于治疗尖锐湿疣外，还是合成上述抗肿瘤药物的前体，同时也是药物化学家进行进一步结构改造的原料，用量与日俱增。到目前为止，商品化有应用价值的鬼臼毒素仍然从植物中获得。在我国主要从药用植物八角莲、桃儿七和山荷叶的根茎中提取。由于多年的采挖，鬼臼类植物资源已经变得紧张。世界性的寻找新的替代来源已经提上议事日程[15]。人工栽培、利用鬼臼植物内生菌发酵等研究方兴未艾。尽管目前还没有鬼臼毒素发酵的生产工艺，相信将来会有利用植物转基因以及合成生物学的方法来生产鬼臼毒素。除了利用自然界的方法外，人工化学合成（全合成）也不失为一种获得鬼臼毒素的有效途径。全合成即从简单易得的原料出发，利用有机化学反应来制备与天然产物物理及化学性质一致的有机小分子化合物的方法。一般而言，如果生物活性天然产物在植物中的含量低于万分之一，人工全合成的方法就会很有竞争力。

接下来简要介绍云南大学张洪彬课题组发展的一种立体选择性合成鬼臼毒素的方法。该方法利用手性辅基来诱导产生关键的 C_1 位手性。其合成的关键是发展了有机锂试剂不对称的迈克尔加成串联烯丙基化反应。从商业化的原料溴代胡椒醛以及 3,4,5-三甲氧基肉桂酸出发，以天然的伪麻黄碱为手性辅基，经过 8 步反应，最终以 29% 的总收率获得了鬼臼毒素对映体[16]（图 1.6、图 1.7）。换用非天然的伪麻黄碱即可获得天然的鬼臼毒素。关键反应的不对称诱导效率很高（ee = 98%， dr＝96%），有利的是手性辅基伪麻黄碱在该串联反应完成后可以回收再利用，这样就可以有效地降低成本。

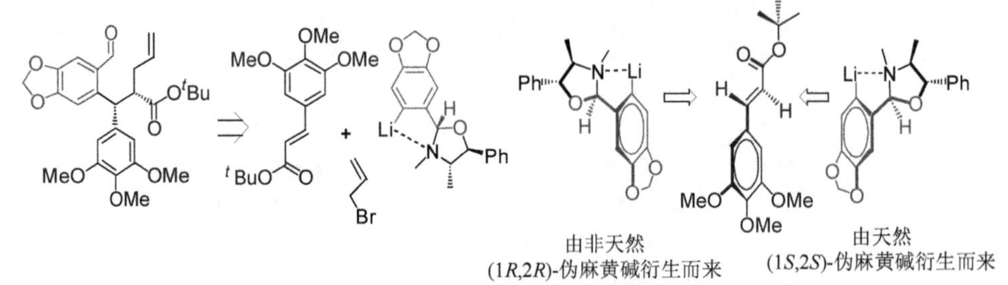

逆合成分析：关键反应与立体选择性模型

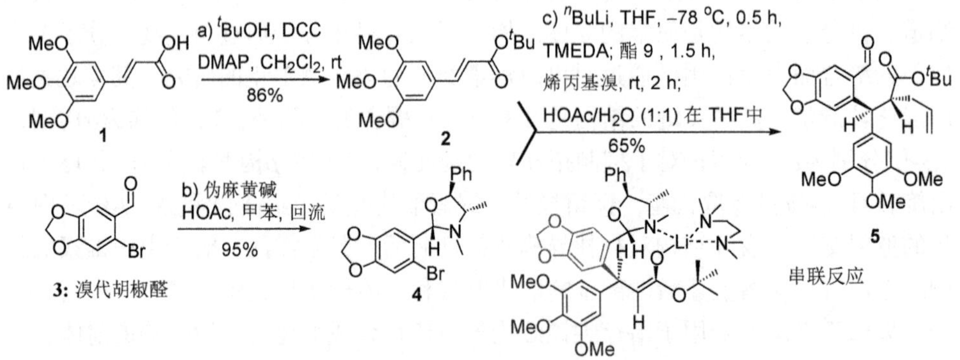

由非天然
(1R,2R)-伪麻黄碱衍生而来

由天然
(1S,2S)-伪麻黄碱衍生而来

图 1.6　鬼臼毒素合成的关键步骤

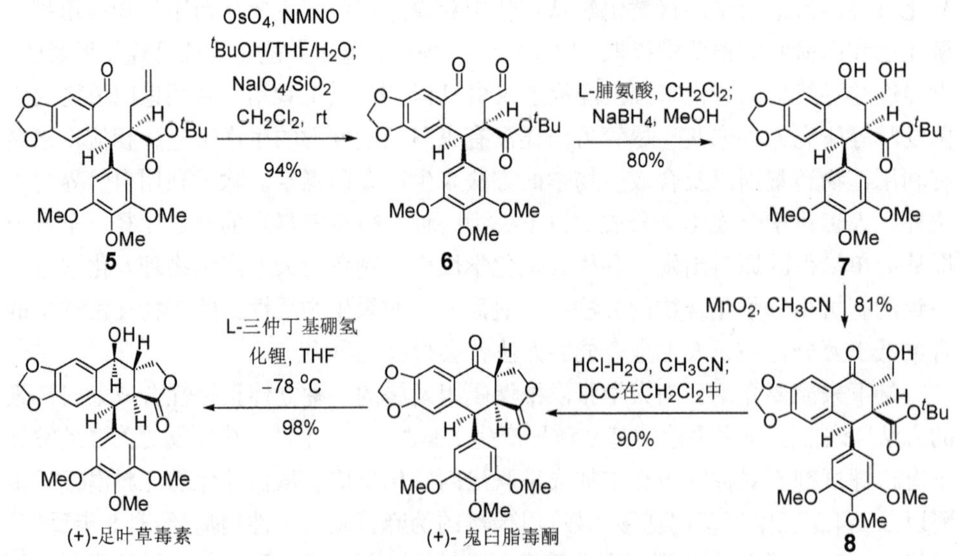

图 1.7　鬼臼毒素全合成

该合成策略较有弹性，可以用于鬼臼毒素类似物的合成。合成路线中用到了脯氨酸介导的 Aldol（羟醛缩合）反应来关 C 环，在该步中 C_2 与 C_3 位的反式构型得到了很好的解决。D 环环合后得到天然产物鬼臼苦酮（podophyllotoxone），再经一步还原得到鬼臼毒素。

1.2　成瘾性毒品与止痛良药"吗啡"

"吗啡"是对英文"morphia, morphine"的中译，"啡"在中文翻译的化学名词中常代表一些含有氮元素的碱性有机化合物。提到吗啡，会有部分人不知道意味着什么，但如果说到"鸦片"（学术名阿片）或者"海洛因"，那么大家常识性地知道是成瘾性毒品。吗啡是鸦片中的主要成分，由于产地的不同，其约占鸦片干重的 8%~14%[17]。海洛因是吗啡的二乙酰化产物，由吗啡与醋酐反应获得。鸦片，俗称大烟，源于罂粟植物未成熟的罂粟果的乳白色果浆（图 1.8）。在鸦片的传统加工过程中因在空气中加热挥发水分导致部分化学成分被氧化而发黄甚至发黑。罂粟花很漂亮，罂粟也曾作为观赏植物广泛种植。从可考据的资料来看，公元 1500 年前人类就开始使用含吗啡的制品为药物[18]。鸦片在中国可以说是家喻户晓，主要因为近代史上林则徐的虎门销烟以及 1840 年的鸦片战争。鸦片至今仍应用于部分中成药中，我们所熟悉的复方甘草片中就含有鸦片成分。

图 1.8　罂粟及罂粟果

除了成瘾性毒品的恶名外，吗啡其实还是一种优良的止痛药，同时也是一种镇静剂。吗啡在第二次世界大战中曾帮助挽救了无数受伤士兵的生命。吗啡直接作用于中枢神经系统止痛，但具有非常强的成瘾性。根据天然产物的分类，吗啡属于生物碱（alkaloid），即含氮的类碱性有机化合物。尽管含吗啡的药用植物罂粟(*Papaver somniferum* L., opium poppy)已经有数千年的应用历史,但是直到 1805 年纯化合物吗啡才被德国药剂师 Friedrich Sertürner 从鸦片中分离获得并据古希腊神话中的睡梦之神莫耳甫斯（Morpheus）而命名[19]。罂粟中的生物碱大致可分为三类：第一类是含量最高的吗啡类（morphanes）生物碱，主要包括吗啡、可待因（吗啡的酚甲醚）以及蒂巴因。第二类是罂粟碱类（papaverine）生物碱，即便在鸦片中其含量也仅为 0.5%~1%。还有一类是盐酸那可汀类（narcotine）生物碱，在鸦片中的含量约为 3%~8%。吗啡在罂粟植物的全草中均有分布，其中以在果实中的含量为最高，可达到果壳干重的 3.5%。罂粟植物的全草均可用于提取吗啡。

从分离获得纯品后，吗啡的化学结构鉴定经历了很长的一段时间，其间提出了不少的结构式来代表吗啡。对分离获得的纯化合物及其降解产物进行元素分析并结合有限的化学转化来推测其结构是当时鉴定天然产物的唯一办法。1923 年英国的 Robert Robinson 基于前人对吗啡的化学反应的研究，同时结合自己的化学转化及降解吗啡方法[20]，提出了比较符合吗啡性质的化学结构（图 1.9）。1925 年，Robinson 对其之前提出的结构进一步修正得到了吗啡的正确平面化学结构。值得一提的是 Robinson 对生物碱结构鉴定及合成的贡献较大，他于 1917 年提出了生物合成的概念，于 1947 年获诺贝尔化学奖。1955 年，吗啡的立体结构（相对构型和绝对构型）经过 X 射线单晶衍射获得[21,22]。

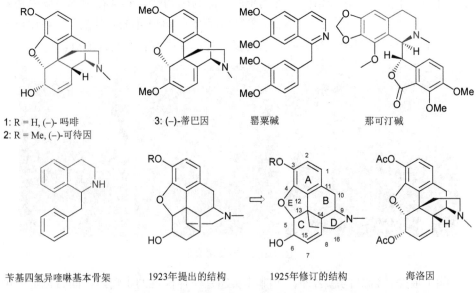

1: R = H, (−)- 吗啡
2: R = Me, (−)-可待因
3: (−)-蒂巴因　　罂粟碱　　那可汀碱

苄基四氢异喹啉基本骨架　　1923年提出的结构　　1925年修订的结构　　海洛因

图 1.9　鸦片中的主要生物碱及吗啡的结构与衍生物

广义上，吗啡在天然产物化学的分类属于苄基四氢异喹啉生物碱（benzyltetrahydroisoquinoline alkaloids），还可细分类为吗啡烷类（morphanes）生物碱。吗啡的分子量为 285，分子式为 $C_{17}H_{19}NO_3$，有五个环，其中一个是刚性较大的桥环（图 1.9）。吗啡是一个高度拥挤的刚性分子，有五个相邻的手性碳，其中有一个含苯环的手性季碳。天然的吗啡是无色的晶体，熔点一般为 254~256 ℃，比旋光度 $[\alpha]_D^{22}$ = −132（MeOH）。可待因是吗啡的酚羟基甲醚化产物，在生物合成途径上可待因是吗啡的前体。可待因是非常好的镇咳剂，因此天然获得的吗啡常通过甲醚化反应来生产可待因。吗啡从生物合成的角度来看源于苄基四氢异喹啉生物碱（R）-网脉番荔枝碱[(R)-reticuline]，20 世纪 60 年代初分别由 Barton 课题组以及 Battersby 课题组独立通过 ^{14}C（碳的同位素）标记的网脉番荔枝碱饲喂实验在罂粟植物中转化成吗啡而确认[23]。而苄基四氢异喹啉类生物碱生源上从酪氨酸而来。生物合成一直是一个重要的研究方向。了解有用的植物次生代谢产物（如鬼臼毒素、吗啡等化合物）的生物合成途径并将其控制基因转移到微生物，例如到大肠杆菌或者酵母中表达就可以生产人类有用的天然产物。吗啡的生物合成研究经历了半个多世纪，生物合成的各个环节均已清楚。2015 年 8 月，美国斯坦福大学的科学家 Smolke 等在美国《科学》杂志[24]发表文章，利用酵母来发酵合成鸦片中的生物碱类化合物，换句话说就是利用合成生物学的知识，人类在不远的将来可以不用再从罂粟植物中来提取吗啡类生物碱。

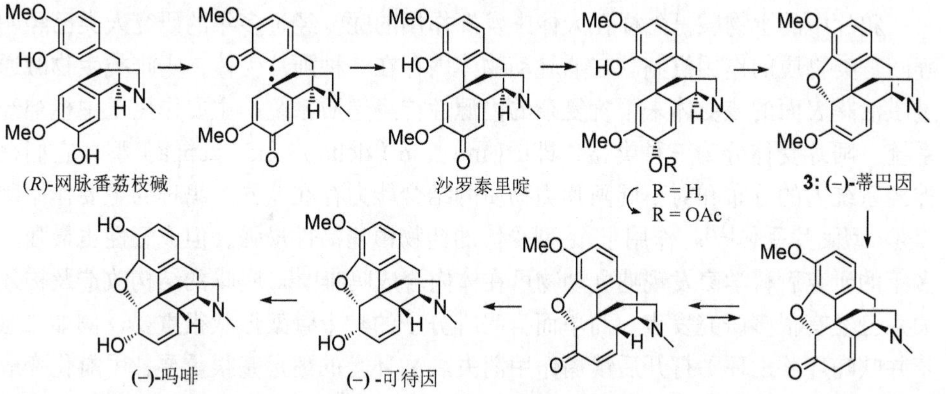

图 1.10　吗啡的生物合成途径

　　吗啡类生物碱生物合成中的一个关键是苄基四氢异喹啉生物碱的氧化偶联生成吗啡二烯酮骨架，形成含苯环的季碳中心（图 1.10 中沙罗泰里啶的形成）。Barton应该是从理论上最早提出这一氧化偶联并付诸实践的学者[25]。有趣的是第一次实现该反应的化学氧化也是 Barton 课题组，Barton 当时的工作目的主要在于证明生物途径，尽管收率只有非常低的 0.03%，但该反应的实现为后来者提供了一个很好的想象空间和改良机会。到目前为止，利用氧化偶联反应来合成吗啡类或其他类型的生物碱已经可以较高的收率获得产物（图 1.11），同时还可以控制新形成的含苯基手性季碳形成的立体选择性[26]。

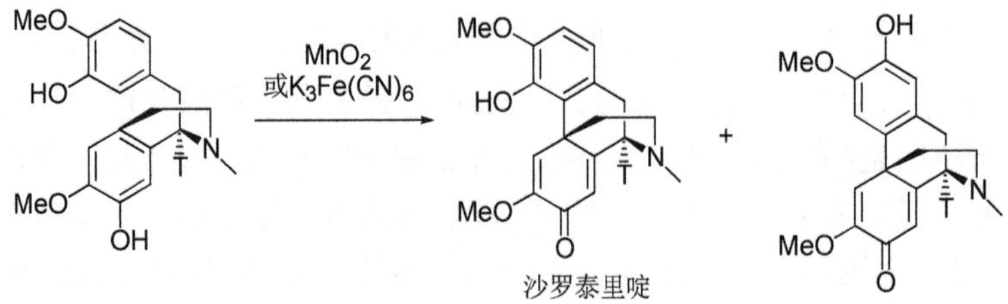

Barton 的氧化偶联工作

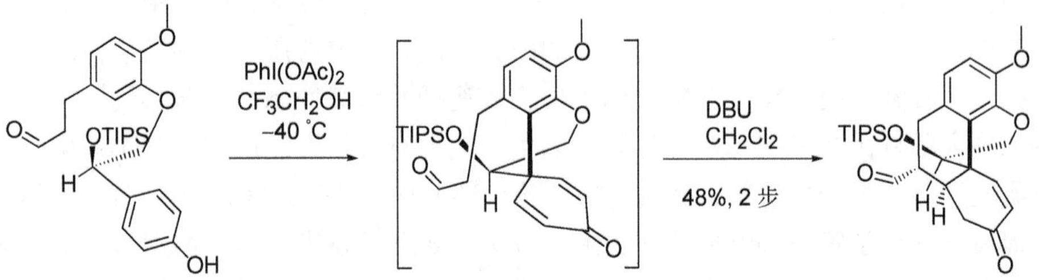

M. J. Gaunt 的吗啡合成工作

图 1.11　氧化偶联反应在吗啡合成中的应用

　　鸦片中的生物碱是怎样在人体中发挥作用的呢？经过多年的研究人类已经明确阿片类物质的作用机制。在哺乳动物体内存在一种阿片受体，吗啡类生物碱通过激活膜表面的该受体来干扰复杂的内源性神经递质系统，主要作用于中枢神经系统。阿片受体分为三种类型，即 μ（mu）、δ（delta）及 κ（kappa）型，它们在神经系统内的分布和对不同阿片类物质的结合能力存在差异。吗啡的主要作用靶点是 μ 型阿片受体[27]。作用于 μ 型受体的药物镇痛活性最强，但成瘾性也最强。多年的研究后科学家发现哺乳动物可在体内合成吗啡[19]。吗啡的结构改造及构效关系已经有很多研究发表。简单而言吗啡分子的整个骨架形状很重要，例如二氢苯并呋喃环（E 环）打开后镇痛作用消失。A 环上的酚羟基很重要，甲醚化变成可待因后镇痛作用明显降低，但有非常好的镇咳效果。将吗啡 6-位羟基氧化成酮基，7,8-位双键还原后可得到双氢吗啡酮,镇痛作用比吗啡更强,但成瘾性也更高。在双氢吗啡酮的 14 位引入羟基（oxymorphone，羟基双氢吗啡酮）可进一步提高活性。D 环上氮的甲基可以改变，例如变为烯丙基或者亚甲基环丙烷（cyclopropylmethyl）基团，该位点改造成功的例子如从羟基双氢吗啡酮改造而来的纳洛酮（naloxone）、纳曲酮（naltrexone），可降低阿片类物质对循环和呼吸系统的抑制甚至可用于治疗阿片依赖症[28]。尽管有强成瘾性的副作用，今天，吗啡及其衍生物在医药上仍然广泛应用于缓解急性及慢性疼痛，在临床上最常用于癌症患者的止痛。部分由吗啡衍生得到的药物见图 1.12。

　　目前商业上获得吗啡主要是通过从人工种植的罂粟植株中提取。由于罂粟中阿片生物碱的含量很高，如前面所述，吗啡可占罂粟植物干重的 2%以上，因而提取的成本较低。尽管有机合成化学家从盖茨[29]开始进行了人工全合成的研究,但与从植株中提取的传统途径相比,迄今为止尚无有商业化价值的合成路线。

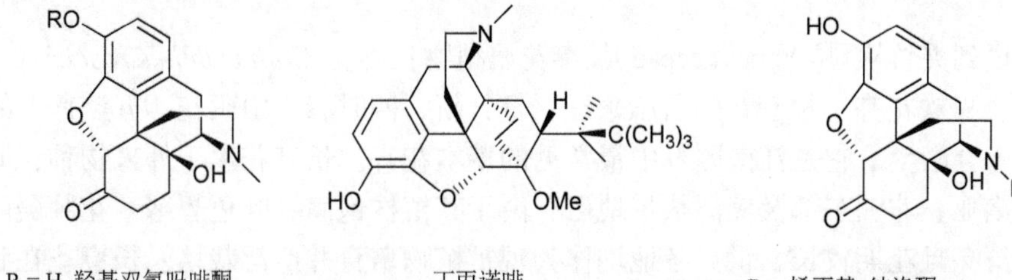

R = H,羟基双氢吗啡酮
R = Me,羟考酮

丁丙诺啡

R = 烯丙基, 纳洛酮
R = 亚甲基环丙烷, 纳曲酮

图 1.12　部分临床上应用的吗啡衍生物

　　吗啡全合成中一个关键问题是含有苯环的全碳季碳的不对称合成。第二个难点在于环合反应形成吗啡的特有骨架。关于第一个问题的解决方式我们在图 1.11 中已有涉及。在图 1.13 中我们选取 2014 年报道的一种吗啡的合成方法来概述吗啡及可待因天然产物全合成的要点。关于吗啡的全合成可以参看 2011 年施普林格出版社出版的 *Chemistry of Opioids* 一书。在本节中我们仅简要讨论最新的吗啡不对称合成进展。Opatz 课题组于 2014 年报道了一种吗啡及其类物质的合成方法,要点是不对称还原亚胺获得光学活性的苄基四氢异喹啉类化合物,然后通过 Birch 还原选择性还原其中一个苯环,另一个苯环由于苄基保护在 Birch 还原条件下会优先脱出而形成苯酚锂而不会被还原。其成环的步骤是利用质子引发的环合反应。唯一的缺陷是要在后期利用贵金属钯催化法去除苯环上多余的羟基,一定程度上影响了该合成路线的经济性[30]。

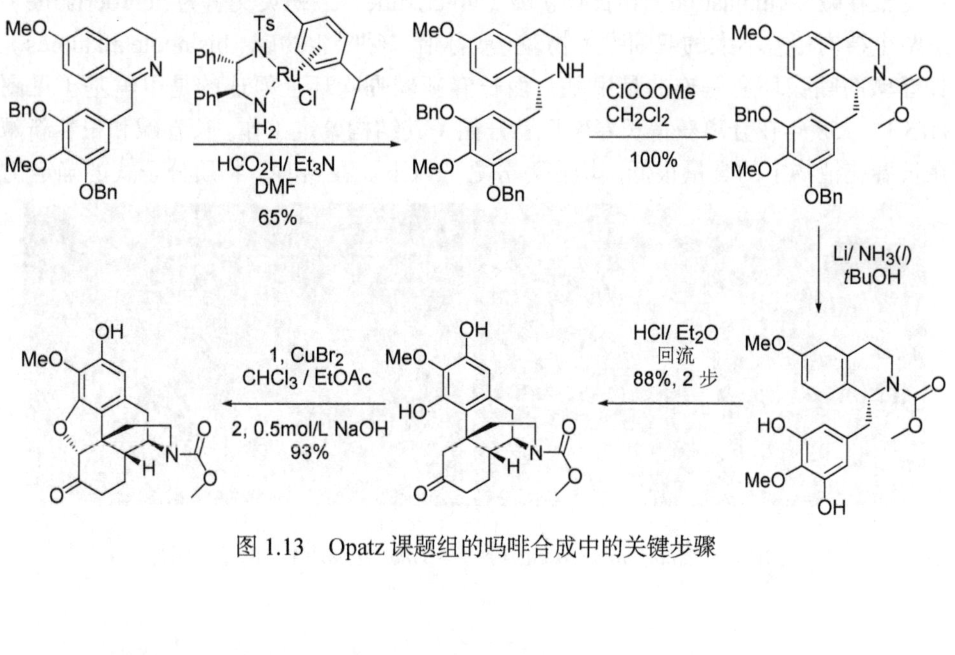

图 1.13　Opatz 课题组的吗啡合成中的关键步骤

1.3 美丽的长春花与抗癌药物"长春碱"

说到夹竹桃科（Apocynaceae）长春花属植物长春花[Catharanthus roseus (L.) G. Don]，喜欢花卉（长春花别名雁来红、日日新、四时春、山矾花、五瓣莲）的人一定不会陌生。它是江南园林中最常见的草本花卉。长春花属于外来物种，原分布于南亚、非洲东部及美洲热带地区。由于其植株饱满、叶色碧绿，花朵美丽、花色鲜亮且花期较长，世界各地均作为观赏植物培育并广泛栽培。长春花在我国主要分布在广东、广西、海南、云南以及长江以南地区。值得注意的是在民间有部分人错误认为长春花与金盏草（菊科植物，又名杏叶草）为同一植物。长春花植物虽然收录于常用中草药中，全草入药，但属于有毒植物，摘下或折断叶片后会有白色的乳液流出。从长春花植物中寻找抗癌药物始于 20 世纪 50 年代。当时两个课题组（Noble 以及 Svoboda 课题组，文章分别发表于 1958 年及 1959 年）独立从一种夹竹桃科植物 Madagascan periwinkle（马达加斯加长春花）中分离获得了一些生物碱，按天然产物来源命名习惯命名为 Vinca alkaloids，其中含 Vinblastine （最初英文名为 vincaleukoblastine，长春碱）。该植物在当时的植物分类学上很不清晰，拉丁名也有很多种表述，例如 Ammocallis rosea, Catharnnthus roseus, Lochneru rosea 以及 Vinca rosea。在中文的翻译中 Catharnnthus roseus 和 Vinca rosea 均译为长春花属，但在严格的植物分类学中该两属植物是有明显区别的（图 1.14），目前马达加斯加长春花（Madagascan periwinkle）在分类学上为 Catharnnthus roseus（长春花）属植物。

长春碱（vinblastine）和长春新碱（vincristine，最初英文名为 leurocristine）是两个结构相差不大的双吲哚生物碱（或称偕二吲哚生物碱，bisindole alkaloids）。长春碱的吲哚环上氮连的是甲基，而长春新碱吲哚环上氮连的是甲酰基（见图 1.15）。1958 年在分离获得长春碱后就开始了其结构鉴定工作。长春碱和长春新碱在长春花植物中的含量很低，均在万分之一以下。在当时，物质分子式的确定仍

(a)　　　　　　　　　　　　　　(b)

图 1.14　Catharanthus roseus（a）与 Vinca rosea（b）的植物图片

然靠元素分析，值得一提的是一些新的波谱学的方法开始用于有机化合物的结构鉴定，例如，红外及核磁共振。在 20 世纪 60 年代初核磁共振仪的分辨率还很低，但可以对同一化合物进行比对分析，通过红外可以得到一些官能团信息，通过核磁共振可得出一些特征结构单元信息。根据化学转化及降解并与之前确定的一些生物碱结构关联后于 1962 年提出了其可能结构，1964 年得到了正确的结构[31]，1965 年通过 X 射线单晶衍射确定了其结构及立体化学构型[32]。

长春碱、长春新碱和长春瑞宾（vinorelbine）的结构特点是都含有文多灵碱（vindoline）结构片段，是偕二吲哚（一般而言，两个吲哚片段不同称双吲哚或偕二吲哚，两个吲哚片段相同称二聚吲哚）生物碱。图 1.15 所示的生物碱在化学分类上都属于单萜吲哚生物碱，单萜吲哚生物碱生物合成上来源于色胺以及裂环马钱子苷。长春碱和长春新碱从生源的角度来看是由文多灵碱（vindoline）与长春质碱（catharanthine）偶联而来。文多灵碱结构中有五个环，六个连续的手性中心均连接在同一个六元环上，其中有两个是全碳的季碳手性中心。长春质碱的结构特点是含有一个含氮的 2-氮杂二环[2.2.2]辛烷桥环体系。天然的长春碱是无色的晶体，分子式为 $C_{46}H_{58}N_4O_9$，熔点一般为 211~216°C，比旋光度 $[\alpha]_D^{26}$ = +42（$CHCl_3$）。长春新碱为片状结晶，不稳定，因此常用其硫酸盐。长春碱的生物合成途径见图 1.16。

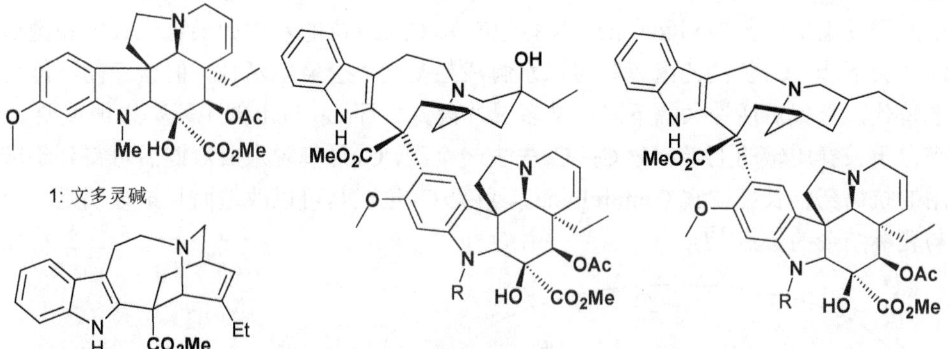

1: 文多灵碱

2: 长春质碱

3: R = Me, 长春碱
4: R = CHO, 长春新碱

5: 长春瑞宾

图 1.15　从长春花中分离得到的部分生物碱

接下来要谈一下长春碱和长春新碱的抗肿瘤作用机制。长春碱和长春新碱是细胞毒化疗药物，其作用机制是抑制微管蛋白装配，防止纺锤丝形成，从而使有丝分裂停止于中期。微管（microtubule）是构成细胞骨架的主要成分。长春碱在较低剂量（10nmol/L 至 1μmol/L）时即可抑制微管蛋白形成微管并能使正常的微管解聚，其对微管蛋白的结合位点与其他细胞毒活性天然产物例如秋水仙碱、鬼臼毒素不同。前面我们说过长春碱和长春新碱的化学结构只有微小差别，但是它

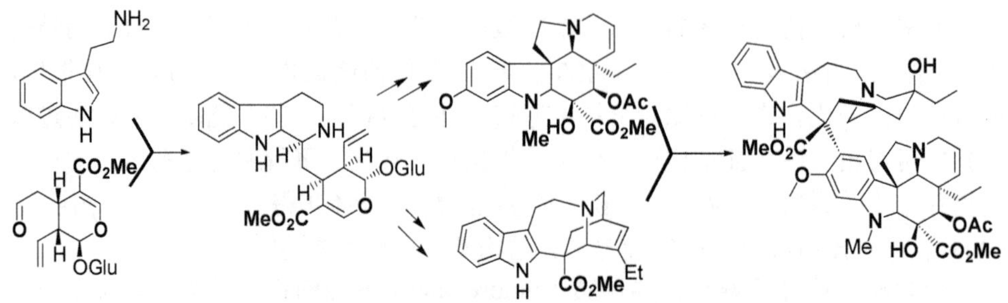

图 1.16   长春碱的生物合成途径图

们在临床应用上不尽相同。长春碱主要用于治疗何杰金氏病和绒毛上皮癌而长春新碱主要用于治疗急性淋巴细胞白血病。长春碱和长春新碱对肿瘤细胞和正常的增生细胞选择性不佳，有较大毒副作用，长期使用会产生骨髓抑制、神经系统毒性和局部刺激作用等不良反应。为了寻找更好的疗效同时降低毒性，药物化学家从 20 世纪 60 年代末就开始了对双吲哚生物碱类物质的结构改造。关于长春碱和长春新碱的构效关系研究已经发表了很多文章。文多灵碱（vindoline）与长春质碱（catharanthine）均无显著抗肿瘤细胞毒活性，但有趣的是，两者的偶联产物却产生了强抗肿瘤活性。从构效关系研究来看（图 1.17），C_{18} 位的甲氧基羰基（CH_3OCO）对活性影响很大，该基团的替换或敲出导致失去活性。另外，C_{18} 位碳的立体构型也很重要。有趣的是，C_3 位的甲氧基羰基（CH_3OCO）可以替换，如可以替换为氨基羰基（NH_2CO），由此开发出抗癌药物 vindesine（长春地辛）。C_6~C_7 位的双键如果氢化成饱和键后活性会下降。C_4 位的乙酰氧基可以水解成羟基而不会影响活性，但该基团不能用氢替代，替代后活性大幅下降。文多灵片段芳香环 C_{16} 位上的甲氧基也很重要。来自于长春质碱的上半部分 $C_{7'}$~$C_{8'}$ 失去一个碳，$C_{4'}$ 羟基脱水成双键后可得到临床用的抗癌药物长春瑞宾（vinorelbine）。可见 $C_{4'}$ 位羟基可以改造而且被证明是一个与靶标结合的位点[33]。

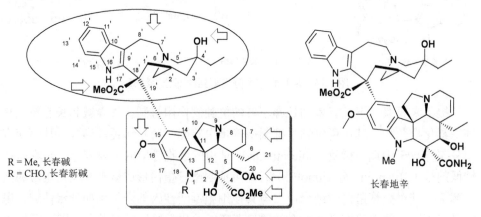

R = Me, 长春碱
R = CHO, 长春新碱

长春地辛

图 1.17   长春碱的构效关系

长春碱最早的商业化生产是由美国礼来公司实现的，顺便说一句，长春碱的发现者之一 Svoboda 博士就任职于礼来公司，他早期主导从种植的植物长春花中提取长春碱。前面说过长春碱及长春新碱在植物中的含量极低，生产成本会很高。但值得庆幸的是这两个生物碱的活性极强，用量不大，早期的临床应用没有受到影响。随着有机合成化学家的努力，长春碱及长春新碱的生产已可用长春花植物中含量较高的文多灵碱（vindoline）与长春质碱（catharanthine）经三氯化铁氧化偶联来人工半合成（关键反应见图 1.18）[34]。这是一个非常重要的发现，解决了长春碱类药物的来源问题。其机理是长春质碱的 6 位的氮经过单电子氧化形成氮自由基正离子（radical cation），诱导 C_5 与 C_{18} 键断裂产生 C_{18} 位单电子继而电子转移重新排布到吲哚氮原子再氧化生成双氮正离子（C_5 与 C_{18} 键断裂过程也很可能是文多灵碱参与的一个协同过程，不必经历双氮正离子中间体），经文多灵碱富电子的芳环捕获（Friedel-Crafts 反应）形成亚胺正离子中间体，然后经硼氢化钠还原而得脱水长春碱。

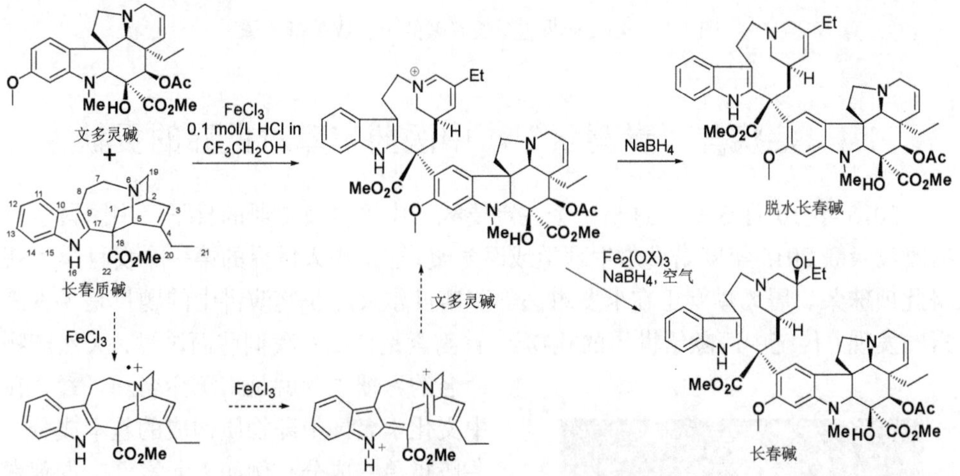

图 1.18 长春碱的半合成的关键步骤

美国 Scripps 研究所的 Boger 教授课题组长期从事长春碱及长春新碱的全合成及构效关系研究[35]，利用人工全合成的方法合成了一批衍生物并发现了更高活性的长春碱类似物。图 1.19 中我们简要介绍 Boger 课题组的全合成研究，其关键步骤是设计巧妙的串联[4+2]及[3+2]环化反应。在该步反应中生成了文多灵碱合成所需的 3 个环，六个连续的手性中心中含 4 个季碳（两个全碳季碳）中心。在文多灵碱型生物碱骨架构建中这是一种极为高效的方法。一旦解决了文多灵碱的合成，长春质碱的合成就相对简单，并已有多个课题组的合成路线，而两个片段的对接已经有成熟的氧化偶联方法，相信在不远的将来长春碱类药物的商业化生产完全可能由人工全合成来替代。

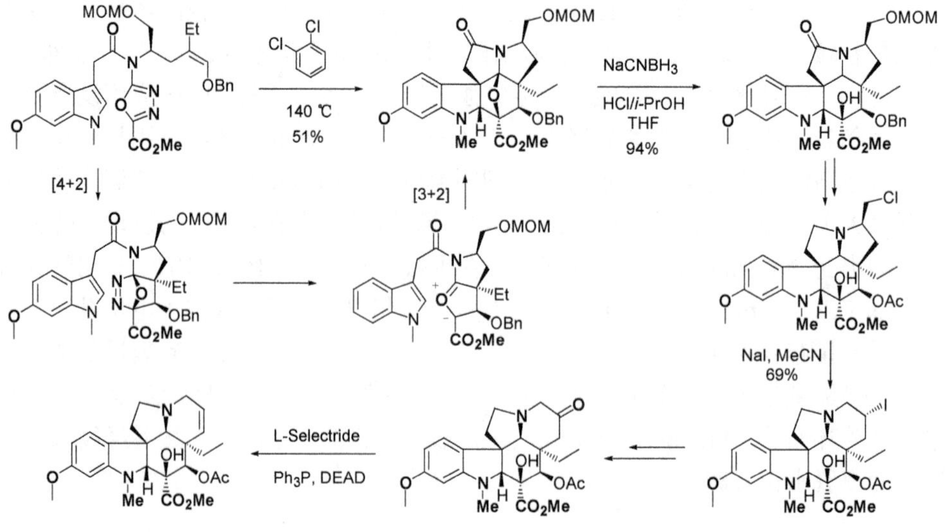

图 1.19 Boger 课题组长春碱的全合成关键步骤

1.4 疟疾与"青蒿素"，中医药宝库对世界的贡献

2015 年 10 月 5 日，这是一个注定要载入中国科技史册的日子。中国科学家屠呦呦荣获 2015 年度诺贝尔生理学或医学奖,这是华人世界的第一个女科学家获得此项殊荣。屠呦呦女士在卡罗琳医学院诺贝尔大厅获奖演讲中的题目是《青蒿素的发现：传统中医献给世界的礼物》。青蒿素是什么？我们前面讲过,天然产物命名的习惯之一就是来源命名。"素"在中文化学名词中即物质构成的基本成分,一般指单一成分,例如"元素"。青蒿素（artemisinin）是从植物黄花蒿（*Artemisia annua* L., 图 1.20）中分离获得的一个纯化合物。中药青蒿是一类植物,植物学上包含青蒿（*Artemisia apiacea* Hance）和黄花蒿,但只有在黄花蒿中可分离获得青蒿素。青蒿属于菊科（Asteraceae）蒿属（*Artemisia*）的草本植物,在中国民间又称作臭蒿和苦蒿,有多个品种混称为青蒿,在中国民间常用于清热解暑,但中国

图 1.20 黄花蒿

晋代的葛洪在其《肘后备急方》中记载了青蒿可用于治疗疟疾。当时中药青蒿品种的混乱在一定程度上增加了抗疟药物青蒿素的发现难度。

接下来简单地介绍一下疟疾。疟疾（mlaria）是经受疟原虫感染的雌性按蚊（anopheles）叮咬或输入带疟原虫者的血液而感染疟原虫所引起的传染性疾病。病症主要表现为周期性规律发作，寒战、高热、多汗，长期多次发作后，可引起贫血和脾肿大。恶性疟疾会导致昏迷、抽搐，死亡率极高。世界卫生组织的报告称，2015 年，全球仍有 2 亿多人感染疟疾，约 43 万人死于疟疾及其引发的相关疾病，其中 90%的疟疾致死病例发生在非洲，他们当中大多数是 5 岁以下儿童（World Malaria Report, 2015, http://www.who.int/malaria/visual-refresh/en/）。疟疾的治疗最初使用从桉树中分离获得的金鸡纳碱，之后药物学家又筛选出化学合成的药物氯喹。但到 20 世纪 60 年代初，疟原虫对上述两种药物产生了耐药性，已有的抗疟疾药物不再能有效对付恶性疟疾。正如屠呦呦在诺贝尔奖获奖演说中所述，抗疟药物青蒿素的发现是中国科学家群体协作努力的结果。研究的动因是越南战争中急需的抗疟药，而课题任务来源于 1967 年 5 月 23 日在北京成立 5·23 抗疟计划办公室。5·23 办公室当时在全国成立了协作工作组，实施《5·23 抗疟计划》项目。1969 年中医研究院（现为中国中医科学院）中药研究所的屠呦呦在其中任"中医中药专业组"组长。屠呦呦领导的中医中药专业组 1971 年内筛选了百余种中药提取物，其中含中药青蒿，但均没有对疟原虫的显著抑制作用。其后，屠呦呦在总结前期工作的基础上重新研读文献，发现《肘后备急方》中的描述"青蒿一握，以水二升渍，绞取汁，尽服之"与传统的中药使用方法不同。我们知道，中药常用水煎煮或者用酒浸泡，而《肘后备急方》中青蒿的药用方法上基本是冷浸。这一描述给了屠呦呦灵感，她接下来改用乙醚（沸点较低，常压下仅为 34.6 ℃）作为青蒿的提取剂，发现提取物对鼠疟疾模型有较高的活性。1972 年初屠呦呦在内部会议上报道了这一结果，1972 年年底屠呦呦小组分离获得活性单体青蒿素。值得一提的是 1973 年年初以魏振兴为代表的山东科研人员和以罗泽渊为代表的云南科研人员通过艰苦工作分别准确选用了黄花蒿资源并从中分离得到了较多青蒿素单体化合物，为进一步扩大临床研究做出了贡献。1974 年广州中医学院的李国桥验证了青蒿素对凶险型疟疾的疗效。

发现青蒿素之后，照例开展了其结构的鉴定工作。屠呦呦小组于 1972 年 12 月开始对青蒿素的化学结构进行探索，通过元素分析、光谱测定、质谱及旋光分析等技术手段，确定化合物分子式为 $C_{15}H_{22}O_5$，分子量为 282。之后中国医学科学院药物研究所分析化学室进一步复核了分子式等有关数据，明确了青蒿素为不含氮的倍半萜类化合物。当时中国的研究设备较落后，特殊的历史时期人才也很缺乏，青蒿素的分子式没有很快被提出。1974 年起，中国科学院上海有机化学研究所的周维善、吴毓林等介入其结构鉴定，推测出其结构中含有过氧桥。1975 年中国科学院生物物理研究所梁丽和李鹏飞开展了青蒿素结构鉴定的工作，获得了青蒿素单晶，最终经 X 射线单晶衍射确定了青蒿素的相对立体结构，确认青蒿素是含有过氧基的新型倍半萜内酯化合物。1976 年以青蒿素结构研究协作组的名义投稿报道青蒿素的结构，1977 年刊出[36]。青蒿素的立体结构及绝对构型于 1979 年发表[37]。1981 年屠呦呦等又在《药学学报》发表了"中药青蒿化学成分的研究"文章，详细报道了青蒿素的分离方法及结构鉴定[38]。

青蒿素（artemisinin，Qinhaosu）的结构特点是含有与羰基形成缩酮的过氧桥基结构片段，属于高度氧化的倍半萜化合物。青蒿素是无色针状晶体，熔点一般为 156~157 °C，比旋光度 $[\alpha]_D^{23}$ = +68（$CHCl_3$）。青蒿素在黄花蒿中的含量约占其干重的 0.01%~0.8%，主要富集在花和叶片中。说到萜类化合物，这里简单介绍一下命名。在天然产物中萜类化合物是指符合异戊二烯规则的一类物质，单萜由十个碳组成，即含两个异戊二烯，倍半萜为十五个碳，二萜由四个异戊二烯构成，依此类推。在图 1.21 中我们还列举了一些从青蒿中分离获得的倍半萜化合物。由于青蒿素的高抗疟活性，其生物合成途径受到极大的关注。青蒿素等倍半萜类的生物合成途径属于甲羟戊酸（mevalonic acid，MVA）途径，紫穗槐-4,11-二烯（amorpha-4,11-diene）是青蒿素生物合成的关键中间体，然后经多个酶的作用，依次产生青蒿醇（artemisinic alcohol）、青蒿醛（artemisinic aldehyde）和青蒿酸（artemisinic acid），然后到二氢青蒿酸（dihydroartemisinic acid），最后经过氧化物中间体合成青蒿素[39]（图 1.22）。青蒿酸在青蒿中含量较高，目前利用基因工程的方法已经可以较大规模发酵生产青蒿酸。

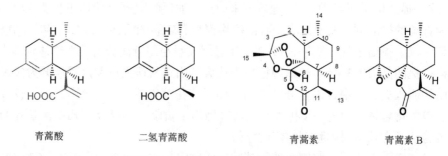

青蒿酸   二氢青蒿酸   青蒿素   青蒿素 B

图 1.21 从青蒿中分离获得的结构

尽管青蒿素的抗疟疾作用机理还没有完全明确，但一个基本的共识是青蒿素分子中特有的"过氧桥"（—O—O—，peroxide bridge）起到了关键作用，可能是青蒿素杀灭疟原虫的关键因素。在治疗疟疾的过程中青蒿素在体内被激活产生自由基，自由基作用于疟原虫的膜系结构，使其泡膜、核膜以及质膜均遭到破坏，线粒体肿胀，内外膜脱落，从而对疟原虫的细胞结构及其功能造成破坏。利用二氢青蒿素衍生的分子探针进行的最新的机理研究表明青蒿素可与疟原虫体内多种关键生化途径相关的蛋白结合，通过血红素而不是游离的亚铁离子激活而杀死疟原虫[40]。值得注意的是近年来一些地区的恶性疟原虫已经对青蒿素类药物产生了耐药性。针对恶性疟原虫耐药性问题，最新的研究表明蛋白酶体（proteasome，一种多组分的蛋白酶复合物）抑制剂与青蒿素类药物联用可解除恶性疟原虫对青蒿素的耐药性[41]。青蒿素除了具有抗疟活性外，还具有抗病毒和抗肿瘤的活性。尤其重要的是青蒿素对多药耐药的肿瘤细胞具有活性。从文献来看其抗肿瘤机制与恶性肿瘤生长过程中的多个靶点，包括铁参与的氧化应激反应、阻滞细胞周期、诱导细胞凋亡以及抗新生血管生成均有作用。

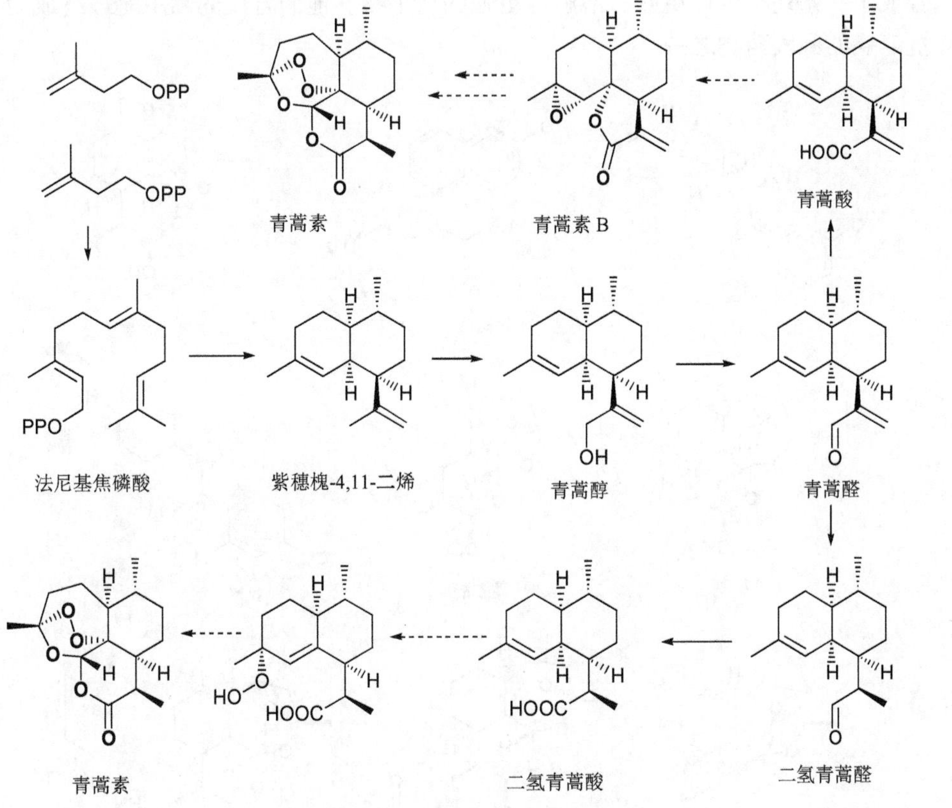

图 1.22　青蒿素的生物合成途径

接下来我们要谈青蒿素的结构与活性的关系。首先说一点，现在临床上应用于治疗疟疾的药物主要是从青蒿素进行结构改造的衍生物（图 1.23）。青蒿素虽然有极强的抗疟作用、低毒性且作用快速，但它也有局限性。它在水和脂溶性溶剂中的溶解度都很小，难于制成针剂用于抢救危重疟疾病人。同时因生物利用度不

高，患者病情容易复发。这一问题的解决靠的是药物化学家的努力。中国科学院
上海药物研究所的李英和其同事从 1976 年开始对青蒿素进行结构改造的研究，在
设计、合成和生物活性筛选反馈的基础上总结了构效关系。他们发现青蒿素中的
过氧桥基团是抗疟活性的必需基团，还原该基团后失去活性，但青蒿素的内酯环
不是必须的基团。利用硼氢化钠（NaBH₄）还原青蒿素成为双氢青蒿素（内酯还
原成半缩醛）后，其抗疟效果比青蒿素高一倍。青蒿素的整个分子骨架是极为重
要的，简单的含过氧桥的化合物并没有抗疟作用。顺便提一下，后来从中药鹰爪
中分离获得的鹰爪甲素（Yingzhaosu A，含过氧桥，但分子结构相对简单）也有
抗疟活性，但活性较青蒿素低。李英和团队成员接下来以双氢青蒿素作为中间体，
合成了一系列稳定性更好、溶解性更强的衍生物。他们合成的蒿甲醚最终成为了
抗疟疾的一线药物之一。

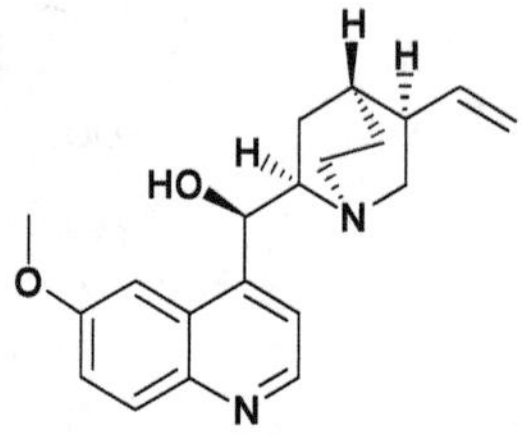

奎宁 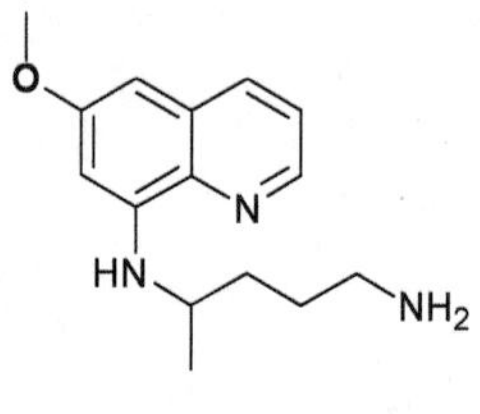　　　　　　　　　伯氨喹 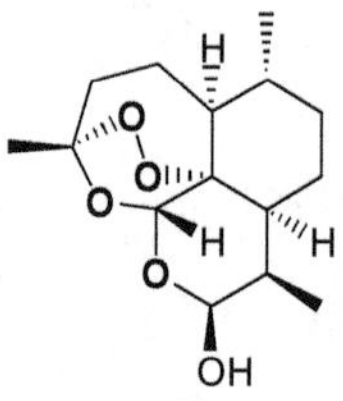　　　　　　　　二氢青蒿素

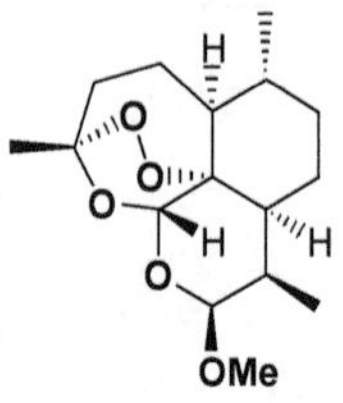

蒿甲醚 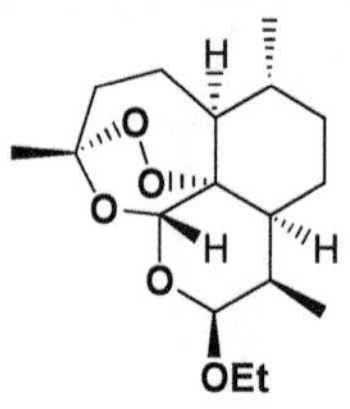　　　　　　　　蒿乙醚 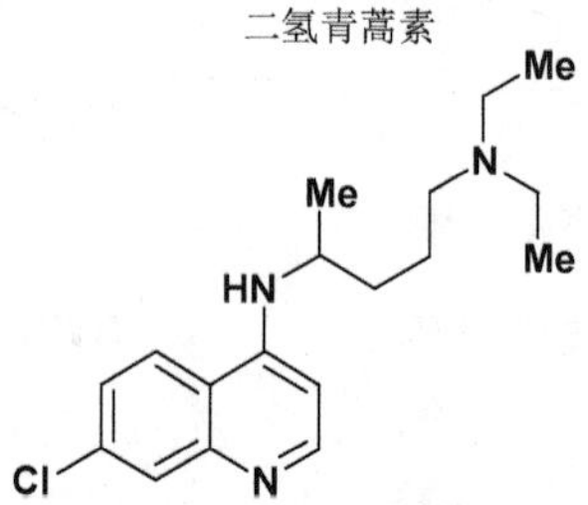　　　　　　　　氯喹

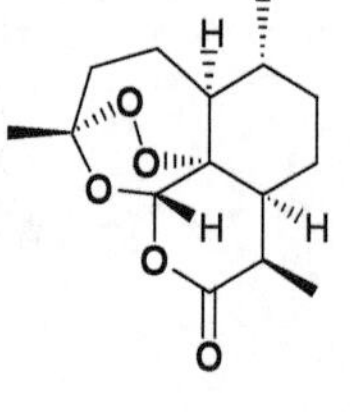

青蒿素 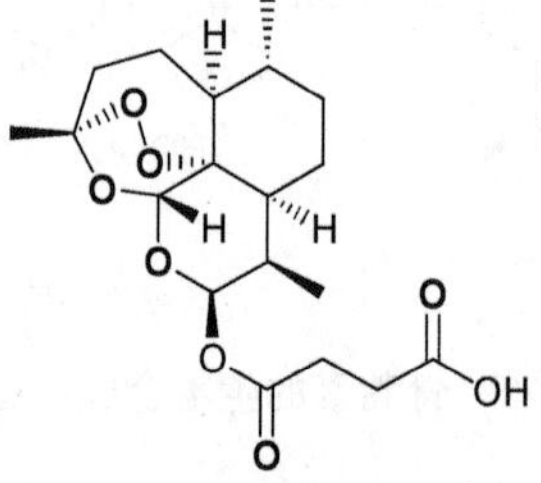　　　　　　　　青蒿琥酯 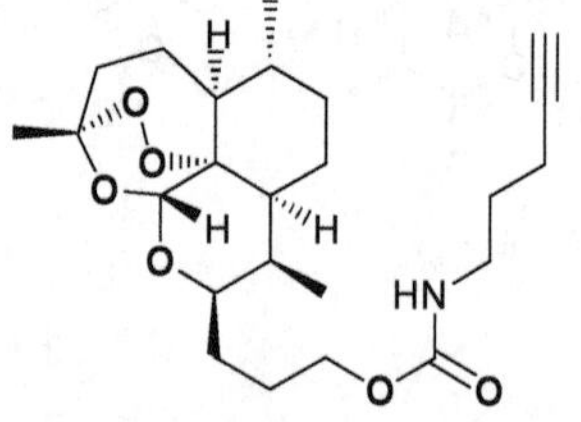　　　　　　　青蒿素基活性探针

图 1.23　临床上常用的抗疟药物、青蒿素类药物以及用于作用机理研究的探针分子

最后要简要介绍一下青蒿素的人工全合成和半合成。青蒿素的全合成有很多
文献发表，有兴趣的读者可以参看吴毓林、何子乐等编著的《天然产物全合成荟

萃——萜类》一书[42]。本节中我们只简单介绍我国上海有机化学研究所伍贻康课题组的一条具有代表性的合成路线。青蒿素合成中的一个关键问题是过氧桥环的合成。从第一次青蒿素的人工合成（Hoffmann-La Roche 公司）开始，解决该问题就成为了青蒿素合成的核心。Hoffmann-La Roche 公司利用甲氧基烯醚的钠盐为底物，在甲醇中以亚甲基蓝（methylene blue）为光敏剂，−78 °C 氧气氛条件下光照产生单线态氧对烯醇醚加成得到的产物直接酸处理获得青蒿素（30%收率）。伍贻康课题组鉴于该步反应不便操作的现实，发展了双氧水与金属钼催化氧化的方法，实验室规模成功合成了青蒿素[43]（图 1.24）。

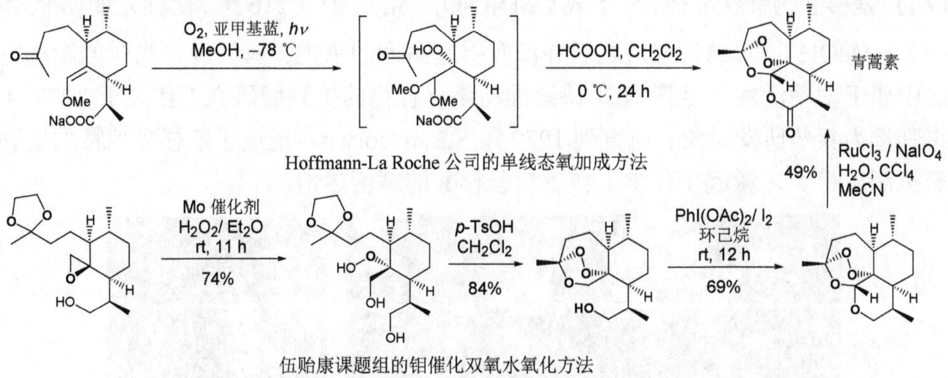

图 1.24　青蒿素人工全合成关键步骤

作为本节的结尾，最后说一下关于青蒿素合成工业化最新进展。上海交通大学化学化工学院张万斌课题组从青蒿酸出发，使用自主研发的催化剂，无需光照即可将二氢青蒿酸转化为青蒿素。

1.5　一言难尽"紫杉醇"

一种植物被发现对人类的特定需求有用是幸焉不幸？不同的角度会得到不同的结论。云南红豆杉（*Taxus yunnanensis*）就让人一言难尽。紫杉醇是从太平洋紫杉（*Taxus brevifolia*）中发现的。紫杉在我国也称红豆杉，属于红豆杉科（Taxaceae）红豆杉属（*Taxus*）植物。紫杉树所生红豆很美丽，但与我国唐代王维诗中"红豆生南国"中的相思红豆不是同一物种。相思红豆据考主要指豆科红豆属（*Ormosia*）、海红豆属（*Adenanthera*）和相思子属（*Abrus*）植物的种子。20 世纪 50 年代末，美国国立癌症研究所（NCI）启动了一个项目，即从世界各地收集的植物样品中筛选抗肿瘤活性成分。1962 年从美国俄勒冈州森林中采集的太平洋紫杉根皮提取物样品被送到北卡罗来纳州三角园区研究所（Research Triangle Institute）的 Wani 及 Wall 实验室进行研究，经初步检测发现该样品具有很强的细胞毒活性。1967 年 Wall 分离获得紫杉根皮提取物中的抗肿瘤活性成分之后开展了其结构鉴定，通过 X 射线单晶衍射（母环）确认其绝对构型后，Wall 等于 1971年报道了从紫杉中分离获得的抗癌活性成分结构[44]并按习惯命名为 taxol（紫杉醇）。紫杉醇属于二萜化合物，其结构非常新颖独特，其环系为四个环，其中有一个六元环与八元环桥接然后并一个六元环的结构单元，这样的结构单元现在被称为紫杉烷。紫杉醇的 D 环为一个四元氧杂环。紫杉醇的结构没有先例而且分离获得的量极为有限，不利于进行大量的降解研究，因此花费了较长的时间来进行结构鉴定，最终其结构是通过甲醇降解得到的母环片段的 X 射线单晶衍射工作来完成的。紫杉醇为针状晶体，分子式 $C_{47}H_{51}NO_{14}$，熔点 213~216 ℃，比旋光度 $[\alpha]_D^{20} = -49$（MeOH）。其结构报道之后并没有引起高度的重视，其活性在当时的筛选方法中属于中等活性。尽管 NCI 持续推动该化合物的抗肿瘤研究工作并于 1977 年将其选为新药研发对象，但直到 1979 年 Susan Horwitz 报道了紫杉醇独特的抗肿瘤机制后[45]，才激起了科学工作者对紫杉醇的高度热情。

图 1.25 红豆杉

红豆杉（图 1.25）是一种生长缓慢的树种。紫杉醇在红豆杉树皮中的含量约占其干重的万分之一左右，换句话说，获得一公斤的紫杉醇需要一万公斤的红豆杉的干树皮。粗略估计，一万公斤的红豆杉的干树皮需要砍伐 3000 棵成年红豆杉树。一公斤的紫杉醇仅够治疗 500 个左右癌症患者[46]。如果从自然界索取紫杉醇，可以想象对环境和资源的破坏有多大。

接下来我们要先讲一下紫杉醇的作用机制。1979 年 Susan Horwitz 发现紫杉醇作用于微管蛋白。前面我们讲过长春碱的靶点也是微管蛋白，可见微管靶点在开发抗肿瘤药物中的重要性。微管是存在于所有真核细胞中的动态多聚物结构，是细胞内运输载体同时是细胞骨架构成的主要成分。微管是由 α，β 两种类型的微管蛋白亚基形成的微管蛋白二聚体。微管蛋白与微管之间的动态循环（聚合和解聚）是细胞正常有丝分裂必需的过程。细胞有丝分裂后，微管又重新解聚成微管蛋白。聚合和解聚循环破坏将导致进入有丝分裂期的细胞停止分裂，进而延长细胞周期和诱导细胞凋亡。紫杉醇与长春碱不同，长春碱是抑制微管的形成，而紫杉醇促进微管蛋白聚合为微管，最为重要的是紫杉醇通过稳定微管聚合体，抑制其解聚，使细胞复制终止在中期，进而引起细胞凋亡。这是一个在当时完全不同于已有抗肿瘤小分子化合物的机制。必须说这一发现加速了紫杉醇的成药过程。1980年起紫杉醇进入临床前研究，1984 年开始 I 期临床试验（phase I　clinical trials），1985 年进入Ⅱ期临床试验。1989 年完成Ⅱ期临床试验，1989 年施贵宝公司介入紫杉醇项目，1990 年紫杉醇进入Ⅲ期临床试验。1992 年紫杉醇被美国食品药品监督管理局（FDA）批准为治疗卵巢癌药物，之后临床适应征不断增加，今天紫杉醇也用于治疗乳腺癌、小细胞肺癌、头颈部鳞状癌等多种癌症。

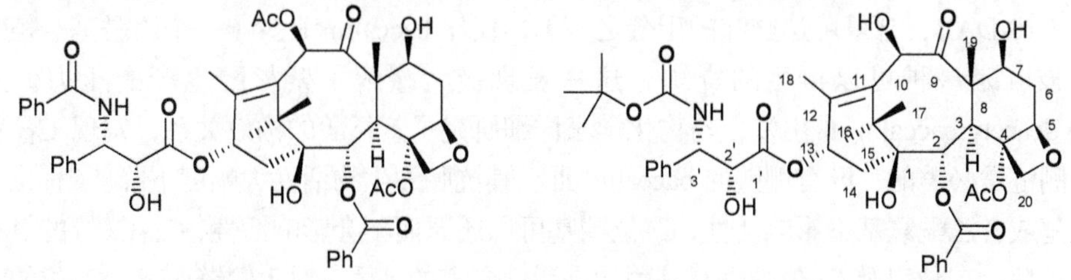

紫杉醇　　　　　　　　　　　多西紫杉醇

图 1.26　紫杉醇（taxol）及多西紫杉醇（taxotere）的结构

　　紫杉醇由含氨基酸的侧链与紫杉烷醇酯化而成（图 1.26），其生物合成途径包含两个部分，紫杉烷醇 baccatin Ⅲ 的生物合成及氨基酸侧链的生物合成，最后的过程是酯化和苯甲酰化。一般而言，氨基酸侧链是由 α-苯氨酸出发的，而紫杉烷醇 baccatin Ⅲ 的合成遵循二萜的合成途径，从二萜类天然产物的共同前体香叶基香叶基焦磷酸（geranylgeranyl pyrophosphate, GGPP）经多个酶合成的[47]。GGPP 是由异戊烯焦磷酸（isopentenyl pyrophosphate, IPP）和甲基丙烯基焦磷酸（dimethyl allyl pyrophosphate, DMAPP）在 GGPP 合酶的作用下生成的，见图 1.27。

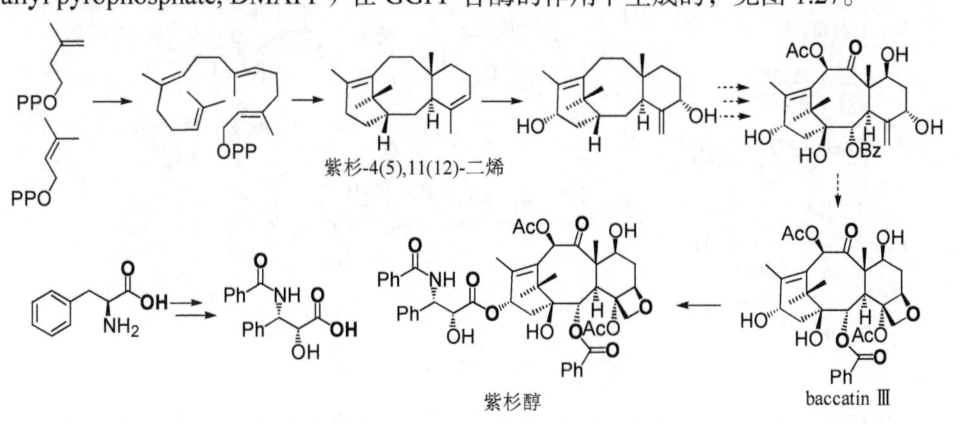

紫杉-4(5),11(12)-二烯

紫杉醇　　　　　　　　　　　baccatin Ⅲ

图 1.27　紫杉醇的生物合成途径

　　紫杉醇主要存在于树皮中，由于其在植物中的含量较低，而且红豆杉生长缓慢，其来源在最初主要通过到发展中国家收购提取物的方式进行。20 世纪末，云南的野生红豆杉资源就是因此而遭到了毁灭性的破坏。对于发展中国家的野生红豆杉资源而言发现其中含有紫杉醇是不幸的。但由于其经济价值，又导致不少地方开展种植工作，对红豆杉物种而言也可能是坏事变好事，但教训是惨痛的，那些在森林中生活了几百年的美丽的红豆杉树仅存在于书本中。通过植物化学家的努力，从红豆杉植物中分离得到了具有相同母核结构的紫杉醇前体化合物 baccatin Ⅲ，其含量在红豆杉针叶中相对较高，可用于人工半合成紫杉醇。1993 年植物化学家又从一种观赏性植物欧洲紫杉（*Taxus baccata*）叶子中发现存在较多的 10-deacetylbaccatin Ⅲ（10-DAB，含量可达鲜叶的千分之一），仅比 baccatin Ⅲ 少了一个乙酰基。植物的枝叶是一种可以再生的资源，这一发现极大缓解了紫杉醇生产的压力。从 10-deacetylbaccatin Ⅲ 出发，药物化学家详细研究了紫杉醇的构效关系，发现 C_{13} 位的侧链是必需的，没有侧链的 baccatin Ⅲ，其抗肿瘤生物活性大幅度下降。C_{10} 位为羟基或者乙酰氧基不影响活性，C_9 位羰基可以还原而不会影响活性，$C_4 \sim C_5$ 位的氧杂环丁烷、C_4 位以及 C_2 位的酰氧基团均是活性必需的基团。对于侧链而言，$C_{2'}$ 位的游离羟基以及 $C_{3'}$ 位的酰氨基是必要的，$C_{3'}$ 位的苯基可以用类似基团替换。多西紫杉醇就是药物化学家进行构效关系研究的杰作。

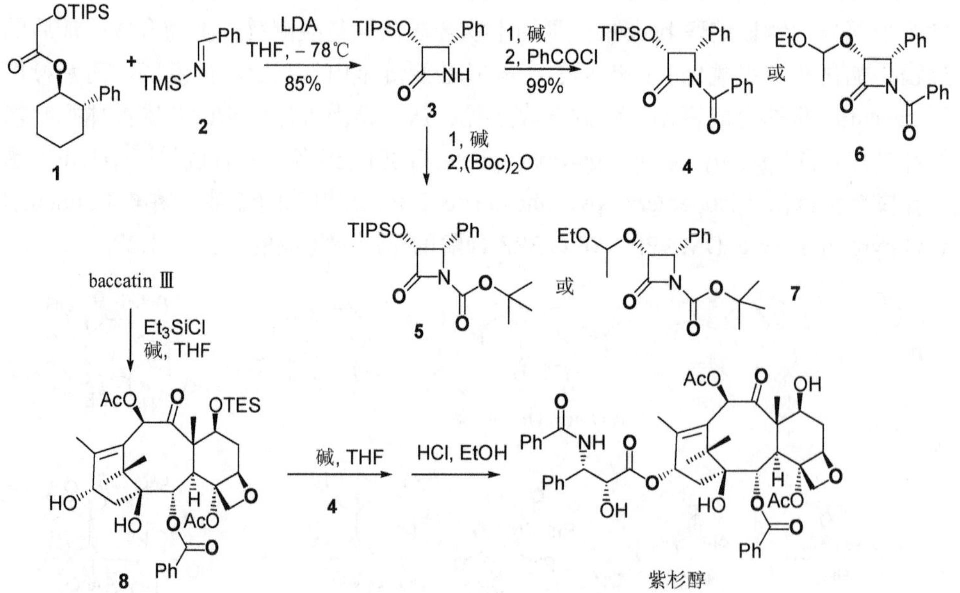

图 1.28　紫杉醇的人工半合成

　　紫杉醇的结构较为复杂，目前为止有多条人工全合成路线，但均不具备工业化价值。最新的紫杉醇合成工作于 2015 年发表[48]，有兴趣的读者可以参看该文献及其引用文献。本小节中只谈一下紫杉醇及多西紫杉醇的人工半合成路线（图 1.28），这是工业化生产该类抗癌药物的主要方法[49]。

用保护的羟基乙酸与手性醇缩合得到的化合物 **1** 与亚胺 **2** 进行不对称诱导的加成反应，以 85%的收率，95%以上的光学纯度获得β-内酰胺 **3**，该化合物可按生产紫杉醇或多西紫杉醇的需要进行不同的 *N*-酰基化。由 baccatin Ⅲ 或者 10-deacetylbaccatin Ⅲ 可以方便地合成化合物 **8**，该化合物在碱的作用下与 **4** 或 **5** 反应然后脱出保护基即可进行紫杉醇或多西紫杉醇的合成。

1.6 喜树中的有用物质"喜树碱"

喜树（*Camptotheca acuminata* Decne.，图 1.29）属珙桐科（Nyssaceae）旱莲属植物，在我国长江流域及西南各省均有分布，是多年生落叶乔木，高可达 20 余米，果实聚集呈发散刺球状。喜树是中国特有植物，野生喜树在 20 世纪 90 年代末定为国家二级重点保护植物。一种野生植物变成濒危植物的诱因除了可以用作建屋或做高档家具的木材外，最大的可能是有药用价值。有幸的是由于对人类有用而又开始种植而得到一定的保护，喜树与红豆杉命运何其相似。自 20 世纪 90 年代以来，不少国家都投入大量的人力和物力进行喜树的引种和栽培研究。同样与美国国立癌症研究所（NCI）启动的从世界各地收集的植物样品中筛选抗肿瘤活性成分项目相关，同样是后来分离获得紫杉醇的 Wani 及 Wall 实验室，不同的是喜树碱的发现早于紫杉醇。1966 年 Wall 及 Wani 报道了喜树中分离获得的喜树碱（camptothecin）的化学结构[50]。有机波谱分析在当时已经对天然产物的分离和结

图 1.29 喜树及喜树碱结构

构鉴定产生了本质的影响。天然产物化学家在结构鉴定中更多地讨论化合物的波谱与结构片段的关系。同时努力获得可用于 X 射线衍射的天然产物或其衍生产物的单晶。喜树碱衍生物的单晶衍射实验确定了其结构和绝对构型。喜树碱及紫杉醇的发现被誉为是 20 世纪抗肿瘤天然产物研究的历史性的重大发现之一[51]。

喜树碱在分类上属于喹啉类（quinolines）生物碱。其结构特点是拥有五个一线排开的并环系统，环 ABCD 几乎在一个平面上，其中有一个吡咯[3, 4-b]并喹啉环。D 环上含有该分子的唯一一个 S-构型手性叔醇中心。喜树碱在喜树果中的含量较高，约占干重的万分之三。喜树碱的分子式为 $C_{20}H_{16}N_2O_4$，为浅黄色针晶，熔点为 264~267 °C，比旋光度 $[\alpha]_D^{25} = +31.3$ (CHCl₃-MeOH, 8:2)。喜树碱的生物合成途径与前面我们谈到过的长春碱的生物合成途径的起始物相同，均由色氨酸脱羧降解物色胺与单萜 secologanin（裂环马钱子苷）开始（图 1.30）。

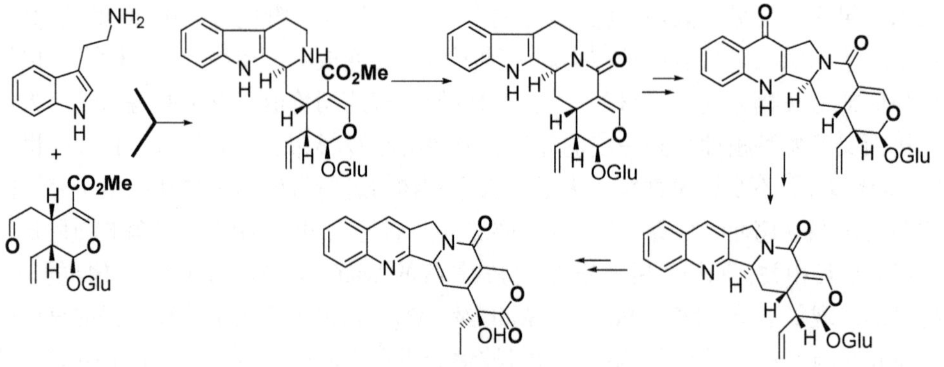

图 1.30　喜树碱的生物合成途径示意图

1966 年 Wall 及 Wani 报道了喜树碱具有较强的抗肿瘤活性，但由于喜树碱的水溶解性差，只能用碱进行处理后得到的盐来进行临床试验。遗憾的是打开了内酯形成的盐活性不佳，导致其药物研究工作陷入停顿。我国于 1969 年开展喜树碱的分离研究工作，从喜树中分离获得的 10-羟基喜树碱曾用于临床治疗胃癌、白血病、肝癌等恶性肿瘤[52]。尽管喜树碱成药受阻，但药物学家对其研究并没有停止，1985 年, Hsiang 等发现喜树碱独特的能选择性结合哺乳动物的拓扑异构酶 I -DNA（Topo- I -DNA）形成共价复合物，影响 DNA 的复制和 RNA 的转录过程的新作用机制后[53]，喜树碱再度引起了国内外医药界的高度重视，对其结构改造及构效关系研究成为热点课题。第一个要解决的问题当然是在不降低药效的基础上提高喜树碱类物质的水溶性。由于前期研究已经表明喜树碱的 E 环不能打开，该内酯环是必需的活性基团，第一代的结构改造主要集中在对喜树碱的 A 环及 B 环上。C_7 位很容易引入醛基，C_9~C_{12} 位也可以通过化学反应引入取代基。20 世纪 90 年代，喜树碱的水溶性衍生物 camptosar（irinotecan，伊立替康 CPT-11，1994 年）

及 hycamtin（topotecan，拓扑替康，TPT，1996 年）分别由世界著名制药公司 Pharmacia（现在的 Pfizer，辉瑞公司）以及 GlaxoSmithKline（葛兰素史克）成功上市（图 1.31），用于白血病和多种实体瘤，如卵巢癌、小细胞肺癌、难治性非小细胞肺癌、晚期结肠癌的治疗。喜树碱类物质的构效关系研究表明 C_7 位引入脂溶性基团例如乙基活性增加，通过 C_7 位的醛引入二甲胺基水溶性好、毒性降低，不影响活性。C_{10} 为羟基（10-羟基喜树碱）肠胃毒性降低，C_9~C_{12} 位引入取代基均对活性有利。E 环的 C_{20} 位羟基可以通过酯化形成前药，对内酯环有稳定作用。E 环内酯环变为七元环活性增加，稳定性提高。

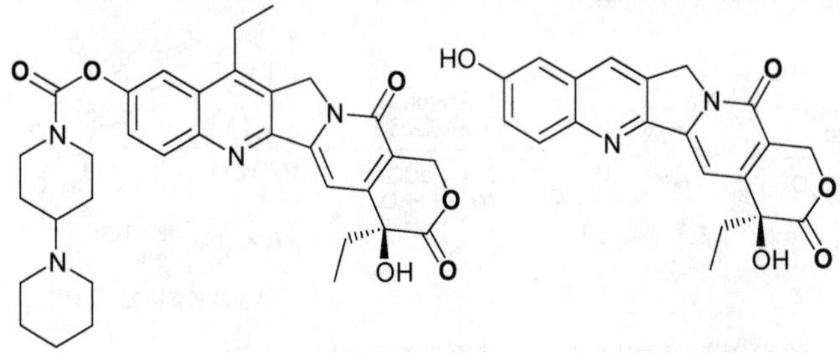

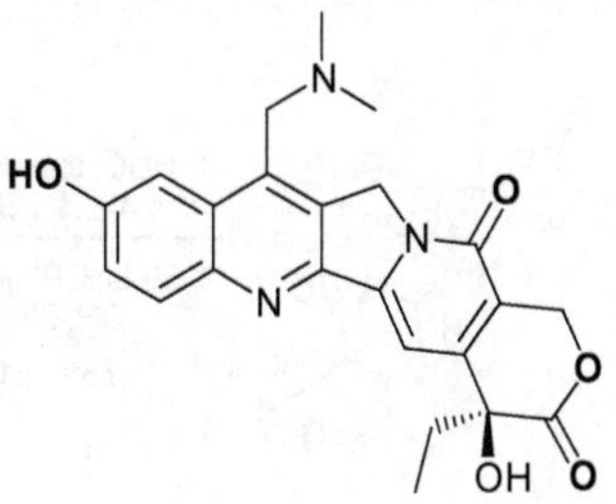

伊立替康　　　　　　　10-羟基喜树碱　　　　　　　拓扑替康

图 1.31　临床上常用的喜树碱类药物

前面说过喜树碱的作用机制是与拓扑异构酶-Ⅰ结合，接下来简要介绍一下该抗肿瘤药物的靶点。拓扑异构酶是生物体内细胞生存的必需酶，参与 DNA 复制、转录、重组和修复等所有关键的核心过程。正常情况下，双链 DNA 处于一种高度卷曲的超螺旋状态，在进行复制时，首先需要解旋，然后才能通过碱基配对来完成 DNA 的复制。解旋的工作就是由 DNA 拓扑异构酶来完成的。Topo Ⅰ 能使双链 DNA 产生单链断裂，并与之形成 Topo Ⅰ-DNA 复合物导致 DNA 解旋，单链断裂处再连接，Topo Ⅰ 酶从 DNA 上解离，解旋后的 DNA 进入转录装置，然后进行复制。研究表明肿瘤细胞 Topo Ⅰ 的含量远高于正常细胞，是选择性抗肿瘤药物的理想作用靶点。喜树碱能稳定拓扑异构酶Ⅰ和 DNA 结合的复合物，具体而言是与 DNA 单链断裂处结合，抑制 DNA 缺口的修复。

喜树碱经过科学家多年全合成研究的积累，人工合成已经能匹敌天然提取。在本小节中简要介绍一下我国南京大学姚祝军课题组的合成方法（图 1.32）。姚祝军等的方法中的关键反应是分子内的氧杂 Diels-Alder 反应，该步构建了喜树碱的骨架。其利用 Sharpless 不对称二羟化反应引入手性叔醇也很巧妙。整个路线以 16% 的总收率完成了喜树碱的合成，以 14% 的总收率完成了 10-羟基喜树碱的合成。

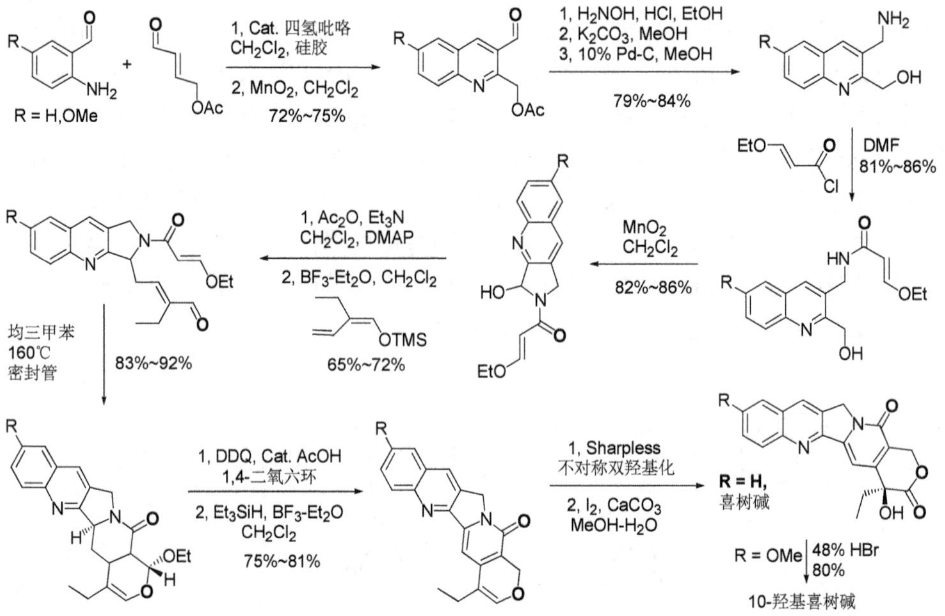

图 1.32　姚祝军等的喜树碱及羟基喜树碱合成

　　本章小结：天然产物研究一直是药物创新的源泉之一，天然产物是药物研究的先导，其本身不一定能成为临床治疗疾病的首选化合物，但其结构衍生物或结构改造得到的产物常常成为保障人类健康的重要药物。应当说自然界为人类提供了结构多样、类型丰富的天然产物，这些天然产物中不乏具有重要生物活性的"明星"分子。但天然产物结构骨架类型的衍生，分子骨架构成元素的变换受到自然进化及其次生代谢生源过程的限制，这就为从合成的视角出发，衍生、模拟及拓展其结构类型留下了巨大的空间。重要的生理活性天然产物分子带给有机化学工作者的挑战和机遇是多方面的，第一，其新颖骨架带来的合成方法学上的挑战；第二，如何认识和发现其分子结构与生物活性的关系；第三，如何利用其分子结构信息设计、创新并发现新的更具应用价值的生物活性分子。因此研究重要天然产物分子的合成新策略，建立重要天然产物及其结构片段的普适性合成方法，合成结构多样的类天然产物（natural-product-like）库进行化学生物学研究，是未来天然产物合成研究的重要任务。最后说一句，药物的创新研究需要团队的合作，需要不同研究领域的研究团队的接力，正如青蒿素的发现和成药是中国科学家团队协作的结晶，紫杉醇、喜树碱的成药是国外科学家团队合作努力的结果。从事药物研究需要有合作的精神，同时要有持续不断的投入和努力。

参 考 文 献

[1] 孙彦君, 李占林, 陈虹, 等. 鬼臼类植物化学成分和生物活性研究进展. 中草药, 2012, 43(8): 1626-1634

[2] Podwyssotzki V. Arch exp. path., 1881, 13: 29

[3] Harworth R D. Chemistry of the lignan group of natural products. Journal of the Chemical Society, 1942, 448-456

[4] Borsche W, Niemann J, Podophyllin. Berichte der Deutschen Chemischen Gesellschaft [Abteilung] B: Abhandlungen, 1932, 65B:1633-1634

[5] Späth E, Wessely F, Nadler E. Constitution of podophyllotoxin and picropodophyllin. Berichte der Deutschen Chemischen Gesellschaft [Abteilung] B: Abhandlungen, 1933, 68: 125-130

[6] Hartwell J L, Schrecker A W. Components of podophyllin. Ⅳ. The constitution of podophyllotoxin. Journal of the American Chemical Society, 1950, 72: 3320-3321

[7] Schrecker A W, Hartwell J L. Components of podophyllin. Ⅻ. The configuration of podophyllotoxin. Journal of the American Chemical Society, 1953, 75: 5916-5917

[8] Schrecker A W, Hartwell J L. Components of podophyllin. ⅩⅩ. The absolute configuration of podophyllotoxin and related lignans. Journal of Organic Chemistry, 1956, 21: 381-382

[9] Dewick P. Biosynthesis of lignans In: Studies in Natural Products Chemistry. Amsterdam: Elsevier, 1989: 5, 459-503

[10] Xia Z Q, Costa M A, Proctor J, et al. Dirigent-mediated podophyllotoxin biosynthesis in *Linum flavum* and *Podophyllum peltatum*. Phytochemistry, 2000, 55: 537-549

[11] King L S, Sullivan M. Similarity of the effect of podophyllin and colchicine and their use in the treatment of condylomata acuminata. Science, 1946, 104: 244-245

[12] Issell B F, Muggia F M, Carter S K. Etoposide (VP-16) Current Status and Developments. New York: Academic Press, 1987

[13] Liu Y Q, Yang L, Tian X. Podophyllotoxin: Current Perspectives. Current Bioactive Compounds, 2007, 3: 37-66.

[14] Xu H, Lv M, Tian X. A review on hemisynthesis, biosynthesis, biological activities, mode of action, and structure-activity relationship of podophyllotoxins: 2003-2007. Current Medicinal Chemistry, 2009, 16: 327-349

[15] Eyberger A L, Dondapati R, Porter J R. Endophyte fungal isolates from *Podophyllum peltatum* produce podophyllotoxin. Journal of Natural Products, 2006, 69: 1121-1124

[16] Wu Y M, Zhao J F, Chen J B, et al. Enantioselective sequential conjugate addition—allylation reactions: A concise total synthesis of (+)-podophyllotoxin. Organic Letters, 2009, 11: 597-600

[17] Kapoor L. Opium Poppy: Botany, Chemistry, and Pharmacology. Boca Raton: CRC Press, 1995: 164

[18] Butora G, Hudlicky T, Fearnley S P, et al. Toward a practical synthesis of morphine. The first several generations of a radical cyclization approach. Synthesis, 1998, 665-681

[19] Herbert R B, Venter H, Pos S. Do mammals make their own morphine? Natural Product Reports, 2000, 17: 317-322

[20] Gulland J M, Robinson R. The morphine group. part I. A discussion of the constitutional problem. Journal of the Chemical Society, Transactions, 1923, 980-998

[21] MacKay M, Hodgkin D C. A crystallographic examination of the structure of morphine. Journal of the Chemical Society, 1955, 3261-3267

[22] Bentley K W, Cardwell H M E. The absolute stereochemistry of the morphine, benzylisoquinoline, aporphine, and tetrahydroberberine alkaloids. Journal of the Chemical Society, 1955, 3252-3260

[23] Barton D H R, Kirby G W, Steglich W, et al. Investigations on the biosynthesis of morphine alkaloids. Journal of the Chemical Society, 1965, 2423-2438

[24] Galanie S, Thodey K, Trenchard I J, et al. Complete biosynthesis of opioids in yeast. Science, 2015, 349/6252, 1295

[25] Barton D H R, Kirby G W. Phenol oxidation and biosynthesis. Part V. The synthesis of galanthamine. Journal of the Chemical Society, 1962, 806-817

[26] Tissot M, Phipps R J, Lucas C, et al. Gram-scale enantioselective formal synthesis of morphine through an ortho–para oxidative phenolic coupling strategy. Angewandte Chemie, International Edition, 2014, 53: 13498-13501

[27] Eguchi M. Recent advances in selective opioid receptor agonists and antagonists. Medicinal Research Reviews, 2004, 24: 182-212

[28] Nagase H. Chemistry of opioids; Topics in current chemistry. Berlin: Springer-Verlag 2011, 299, 1-312

[29] Gates M, Tschudi G. The synthesis of morphine. Journal of the American Chemical Society, 1955, 78: 1380-1381

[30] Geffe M, Opatz T. Enantioselective synthesis of (−)-dihydrocodeine and formal synthesis of (−)-thebaine, (−)-codeine, and (−)-morphine from a deprotonated α-aminonitrile. Organic Letters, 2014, 16: 5282-5283

[31] Neuss N, Gorman M, Hargrove W, et al. The structures of the oncolytic alkaloids vinblastine (VLB) and vincristine (VCR). Journal of the American Chemical Society, 1964, 86: 1440-1441

[32] Moncrief J W, Lipscomb W N. Structures of leurocristine (vincristine) and vincaleukoblastine. X-ray analysis of leurocristine methiodide. Journal of the American Chemical Society, 1965, 87: 4963-4964

[33] Silvestri R. New prospects for vinblastine analogues as anticancer agents.Journal of Medicinal Chemistry, 2013, 56: 625-627

[34] Ishikawa H, Colby D A, Seto S, et al. Total synthesis of vinblastine, vincristine, related natural products, and key structural analogues. Journal of the American Chemical Society, 2009, 131: 4904-4905

[35] Sears J E, Boger D L. Total Synthesis of vinblastine, related natural products, and key analogues and development of inspired methodology suitable for the systematic study of their structure-function properties. Accounts of Chemical Research, 2015, 48: 653

[36] 青蒿素结构研究协作组. 一种新型的倍半萜内酯——青蒿素. 科学通报, 1977, 22(3): 142

[37] 中国科学院生物物理研究所青蒿素协作组. 青蒿素的晶体结构及其绝对构型. 中国科学, 1979, 22(11): 1114

[38] 屠呦呦, 倪慕云, 钟裕容, 等. 中药青蒿化学成分的研究. 药学学报, 1981, 16(5): 366

[39] Brown G D. The biosynthesis of artemisinin (Qinghaosu) and the phytochemistry of artemisia annua l. (Qinghao). Molecules, 2010, 15: 7603-7698

[40] Wang J, Zhang C J, Chia W N, et al. Haem-activated promiscuous targeting of artemisinin in *Plasmodium falciparum*. Nature Communications, 2015, 6:10111

[41] Li H, O'Donoghue A J, van der Linden W A, et al. Structure- and function-based design of Plasmodium-selective proteasome inhibitors. Nature, 2016, 530: 233-236

[42] 吴毓林, 何子乐, 等. 大然产物全合成荟萃——萜类. 北京: 科学出版社, 2010: 39

[43] Hao H D, Li Y, Han W B, et al. A hydrogen peroxide based access to Qinghaosu (artemisinin). Organic Letters, 2011, 13: 4212-4213

[44] Wani M C, Taylor H L, Wall M E, et al. Plant antitumor agents. VI. Isolation and structure of taxol, a novel antileukemic and antitumor agent from *Taxus brevifolia*. Journal of the American Chemical Society, 1971, 93: 2325-2326

[45] Schiff P B, Fant J, Horwitz S B. Promotion of microtubule assembly *in vitro* by taxol. Nature, 1979, 277: 665-667

[46] Nicolaou K C, Dai W M, Kiplin R. Chemistry and Biology of Taxol. Angewandte Chemie, International Edition, 1994, 33: 15-44

[47] 孙汉董, 黎胜红. 二萜化学. 北京: 化学工业出版社, 2011: 340

[48] Fukaya K, Tanaka Y, Sato C A, et al. Synthesis of paclitaxel. Organic Letters, 2015, 17: 2570, 2574-2575

[49] Kingston D G I. Taxol, a molecule for all seasons. Chemical Communications, 2001, 867-880

[50] Wall M E, Wani M C, Cook C E, et al. Plant antitumor agents. The isolation and structure of camptothecin, a novel alkaloidal leukemia and tumor inhibitor from *Camptotheca acuminate*. Journal of the American Chemical Society, 1966, 88: 3888-3889

[51] Oberlies N H, Kroll D J. Camptothecin and taxol: Historic achievements in natural products research. Journal of Natural Products, 2004, 67: 129-135

[52] 王锋鹏. 生物碱化学. 北京: 化学工业出版社, 2008: 346-355

[53] Hsiang Y H, Hertzberg R, Hecht S, et al. Camptothecin induces protein-linked DNA breaks via mammalian DNA topoisomerase I. Journal of Biological Chemistry, 1985, 260: 14873-14878

第2章　为人类健康保驾护航的药物分子

2.1　合成药物的先行者"百浪多息"

　　19 世纪末 20 世纪初，有机化合物合成的发展推动药学进入以临床治疗为主的新时期。当时西方世界的人们对于感染、炎症类疾病，如流行性脑膜炎、肺炎、败血症等，都因为没有特效治疗药物而感到非常棘手。百浪多息是磺胺类衍生药物中第一个问世的药物，也是人类合成的第一种商品化抗菌药，它具有高效、低毒的特点和令人满意的抗菌效果。无数患者的生命因它而被挽救。因而，磺胺类抗菌药物"百浪多息"的发现开创了现代化学药物治疗的新纪元。

　　百浪多息（英文名：prontosil）分子式：$C_{12}H_{13}N_5O_2S$，分子量：291.33，熔点：164~167℃，化学名称：4-(2,4-二氨基苯基)偶氮苯磺酰胺（图 2.1、图 2.2）。

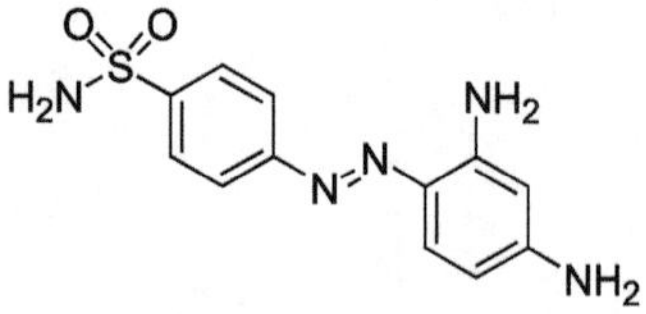

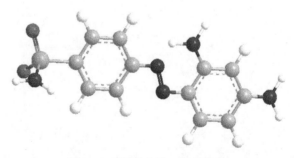

图 2.1　百浪多息的分子结构式

图 2.2　百浪多息的三维结构式

　　早在 1546 年，意大利著名学者 Girolamo Fracastoro 就提出疾病是可以传染的，而传染的媒介则是一种"微粒状物质"。19 世纪 50 年代末，德国微生物学家 Robert Heinrich Hermann Koch 和法国微生物学家 Louis Pasteur，用实验的方法证明了很多疾病是由致病微生物引起的，例如，肺结核、霍乱、狂犬病和炭疽。而为了更好地研究细菌类微生物，德国病理学家 Paul Ehrlich 发明了用不同染料对细菌进行染色分类的研究方法。在此基础上丹麦微生物学家 Hans Christian Joachim Gram 建立了现在仍然广为使用的革兰氏染色法（Gram stain），而德国细菌学家 Franz Ziehl 和病理学家 Friedrich Carl Adolf Neelsen 则建立了抗酸性染色法（acid-fast stain; Ziehl-Neelsen stain）。在这一系列的研究过程中，科学家们发现，某些有毒化合物或是染料可以特异性地杀死某些致病细菌，例如胂凡纳明（arsphenamine）可以杀死梅毒螺旋体，从而可以治愈梅毒。由此科学家们开始大量地合成染料化合物，以期寻找具有治疗作用的药物。

1908 年，奥地利化学家 Paul Josef Jakob Gelmo 在他的论文中发表了一种新合成化合物对氨基苯磺酰胺。对氨基苯磺酰胺是百浪多息的核心结构片段，然而在那时，人们并没有意识到其存在的巨大的医疗价值。二十多年后，德国拜耳公司的两位化学家 Josef Klarer 和 Fritz Mietzsch 于 1932 年在对氨基苯磺酰胺的基础上首次合成了一种商品名为"百浪多息"的橘红色染料。这种染料曾小范围被用来治疗丹毒等疾病。但在当时，医学研究还更多地停留在体外实验阶段（即把待测药物和目标致病菌放在试管中观察药物对致病菌的直接杀灭效果），没有进入体内试验的阶段。而百浪多息恰恰在试管内毫无杀菌作用，因此这一神药便被束之高阁。

同年秋天，从事偶氮染料抗菌研究的德国病理学家和微生物学家 Gerhard Domagk(图 2.3)开始以一种全新的视角研究百浪多息。他认为既然服用药物的目的是杀灭受感染人体内的病原体，那么单单在试管里做试验是不够的，必须将药物用于受感染动物身上，直接进行疗效观察。Domagk 随即用多种染料类化合物在小鼠体内开展实验：他先把少量链球菌注入小白鼠腹腔内，链球菌以 20 分钟一代的速度迅速繁殖。数小时后，小鼠腹腔和血液中便充满了链球菌。这时，Domagk 对小鼠投以染料化合物，观察其在哺乳动物体内的功效。在成百上千次的筛选检验后，终于在 1932 年 12 月 20 日发现橘红色化合物——百浪多息具有良好的抗菌作用。对比体外实验，他惊奇地发现，这种染料虽然在试管里没有显现任何抗菌效果，但进入小鼠体内后却表现出了非常好的治疗效果！12 只注射了百浪多息的链球菌感染小鼠均得以康复，而作为对照的 14 只感染小鼠均在 48 小时内全部死于败血症。之后他又用兔子和狗进行实验，皆获得了成功。

随后他又研究了百浪多息的毒性，结果表明小白鼠和兔子的耐受剂量为 500mg/kg 体重。如果增大服用剂量，只会引起实验动物呕吐。显然，这种化合物的毒性很小，具有良好的应用前景。十分凑巧的是，Domagk 的女儿这时因外伤感染了链球菌败血症，危及生命，面临截肢。Domagk 情急之下，决定尝试使用正处于实验阶段的百浪多息来挽救女儿的生命。没有意外，他成功了，百浪多息挽救了他女儿的生命！然而，Domagk 一直没有公布这一人体实验结果。1935 年完成了所有临床研究后才在《德国医学杂志》上公开发表了一篇题为《细菌感染的化学治疗》的论文，详细阐述其研究成果。鉴于这一成果对于人类健康的重大意义，Domagk 于 1939 年荣获诺贝尔生理学或医学奖。但在第二次世界大战期间，希特勒政府禁止德国人接受诺贝尔奖，Domagk 不得不拒领这一科学界的至高荣誉。直到第二次世界大战结束后的 1947 年，Domagk 才得以补领奖章和奖状。

图 2.3　Gerhard Domagk
（1895~1964 年）

Domagk 的研究成果一经发表便得到了来自不同国家的疗效支持。伦敦一家医院声明，自从使用了"百浪多息"，链球菌败血症感染死亡率从原来的几近 100%降至 15%。而在这期间，美国总统 Franklin D. Roosevelt 的小儿子也幸运地成为最早的一批受益者之一。

百浪多息的出现给医学界的发展带来了前所未有的变化。可以被大量、高效合成的化学药物成为人类对抗病原细菌的有力武器。各大药物生产企业，竞相开始了磺胺类药物的研制。据估计，仅 20 世纪 30 年代末至 40 年代初，全世界范围内合成出了超过 5000 种磺胺类衍生药物，而其中具有医用价值的仅有 20 余种。比如：磺胺吡嗪能够治疗肺炎，磺胺噻唑能够治疗金黄色葡萄球菌感染，磺胺嘧啶能够用于治疗链球菌和金黄色葡萄球菌感染等。磺胺类药物的产量也不可小觑。仅 1937 年，美国磺胺类药物的产量就达到 35 万磅[①]；1940 年，这一数字就翻了一番；而到了 1942 年，全美的磺胺类药物的总产量已经超过了 1000 万磅。第二次世界大战期间，美国士兵都随身携带着磺胺药粉，遇到开放性伤口，就将药粉洒在创面上来预防感染。

1. 磺胺类药物的作用机理

相比其他药物的研究结果，很有意思的问题是，百浪多息为什么在体外毫无效果，而一旦进入体内却能表现出良好的杀菌作用呢？为了回答这一问题，法国巴斯德研究所的 Thérèse Tréfouël 博士及其同事首先推断，这一化合物一定在体内通过代谢过程变成了一种能够杀死细菌的新物质。不出所料，通过仔细分析研究百浪多息的体内代谢产物，他们很快发现百浪多息的代谢产物中有效的抗菌成分是对氨基苯磺酰胺，简称磺胺。

磺胺（英文名：sulfonamide，缩写：SAs，图 2.4），分子式：$C_6H_8O_2N_2S$，分子量：172.20，熔点：164.5~166.5℃，溶解性：溶于热水（100℃，477g/L），易

---

① 1 磅=0.453592kg。

溶于乙醇和丙酮。

　　磺胺从作用机制上来说是一种抑菌药，它主要通过干扰细菌生长所必需的叶酸合成来抑制细菌的生长繁殖。对磺胺类药物敏感的细菌不能直接利用环境中的叶酸，它们只能利用对氨基苯甲酸(PABA)和二氢蝶啶为原料，在体内经二氢叶酸合成酶的催化合成二氢叶酸。而二氢叶酸是嘌呤、嘧啶、核苷酸合成过程中不可或缺的重要因子辅酶 F 的前体。一旦二氢叶酸合成受阻，就会影响细菌核蛋白的合成，从而直接抑制细菌的生长。磺胺类药能够发挥药效的关键在于，其化学结构和 PABA 非常相似（图 2.4），也很容易与二氢叶酸合成酶结合，但是结合以后并不能进一步合成二氢叶酸，由此阻断了二氢叶酸的合成，达到抑制细菌生长繁殖的目的（图 2.5）。

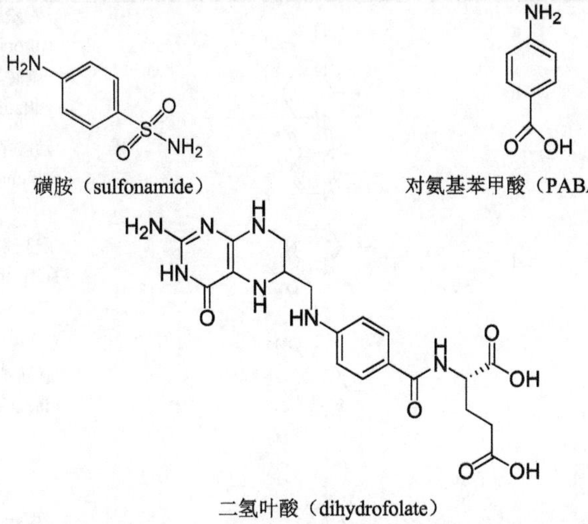

磺胺（sulfonamide）　　　　　　　　对氨基苯甲酸（PABA）

二氢叶酸（dihydrofolate）

图 2.4　磺胺、对氨基苯甲酸和二氢叶酸的比较和联系

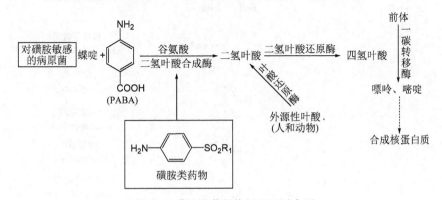

图 2.5　磺胺类药物作用机理示意图

2. 常见的磺胺类药物

临床上常用的磺胺类药物都是对氨基苯磺酰胺的衍生物（表 2.1）。磺酰胺基中的氢原子，可被不同杂环片段取代，形成不同类型的磺胺类药物。它们与母体磺胺相比，具有效价高、毒性小、抗菌谱广和口服易吸收等优点。磺酰胺基对位的游离氨基是整个化合物的抗菌活性中心，若氨基上的氢原子被取代，则失去抗菌作用，这些取代基必须在体内经过代谢脱落后，重新释放出游离氨基，才能恢复药物的活性。

表 2.1　一些经典磺胺类临床抗菌药物

母体结构	编号	取代基 R	名称
	a	H	磺胺（sulfonamide）
	b		磺胺嘧啶（sulfadiazine）
	c		磺胺甲嘧啶（sulfamerazine）
	d		磺胺索嘧啶（sulfisomidine）
	e		磺胺地托辛（sulfadimethoxine）
	f		磺胺多辛（sulfamethoxine）
	g		磺胺甲氧嗪（sulfamethoxypyridazine）
	h		磺胺林（sulfalene）
	i		磺胺吡啶（sulfapyridine）
	j		磺胺噻唑（sulfathiazole）
	k		磺胺甲噁唑（sulfamethoxazole）
	l		磺胺异噁唑（sulfafurazole）

磺胺类药对许多革兰氏阳性细菌和一些革兰氏阴性细菌、诺卡氏菌属（放线菌属）、衣原体属和某些原虫（如疟原虫和阿米巴原虫）均有抑制作用。在革兰氏阳性细菌中，链球菌和肺炎球菌对磺胺类药物高度敏感，葡萄球菌和产气荚膜杆菌对磺胺类药物中度敏感。在革兰氏阴性细菌中，脑膜炎球菌、大肠杆菌、变形杆菌、痢疾杆菌、肺炎杆菌和鼠疫杆菌等致病菌对磺胺类药物均敏感。但磺胺类药物对病毒、螺旋体和锥虫无效。而对立克次氏体不但无效，反而能促进其繁殖。磺胺类药物还能够抑制大肠杆菌（*Escherichia coli*，革兰氏阴性细菌）的生长，阻碍人体肠道内合成 B 族维生素的过程。因此，患者如需长期服用磺胺药物，应同时补充 B 族维生素，以免造成维生素营养的缺乏。

根据临床使用情况，通常把磺胺类药物分为三类：①肠道易吸收型。主要用于全身感染，如败血症、尿路感染、伤寒和骨髓炎等。其中，根据药效时间长短又分为短效、中效和长效三类。短效类在肠道吸收快，排泄快，半衰期为 5~6 小时，如磺胺二甲嘧啶（SMZ）、磺胺异噁唑（SIZ）；中效类的半衰期为 10~24 小时，如磺胺嘧啶（SD）、磺胺甲噁唑（SMX）；长效类的半衰期为 24 小时以上，如磺胺甲氧嘧啶、磺胺二甲氧嘧啶等。②肠道难吸收型。即能在肠道保持较高的药物浓度。主要用于肠道感染，如菌痢和肠炎等。常见药物为酞磺胺噻唑（PST）。③外用型。主要用于灼伤感染、化脓性创面感染和眼科疾病等，如磺胺醋酰、磺胺嘧啶银盐和甲磺灭脓（磺胺米隆）。

磺胺类药物虽然曾被大量使用，但这类药物也具有明显的缺陷和毒副作用。首先这类药物的抗菌谱都比较窄，一种药物往往只对特定的几种致病菌有效；当大量使用时还容易出现明显的毒副作用。这类药物吸收后分布于全身各组织中，以血、肝、肾含量最高，且与血浆蛋白结合率高，所以在体内维持时间长，出现毒副作用时难以排出。磺胺还能透入脑膜积液和其他积液，并能够通过胎盘屏障进入胎循环，对孕妇及婴儿极其不利。磺胺类药物由于其水中的不良溶解性，易在泌尿系统中析出结晶，引起结晶尿、尿路结石、血尿等症状，影响泌尿系统功能；而结晶一旦出现在肾小管中就会损害肾脏功能。该类药物在大剂量使用时还容易出现严重的致敏性，极端情况下还会出现中毒性表皮坏死等恶性毒副反应。因此在使用上具有相当的限制。随着其他类型的抗菌药物不断出现，磺胺类药物的使用面已经明显缩小。

2.2　害羞的抗生素先锋"青霉素"

青霉素对于今天的大众来说并不陌生，我们大多数人在日常生活中或多或少地都使用过青霉素类药物治疗细菌感染类疾病。现在大大小小的医院、诊所、药店里都备有各种类型和剂型的青霉素类药物，这类药物已经成为对抗细菌感染类疾病的一线用药。而在青霉素普及以前，哪怕是在 20 世纪四五十年代，一些现在看来不是十分严重的疾病，如肺炎、肺结核、猩红热、白喉、脑膜炎、淋病、梅毒等，仍然严重地威胁着人们的生命。由于没有针对性的药物，一旦感染上这些疾病，人们只能眼睁睁地看着病人一个个悲惨地死去。随着青霉素的发现与生产，相关药物结构与治疗效果研究的不断深入，人类对抗细菌性疾病的能力不断增强，许多原来的不治之症现在都能轻易地被青霉素类药物治愈。毋庸置疑，

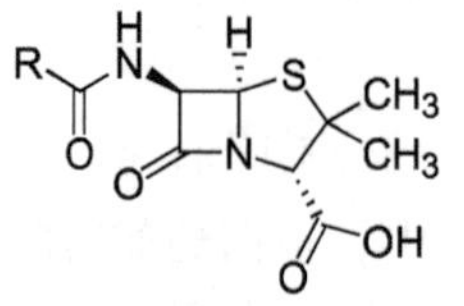

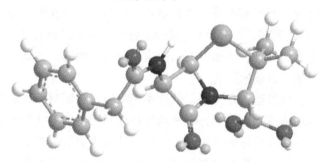

图 2.6　青霉素核心化学结构式

R 代表任意可变基团

青霉素类药物推动世界现代医疗革命进入了一个全新的时期。

青霉素（英文名：benzylpenicillin/penicillin，音译为：盘尼西林，图 2.6、图 2.7），分子式：$C_{16}H_{18}N_2O_4S$，分子量：334.391，性状：无定形白色粉末，溶解性：微溶于水，溶于甲醇、乙醇和苯。

图 2.7　青霉素 G 三维分子结构式

1. 青霉素的发现与研发过程

青霉素的发现源于苏格兰微生物学家 Alexander Fleming（图 2.8）一次幸运的失误。早在 20 世纪 20 年代，Fleming 就从眼泪中发现了具有杀菌作用的溶菌酶，这一对人体无害但却能杀灭有害细菌的物质，引起了 Fleming 对抗菌物质的强烈兴趣，但遗憾的是这一蛋白质杀菌物的杀菌能力不足以用于治疗疾病。为了寻找更为有力的杀菌剂，Fleming 在实验室中培养了多种致病细菌，其中就包括致病性最高的细菌之一——金黄色葡萄球菌。1928 年夏秋之交，Fleming 在外出度假时忘记了把一个培养金黄色葡萄球菌的培养皿盖上盖子。3 周后当他回到实验室，开始整理相关培养皿时，不由地注意到这个与空气意外接触过的金黄色葡萄球菌培养基中长出了一团青绿色的霉菌。出于他良好的观察习惯，Fleming 并没有放过这一微生物培养过程中常见的误操作现象，通过仔细观察研究，他发现在这一丛

霉菌的周围出现了一圈金黄色葡萄球菌停止生长的"抑菌圈"。进一步观察研究表明，当正常的金黄色葡萄球菌一旦接触到这种霉菌及其代谢产物时也会出现细胞溶解而死亡。这就意味着青霉菌的分泌物有明显的杀菌作用。通过接下来的鉴定，Fleming 得知上述霉菌为点青霉菌（*Penicillum notatum*），于是将其产生的抑菌物质称为青霉素（penicillin）。为了获得这种神秘的抑菌物质，Fleming 尝试了当时能够使用的各种分离方法，但在多年的努力之后，Fleming 并未找到有效提纯青霉素的方法，而只能将点青霉菌菌株进行一代代地培养。1929 年他发表了研究成果，但未引起科学界广泛的关注。

　　为了进一步推进这一十分有意义的研究成果，Fleming 于 20 世纪 30 年代初将菌种提供给了牛津大学的 Howard Walter Florey（图 2.9）和 Ernst Boris Chain（图 2.10）团队，团队中还包括 Norman Heatley，Edward Abraham，Arthur Duncan Gardner，M. Jennings，J. Orr-Ewing 和 G. Sanders 等科学家。但是由于青霉素结构的高度不稳定性，直到 40 年代初，Chain 和 Florey 才逐步优化了培养和分离青霉菌提取物的手段，获得了少量可以用于动物实验和临床实验的青霉素。一旦被投入人体或是特定动物的体内实验，青霉素马上就表现出了优异的杀菌作用。而且十分有意义的是，在有效杀灭致病细菌的同时，青霉素对大多数实验动物和人体均表现出了良好的安全性。和磺胺等其他化学药物相比较，青霉素的毒副作用要小得多。更让人惊喜的是，青霉素具有比磺胺类药物广的杀菌谱，这就意味着一种药物可以对抗多种致病细菌，对于战场外伤等复杂的细菌感染情况具有特别的疗效。此后一系列临床实验不断证实了青霉素对链球菌、白喉杆菌、金黄色葡萄球菌等多种细菌感染的治疗有效。这些令人振奋的结果出现于第二次世界大战的初期，战争时期的特殊情况进一步推动了对于抗菌药物的特殊需求。英国和美国政府都充分意识到了这一药物对于战争的重要意义，因而制定了包括限制发表青

图 2.8　Alexander Fleming　　　图 2.9　Howard Walter Florey　　　图 2.10　Ernst Boris Chain

霉素相关研究成果等一系列的措施，加之战争阴云笼罩之下的英国科学家的研究环境不断恶化，两国政府为了更快地推进青霉素的研发与应用进程，开展了史称"青霉素计划"的宏大合作项目。Florey 和 Heatley 来到了美国，与美国农业部的首席微生物学家 Charles Thom 展开了合作。为了尽快地实现青霉素的大规模生产，在当时的研究基础和物质条件下，有两条途径可以进行尝试。第一条是寻找青霉素产率更高的微生物菌种，优化发酵条件从而实现大规模的生产；第二条是尽快确定青霉素的化学结构，寻找合适的合成路线实现化学合成。历史最终证明，第一条路线首先解决了青霉素大规模生产的问题。

　　位于美国伊利诺伊州皮奥里亚的美国农业部北部地区研究实验室（Northern Regional Research Laboratory，USDA）是青霉素菌种筛选和发酵工程的研发中心。非常凑巧的是，高产率的青霉素发酵菌种（*Penicillum chrysogenum*）正是从该实验室的一名工作人员 Mary Hunt 所提供的一个发霉的甜瓜上找到的。以这一菌种为基础，在英、美两国的相关多家研究机构、包括默克（Merck）、辉瑞（Pfizer）、施贵宝（Squibb）和雅培（Abbott）等药物生产企业的合作之下，随后才发展出了以当地大量产出的玉米浆为主要原料的深罐（deep-tank）大规模生产发酵工艺，使大规模生产青霉素成为可能。在这些研究成果的推动下，美国多家制药企业于1942 年开始对青霉素进行大批量生产。到了 1944 年 6 月 6 日的诺曼底登陆日，盟军指挥官 Dwight Eisenhower 将军已经拥有了近 300 剂青霉素的后备支持。整个1944 年，青霉素的供应量已经足够治疗第二次世界大战期间所有参战的盟军士兵。由此作为起点，青霉素开始不断得到更加广泛、深入的应用，拯救了无数人的生命。因为这项伟大的发明，Fleming，Florey 和 Chain 共同荣获了 1945 年度诺贝尔生理学或医学奖。

　　然而这一美好的结果却只是刚刚掀开了青霉素类化合物研究的大幕，一幕幕精彩好戏随之不断展开。首先是青霉素结构的确定。因为天然青霉素结构中包含酸性的羧基结构，可以和碱性物质生成盐类，所以随着青霉素分离、纯化方法的不断改进，首先获得的是青霉素的钠盐、钾盐以及相应的晶体。但是在 20 世纪三四十年代，化合物的结构鉴定虽然取得了长足的进步，但仍然不像现在这样可以依赖各种大型光谱仪器和数据库实现较为快速的结构鉴定，而只能通过大量烦琐的元素分析以及反应性质推断等传统方法获得相关的结构信息。在获得了青霉素盐类的纯净物后，英美两国的科学家都对这一物质的分子结构做出了大量的研究和推测。围绕青霉素的核心结构（图 2.11），当时顶尖的化学家们分为了两大派，一派以 Robert Robinson（1947 年诺贝尔化学奖得主）、John Cornforth（1975 年诺贝尔化学奖得主）为主，他们认为青霉素的核心结构属于噁唑酮联噻唑环结构类型；另一派则以牛津团队中的 Abraham、Chain 以及美国 Merck 公司的化学家为主，他们认为青霉素的核心结构属于 β-内酰胺并噻唑环结构类型。Robinson 等化学家反对 β-内酰胺结构的主要原因在于：β-内酰胺环是一个四元环，几何上要求环的内角都是 90°，但是构成环的羰基碳原子正常的成键角度是 120°，其他几个原子的正常成键角度都是 109°，因此这个环的所有成环原子的键角都负向偏离了正常角度，相当于是被挤压着成环，具有明显的"张力"，所以不稳定。这一化学发展历史上著名的争议，最终被英国杰出的晶体化学家 Dorothy Crowfoot Hodgkin（图 2.12）于 1945 年通过 X 射线晶体衍射法确定了青霉素的三维晶体结构而解决（图 2.13）。实验结果表明，青霉素的实际结构属于 β-内酰胺并噻唑环的结构类型。回顾青霉素的整个发现过程，正是这一高活性的结构特点使青霉素在常见的分离条件下容易分解，因此，从 1928 年 Fleming 发现青霉素的活性开始直到 20 世纪 40 年代初，科学家才获得了足够进行生理活性研究和结构研究的纯青霉素。后续研究表明，青霉素对特定致病细菌的选择性抑制作用也来自于这一高活性的结构特点。

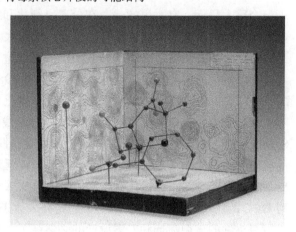

噁唑酮联噻唑环结构　　　　　　β-内酰胺并噻唑环结构

图 2.11　青霉素核心片段的可能结构

图 2.12　Dorothy Crowfoot Hodgkin　　图 2.13　Hodgkin 解析的青霉素晶体结构

　　而 Hodgkin 女士在复杂化合物结构解析方面的惊人工作远远不止青霉素。1955 年她再次破解了一个看似无法破解的复杂分子——维生素 B_{12} 的三维空间结构（图 2.14）。基于这些漂亮的结构解析工作及她对 X 射线晶体衍射结构解析方法的巨大贡献，她于 1964 年成为了世界上第三位获得诺贝尔化学奖的女性；1965年，她又成为第二位获得英国功绩勋章的女性(图 2.15)。更让人钦佩的是，Hodgkin女士在获得了世界范围内的广泛认可和尊敬后并没有停止她在科学高峰上的攀登。1969 年她又成为世界上第一个完成对胰岛素三维结构分析的科学家。

R=5'-脱氧腺苷, 甲基, 羟基, 氰基

图 2.14　维生素 B_{12} 分子结构式　　　图 2.15　Hodgkin 女士荣获的英国功绩勋章

在确定了青霉素的结构以后，通过化学方法合成这一分子成了青霉素研究的下一个重大目标。有意思的是，在分离、纯化和结构解析中带来过巨大困难的β-内酰胺结构再次成为青霉素全合成过程中的最大障碍。众多的化学家在合成青霉素的过程中都跌倒在形成β-内酰胺环这一难以逾越的最后一步上。大多数化学家经过一段时间的实验后，都停止了尝试。直到 1957 年，这一四元环的形成才被麻省理工学院的 John Sheehan 所完成，在此基础上他也成为世界上第一个完成青霉素类化合物全合成的科学家。从图 2.16 的合成线路图中我们可以看出，正是因为Sheehan 创造性地使用了一个刚发现的超强有机脱水剂 DCC 才使构成β-内酰胺环的氨基和羧基之间完成了脱水缩合反应形成四元环。为了完成青霉素的全合成，Sheehan 领导他的课题组在青霉素的合成方法探索上寂寞地坚持了十余年。他们对 DCC 的使用也不是偶然的发现，而是在大量失败实验的基础上，针对反应特点进行目标性的试剂筛选和方案设计的必然结果。在这一合成方法的基础上，DCC这一试剂也开始逐渐在酯合成、蛋白质合成等领域崭露头角。在当今广泛应用的蛋白质固相合成方法中，DCC 就起着不可替代的作用。随着全合成的完成，青霉素化学工作方面的障碍基本都被克服，青霉素的相关研究也随之进入了快速发展的时期。

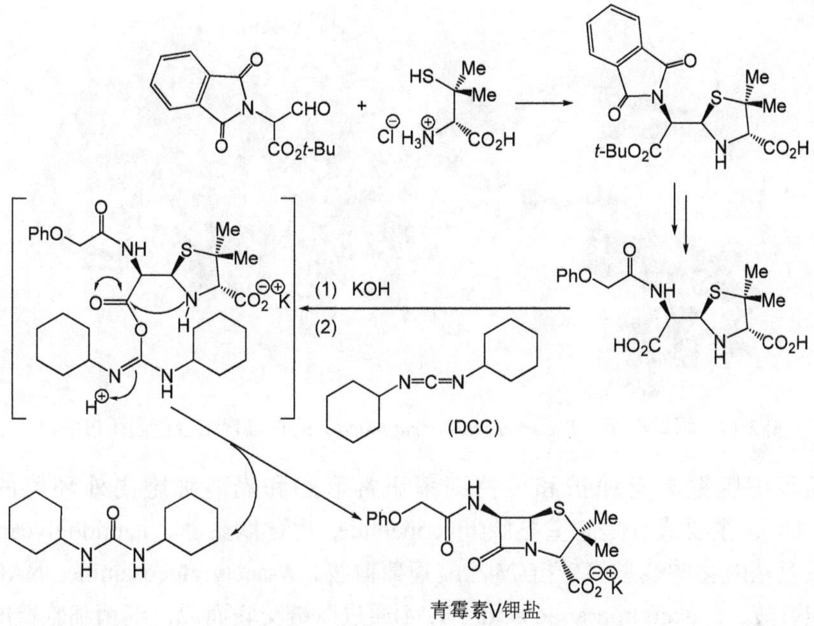

图 2.16　青霉素全合成方法示意图

1944 年 9 月 5 日，中国第一批国产青霉素诞生，揭开了中国生产抗生素的历史。目前，我国的青霉素的年产量稳居世界首位。从 20 世纪九十年代初开始，我国青霉素盐的产量在世界总产量中的占比逐步从三分之一增加到目前的 90%以上，青霉素工业盐产能已达 10 万吨/年。因此，如何改进我国青霉素生产的格局，从世界级的原料药物生产地转变为优势药品的生产基地是值得每一位相关药物研发工作者思考的问题。

2. 青霉素的作用机理

在与青霉素相关的众多研究结果中，最有意思的结论再次与青霉素的 β 内酰胺环结构联系在一起。从前面的故事中我们已经了解到，青霉素和其他具有体内抑菌作用的药物比较起来，最突出的优势就是它对致病细菌具有强烈的抑制作用，而对人体却影响很小。这一神奇的生物种属作用差异其实来源于青霉素的作用机制。它之所以能够抑制人体内的致病细菌，是因为它可以不可逆地与细菌体内的青霉素结合蛋白（penicillin binding proteins，PBPs）（图 2.17）结合。青霉素结合蛋白是细菌细胞壁合成过程中不可或缺的催化活性蛋白质，如转肽酶、羧肽酶、肽链内切酶等，它们在细菌生长过程中起着无法替代的重要作用。不同细菌 PBPs 种类及数量有很大差异，例如：金黄色葡萄球菌有 4 种 PBPs，大肠杆菌则至少有 7 种。

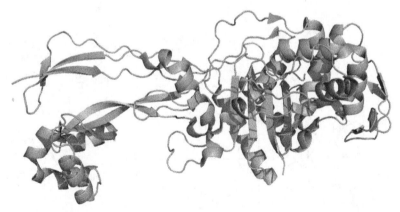

图2.17　绿脓杆菌（*Pseudomonas aeruginosa*）的青霉素结合蛋白（PBPs）

　　细菌细胞壁具有保护和维持细菌正常形态和隔离细胞内外环境的功能（图2.18），主要成分是胞壁黏肽(mucopeptide，也称肽聚糖，peptidoglycan)。它由两条氨基酰化的线型多糖链(N-乙酰葡萄糖胺，N-acetylglucosamine, NAG；N-乙酰胞壁酸，N-acetylmuramic acid, NAM)通过肽链交联而成。细菌细胞壁的生物合成可分为3个阶段：①胞质内黏肽前体的形成。②胞质膜上为乙酰胞壁五肽与乙酰葡萄糖胺连接。③在细胞膜外，通过转肽作用完成交叉连接过程。

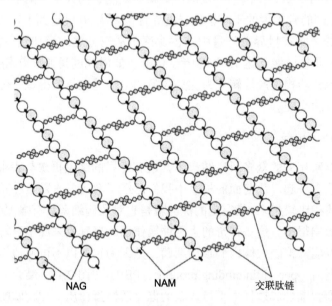

NAG　　NAM　　交联肽链

图2.18　细菌细胞壁的结构示意图

　　青霉素结合蛋白是合成细菌细胞壁表面结构肽聚糖（peptidoglycan）的关键催化剂，一旦青霉素结合蛋白的活性中心与青霉素结合就失去了催化肽聚糖合成的活性，就会使细胞壁合成终止，从而导致细菌的死亡（图 2.19）。

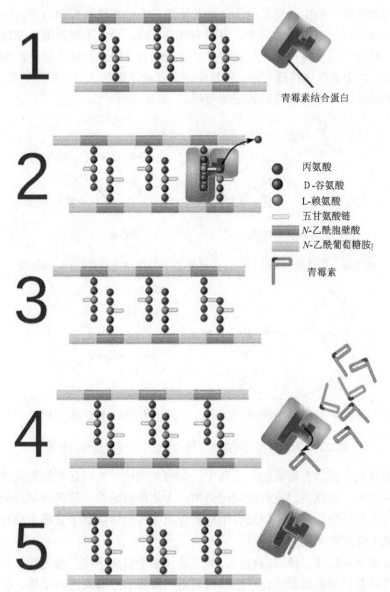

青霉素结合蛋白

丙氨酸
D-谷氨酸
L-赖氨酸
五甘氨酸链
N-乙酰胞壁酸
N-乙酰葡萄糖胺
青霉素

图 2.19　PBPs 在细菌细胞壁生成交联中发挥作用及其与青霉素等结合产生永久抑制的作用
1~3 为转肽酶正常作用时对肽聚糖的催化联结作用；4~5 则是青霉素抑制转肽酶后，肽聚糖片段无法联结的情况

　　青霉素能与青霉素结合蛋白形成不可逆结合主要有两个原因，第一：青霉素的整个分子结构从空间形态上来说，与转肽酶正常的结合对象——肽聚糖的末端二肽 D-丙氨酰-D-丙氨酸具有足够的相似度，可以进入酶的活性中心（图 2.20）；

第二：β-内酰胺四元环的巨大张力使其容易接受转肽酶中羟基的进攻而发生不可逆的酰化反应而使酶失活（图 2.21）。也就是说青霉素 β 内酰胺环的高度反应活性体现在与酶活性中心中的羟基的不可逆酰化反应中；相比较而言，该活性中心与糖蛋白的肽链反应则是活性适中，表现为可逆反应，可以不断地催化细胞壁的合成。一旦转肽作用不能进行，肽聚糖交叉连接就会受阻，致使细胞壁缺损，失去保护屏障。由于菌体内渗透压高，环境中水分就会不断渗入，使细胞肿胀、变形，在自溶酶激活影响下，细菌破裂溶解而死亡。

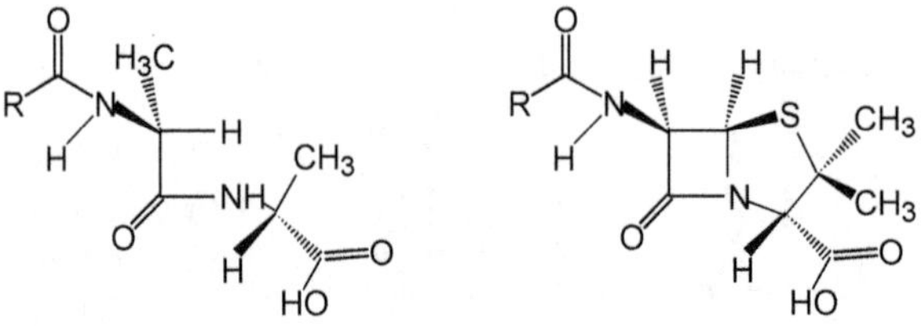

D-丙氨酰-D-丙氨酸　　　　　　青霉素

图 2.20　肽聚糖的末端二肽 D-丙氨酰-D-丙氨酸与青霉素分子结构比较

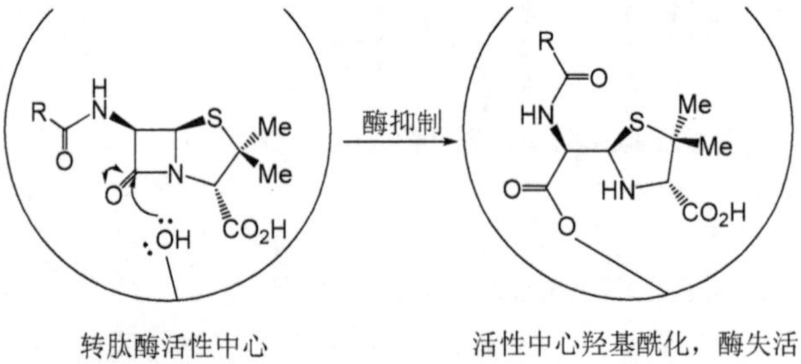

转肽酶活性中心　　　　　　活性中心羟基酰化，酶失活

图 2.21　青霉素与青霉素结合蛋白活性中心结合过程示意图

　　显而易见，使用青霉素的优点在于：与细菌相比，人与动物的细胞就没有细胞壁这一结构，也就是说没有肽聚糖结构。人体细胞的最外层是磷脂双分子细胞膜，所以人与动物的细胞中就没有细胞壁合成相关的转肽酶等青霉素结合蛋白，自然也就不会被青霉素所毒害。

　　青霉素因其高效、低毒的特点，被广泛应用于临床治疗。经过数十年时间的完善，青霉素针剂和口服剂已经能够根据不同需要治疗肺炎、肺结核、脑膜炎、心内膜炎、白喉、炭疽等细菌感染性疾病。继它之后，链霉素、氯霉素、土霉素、四环素等一大批针对性各不相同的抗生素不断被发现并生产，极大地增强了人类治疗细菌性疾病的能力。

3. 青霉素抗药性的产生与防止

常言道"道高一尺，魔高一丈"，一部分病菌的抗药性也随着抗生素的使用而不断进化、变异和增强。对青霉素而言，抗药性的本质就是细菌通过变异作用在细胞内部产生出了对青霉素类化合物具有破坏作用的 β-内酰胺水解酶。这种酶在青霉素接触转肽酶之前就能把它的 β-内酰胺环结构水解开环，这样分解掉的青霉素就不再会对细菌产生毒害作用，从而产生抗药性。细菌一旦产生了抗药性，其危害自然是不言而喻的。

针对这一严重威胁人类健康的细菌变异作用，我们能够采用的手段并不是十分多，下面简单地介绍几种思路。

第一种思路是改变药物分子的结构。从上面的青霉素结构研究结果中，我们已经了解到：青霉素的分子由二部分组成，一部分是由四元 β-内酰胺环与五元噻唑环并在一起形成的"母核"——青霉胺，它是青霉素抗菌的活性中心，一旦四元 β-内酰胺环被破坏，青霉素就失去抗菌活性；另一部分则是与青霉胺相连的侧链（图 2.6 中的 R，图 2.22 中的苯乙酰基）。显而易见，针对化合物结构的改造也只能从这两部分结构入手。就侧链改造而言：由于青霉素的侧链与母核青霉胺之间是通过酰胺键连接的，因此可以利用已经十分成熟的青霉素生产工艺，大量生产青霉素，然后通过酶水解其固有侧链来进行改造。研究发现，改变侧链结构，一方面可以使母核的结构更加稳定，增强药物的耐酸性，使之可以口服，增加对耐药性致病菌的破坏和打击能力；另一方面，还可以扩大青霉素的抗菌谱，并在一定程度上降低过敏性。这类侧链经过改造的青霉素药物被称为半合成青霉素，现在已经广泛用于临床。例如，很多人都使用过的安必仙（氨苄青霉素）和阿莫西林（羟氨苄青霉素）就是其中的典型代表。这类青霉素就具有一定耐抗药性，效果较青霉素好，可以作为口服剂型使用。过去病人打一针普通青霉素需要80~100 万单位，现在使用半合成青霉素，如氨苄青霉素、羟氨苄青霉素，只需要20 万单位就可以达到同样的治疗效果。图 2.22 中的最后一个化合物甲氧西林（methicillin）值得额外地介绍一下，这个化合物虽然具有比其他青霉素更好的抗耐药性，但是由于它引起间质性肾病的比例高于其他青霉素类药物，而且已经有了更好的替代药物，现在已经基本退出了临床使用。因此被用作衡量青霉素类药物抗药性的标准物质，即对甲氧西林有抗药性的致病细菌就可以认为所有青霉素类抗菌药物都对其无效。其中最为有名的抗药性致病菌是耐甲氧西林金黄色葡萄球菌（MERSA），这类细菌感染就只能使用其他类型的抗生素进行治疗，例如利奈唑胺（linezolid）和万古霉素（vancomycin）（图 2.23），而且治愈率和预后不是十分理想。

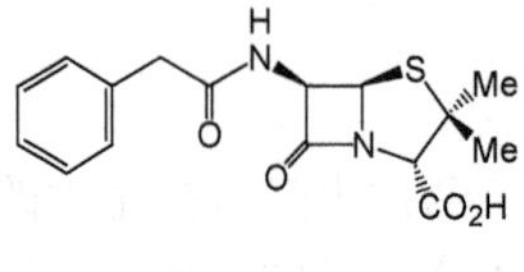

青霉素 G

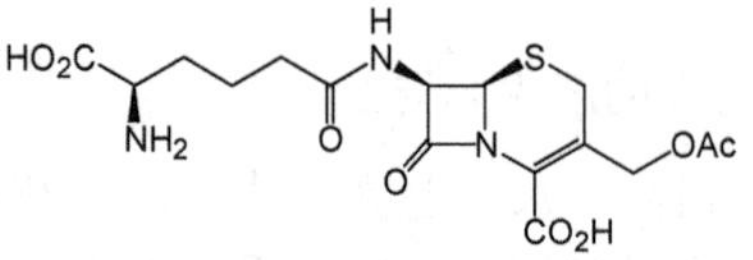

头孢 C

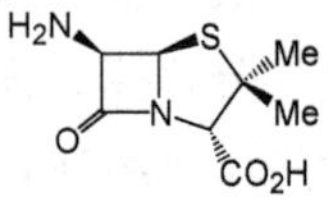

青霉胺

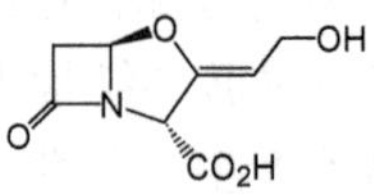

克拉维酸

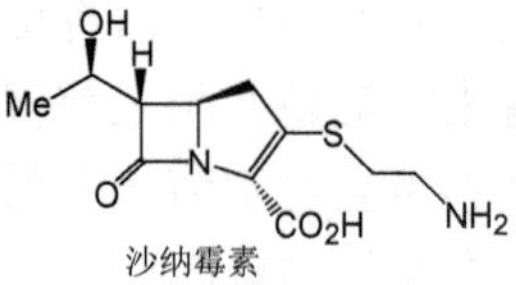

沙纳霉素

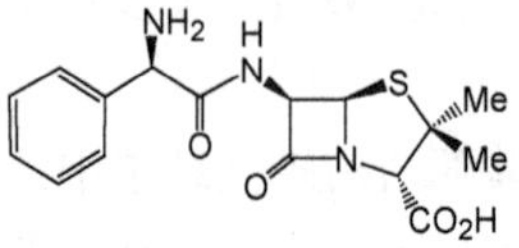

氨苄青霉素
（安必仙）

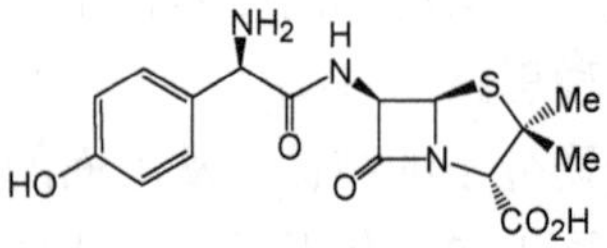

羟氨苄青霉素
（阿莫西林）

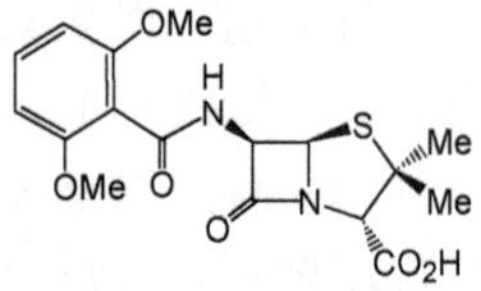

甲氧西林

图 2.22　常见的 β-内酰胺类抗生素及相关化合物

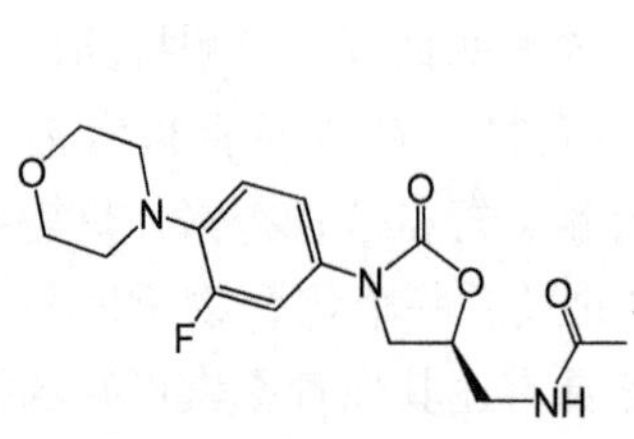

利奈唑胺

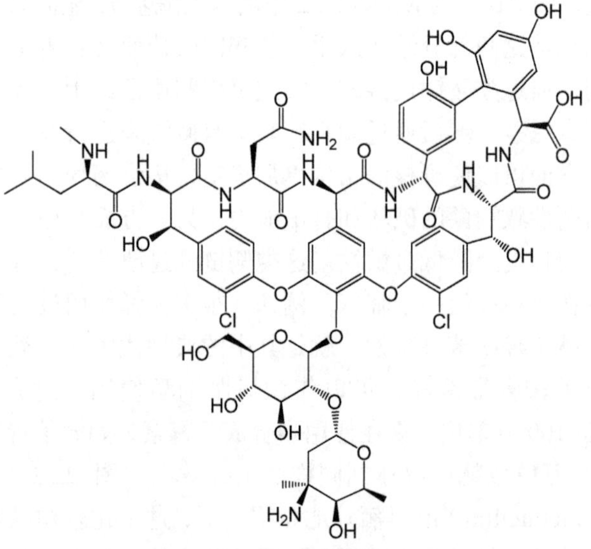

万古霉素

图 2.23　治疗耐甲氧西林金黄色葡萄球菌（MERSA）型感染的药物

　　相比较而言，针对母核的结构改造不如侧链改造那么方便，主要就是因为母核中的 β-内酰胺结构不能耐受剧烈的反应条件。因此更为实际的途径就是寻找其他微生物发酵来源以获得不同的母核结构。就具有与青霉素类似的 β 内酰胺结构的化合物而言，最有代表性的就是从冠头孢菌（*Cephalosporium acremonium*）中培养得到的天然头孢菌素 C（cephalosporin C），以此化合物为基础，通过类似于青霉素的研发方法，发展出了几乎和青霉素同等重要的头孢类抗生素。图 2.22 中的另外两个化合物也值得简单介绍一下。首先是沙纳霉素（thienamycin），这个化合物是 1976 年，从卡特利链霉菌（*Streptomyces cattleya*）中获得的一种天然 β 内酰胺抗生素。从结构上而言，这个化合物的母核是由 β-内酰胺与一个二氢吡咯环稠合而成的，与青霉素和头孢类化合物差异明显，因此具有很好的耐抗药性和很广的抗菌谱，但由于其稳定性不是十分理想，没有投入临床使用的基础。另外一个化合物是克拉维酸（clavulanic acid），它是 20 世纪 70 年代前期从棒状链霉菌（*Streptomyces clavuligerus*）中获得的 β 内酰胺类化合物。这个化合物本身的抗菌活性很弱，但是却有很好的结合 β-内酰胺水解酶的活性，是一种自杀性酶抑制剂。因此常与其他类型的 β 内酰胺类抗生素复配使用，以提高其耐抗药性。

第二种思路是从抗药性产生的源头开始防止抗药性的产生。从前面的讨论可以看出：抗药性的产生是由于致病细菌针对抗生素的结构弱点，产生相应的生物化学破坏机制而形成的药物失效作用。理论上说，只要长期使用某种抗生素治疗细菌感染就有可能产生相应的抗药性。目前，形势逐日严重的抗药性感染，很大程度上都要归因于青霉素类抗生素的滥用。很多人都有得了类似于感冒、咳嗽的小毛病就懒得上医院，而是去药店随便买点安必仙、阿莫西林之类的药物吃上几天，如果症状稍有减轻就停药，症状加重后再次服药的经历。殊不知，这样不规范地使用抗生素，特别容易产生抗药性，这也是社会上大范围产生抗生素类药物抗药性的重要根源之一。因此，合理、规范地使用抗生素是防止产生抗药性的根本。如果觉得病情严重，需要使用抗生素，那就应该在执业医师的指导下，按时、按量、足量的使用抗生素，才能达到较好的治疗作用，防止抗药性的出现。

作为社会的一分子，我们既有享受社会医疗发展带来的各种便利的权利，也有为社会节约资源防止不良现象产生的义务。

2.3　疟原虫的克星"奎宁"

在疟原虫发现之前，不论在我国还是在西方，都认为疟疾是"污浊空气"引起的。我国古代称之为"瘴气"。英语称之为"malaria"，词语源于意大利文，由 mal（不良的）+aria（空气）所组成。直到 1880 年，一位在阿尔及利亚君士坦丁军医院工作的法国医师 Charles Louis Alphonse Laveran 通过研究"瘴气"患者的红细胞，发现了其中寄生着的病原体——疟原虫，至此才解开了"瘴气"的千年之谜。而"瘴气"在我国从此也有了一个正式的医学名字"疟疾"。

疟疾，俗称"打摆子、寒热病"，是经按蚊叮咬或输入带疟原虫者的血液导致感染了疟原虫而引起的急性传染病（图 2.24、图 2.25）。感染了疟疾的病人，会表现出周期性规律发作的全身发冷、发热和多汗。人体在经历了长期多次的发作之后，会出现贫血、脾坏死、呼吸和肝肾衰竭、脑水肿等。疟疾数度流行于热带和亚热带地区，曾夺走成千上万人的生命。清朝康熙三十二年（1693 年），已经诛杀鳌拜、平定三藩，驱逐沙俄，正值事业巅峰的康熙皇帝就因患上了疟疾而差点丧命。后来，来自法国的两位传教士把随身携带的奎宁，俗称"金鸡纳霜"献给康熙服用，康熙才得以康复。"奎宁"是疟疾不折不扣的克星！

图 2.24　携带疟疾病原虫的按蚊

图 2.25　疟疾传染途径

1. 奎宁的来历

如前所述，奎宁（quinine）是一种治疗疟疾的特效药。关于它的发现，世间流传着不少传说。其中一则是这样的：早在 17 世纪，有一个印第安人身患疟疾，病得很严重。有一天他口渴得要命，于是就趴在厄瓜多尔南部洛哈省马拉卡托斯的一个小水塘边喝了很多水。这种"水"竟然有神奇的魔力，他喝了不久后就明显感觉病情大为好转！通过对周围仔细查看，他发现有许多树浸泡在这个水塘里，而正是这些树的树皮使得水的味道变得苦涩。后来当地印第安土著只要得了疟疾，便将这种树皮剥下，用晾干后研成的粉末进行治疗。这种粉末也被视为"神药"而被世代相传。南美洲的印第安土著将这种神药称为 Kinin（英语、西班牙语则据 Kinin 之音译为 quinine，奎宁），即"树皮"的意思。他们严守着"Kinin"的秘密，规定如果谁敢把药的秘密泄露给外族人，就要受到严厉的制裁。

1638 年，时任秘鲁总督的西班牙人 Cinchon 伯爵的夫人安娜（Ana Cinchon）患上了严重的间日疟，期间由一位印第安女孩照料她。女孩看到夫人整天受到疟疾的折磨，出于好心，她在给安娜服用的汤药中加投了这种祖传的秘方。然而，她所做的一切也被伯爵悄悄看在眼里。一开始，伯爵还以为这位印第安姑娘要谋害他妻子，因此要惩处她。印第安女孩这时才不得不讲出了"Kinin 树"的秘密。安娜痊愈后，西班牙人就带着这种树皮回到欧洲，并将这种树皮称为"秘鲁树皮""耶稣树皮"。而由这种树皮提炼出的有效成分也根据总督夫人的名字被命名为金鸡纳(cinchona)，成为欧洲著名的治疗疟疾的药方。从此之后，这种树经植物分类学家鉴定命名为 *Cinchona ledgeriana* (Howard) Moens ex Trim.（图 2.26，金鸡纳树），其霜剂被称为"金鸡纳霜"。

过了 200 年后的 1826 年，法国药师 Pelletier 和 Caventou 首次从金鸡纳树皮中提取出了奎宁和辛可宁生物碱，而直到 100 多年后的 1944 年，哈佛大学的美国有机化学家、现代有机合成之父 Robert Burns Woodward 和 William von Eggers Doering 才首次人工合成了奎宁。

图 2.26　金鸡纳树[*Cinchona ledgeriana* (Howard) Moens ex Trim.]

2. 奎宁的简介

奎宁（quinine）是茜草科植物金鸡纳树及其同属植物树皮中的主要生物碱。化学名称为金鸡纳碱，分子式 $C_{20}H_{24}N_2O_2$，分子量：324.42，熔点：177℃，高真空下可升华（170~180℃），性状：针状结晶，溶解性：难溶于水，溶于乙醇（图 2.27、图 2.28）。

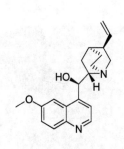

图 2.27　奎宁分子结构式

图 2.28　奎宁 3D 分子结构式

3. 奎宁的作用机理

奎宁是一种可可碱和 4-甲氧基喹啉类抗疟药，是快速血液裂殖体杀灭剂，能与疟原虫 DNA 结合，形成复合物。通过抑制其 DNA 的复制和 RNA 的转录，从而抑制疟原虫蛋白质的合成。另外，奎宁能降低疟原虫氧耗量，抑制其体内的磷酸化酶而干扰其糖代谢。奎宁还能引起疟色素凝集，但发展缓慢，很少形成大团块，并常伴随着细胞死亡。在电子显微镜下观察，可见疟原虫的细胞核和外膜肿胀，并有小空泡，血细胞颗粒在小空泡内聚合。在血液中，一定浓度的奎宁可导致被寄生的红细胞早熟破裂，从而阻止裂殖体成熟。奎宁对人体内的红细胞外期无效，不能根治良性疟，长疗程可根治恶性疟，但对恶性疟的配子体亦无直接作用，故不能中断传播。奎宁确切的作用机制尚不清楚，但可能为干扰溶酶体功能和疟原虫的体内核酸合成（图 2.29~图 2.31）。

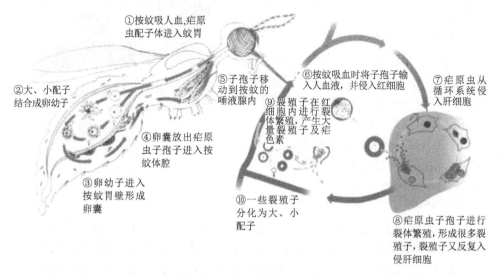

①按蚊吸人血,疟原虫配子体进入蚊胃

⑤子孢子移动到按蚊的唾液腺内

⑥按蚊吸血时将子孢子输入人血液,并侵入红细胞

⑦疟原虫从循环系统侵入肝细胞

②大、小配子结合成卵幼子

④卵囊放出疟原虫子孢子进入按蚊体腔

③卵幼子进入按蚊胃壁形成卵囊

⑨裂殖体大量裂殖子   子在红细胞内进行裂殖,产生大量裂殖子及疟色素

⑩一些裂殖子分化为大、小配子

⑧疟原虫子孢子进行裂体繁殖,形成很多裂殖子,裂殖子又反复入侵肝细胞

图 2.29　疟原虫的生活周期

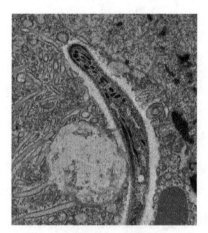

图 2.30　按蚊唾液中的疟原虫——
正在穿过按蚊的细胞

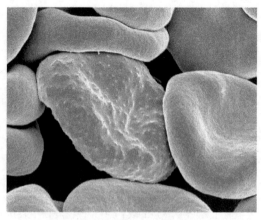

图 2.31　扫描电镜：感染了恶性疟
（*Plasmodium falciparum*）的红细胞（中间）

> **小贴士：**
>
> 　　疟原虫进入人体后分为红细胞前期、红细胞外期、红细胞内期和配子体阶段。
>
> 　　①红细胞前期：疟原虫破坏肝细胞。
>
> 　　②红细胞外期：大量潜隐子（疟原虫发育的一个阶段）除进入红细胞外，一部分还侵入肝细胞，继续增殖分裂。此阶段称为红细胞外期。在这一时期，人体一旦抵抗力下降，潜隐子即进入红细胞内导致复发。
>
> 　　③红细胞内期：潜隐子发育成滋养体，再变为裂殖体，整个过程都在红细胞内进行，大量裂殖体破坏红细胞引起疟疾的临床症状发作。
>
> 　　④配子体：红细胞内期的部分裂殖子分化成雌、雄配子体，当蚊子叮咬病人身体进行吸血时，配子体即进入蚊体内进行有性生殖，成为疟疾传播和流行的根源。

4. 奎宁的首次人工合成

　　1944 年，Woodward 和 Doering 从间羟基苯甲醛出发，得到立体构型的 A，A 和 B 经 Dieckmann 缩合后可转化为 C（奎宁辛，quinotoxin），而 C 因为被德国化学家 Rabe P 阐明能够得到奎宁（D），因此，Woodward 和 Doering 完成的这一工作被认为是人类第一次实现了奎宁形式上的全合成（图 2.32），其意义深远，影响极大，被化学界誉为近代有机化学合成的一大里程碑。当时美国的《时代》和《新闻周刊》都对其研究成果作了报道。

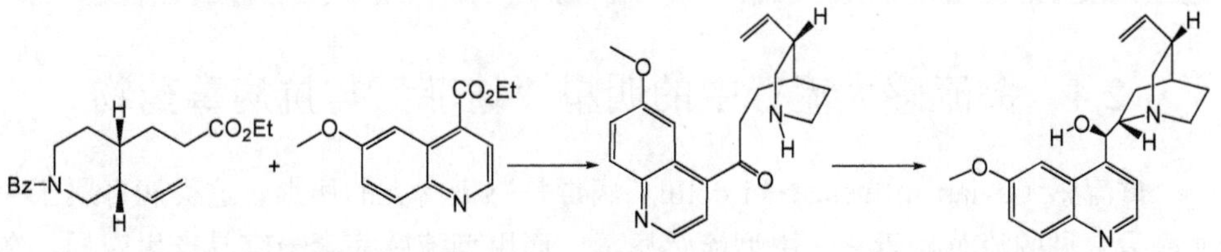

图 2.32　奎宁的全合成

> **小贴士：生活中的奎宁——汤力水（Tonic Water）**
>
> 　　奎宁水：又称通宁水（或印度通宁水、汤力水），是由以奎宁为主，苏打水、糖以及水果提取物（如柠檬）调配而成的一种饮料。带有一种天然的植物性苦味，经常被用来与烈酒调配各种鸡尾酒。

图 2.33　金汤力鸡尾酒及其配方

最初，奎宁水是被用来作为药物使用的，从天然金鸡纳树皮淬取出的植物性生物碱类物质拥有抵抗疟疾这种热带传染病的效果。早期的奎宁水仅单纯包含碳酸水与奎宁，且奎宁的剂量非常高，致使其味道非常苦，以至于难以下咽。当时被派往非洲与印度等热带地方作战的英国士兵，为了顺利喝下这种药水，发明了将其与金酒（Gin，琴酒、杜松子酒）混合之后饮用的变通方法，以降低其苦味。后来，这个新发明被带回英国本土，成为今天非常著名的金汤力鸡尾酒（Gin Tonic）的配方（图 2.33）。

不过，现在市面上量贩的汤力水已经与当初的原始版本有很大的差异。为了改善汤力水的适口性，许多制造厂商（主要是欧洲与亚洲地区的厂商）在里面加入了包括糖类与柠檬、莱姆等水果气味在内的成分，并且大幅降低奎宁的含量（约只有当初通宁水里面一半甚至 1/4 不到的含量）。如此低的剂量基本上已经没有什么医疗效果，主要的目的还是想获得奎宁那种微微甘苦味道的特殊口感。另一个降低奎宁含量的原因是，奎宁毕竟是一种药物，使用过量会引起一定的副作用（例如：造成流产或胎儿成长不全）。某些国家限制境内贩售的汤力水奎宁含量必须低于某个特定的安全标准才能为一般人安全使用。

2.4　禽流感大流行中的明星"达菲"与抗病毒药物

禽流感（avian influenza; bird flu）病毒是感染禽类的病毒。这类病毒属于一种最为常见的流感病毒——甲型流感病毒，而甲型流感病毒最容易产生变异。禽流感病毒在复制的过程中发生基因突变，造成结构上的改变，会在某些情况下获得感染人类的能力，最终造成人感染禽流感疾病事件的发生。人感染禽流感后的症状主要表现为高热、咳嗽、流涕、肌痛等，多数伴有严重的肺炎，严重者心、肾等多种脏器衰竭导致死亡，病死率很高。甲型流感病毒中，能直接感染人类的禽流感病毒亚型有：甲型 H1N1、H5N1、H7N1、H7N2、H7N3、H7N7、H7N9、H9N2 和 H10N8。其中 H1、H5、H7 亚型为高致病性。高致病性 H5N1 亚型和 2013 年 3 月在人体上首次发现的新禽流感 H7N9 亚型不仅造成了人类的伤亡，更是重创了家禽养殖业（图 2.34、图 2.35）。

可以说，如果不是甲型流感和禽流感的流行，我们还未必能够认识达菲，也不会对它产生兴趣。在风平浪静的日子里，达菲是那种被药店束之高阁而淡出人们视野的药物。而当流感病毒跃然成为报纸头条时，达菲便会成为力挽狂澜的英雄，给可怕的流感病毒以致命的打击。

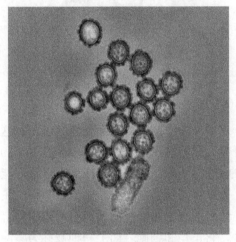 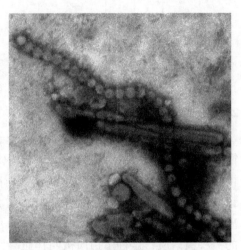

图 2.34 电镜下的 H5N1 病毒 　　图 2.35 电镜下的 H7N9 病毒

1. 达菲的简介

达菲 (Tamiflu)是化合物奥司他韦（oseltamivir）的商品名，Tamiflu 在香港音译为特敏福，在台湾意译为克流感。市场销售的达菲是磷酸奥司他韦胶囊，由吉里德科学公司（Gilead Sciences）和制药巨头罗氏公司联合研发，由罗氏公司独家生产，于 1999 年被美国 FDA 批准在瑞士上市，而在我国的上市时间是 2001 年 10 月。

达菲的片剂是第一个口服方便的流感病毒神经氨酸酶抑制剂，通过作用于流感病毒神经氨酸酶，抑制成熟的流感病毒脱离宿主细胞，从而抑制流感病毒在人体内的传播以起到预防和治疗甲型和乙型流感。它是公认的抗禽流感、甲型 H1N1 病毒最有效的药物之一。患者应在首次出现症状 48 小时以内使用。

达菲的化学名称：(3R,4R,5S)-5-氨基-4-乙酰氨基-3-(3-戊基氧基)-1-环己烯基-1-羧酸乙酯磷酸盐（1:1）；分子式：$C_{16}H_{28}N_2O_4 \cdot H_3PO_4$，分子量为：410.4（图 2.36、图 2.37），性状为：白色至黄白色粉末。

图 2.36　达菲分子结构式　　　　　　　图 2.37　达菲 3D 分子结构式

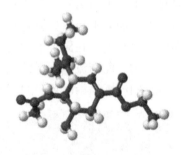

2. 达菲的设计与上市

　　设计新药，首先要能够在细胞、分子水平上深入地了解疾病发生的机制，这需要进行长期而大量的生物医学基础性研究。关于达菲的药物设计可以追溯到 20 世纪 40 年代。当时纽约洛克菲勒研究所的科学家发现，流感病毒在低温条件下能让红细胞凝聚起来；但是加热到 37℃时，聚集的红细胞就分开了，病毒此刻也脱离了红细胞。继而科学家又进一步得知，让红细胞聚集起来的是流感病毒表面上的一种蛋白质，这种蛋白质被叫作血凝素，它正是和细胞表面上一种被称为唾液酸的糖分子结合，才得以让病毒混到细胞里面去。而让病毒脱离细胞的是病毒表面上的另一种具有酶活性、能水解唾液酸的蛋白质——唾液酸是神经氨酸的衍生物，所以这种酶就叫作"神经氨酸酶"。

　　神经氨酸酶决定着流感病毒的繁殖。流感病毒一旦入侵细胞，就能够制造出许多新病毒。这些新病毒通过唾液酸与细胞连接在一起，并不具有破坏性和传染性。之后，通过神经氨酸酶水解唾液酸，切断它们与细胞之间的联系，这样才能继续入侵新的健康细胞。因此，如果有一种药物能够抑制神经氨酸酶的活性，使病毒无法感染新细胞，也就抑制了它们的繁殖。

　　但怎么才能得到这种神奇的药物呢？那就先得了解神经氨酸酶。1983 年，澳大利亚分子生物学家破解了神经氨酸酶分子的立体结构，发现它由 4 个一模一样的单元组成，形成了一个"田"字形结构，在"田"的正中是个孔穴，而这正是与唾液酸结合，并将其水解的地方。

　　假想如果能找到一种化合物，使它像塞子一样能够将这个孔穴堵住，这样细胞上的唾液酸就无法与孔穴结合，不就抑制了神经氨酸酶的活性了吗？那是否可以用外来的唾液酸来充当这一塞子，这样身体细胞本身的唾液酸不就不会被病毒骚扰了？没错，科学家首选的化合物就是唾液酸，但马上就发现唾液酸不是一种很好的抑制剂，它很容易从孔穴里掉出来。那是否能对唾液酸稍加改造，比如加块儿"吸铁石"让它和神经氨酸酶结合得更牢固呢？

　　通过仔细研究神经氨酸酶的分子结构，科学家发现其孔穴处有一个地方带负电荷。而唾液酸与其对应的位置上是一个羟基，也带负电荷。同性排斥，影响了结合。找到了症结所在，澳大利亚的科学家于是把羟基换成了带正电荷的基团——胍基，其抑制效果竟然是唾液酸的 1000 倍！1989 年，科学家终于合成了这种带胍基的唾液酸类似物，命名为"扎那米韦"。临床试验证明其能有效治疗流感后，于 1999 年被美国食品药品监督管理局批准上市，商品名叫"乐感清"。

　　虽然乐感清能够治疗流感，但在治疗使用方面还存在诸多不足。比如：由于带了胍基，它没法被肠道吸收，因此不能口服，只能做成粉末喷剂，吸入到肺里起作用。这种方式大大降低了药物的效果，也似乎违反了自然规律，不符合人们的用药习惯。为此在 1992 年，美国的科学家积极探索后找到了新的设计思路。他们找到了唾液酸分子上一个位置和神经氨酸酶的孔穴没有接触。神经氨酸酶的孔穴是疏水的，如果在唾液酸分子的这个位置添加一个疏水基团，不就能紧紧卡住孔穴了？在这样的假设下，科学家通过计算机设计了 600 多个化合物，再交给化学家合成，然后由生物学家进行测试。终于在 1995 年底发现其中代号为 GS4071 的一个化合物能强烈地抑制神经氨酸酶的活性。

　　不幸的是，GS4071 同样没办法被肠道吸收。科学家于是对其再次进行了改造——把其中的羟基变成乙酯，这样就解决了口服吸收难的问题。这种新的化合物被命名为"奥司他韦"，它经肠道吸收后，进入肝脏被分解了 GS4071，然后开始发挥药效。经过临床试验，奥司他韦于 1999 年被美国食品药品监督管理局批准上市，而它的商品名就是在禽流感爆发时大名鼎鼎、所向披靡的"达菲"。

　　很有意思的是达菲最初是用上一节的主角——金鸡纳树皮，提取到的奎宁酸（quinic acid）做原料合成的（图 2.38）。这种原料由于过于短缺，无法大规模生产，所以后来改用莽草酸作为原料（图 2.39）。莽草酸主要存在于木兰科八角茴香（*Illicium verum* Hook.f.）的干燥成熟果实中，而中国大量出产八角茴香，理所当然就成了达菲生产原料（图 2.40）。然而一些商贩为炒作商品，通过自媒体等网络媒介大谈"八角茴香炖肉可以预防流感"，实属谣传。可要知道八角茴香中的莽草酸要历经千山万水、经过十多步复杂的化学反应才能变成奥司他韦这种自然界没有的新物质呢，而整个反应过程也需要 6~8 个月才能完成。

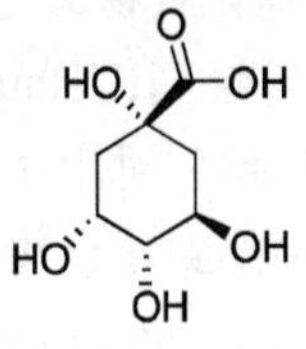

图 2.38　奎宁酸分子式 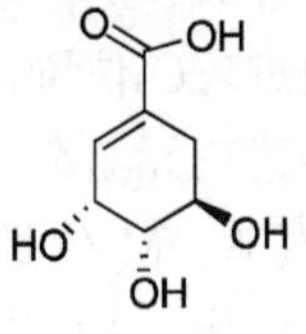　　　　　　　　　图 2.39　莽草酸分子式

图 2.40　八角茴香（*Illicium verum* Hook.f.）

3. 达菲的合成

达菲分子为环己烷的衍生物，1位为乙氧羰基(羧酸乙酯)，1,2-双键。而3,4,5-位为连续三个连接含氧、氮、氮的手性中心，相对构型为反、反结构，而绝对构型相应为R，R，S结构。因此在达菲的合成上可以从已有的六碳环原料出发，也可以在合成中构建六碳环，然后再逐步引入所需的官能团[1]。目前，禽流感的频频爆发，使达菲这一可以口服的抗病毒药物引起了有机化学科学家的极大关注——迄今已有20余条合成路线。其中，以莽草酸为代表的全合成路线，以及罗氏公司的工业化合成路线堪称所有这些合成路线中的经典。

1）以莽草酸为原料合成达菲的活性化合物——GS4071

达菲的首次全合成由Kim小组在1997年以莽草酸**1**为原料完成(图2.41)。首先，科学家利用Mitsunobu反应条件，选择性地活化空间位阻较小的C_5位置的羟基，与邻位羟基构建环氧，之后以MOM保护烯丙位的羟基得到化合物**2**，叠氮化钠开环氧，选择性地进攻C_5位置，得到化合物**3**；甲磺酰基保护羟基，Staudinger反应还原叠氮同时构建三元氮杂环，接下来再以叠氮化钠开氮杂环，脱除MOM得到化合物**4**；Tr保护氨基，Ms保护羟基，由化合物4两步一釜法得到化合物**5**；最后，以三氟化硼乙醚催化，3-戊醇开三元氮环，乙酰基保护氨基，Studinger反应还原叠氮，水解酯基得到化合物**7**（GS4071）。

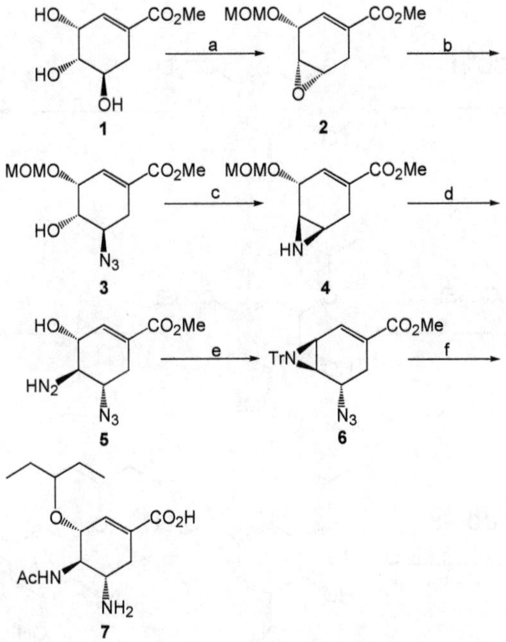

反应试剂和条件：a. 1) DEAD, Ph$_3$P, THF, 77%; 2) MOMCl, i-Pr$_2$NEt; DCM, 40℃, 3.5 小时, 97%; b. NaN$_3$, NH$_4$Cl, MeOH/H$_2$O, 回流, 15 小时, 86%; c. 1) MsCl, Et$_3$N, DCM, 0℃~室温, 1 小时; 2) Ph$_3$P, THF, 0℃~室温, 3 小时, Et$_3$N, H$_2$O, 室温, 12 小时, 78% (2 步); d. 1)NaN$_3$, NH$_4$Cl, DMF, 65~70℃, 21 小时, 2) 5% HCl-MeOH, 室温, 4 小时, 99%; e. 1) TrCl, Et$_3$N, DCM, 0℃~室温, 3 小时; 2) MsCl, Et$_3$N, 0℃~室温, 23 小时, 86% (一釜化, 2 步); f. 1) 3-戊醇, BF$_3$-OEt$_2$, 70~75℃, 2 小时; 2) Ac$_2$O, Py, DMAP, 室温, 18 小时, 69% (2 步); 3) Ph$_3$P, THF, H$_2$O, 50℃, 10 小时; 4) KOH aq., THF, 室温, 4h, 酸性树脂, 75% (2 步)。

图 2.41　以莽草酸为原料合成达菲的经典路线

2）罗氏公司上市的经典工业化路线

达菲由罗氏公司研发生产，1999 年在瑞士上市，罗氏的合成目标是发展一条高效的不使用有毒或是有危险性的试剂，能够大量制备的合成路线。它们的工业化路线如图 2.42 所示。首先对羧基乙酯化，以缩丙酮保护莽草酸的邻位顺式二羟基，Ms 保护 C$_5$ 位羟基，以三氟甲磺酸催化实现缩丙酮到缩戊酮的转换得到化合物 1，接下来以 Et$_3$SiH/TiCl$_4$ 在 DCM 中−35℃开缩酮，结果以 32∶1 的高选择性高收率地得到化合物 2，该步也是罗氏公司合成路线中的特色之一：由缩戊酮保护的二醇化合物还原构建戊醚键。接下来碱性条件处理得到环氧化合物 3，NaN$_3$ 开环氧以 9∶1 的比例得到一对叠氮醇的非对映异构体混合物 4 和 5，化合物 4 和 5 经过还原环化反应可得到同一化合物 6，粗产品化合物 6 直接以 NaN$_3$ 开三元氮杂环，得到叠氮氨基化合物 7，接下来氨基乙酰化保护，还原叠氮，得到化合物 8，随后以磷酸处理得到磷酸盐，产物在乙醇中重结晶，以 ≥99% 的纯度得到达菲。

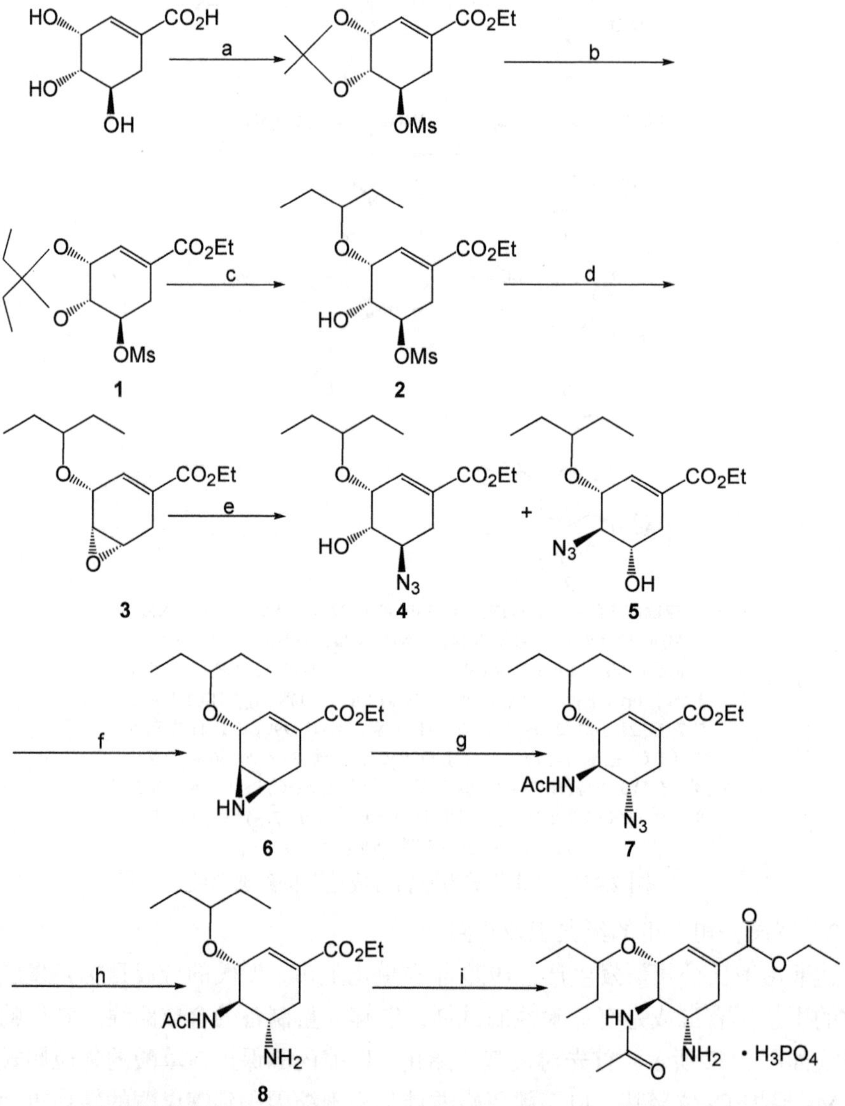

反应试剂和条件: a. 1) EtOH, SOCl$_2$, 回流，3h, 97%; 2) Me$_2$C(OMe)$_2$, TsOH, EtOAc,
15~20 kPa, <35℃, 4h, 95%; 3) MsCl, Et$_3$N, AcOEt, 20℃, 30 分钟，82%; b. 3 -戊酮, TfOH,
5.0~15 kPa, 40℃, 5h, 98%; c. Et$_3$SiH, TiCl$_4$, DCM, –35℃, 3.5h; d. NaHCO$_3$, EtOH/H$_2$O, 60℃,
1h, 80%(2 步); e. NaN$_3$, NH$_4$Cl, ad. EtOH, 75℃, 18h, 88%; f. Ph$_3$P, Et$_3$N, MsOH, DMSO,
50℃, 1h; g. 1) NaN$_3$, H$_2$SO$_4$, DMSO, 35℃, 4h; 2) Ac$_2$O, Bu$_2$O, 0~25℃; h. Bu$_3$P, cat.
AcOH, EtOH/H$_2$O, 5~20℃; i. H$_3$PO$_4$, EtOH, 50~20℃, 88%~92%(2 步)

图 2.42　罗氏公司合成达菲的经典工业化路线

小贴士：病毒和抗病毒药物

病毒可谓是适应性非常强的一类"非细胞类生物"——它们在细胞内繁殖，其核心是核糖核酸（RNA）或脱氧核糖核酸（DNA），外壳是蛋白质，不具有细胞结构。病毒寄生在宿主细胞内，依赖宿主细胞代谢系统完成自身的增殖复制，在其自身的基因提供的遗传信息调控下合成其自身的核酸和蛋白质，然后在宿主胞浆内装配为成熟的感染性病毒体，最后以各种方式从细胞中释出，进而继续感染其他健康的细胞，如噬菌体（图 2.43、图 2.44）。大多数的病毒都缺乏酶系统，因此不能独立自营生活，必须依靠宿主的酶系统才能完成其本身的繁殖（复制）。病毒核酸的复制基因需要整合在正常细胞的基因中，不易消除，这也是抗病毒药物研究发展缓慢的一个重要原因。

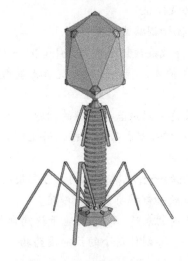

图 2.43　典型的噬菌体结构

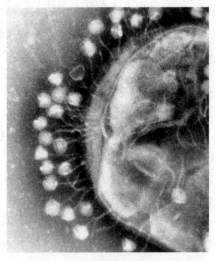

图 2.44　大肠杆菌噬菌体（T1）正在进攻 *E.coli* 表面

抗病毒药物是指用于抵抗或破坏病毒感染途径，如直接抑制或杀灭病毒、干扰病毒吸附、阻止病毒穿入细胞、抑制病毒生物合成、抑制病毒释放或增强宿主抗病毒能力等所用的药物。按结构可分为：三环胺类(如金刚烷胺、金刚乙胺等)、焦磷酸类(如膦甲酸等)、蛋白酶抑制药(多肽类似物，如沙喹那韦、利托那韦、吲哚那韦、奈非那韦等)、核苷类药物(如阿昔洛韦、拉米夫定、利巴韦林、齐多夫定等)及其他类(如地拉韦定、甘草甜素、干扰素、奈韦拉平以及反义寡核苷酸类等)；按作用可分为：抗人类免疫缺陷病毒(HIV)药物(如吲哚那韦、奈非那韦、地拉韦定、奈非拉平等)、抗巨细胞病毒(CMV)药物(如膦甲酸钠、更昔洛韦等)、抗肝炎病毒药物(如干扰素、单磷酸阿糖腺苷、拉米夫定、甘草甜素等)、抗疱疹病毒药物(如阿昔洛韦、伐昔洛韦、阿糖腺苷等)、抗流感及呼吸道病毒药物(如达菲、金刚烷胺、金刚乙胺、利巴韦林、反义寡核苷酸类等)。

由于病毒必须进入宿主细胞内复制才能显示生命活力，因而设计抗病毒药物或制剂的策略基本上可分别从病毒感染细胞的吸附、穿入及脱衣壳、病毒核酸复制、装配与释放等不同环节设计不同药物。对抑制病毒基因复制、转录及转译的药物和制剂是开发抗病毒药物的热点。目前抗病毒药物的研究方向主要有基因疗法、联合治疗、治疗性疫苗等。

基因疗法：

大量研究结果表明，基因疗法可能是未来控制病毒性疾病最有前景的方法。目前已有的基因疗法有：

①抗基因策略：将一种寡核苷酸导入受感染细胞，使之与双链 DNA 或 RNA 结合，产生一种三链螺旋使病毒复制及逆转录停止。

②核酶：利用天然存在的 RNA 酶特异性切割病毒 RNA。

③反义寡核苷酸：特异性地结合 RNA，导致病毒翻译停止或引起 RNA 降解。

④干扰蛋白：在细胞内合成干扰蛋白或抗体，特异性地干扰病毒蛋白合成或其功能的发挥。

⑤自杀基因：应用细胞内自杀分子的表达，以清除受感染的细胞。

⑥DNA 疫苗：用能表达病毒核心多肽的质料制成基因疫苗，诱生特异性抗体和细胞毒性 T 淋巴细胞以杀伤病毒感染细胞。

⑦RNA 干扰(RNAi)：RNAi 是新近发现的一种抗病毒机制，可利用靶向某一病毒核酸的 siRNA(短的干扰 RNA)，可有效抑制病毒复制和增殖。

通过上述方法在不同水平上阻断病毒基因的表达，特异性地干扰病毒复制，而不影响正常的细胞代谢，希冀成为高效价、毒副作用小的抗病毒药物。

联合治疗：

针对不同的抗病毒靶位和机制进行药物联合治疗。如干扰素和拉米夫定联合治疗，可以采取序贯、交替应用等形式，减少病毒耐药的发生，降低费用，提高疗效，值得深入研究。此外，抗病毒药与免疫调节剂联合应用，具有很好的前景，目前免疫调节剂或免疫增强剂尚有待开发。

治疗性疫苗：

治疗性疫苗被认为是抗病毒治疗的一个重要方向，已有研究者进行了探索。其中 DNA 疫苗和 HLA 限制的识别 HBV 表位的细胞毒 T 淋巴细胞疫苗能够活化细胞和体液免疫应答。在转基因鼠中，这种治疗性疫苗能够打破免疫耐受，但在人体中的研究尚待开展。

2.5　抗炎药物的王者"糖皮质激素"

2003 年，中国广东省及香港地区爆发的流行病、非典型性肺炎之一的"严重急性呼吸道综合征"(SARS)在短短几个月的时间里便席卷了全球，造成了社会恐慌。当时包括医护人员在内有超过 8000 人染病，近 800 人死亡，其中，我国的感染和死亡人数最多。虽然，人们已经知晓 SARS 的致病原是冠状病毒（图 2.45、图 2.46），但在不清楚发病机制、尚缺少有效治疗手段的情况下，当时的人们只能使用大量的肾上腺糖皮质激素对病情进行对症控制。激素的使用对控制症状非常有效，然而大剂量激素的使用却为不少患者留下永远的伤痛和遗憾——成为"非典后遗症患者"。这些患者的共性表现为：股骨头坏死、肺纤维化，继而出现因病致残、因病失业和失去生活自理能力的诸多心理问题，如抑郁症、狂躁症等。

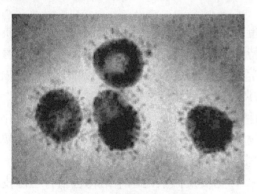

图 2.45　SARS 冠状病毒

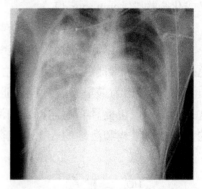

图 2.46　SARS 患者肺部 X 射线像片：显示大面积增多的弥漫性阴影

肾上腺糖皮质激素（adrenocortical hormones）属于"糖皮质激素"的一种，是肾上腺皮质所分泌激素的总称，属甾体类化合物。而糖皮质激素究竟是一类什么样的物质，可以集天使与魔鬼于一身，在力挽狂澜的同时又带来了如此巨大的负面效应呢？

首先，我们有必要对"激素"这一概念进行简单的了解。激素（hormone），希腊文的原意是"奋起活动"，说明这一类物质对机体的代谢、生长、发育、繁殖、性别、性欲和性活动等起重要调节作用。激素由高度分化的内分泌腺及内分泌细胞合成，并直接分泌到血液，在体内作为信使传递信息，通过调节各种组织细胞的代谢活动来影响人体的生理活动，它是我们生命中不可缺少的一类重要物质。激素种类繁多，来源复杂，按其化学性质可分为两大类：

（1）含氮激素

①肽类和蛋白质激素，主要有：下丘脑调节肽、神经垂体激素、腺垂体激素、胰岛素、甲状旁腺激素、降钙素及胃肠激素等。

②胺类激素，包括肾上腺素、去甲肾上腺素和甲状腺激素。

（2）类固醇（甾体）激素

类固醇激素是由肾上腺皮质和性腺分泌的激素，如皮质醇、醛固酮、雌性激素、孕激素及雄性激素等。

1. 糖皮质激素的简介

糖皮质激素（glucocorticoid，GCS），又名"肾上腺皮质激素"，是由肾上腺皮质中束状带分泌的一类甾体激素，主要是皮质醇（cortisol），化学式：$C_{21}H_{30}O_5$，分子量：362.461，化学名称：$11\beta,17\alpha,21$-三羟基-4-娠烯-3,20-二酮，又称：氢皮质素或化合物 F（compound F）。

糖皮质激素具有调节糖、脂肪和蛋白质生物合成与代谢，抑制免疫应答、抗炎、抗毒和抗休克等作用。因为这些特性，这类物质被用来治疗多种炎症和自身免疫病等疾病。目前已经能够通过化学方法进行人工合成。之所以称其为"糖皮质激素"，是因为最早人们发现它能够调节糖类代谢活性而得名。"糖皮质激素"这一词汇不仅包括具有上述特征和活性的内源性物质，还包括很多经过结构优化的具有类似结构和活性的人工合成药物。糖皮质激素类药物已经成为临床应用较多和较广泛的一类药物。

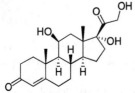

图 2.47　皮质醇分子结构式

糖皮质激素的基本结构包括肾上腺皮质激素所具有的 C-3 的羰基、C-4 的双键、17β-酮醇侧链以及糖皮质激素独有的 17α-OH 和 11β-OH（图 2.47）。

✐ **小贴士：皮质醇的作用机理**

在压力状态下，我们的身体需要皮质醇来维持正常的生理机能。如果没有皮质醇，我们的身体将无法对压力做出及时有效的反应。例如：如果没有皮质醇，当狮子从灌木丛中向我们袭来时，我们就只能被吓得屁滚尿流、目瞪口呆而动弹不得。然而，如果进行着正常的皮质醇代谢，我们的身体便能够瞬间做出反应：逃走或者搏斗。皮质醇的分泌能够将我们身体里储备的氨基酸（来自肌肉）、葡萄糖（来自肝脏）和脂肪酸（来自脂肪组织）及时释放出来，而这些能量物质被输送到血液里能够及时补充身体的能量损耗，保证我们身体机能的正常运转。

不仅如此，皮质醇在控制情绪和健康、免疫细胞和炎症、血管和血压间联系，以及维护结缔组织（例如，骨骼、肌肉和皮肤）等方面也都具有特别重要的功效。在压力状态下，皮质醇一般会维持血压稳定和控制过度发炎。

正常情况下，我们的身体能够很好地控制皮质醇的分泌和调节血液中皮质醇的含量，但实际情况并非总是如此。正常的皮质醇代谢是一个周期为 24 小时的循环，一般皮质醇水平值最高出现在早晨（约 6~8 点），最低点出现在凌晨（约 0~2 点）。通常在上午 8 点~12 点间，皮质醇水平会骤然下跌，之后全天都持续呈缓慢的下降趋势。从凌晨 2 点左右，皮质醇水平又开始由最低点再次回升，这种水平的改变让我们清醒，并让我们准备好迎接新的充满压力的一天。打破规律会使皮质醇水平在本该下降的时候升高。

每个人都会面临压力。其中那些承受重复压力的人、生活节奏紧张的人，以及正在节食的人，或者每晚睡眠少于 8 小时的人，都很有可能长期处在压力状况下，从而使他们的皮质醇水平长期偏高。这时皮质醇的负面效应开始显现为新陈代谢的变动：血糖升高、食欲增加、体重上升、性欲减退以及极度疲劳等等。

2. 糖皮质激素的发现和发展

自 1855 年以来，人们一直在研究肾上腺皮质激素的生理作用和临床应用。1927 年 Rogoff 和 Stewart 用肾上腺匀浆提取物为切除肾上腺的狗进行静脉注射后使之成功存活了下来，证明了肾上腺皮质激素的存在。有人根据这个实验推测，认为提取物的生物活性是由单个物质引起的。但后来人们总共从提取物中分离出来 47 种化合物，其中就包括了内源性糖皮质激素氢化可的松（皮质醇）和可的松（cortisone）。1949 年，美国医生 Philip Showalter Hench（图 2.48）及其同事 Edward Calvin Kendall（图 2.49）和瑞士的化学家 Tadeus Reichstein（图 2.50）三人宣布了对肾上腺皮质激素的发现及其对治疗类风湿性关节炎的良好作用。这一成果震动了当时的医药界。1950 年 12 月，瑞典皇家卡罗琳医学院将当年的诺贝尔生理学或医学奖同时授予了他们三个人，表彰他们对肾上腺皮质激素及其结构和生理效应的发现。

图 2.48 Philip Showalter Hench　　图 2.49 Edward Calvin Kendall　　图 2.50 Tadeus Reichstein

早期的糖皮质激素类药物均来自动物脏器的匀浆提取物，生产成本很高。后来，随着甾体化学、有机合成化学的发展，以及甾体激素全合成的实现，人们便

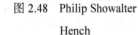

图 2.51　薯蓣皂苷元

可以用最简单、易得的有机化合物来合成任何一种甾体激素。但考虑到实际的生产成本，人们一般采用薯蓣皂苷元（diosgenin）作为合成的起始物（图 2.51）。薯蓣皂苷元是从薯蓣科（Dioscoreaceae）薯蓣属（*Dioscorea*）植物，如山药、穿山龙等植物的块根中提取出来的萜类化合物的糖苷，价格较为低廉。后来，在合成氢化可的松的基础上，人们又继续对糖皮质激素的结构进行了优化。如人们从一个肾癌患者的尿液中提取出一种具有 16α-OH 的甾体化合物"曲安西龙（triamcinolone）"（图 2.52），发现它是很好的糖皮质激素类药物，同时也不会像氢化可的松那样会引起钠潴留。为寻找作用强大而副作用较小的甾体激素类药物，科学家于 1954 年人工合成了泼尼松（prednisone）（图 2.53）和泼尼松龙（prednisolone）（图 2.54）。随着甾体化合物合成技术的发展，在对皮质醇的体内代谢过程进行了仔细研究后，人们又于 1958 年发现了更加稳定、具有更好抗炎活性和更低钠潴留的地塞米松（dexamethasone）（图 2.55、图 2.56）。在地塞米松的基础上，通过在甾体母环上引入甲基、卤素等基团，科学家又陆续开发出了倍他米松、倍氯米松、氟轻松等效果更好、更具有针对性的激素类药物。

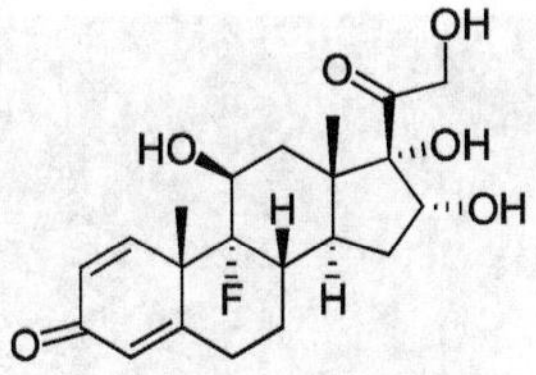

图 2.52　曲安西龙

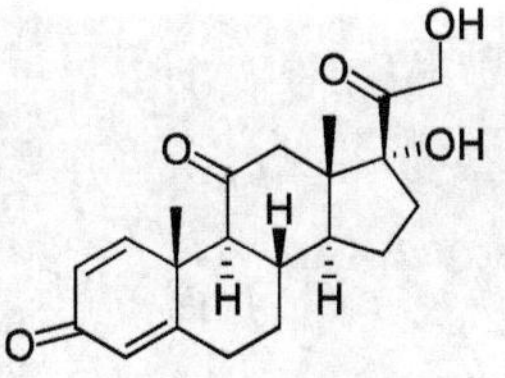

图 2.53　泼尼松

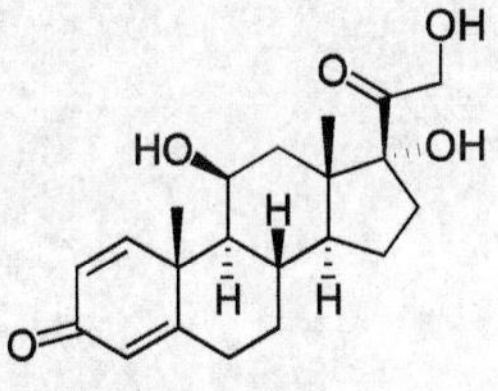

图 2.54　泼尼松龙

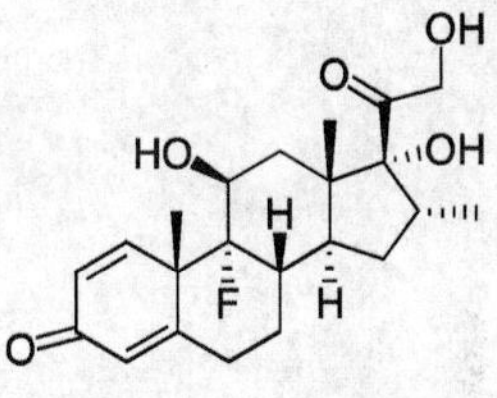

图 2.55　地塞米松

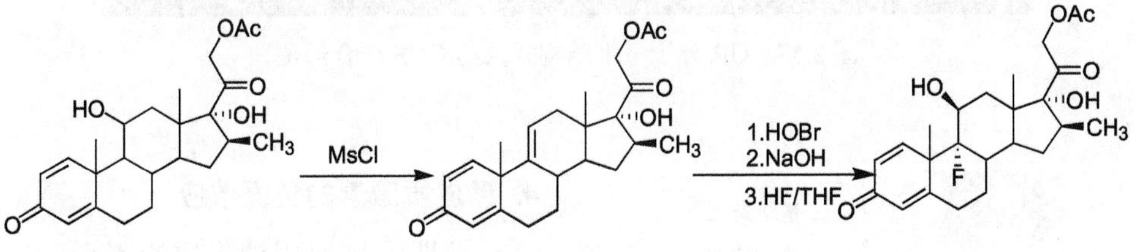

图 2.56　地塞米松的合成

3. 糖皮质激素的抗炎作用机制

糖皮质激素（GCS）具有快速、强大和非特异性的抗炎作用。其优点在于，在炎症初期，GCS 能够抑制毛细血管扩张，减轻渗出和水肿，同时能抑制白血细胞的浸润和吞噬，从而减轻炎症症状。在炎症后期，GCS 能抑制毛细血管和纤维母细胞增生，延缓肉芽组织生成，从而减轻疤痕和粘连等炎症后遗症。然而，GCS 在抑制和减轻炎症症状的同时，也降低了机体的防御功能，如果不正确使用有效足量的抗菌药物，会促使炎症反应的扩散和原有病情的恶化。

糖皮质激素（GCS）通过与糖皮质激素受体（glucocorticoid receptor, GR; GCR，图 2.57），也即 NR3C1 基因编码的蛋白质产物，结合来共同影响细胞内的转录调控。首先，GCS 扩散进入胞浆，与 GR-Hsp（热休克蛋白）复合体结合，Hsp 随即与 GR 分离。被活化的 GCS-GR 复合物进入细胞核，与靶基因启动子序列的 GRE 序列结合，通过增加抗炎细胞因子的基因转录，上调核内抗炎蛋白的表达（活化作用）。然后，与 nGRE 序列结合，通过抑制致炎因子基因转录，抑制胞浆中促炎症反应蛋白的表达（转录抑制），从这两方面共同产生抗炎作用。

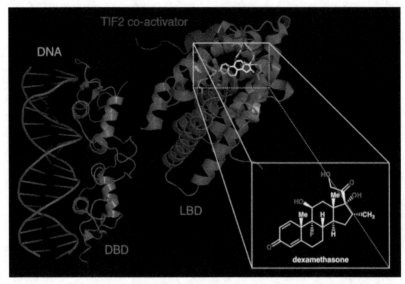

图 2.57　GR 分子三维结构式及与 GCS 结合部位

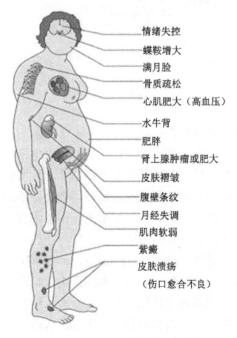

情绪失控
蝶鞍增大
满月脸
骨质疏松
心肌肥大（高血压）
水牛背
肥胖
肾上腺肿瘤或肥大
皮肤褶皱
腹壁条纹
月经失调
肌肉软弱
紫癜
皮肤溃疡
（伤口愈合不良）

图 2.58　长期使用糖皮质激素的副作用

4. 糖皮质激素的负面效应

　　长期大量使用糖皮质激素会引起身体代谢的紊乱，诱发机体出现皮质功能亢进综合征（图 2.58）。如：满月脸、水牛背、高血压、多毛、糖尿、皮肤变薄等；会降低机体对病原微生物的抵抗力，诱发和加重感染；此外，还会诱发和加重溃疡病、动脉硬化、骨质疏松、肌肉萎缩、精神病和癫痫，使伤口较难愈合，抑制儿童正常发育等；此外，还可以造成机体股骨头坏死（非典治疗中，北京登记在案的 300 名患者，因在非典治疗中大量使用糖皮质激素而永久丧失了劳动能力）。

　　长期使用糖皮质激素还容易使机体产生对药物的依赖性。如停药，患者会出现肾上腺皮质萎缩或功能不全，反跳现象（即：指长时间使用某种药物治疗疾病，突然停药后，原来症状复发并加剧的现象，多与停药过快有关）等。

2.6　广谱抗癌药"顺铂"

提起"顺铂"，它就像一个站在赛道旁的啦啦队手，为这位叫 Lance Armstrong 的环法自行车赛英雄、美国邮政车队的选手与癌魔顽强抗争的比赛中呐喊加油。Armstrong 正是使用了顺铂这一药物，才战胜了睾丸癌并创造了环法自行车赛史上连续五次夺魁称雄的奇迹（图 2.59）。

图 2.59　Lance Armstrong

1. 顺铂的简介

顺铂（cisplatin）是目前被临床广泛使用的一种化疗药物，通过静脉注射，对卵巢癌、前列腺癌、睾丸癌、肺癌、鼻咽癌、食道癌、恶性淋巴瘤、头颈部鳞癌、甲状腺癌及成骨肉瘤等多种实体肿瘤均有显示疗效。由于其较强的广谱抗癌作用，因此也被称作"抗癌药中的青霉素"。

图 2.60　顺铂分子结构式

顺铂的"顺"指的是"顺式结构"，即分子中两个相同基团排列在平面四边形同一方向的立体结构（图 2.60、图 2.61）。顺铂分子的结构极其简单，它的两个氯离子和氨基都分布在平面四边形同一侧。而分子排列与其相对的"反铂"（即反式结构，氯离子和氨基交错排列）。反铂中的两个相同基团的位置相对，因而不具备阻断癌细胞 DNA 复制的活性。

顺铂的化学名为：顺式二氨基二氯合铂，英文名为：*cis*-dichlorodiamineplatinum(Ⅱ)；cisplatin，其化学式为：*cis*-[Pt(NH$_3$)$_2$(Cl)$_2$]，分子量为：300.01。

图 2.61　顺铂 3D 球形分子结构式

2. 顺铂的发现

早在 1845 年，意大利化学家 Michel Peyrone 已经合成出了顺铂。然而当时的人们并未发现它能在癌症治疗中发挥作用，只当它是一种普通的化合物，称为"佩纶盐"。1893 年，配位化学创始人 Alfred Werner 推断出了顺铂的分子构型，但他也没有发现它的医药用途。直到 20 世纪 60 年代初，美国密歇根州立大学（Michigan State University）的生物物理化学教授 Barnett Rosenberg 等在测量电流对细菌生长的作用实验中，发现电解 Pt 电极可以产生一种可溶性铂复合物，这种复合物能够阻断大肠杆菌(*E. coli*)的二分裂。虽然大肠杆菌细胞的生长还在继续，然而其细胞的分裂却被阻断了。细菌个体在 Pt 复合物的影响下只能呈丝状方式进行不正常的生长，最终细菌个体生长的体积竟然可以达到其正常体积的 300 倍！这种八面体的顺式 Pt 复合物，即 *cis*-[PtCl$_4$(NH$_3$)$_2$]，而非其反式的同分异构体，被发现能够迫使大肠杆菌呈不正常的丝状样式生长（图 2.62、图 2.63）。之后，人们又发现立体构型呈正方形平面的 Pt（Ⅱ）型复合物，*cis*-[PtCl$_2$(NH$_3$)$_2$]具有更强的作用效力。这一发现促使 Rosenberg 研究小组测试了它对癌细胞的效果。1965 年，研究小组报道了顺铂对老鼠体内大量恶性肉瘤细胞的生长有较强杀灭作用。1971 年，顺铂进入临床实验，被发现有较强的广谱抗癌作用。1978 年 12 月，顺铂通过了美国 FDA 的核准，被用于睾丸癌和卵巢癌的治疗，并于 1979 年在英国和欧洲的许多国家上市。

　　然而，顺铂虽然具有抗癌谱广、疗效确切等优良特点，它却有较大的副作用。包括主要表现为白细胞数量减少的骨髓抑制；表现为食欲减退、恶心、呕吐、腹泻等的胃肠道反应；严重的肾脏毒性；表现为头昏、耳鸣、耳聋、高频听力丧失、感觉异常、味觉丧失等的神经毒性；以及颜面水肿、喘气、心动过速、低血压、非特异性丘疹类麻疹的过敏反应；电解质紊乱等。后来经过不断改进，人们发现通过药物联用，可以降低其副作用，减少患者痛苦，改善病人的愈后。

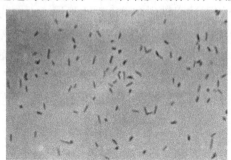

图 2.62　正常生长的大肠杆菌

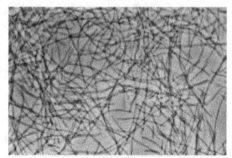

图 2.63　8ppm 顺铂培养基中
呈丝状生长的大肠杆菌

3. 顺铂的作用机理

　　顺铂通过干扰 DNA 复制，杀死繁殖最快的细胞，从理论上说它是一种致癌物质。当顺铂进入细胞体内后，经过水解，一个氯离子经过"水合"，被水分子取代，形成了高度活泼的水络合物[PtCl(H$_2$O)(NH$_3$)$_2$]$^+$。细胞内氯离子的水解是相对容易的，因为细胞内氯化物的浓度只有 100mmol/L，是细胞外液浓度的 3%~20%。

　　[PtCl(H$_2$O)(NH$_3$)$_2$]$^+$上的水分子极容易脱离，而被 DNA 上的 *N*-杂环碱基所取代，鸟嘌呤（guanine）可优先结合，随后形成[PtCl(guanine-DNA)(NH$_3$)$_2$]$^+$。而如果被另一个鸟嘌呤取代另一个氯离子，便可以轻易促使交联的发生。而顺铂通过不同方式

交联 DNA，能够干扰细胞的有丝分裂。而破损的 DNA 诱发启动 DNA 修复机制，当修复无法进行，这种修复机制便会诱发细胞凋亡。2008 年，研究者揭示出顺铂在人结肠癌细胞中诱导的细胞凋亡依赖线粒体丝氨酸蛋白酶 Omi/Htra2。然而，由于该项试验结果仅在结肠癌细胞中得到证实，因此 Omi/Htra2 是否也参与了其他组织中癌细胞的顺铂诱导的细胞凋亡仍然是个悬而未决的问题。

在 DNA 的所有变化中，最值得注意的是与嘌呤碱基的 1,2-链内交联。这些链内交联物质包括占所有加成物约 90% 的 1,2-链内 d（GpG）加成物，以及较为罕见的 1,2-链内 d（ApG）加成物。1,3-链内 d（GpXpG）加成物偶尔会出现，但瞬间会被核苷酸切除修复（nucleotide excision repair, NER）机制快速地切除。而其他链内交联和无功能的加成物在顺铂的药效中则被视为能够帮助其发挥作用。顺铂与细胞蛋白的互作，尤其与 HMG 结构域蛋白家族，作为一种干扰有丝分裂的机制被增强了，虽然很可能并不是其作用的初衷。顺铂尽管往往被定义为烷化剂，但由于没有烃基，因此它不能进行烷基化反应。因此，目前将其定义为"类烷基化"物较为合理。

4. 顺铂的全合成

顺铂的合成从氯亚铂酸钾开始，与过量的碘化钾反应后，形成四碘化物。然后通过与氨水反应生成一种黄色的化合物 $K_2[PtI_2(NH_3)_2]$。当加入硝酸银水溶液时，不溶的碘化银沉淀出来，而留下 $K_2[Pt(OH_2)_2(NH_3)_2]$ 溶液。加入氯化钾后，最终产物析出。在三碘中间体中，加入第二个氨基配体受反式效应（*trans* effect）影响（图 2.64）。

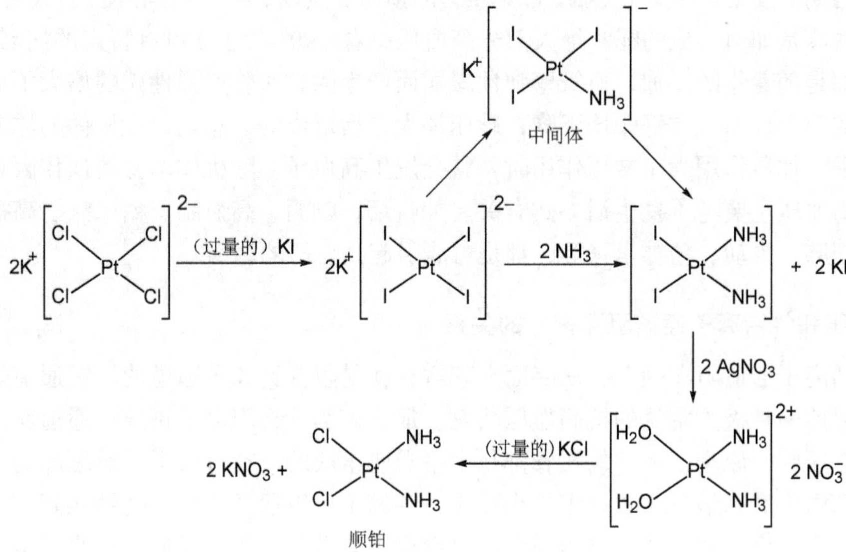

图 2.64　顺铂全合成路线

2.7　抗击高血压的英雄"钙离子通道阻滞剂"

小明今天又没有好好写作业，而是出去和同学打游戏去了。小明妈妈知道了之后，脸被气得通红，拍着桌子对他不停地说，"你就是这样对待学习的吗？我真的要被你气出高血压了。"

一提到高血压，通常会让人联想起脑卒中、心脏病等严重关系人类生命和健康生活的疾病。高血压一旦患上便无法治愈。从字面上理解，就是血管中的血液无时无刻不在对血管壁产生着超出正常的压力。显然，高血压并不是正常的状态，血管和循环系统器官随时处在高压之下，必然会有破裂的危险。而这种情况似乎与钙离子通道的打开和闭合有着密不可分的联系。

1. 高血压和高血压的形成

血压是指血液在血管内流动时，对血管壁产生的压力。高血压（hypertension）是最常见的慢性病，也是心脑血管病最主要的危险因素，它是指以体循环动脉血压（收缩压和/或舒张压）增高为主要特征（收缩压≥140毫米汞柱，舒张压≥90毫米汞柱），可同时伴有心、脑、肾等器官功能或器质性损害的临床综合征。患者常有头晕、头痛、颈项板紧、疲劳、心悸等症状。而当血压突然升高到一定程度时，会出现剧烈头痛、呕吐、心悸、眩晕等症状，严重时会发生神志不清、抽搐，多会在短期内发生严重的心、脑、肾等器官的损害和病变，如中风、心梗、肾衰等。

高血压是如何形成的呢？绝大部分高血压患者（90%以上）没有特定的病因，大部分都是随着年龄增加，血管壁弹性减弱而产生的。血管壁弹性减弱增大了血液流通的阻力，而导致舒张压下降，脉压加大之后形成的。总之，在机体的体循环动脉中，加压作用大于减压作用时，就会发生高血压。除机体本身的遗传因素以外，高血压主要与不良生活方式有关。如吸烟、酗酒、高血脂、糖尿病、高盐饮食、肥胖、少动、精神紧张等，都是可能引起高血压的原因。

2. 高血压和"钙离子通道阻滞剂"的关系

"钙离子通道阻滞剂"，从字面上理解，就是阻塞钙离子通道的。钙通道阻滞剂是目前一种极为常见的抗高血压药物。那么，为什么阻滞了钙离子通道就能控制高血压呢？原来，人体的血管都是由平滑肌组成的，在血管平滑肌细胞的细胞膜上都密密麻麻地分布着许多"小孔"，钙离子可以通过这些小孔钻入到平滑肌细胞中去，而这些小孔就是传说中的"钙离子通道"。钙离子通道本质上是一类跨膜糖蛋白，外观上是一种近似漏斗的亲水小孔，对离子起选择性通透瓣膜的作用。当钙离子进入细胞后，能与平滑肌细胞中一种被称为"钙调蛋白"的蛋白载体结合，然后通过一系列生物化学反应引起平滑肌的收缩。正常情况下，血管平滑肌细胞上钙离子通道的小孔完全关闭，只在需要的时候打开，平滑肌的紧张和松弛也能够自如控制、"按需分配"。然而，高血压病人体内，这些通道常常关闭不全，钙离子可以不断地透过小孔进入细胞内，使血管平滑肌长期处于紧张状态，于是血压也就升高了。因此，如果阻止钙离子进入血管平滑肌细胞，就可以解除血管平滑肌的持续紧张状态，舒张血管，达到降低血压的目的。钙离子通道阻滞剂的作用就是帮助这些关不全的小孔把"房门"关紧，阻止钙离子进入细胞内。这样可以解决血管平滑肌持续紧张的问题，使人体血压维持在一个正常的水平。

3. 钙离子通道阻滞剂的发现和简介

1964 年，钙离子通道阻滞剂在德国药理学家 Albrecht Fleckenstein 的实验室中首次被鉴定和认可。早在 1021 年，波斯著名医生和哲学家 Avicenna 在其所著的《医典》中就已经介绍了"欧洲红豆杉（*Taxus baccata*）"的药用价值——他把这种中草药命名为"Zarnab"，并用它来治疗心脏疾病。这就是人类医疗史上最早接触和使用的钙离子通道阻滞剂。然而直到 19 世纪 60 年代，这类药物在西方都没有得到广泛的使用和重视。

钙离子通道阻滞剂（calcium channel blocker，CCB），又叫钙离子拮抗剂、钙拮抗药(calcium antagonists)，是阻断钙离子经过细胞膜上的钙离子通道进入细胞内部的一类药物。狭义的钙离子通道阻滞剂指那些选择性阻滞 Ca^{2+} 经电位依赖性慢通道跨细胞膜内流的药物。代表药物有维拉帕米、硝苯地平、地尔硫䓬等。尽管它们的化学结构不同，但均能阻滞细胞外 Ca^{2+} 经细胞膜上的钙离子通道进入细胞。随着研究不断深入，CCB 的概念逐渐扩大，人们把能抑制 Ca^{2+} 跨膜内流的药物都冠以钙离子通道阻滞剂的名称。现在，钙离子通道阻滞剂一般指既对细胞内的 Ca^{2+} 所引发的生物效应无明显抑制作用，也不会显著影响细胞内钙离子释放，而是选择性阻滞细胞膜钙离子通道，通过阻止细胞外 Ca^{2+} 内流，而减少细胞内可利用 Ca^{2+} 来发挥作用的药物。

钙离子通道阻滞剂是一个庞大的家庭，有众多的成员。按其药物研发轨迹及作用特点，可以分为"三代"。

使用历史最长、最普遍的是硝苯地平（心痛定）——它是第一代钙离子通道阻滞剂，服用后血压很快降低。但由于血管迅速扩张，病人常常感到头痛、心跳快、面红、不容易坚持治疗。另外，硝苯地平作用持续时间短，一般每天需服用3 次，并且两次服药的间歇，血压可能会上升，很难做到 24 小时有效地控制血压。这类药物的特点是疗效稳定，不良反应少，因而在抗心律失常、抗高血压及防治心绞痛方面被广泛应用。

为了克服第一代药物的缺点，科研人员继而又开发了第二代药物，包括短效钙离子通道阻滞剂的缓释型和控释剂型，即通过给以往不够理想的短效药物穿上一件特殊的外衣，以达到延长作用持续时间、减少副作用的目的。但患者胃肠道的强腐蚀消化环境可能会影响药物的疗效。第二代的代表药物有：felodipine、nicardipine、nitrendipine、nimodipine 等等。该类药物是在二氢吡啶结构的基础上发展起来的，具有高选择性和高稳定性的特点，疗效较为明显。

络活喜是第三代钙离子通道阻滞剂的代表药物，也是目前唯一无需通过缓释技术就能实现长效功能的钙离子通道阻滞剂，其半衰期长达 35~50 小时，因此不需要使用缓释或控释剂型，就可以做到每日服用一次，24 小时平稳控制血压，并且疗效也不受患者胃肠道功能和食物的影响，可以和绝大多数药物一起服用，还可以掰成两半服用。比较方便。另外，由于它的作用持续时间很长，病人偶尔漏服一次也不会造成血压升高。第三代钙离子通道阻滞剂的代表药物还有：pranidipine、bepridil 等。

4. 钙离子通道阻滞剂的作用机理

钙离子通道按类型可分为电压依赖型钙通道和受体调控型钙通道（图 2.65）。其中，电压依赖型钙通道又分成了不同的亚型，包括 L、T、N、P、Q、R 等不同的类型。心血管系统主要为 L 型和 T 型。目前，临床常用的钙离子通道阻滞剂主要作用于 L 型。以 L 型钙通道为例，钙离子通道由 α1、α2、β、γ、δ 五个亚单位组成，其中 α1 亚单位为功能亚单位，它能单独发挥钙离子通道的作用。α1 亚单位上有四个重复的结构域（domain），每个结构域含有 6 个跨膜片段，分别为 S1、S2、S3、S4、S5、S6，都为疏水性结构（图 2.66）。其中，S4 含有 5~6 个带正电荷的精氨酸，对膜电位的变化极其敏感，是钙离子通道的电压敏感区。S5-S6 之间有一较长的小瓣陷入膜内形成小孔供 Ca^{2+} 通透，其邻近部位常是钙离子阻滞剂的结合位点。根据结合位点的不同，钙离子阻滞剂又可分为三个亚类（表 2.2）：二氢吡啶类(dihydropyridines, DHPs)，如硝苯地平(nifedipine)、尼卡地平(nicardipine)、尼群地平(nitrendipine)、氨氯地平(amlodipine)、尼莫地平(nimodipine)、尼索地平(nisoldipine)等；地尔硫䓬类(benzothiazepines, BTZs)，如地尔硫䓬(diltiazem)、克仑硫䓬(clentiazem)、二氯夫利(diclofurine)等；苯烷胺类(phenylalkylamines, PAAs)，如维拉帕米(verapamil)、加洛帕米(gallopamil)、噻帕米(tiapamil)等。

钙离子通道有三种状态：静息态、开放态、失活态。钙离子阻滞剂通过作用于不同的功能状态而发挥阻滞作用，如维拉帕米作用于开放态，地尔硫䓬作用于失活态，而硝苯地平则主要作用于静息态。

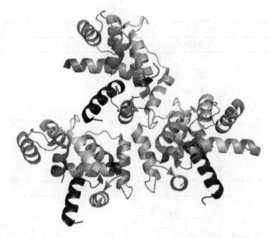

图 2.65　电压依赖型钙通道的晶体结构模型

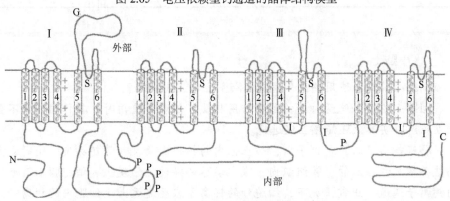

图 2.66　钙离子通道 α1 亚单位的分子结构

表 2.2　几种典型钙离子通道阻滞药物的化学结构式

名称	结构式	分子式	分子量	CAS 号
二氢吡啶类(dihydropyridines, DHPs)				
硝苯地平 (nifedipine)		$C_{17}H_{18}N_2O_6$	346.335	21829-25-4
氨氯地平 (amlodipine)		$C_{20}H_{25}ClN_2O_5$	408.879	88150-42-9

续表

名称	结构式	分子式	分子量	CAS 号
地尔硫䓬类(benzothiazepines, BTZs)				
地尔硫䓬 (diltiazem)		$C_{22}H_{26}N_2O_4S$	414.519	42399-41-7
苯烷胺类(phenylalkylamines, PAAs)				
维拉帕米 (verapamil)		$C_{27}H_{38}N_2O_4$	454.602	52-53-9

✎ 小贴士:

问题: 补钙和使用钙离子通道阻滞剂会相互影响吗?

回答: 不会。这两种药物虽然作用相反,但联合使用时,其作用非但不会相互抵消,实际上还能相互促进呢。

补钙是为了纠正负钙平衡,防止体内的钙代谢紊乱和骨钙丢失,同时避免钙盐异常沉积在血管、软组织内,减少动脉粥样硬化的发生。细胞膜上有专门的钙离子通道,正常情况下,细胞外的钙离子浓度远远大于细胞内的钙离子浓度,这种浓度梯度的维持主要靠的是钙离子通道。一旦细胞膜上钙离子通道调控失灵,大量钙离子就会进入细胞内,引起血管平滑肌收缩,血压就会升高,甚至会引起心绞痛、心肌梗死。钙离子拮抗剂可通过拮抗钙离子通过细胞膜进入细胞,从而减少血管的收缩。适当正确地使用钙离子拮抗剂能及时关闭钙离子通道,阻断钙离子的非正常内流。由此可见,钙剂与钙离子拮抗剂均能起到保护心脑血管、预防和治疗高血压的作用,两者同服并不矛盾。现在已有大量临床研究结果证实,老年高血压患者在服用降压药的同时进行补钙是降血压治疗的有益补充。

2.8 一专多能的常青树"阿司匹林"

阿司匹林的分子结构极其简单,它与青霉素、安定一起称为医药史上的三大经典药物。自 1899 年 3 月 6 日诞生以来,至今已在药坛上活跃了将近 120 年。目前，全球每年共生产近 5 万吨的阿司匹林，以 500 毫克每片计，大约是 1000 多亿片！正由于如此著名、使用如此广泛的特性，阿司匹林已进入了吉尼斯世界纪录！众所周知，阿司匹林最早被用于治疗感冒、发热、头痛、牙痛、关节痛、风湿病，后来当人们发现它竟然能够有效抑制血小板的凝集，因此更进一步把它用于预防和治疗缺血性心脏病、心绞痛、心肺梗死和脑血栓等心血管疾病。现在，越来越多的研究报道声称它对癌症治疗起积极作用——阿司匹林这一驰骋沙场的老将在未来的医药界也许会引起一场更加翻天覆地的变化。

1. 阿司匹林的简介

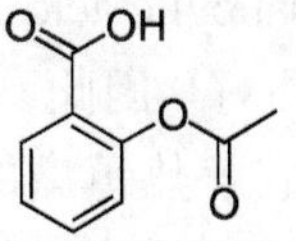

阿司匹林（aspirin）目前是人工合成的药物。化学名：乙酰水杨酸（acetylsalicylic acid），分子式：$C_9H_8O_4$，分子量：180.15，熔点：135 ℃，沸点：140 ℃，水溶性：3.3g/L（20℃）。

图 2.67　阿司匹林分子结构式

阿司匹林为白色针状或板状结晶或粉末，无气味，微带酸味。在干燥空气中稳定，在潮湿空气中缓缓水解成水杨酸和乙酸。在乙醇中易溶，在乙醚和氯仿中溶解，微溶于水，在 NaOH 溶液或 Na_2CO_3 溶液中能溶解，但同时也会分解（图 2.67、图 2.68 ）。

图 2.68　阿司匹林 3D 球形分子结构式

2. 阿司匹林的前身及其由来

虽然阿司匹林当前是人工合成的，但其前身——水杨酸的药用价值却是在 3000 多年以前就已经得到体现。古苏美尔人的泥板上记载着，杨柳树叶对关节炎有很好的治疗效果。在公元前 1600~1700 年的古埃及，医学著作《艾德温·史密斯纸草文稿》（*Edwin Smith Papyrus*）记录了干的垂柳树（*Salix babylonica*）叶具有止痛的功效。古希腊和古埃及人很早就知道了用柳树皮(willow bark)来缓解疼痛的方法。著名医学家希腊医生 Hippocrates 和 Galen 均在其论著中描述过这一作用，Galen 还第一个记录了柳树皮的退热和抗炎作用。与此同时，我国古代药物学家和医学家也发现了柳树的药用价值：据《神农本草经》记载，柳之根、皮、枝、叶均可入药，有祛痰明目，清热解毒，利尿防风之效，外敷可治牙痛。据《本草纲目》记载，"柳叶煎之，可疗心腹内血、止痛，治疗疮；柳枝和根皮，煮酒漱齿痛，煎服制黄疸白浊；柳絮止血、治湿痹，四肢挛急"。在文艺复兴之后的 17、18 世纪，随着有机化学的飞速发展，人们逐渐认识到，某些植物之所以有特殊的药用效果，是因为植物里含有特定的有机分子，而正是这些有机分子发挥了神奇的药用价值。

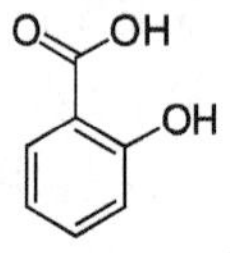

图 2.69　水杨酸分子式

1826 年，意大利人 Brugnatelli 和 Fontana 发现柳树皮中含有一种名为水杨苷（salicin）的物质，他们当时得到的样品纯度很低。1829 年，法国化学家 Henri Leroux 改进了提取技术，他可以从 1.5 千克的柳树皮中提取约 30 克的水杨苷。1838 年，意大利化学家 Raffaele Piria 发现水杨苷水解、氧化变成的水杨酸（salicylic acid）（图 2.69、图 2.70），药效要比水杨苷更好。因此，他对初提的水杨酸进行了提纯，验证了它解热镇痛的疗效。1859 年，德国化学家 Herman Kolbe 在实验室第一次成功地以相对低廉的成本合成了水杨酸。经验证，合成水杨酸和从植物中提取的天然水杨酸具有相同疗效。于是人们开始

图 2.70　水杨酸结晶

广泛地应用这种新型化合物治疗关节炎等疾病引起的疼痛、肿胀，以及流感等疾病引起的发烧。但很快，人们发现了其副作用：水杨酸味道既酸又苦，难以为人们接受。同时，不可忽视的是水杨酸在被服用后会对胃黏膜产生非常强烈的刺激，严重到扰乱患者的消化机能，有些人甚至因为大量服用了水杨酸而导致胃出血。

　　从水杨酸到乙酰水杨酸，实际上就是通过一个乙酰化的化学修饰，用乙酰基团将水杨酸上的酚羟基部分覆盖，来消除其在味觉、嗅觉，以及刺激胃黏膜方面的副作用。然而，究竟是谁先想到将水杨酸变成乙酰水杨酸这一步，却颇有争议。德国拜耳公司（Friedrich Bayer）至今一直坚持的是，当时其职员 Felix Hoffmann 的父亲患有严重的关节炎，为了治疗，这位老人必须忍受服用水杨酸之后对胃黏膜产生的强烈刺激和伤害作用，这使他非常的痛苦。为了帮助父亲找到更合适的药物，Hoffmann 在查阅大量化学文献和进行大量的实验研究工作后发现，水杨酸乙酰化不仅可以增强药效，在消除副作用方面也达到了最佳效果。就这样，乙酰水杨酸于 1897 年被成功合成。然而，这在当时并没有得到医药市场的足够重视，时隔两年后，拜耳公司的 Heinrich Dreser 为之取了一个新名字 "Aspirin"。自此以后，阿司匹林被作为解热镇痛的首选药物风靡了整个欧洲和美国市场。

　　19 世纪 40 年代，美国加利福尼亚州耳鼻喉科医生 Lawrence L. Craven 注意到一个非常奇怪的事情。他给那些扁桃体发炎的病人使用相对大剂量的阿司匹林时，会导致这些患者流血。这位充满好奇心的年轻人联想到，阿司匹林也许能够增加血液供应。而增加血流供应是保护心脏的一个重要途径。Craven 于是从 1948 年开始利用阿司匹林对年纪大的男性患者进行治疗，帮助他们减少心脏病发病的概率。经过了十年左右的实验和观察，Craven 以粗略的实验数据在不太有名的期刊

上发表了 4 篇关于阿司匹林能够预防心脏病突发事件和中风事件发生的论文。文章指出，病人通过一段时间的每天服 1~2 片阿司匹林，可以有效地防治心肌梗死。遗憾的是，当时整个世界对心脏病的防治与他的观点是截然相反的。阿司匹林能够保护心脏被认为是一种荒谬的说法。因为很多人们在服用了水杨酸以消减解热镇痛的症状的时候都会出现呼吸急促和心跳加速的症状。Craven 的研究结果并没引起社会的广泛关注。更为讽刺的是，他发现甚至没能帮助到自己，Craven 于 1957 年死于心脏病突发。然而，Craven 医生的发现和设想无疑开创了阿司匹林防治心脑血管疾病的新时代。如果要评价科研成果的话，他应该是有文字记载的发现阿司匹林新药效的第一人。

直到 1971 年，英国药理学家 Sir John Robert Vane 发现了阿司匹林能够抑制血小板凝结，从而减轻血栓带来的危险。他发表了阿司匹林及其系列非甾体药物抗炎的作用机理，这一成果最终使他分别于 1982 年和 1984 年获得诺贝尔生理学或医学奖以及皇家爵士头衔。目前，阿司匹林在心血管疾病一级预防中的效益已经在 6 项大规模随机临床试验中得到证实，它们分别是英国医师研究（BDT）、美国医师研究（PHS）、血栓形成预防试验（TPT）、高血压最佳治疗研究（HOT）、一级预防研究（PPP）和妇女健康研究（WHS）。

现在，许多科学家又把视线投向了阿司匹林的抗癌研究。我们知道阿司匹林通过抑制前列腺素和血栓素的合成来达到止痛、退烧和对心血管疾病进行防治。而人体的前列腺素由花生四烯酸在环氧化酶（Cox-1 和 Cox-2）催化下转变而来。阿司匹林就是通过抑制环氧化酶来实现抑制前列腺素的合成以发挥其众多功效。有研究显示 Cox-2 抑制剂可以促进肿瘤的凋亡，减少肿瘤细胞有丝分裂和血管的生成。目前，已有大量实验表明，阿司匹林可能对结肠和直肠肿瘤有一定预防作用。在 2009 年《美国国家癌症研究所杂志》（*Journal of the National Cancer Institute*）上发表的一篇文章指出，阿司匹林能有效预防结直肠癌发生，这篇文章为结直肠癌的化学预防提供了科学依据。

🖋 **小贴士：阿司匹林是如何止痛、退热和抑制血小板凝集的？**

当疼痛发生时，人体局部会产生和释放某些致痛的化学因子，包括前列腺素和局部激素等。当局部激素作用于痛觉感受器即会引起我们感知的"疼痛"。然而，与此同时释放的前列腺素则能够使痛觉感受器对这些激素致痛因子的敏感性升高。因此，前列腺素对局部激素等物质导致的疼痛起到了放大的作用。

当使用了阿司匹林后，因为它能够使环氧化酶（Cox，又作"前列腺素内过氧化物合酶"，简写为"PTGS"）不可逆地失活——它作为乙酰化剂使乙酰基共价连接到 PTGS 酶活性位点的丝氨酸残基上，因而通过抑制前列腺素的合成，从而减弱通过神经传递到大脑中的信号，最终削弱了大脑对疼痛的感知。这就是感觉"疼痛缓解了"。这使阿司匹林不同于其他的作为可逆性抑制剂的非甾体类消炎药（NSAIDS，如双氯芬酸和布洛芬）。然而，有研究显示阿司匹林只能对如头痛、牙痛、神经痛、肌肉、关节痛和痛经等有良好的镇痛效果，而对于严重的创伤性剧痛（如骨折）和内脏平滑肌绞痛（如肾绞痛）就没有太大效果。

此外，阿司匹林可以退热的原理也跟前列腺素有关。实验证明，人体组织产生的前列腺素都有致热作用，微量的前列腺素注入动物脑室内即可引起发热。阿司匹林可以通过抑制体温调节中枢内的前列腺素的合成而发挥解热作用，而它的好处在于对于正常的体温并无降温作用。

实验研究结果表明，使用低剂量阿司匹林能够不可逆地阻断血小板血栓素 A2 的形成，并通过直接作用于血小板（生活周期：8~9 天）抑制其聚集。阿司匹林的这一优良性能用在已经得过心脏病、不稳定型心绞痛、缺血性卒中和短暂性脑缺血发作的患者身上非常有效。有研究显示，每天服用 40mg 的阿司匹林足以阻止因急性发作而大量产生的血栓素 A2 的释放，但同时服用这样的剂量只会对前列腺素 I2 的合成产生极小的影响。因此对人体几乎是没有什么副作用的。

3. 阿司匹林的合成

通过简单的酯化反应，我们便可以得到阿司匹林。首先，用乙酸酐处理水杨酸，经过酯化反应，水杨酸上的羟基与羧基缩合成一个酯基(R—OH→R—OCOCH$_3$)，最后得到阿司匹林和乙酸（图 2.71）。在这个反应中，经常使用硫酸（极少数情况下是磷酸）作为催化剂。这个反应极其简单，是国内高中课本中学习的知识。阿司匹林在潮湿的环境中并不稳定，有时候闻起来像醋，这是因为它已经水解为水杨酸和乙酸。

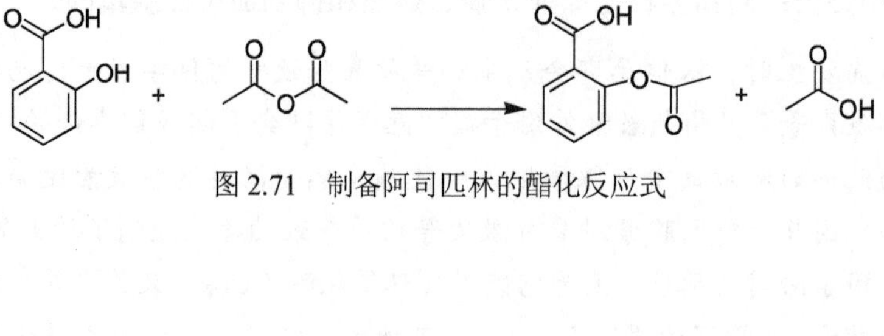

图 2.71　制备阿司匹林的酯化反应式

2.9　血管的保护神"他汀类药物"

　　他汀类药物(statins)是目前最为经典和有效的降脂药物,广泛应用于高脂血症和动脉粥样硬化的治疗。什么是动脉粥样硬化(atherosclerosis, AS)?动脉粥样硬化是冠心病、脑梗死、外周血管病的主要原因。为使血液流动顺畅,我们的血管富有弹性,内壁非常柔软。但如果血管里的胆固醇太多,导致携带胆固醇的低密度脂蛋白和血小板堆积,这些物质就会附着在动脉血管壁上形成隆起,导致管壁增厚变硬、血管腔狭窄。久而久之,一旦发展到足以阻塞动脉腔,则该动脉所供应的组织或器官将缺血或坏死——由于这些以脂质为主的堆积物在动脉内膜积聚的外观呈黄色粥样,所以称为动脉粥样硬化。

　　那么他汀类药物是如何起到保护血管,预防和治疗动脉粥样硬化等疾病的呢?在介绍这类药物的机理之前,我们有必要对引起动脉粥样硬化的最重要的元凶——胆固醇进行一番介绍。

1. 胆固醇与动脉粥样硬化

　　即便是对生物学或者医学不了解的人,乍一看到"高胆固醇"几个字眼,往往第一直觉会联想到胆结石、肝病变、动脉硬化和心脏病等令人望而生畏的疾病。可胆固醇起到的全都是"坏"的作用吗?其实不尽然。胆固醇又称胆甾醇,是一种环戊烷多氢菲的衍生物。早在 18 世纪人们就从胆结石中发现了它。到 1816 年,化学家 Michel Eugène Chevreul 将这种具脂类性质的物质正式命名为胆固醇(cholesterine)。胆固醇广泛存在于动物体内,尤其以脑及神经组织中最为丰富,在肾、脾、皮肤、肝和胆汁中含量也高。其溶解性与脂肪类似,不溶于水,易溶于乙醚、氯仿等溶剂。胆固醇是动物细胞不可缺少的重要物质,它不仅参与形成细胞膜,还是合成胆汁酸,维生素 D 以及甾体激素的原料,所以胆固醇并非是对人体有害的物质。胆固醇由于不溶于水的脂质特性,在身体的血液里通常由一批不同密度的脂蛋白运载,其中有两种密度的脂蛋白与动脉硬化有关——高密度脂蛋白(high density lipoprotein, HDL)和低密度脂蛋白(low density lipoprotein, LDL)。高密度脂蛋白能够输出胆固醇,促进胆固醇的代谢,运载周围组织中的胆固醇,使其进入细胞后经过各种酶催化的反应,最终转化为胆汁酸或直接通过胆汁从肠道排出,是冠心病的保护因子——"血管清道夫",通常称为"好胆固醇"。而低密度脂蛋白可被氧化成氧化低密度脂蛋白(OX-LDL)。当 OX-LDL 过量时,它携带的胆固醇便积存在动脉壁上,久而久之引起动脉硬化。因此低密度脂蛋白又被称为"坏胆固醇"。以史为证,早在 19 世纪 60 年代,美国明尼苏达大学的生理学家 Ancel Keys 采集了 1.5 万例中年人的血液样本后发现，血液中胆固醇的含量与心脏病发病率呈现清晰的线性相关。1913 年，俄罗斯科学家、后来的苏联医学科学院院长尼古拉·安可切夫(Nikolay Anitschov)通过实验证明了胆固醇的确能够导致动脉硬化：他持续将胆固醇喂食给兔子，发现兔子很快就出现严重的动脉硬化症状，而这种食草动物在正常情况下一生都不会发生动脉硬化。而在此后的数十年里，科学实验几乎完美地揭示了胆固醇分子如何堆积在血管壁上并导致动脉硬化，从而引发各种心脑血管疾病的过程。

人类同其他哺乳动物一样，自身的胆固醇是可以合成的。其中约 70% 来自肝脏，约 30% 来源于食物。而如果我们摄入的胆固醇太多，多余的胆固醇由于不能及时进入细胞代谢被分解，久而久之会在"饱和的"血液中堆积，从而沉淀在血管壁上。因此控制饮食，尤其是胆固醇和脂肪的摄入，是能够对控制胆固醇起积极作用的。

基于上述胆固醇的特点，设想对于高胆固醇患者，我们是否可以设计一种药物通过减少自身胆固醇合成的量，使血液中胆固醇的"总量"能够平衡在一个正常范围内，以此预防动脉粥样硬化等疾病的发生呢？

2. 他汀类药物的发现和上市

如前所述，胆固醇的合成路径在 19 世纪 60 年代已经得到阐明，其合成路径虽然需要经历 30 多个复杂步骤，但总结下来大概分为以下三个阶段：乙酰辅酶 A —羟甲戊酸—角鲨烯—胆固醇（图 2.72）。其中，从乙酰辅酶 A 经过限速酶——3-羟基-3-甲基戊二酰辅酶 A 还原酶成为羟甲戊酸，是整个合成反应过程的关键一步——它决定着整个反应是否能够进行下去。因此，找到 HMG-CoA 还原酶的抑制剂，就能阻断胆固醇的合成。

从乙酰辅酶 A 到羟甲戊酸是合成胆固醇的第一阶段，因此如果能在合成反应的早期进行阻断，就能避免形成难以代谢的脂类中间物（如角鲨烯），可大大提高药物的效率和使用安全性。基于这样的考虑，研究人员将 HMG-CoA 还原酶锁定为抑制胆固醇合成的关键靶点，这样一来，许多研究机构和制药公司都开始积极地寻找 HMG-CoA 还原酶抑制剂。

其中的一位科研人员就是日本三共（Sankyo）制药公司的生物化学家远藤章（Akira Endo, 图 2.73）。这位天才科学家在小时候对真菌十分着迷，励志要在微生物研究领域有所建树。因为甲羟戊酸是许多微生物维持它们的细胞壁（麦角固醇）或细胞骨架（类异戊二烯）的前体，真菌为了保护自己，一定进化出这种酶的抑制剂，可以降解前来侵害自己的细菌。如果能够发现这种物质并提取出来，就很可能找到降低人体血浆中胆固醇的抑制剂。基于这样的设想，1971 年远藤章和他的科研团队便开始着手寻找这样的一种抑制剂。不走通常的合成之路，远藤章等一开始便对各种真菌肉汤培养基进行抑制羟甲戊酸合成的测试——在 2 年多时间里就测试了超过 6000 种真菌。最后，远藤章发现了一种可以抑制胆固醇合成的真菌——橘青霉（*Penicillium citrinum*）。而之后称之为"美伐他汀（mevastatin，ML-236B）"的药物就是这种青霉菌的次生代谢产物。由此，世界上第一个他汀类药物诞生了。

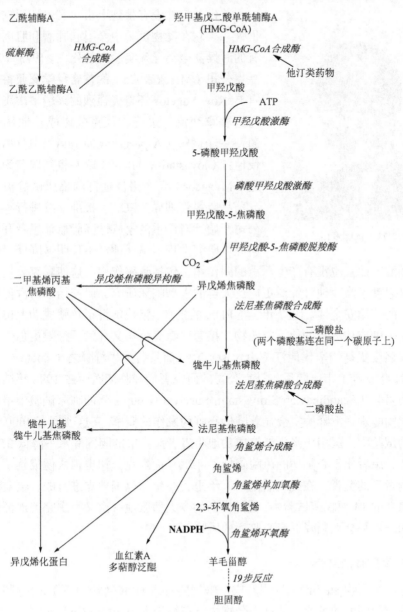

图 2.72 HMG-CoA 限速酶参与的胆固醇生物合成途径

（他汀类药物的阻断位置如图所示）

　　几乎在相同的时间里，一个英国的科研团队也从短密青霉（*Penicillium brevicompactum*）中分离得到了相同的物质，并命名为康百汀（即"美伐他汀"）。然而，该团队仅指出这种药物的抗真菌特性，却并没有提到这种物质会对羟甲基戊二酰辅酶 A（HMG-CoA）起抑制的作用。

图 2.73　远藤章博士

　　美伐他汀并没有得到上市，实验证明它的毒性很大——它在动物试验中会引起肿瘤和肌肉损伤，有的时候甚至会导致实验狗的死亡。1975~1978 年，默克公司（Merck & Co）的首席科学家兼首席执行官 P. Roy Vagelos 怀着极强烈的兴趣多次飞往日本与远藤章交流。最终，默克公司成功地从一种真菌——土曲霉（Aspergillus terreus）中分离出了洛伐他汀（lovastatin，MK803），并将其取名为"美降之（Mevacor）"。洛伐他汀的临床试验被美国食品药品监督管理局（FDA）批准继续进行——默克公司开始针对严重的家族性高脂血症患者开展临床研究。研究发现，洛伐他汀不仅明显降低了血液中的胆固醇，而且也没有产生严重的副作用，包括致癌作用。这使默克公司大受鼓舞，又启动了洛伐他汀针对更广泛人群的大型临床研究，研究结果再次证明了洛伐他汀的使用安全性。1987 年，经 FDA 的批准，洛伐他汀很快就成功上市了——这是第一种成功上市的他汀类药物。接着，默克公司又开发了疗效更强安全性更好、知名度更高的辛伐他汀（simvastatin），商品名为"舒降之（Zoctor）"，并于 1991 年获准上市。随后，默克公司的研究者们和临床医生在 1994 年结束的一项名为"4S（Scandinavian Simvastatin Survival Group）"的临床试验中报告了血液中胆固醇水平下降确实会显著降低心脏病发作的概率。在这项拥有 4000 多名受试者的试验中，服用美降之能够成功地将患者血液中的胆固醇水平降低 35%。与之相伴，患者死于心脏病的风险降低了 42%。而默克公司也很快便成就了"胆固醇控制者"的美誉。在此之后的 20 年里，在全球范围独立进行的、覆盖超过 9 万名患者的 14 项临床试验中，他汀类药物令人信服地一次又一次完美地证明了降低胆固醇水平会大幅降低患心脏病的风险。

3. 他汀类药物的简介

　　他汀类药物(statins)是羟甲基戊二酰辅酶 A（HMG-CoA）还原酶抑制剂。细胞是合成胆固醇的场所。他汀类药物由于在结构上与 HMG-CoA 非常相似，因此这类药物会结合到酶的活性部位，通过竞争性抑制内源性胆固醇合成限速酶

(HMG-CoA)还原酶，由此降低细胞内羟甲戊酸的合成数量，导致细胞内胆固醇合成数量的减少——而这将被视为一个重要的信号，被反馈地作用于刺激细胞的膜表面(主要为肝细胞)（图 2.74）。刺激的结果导致接收血液中运载胆固醇的低密度脂蛋白(LDL)的受体数量增加、活性提高——显而易见，这会大大增强细胞膜表面对血液中 LDL 的清除力，血液（血清）中的 LDL 通过"胞吞作用"，被细胞大量吞噬。有研究表明，进入细胞的 LDL 将被溶酶体迅速水解，而它们所携带的胆固醇也将会迅速成为其他很多物质的前体物质，如胆汁酸、激素等而被代谢或者利用。这样一来，血液中胆固醇的含量便自然而然地降低了。这样，他汀类药物也就达到了预防动脉粥样硬化和与之相关的心血管疾病的作用。

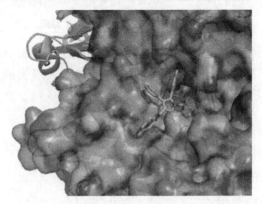

图 2.74　阿伐他汀分子底物与 HMG-CoA 还原酶的结合

　　洛伐他汀（lovastatin），又名"美降之"，是 20 世纪 80 年代上市的新型调整血脂药，由于其独特的疗效，被誉为治疗心血管系统疾病的里程碑（图 2.75、图 2.76）。化学式：$C_{24}H_{36}O_5$，化学名称：(2S)-2-甲基丁酸-(1S,3R,7S,8S,8aR)-1,2,3,7,8,8a-六氢-3,7-二甲基-8-{2-[2-(2R,4R)-4-羟基-6-氧代四氢吡喃基]乙基}-1-萘醇酯，分子量：404.54，CAS 号：75330-75-5，性状：白色粉末。

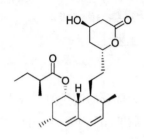

图 2.75　洛伐他汀的化学结构式

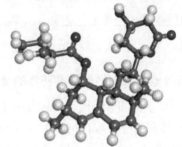

图 2.76　洛伐他汀的 3D 球形分子结构式

4. 以洛伐他汀为例的生产工艺简介

国际上对洛伐他汀的首次报道来自远藤章等。1976 年，远藤章从泰国食品中分离出 *Monascus* 菌株（*Monascus rubber* No. 1005），经发酵产生洛伐他汀。提取工艺如图 2.77[2]。

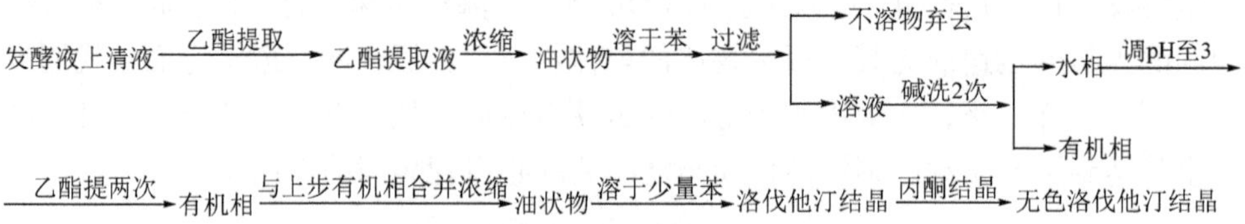

发酵液上清液 —乙酯提取→ 乙酯提取液 —浓缩→ 油状物 —溶于苯→ 过滤 → 不溶物弃去　溶液 —碱洗2次→ 水相 —调pH至3→　有机相

乙酯提两次 —有机相→ 与上步有机相合并浓缩 —油状物→ 溶于少量苯 —洛伐他汀结晶→ 丙酮结晶 —无色洛伐他汀结晶

图 2.77　洛伐他汀的经典生产路线

默克公司作为世界上首家将洛伐他汀推上市场的公司，对其发酵方法进行了详细的论述（图 2.78），还报道了 110 加仑发酵液规模的中试提取精制工艺（图 2.79）。

发酵液 —离心→ 菌液 —吸附→ 洗脱液　菌丝 —丙酮浸提→ 浸提液 —合并浓缩→ 凝胶过滤柱Sephadex LH-20 → RPC C-18

图 2.78　默克公司的洛伐他汀生产工艺

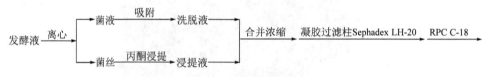

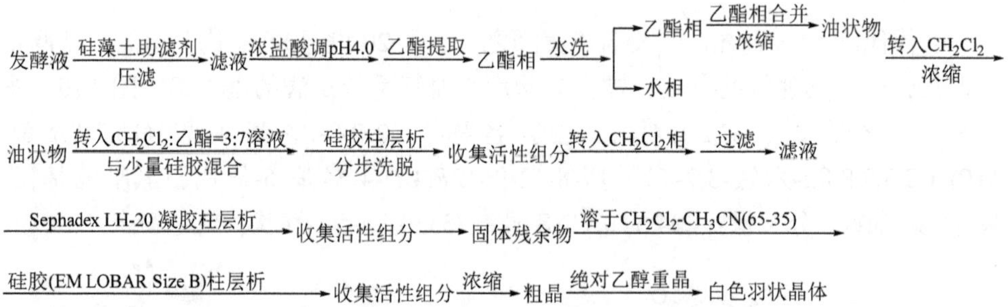

发酵液 —硅藻土助滤剂 压滤→ 滤液 —浓盐酸调pH4.0→ 乙酯提取 → 乙酯相 —水洗→ 乙酯相 —乙酯相合并 浓缩→ 油状物 —转入CH₂Cl₂ 浓缩→　水相

油状物 —转入CH₂Cl₂:乙酯=3:7溶液 与少量硅胶混合→ 硅胶柱层析 分步洗脱 → 收集活性组分 —转入CH₂Cl₂相→ 过滤 → 滤液

Sephadex LH-20 凝胶柱层析 → 收集活性组分 → 固体残余物 —溶于CH₂Cl₂-CH₃CN(65-35)→

硅胶(EM LOBAR Size B)柱层析 → 收集活性组分 —浓缩→ 粗晶 —绝对乙醇重晶→ 白色羽状晶体

图 2.79　洛伐他汀的中试提取工艺

5. 以洛伐他汀为例的他汀类药物的全合成

在 19 世纪 80 年代，Masahiro Hirama 完成了大部分的洛伐他汀合成工作。Hirama 首先通过合成出的康帕丁（compactin），然后使用其中一个中间产物，通过不同的方法合成了洛伐他汀（图 2.80~图 2.82）[3,4]。

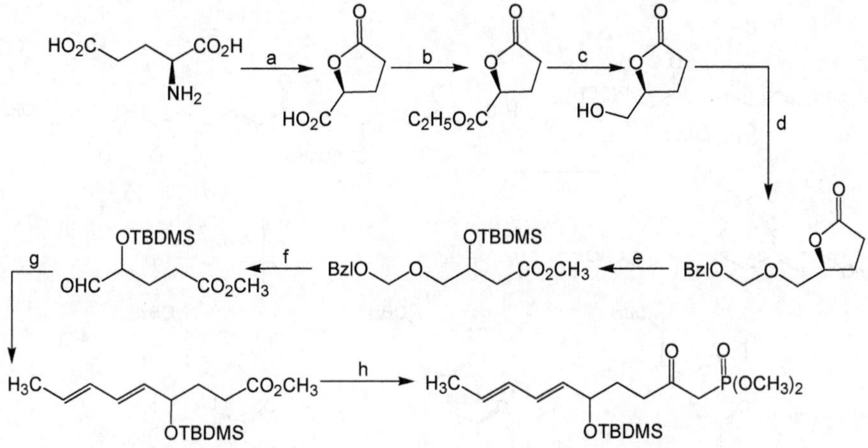

化合物1

a. NaNO₂, aq. HCl, −5℃~0℃, 4h, 室温, 过夜; b.TsOH, EtOH, C₆H₆, 回流, 5h; c. NaBH₄, EtOH,
室温, 1h, HCl 水溶液处理; d. BzlOCH₂Cl, i.-Pr₂NEt, CH₂Cl₂; e. LiOMe, MeOH, TBDMSCl.
1:1-产品和原料的混合物; f. H₂, Pd, EtOH, Collins 氧化; g. E-MeCH═CHCH₂SO₂Ph-阴离子,
−78℃, 3 分钟, Ac₂O（淬灭）, 3% Na(Hg), −24℃; h. (MeO)₂POCH₂Li

图 2.80　洛伐他汀两种原料前体——化合物 1 的合成

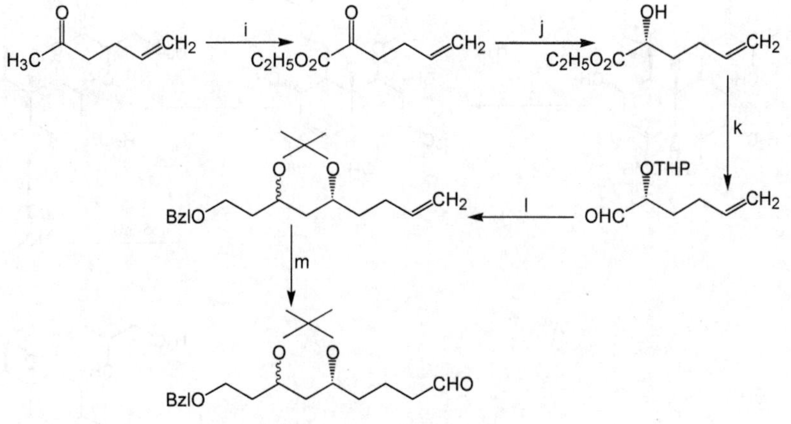

化合物2

i. CO(OEt)₂POCH-Li; j. KOH, EtOH, H₂O, 面包酵母, D-葡萄糖, 25℃, 2 天, CH₂N₂;
k. DHP, DIBAL-H; l.LDA, EtOAc, −78℃, Py x TsOH, EtOH, 2,2-二甲氧基缩丙酮, TsOH, LiAlH₄,
BzlBr, NaH, DMF; m.O₃, MeOH, −78℃, Me₂S

图 2.81　洛伐他汀两种原料前体——化合物 2 的合成

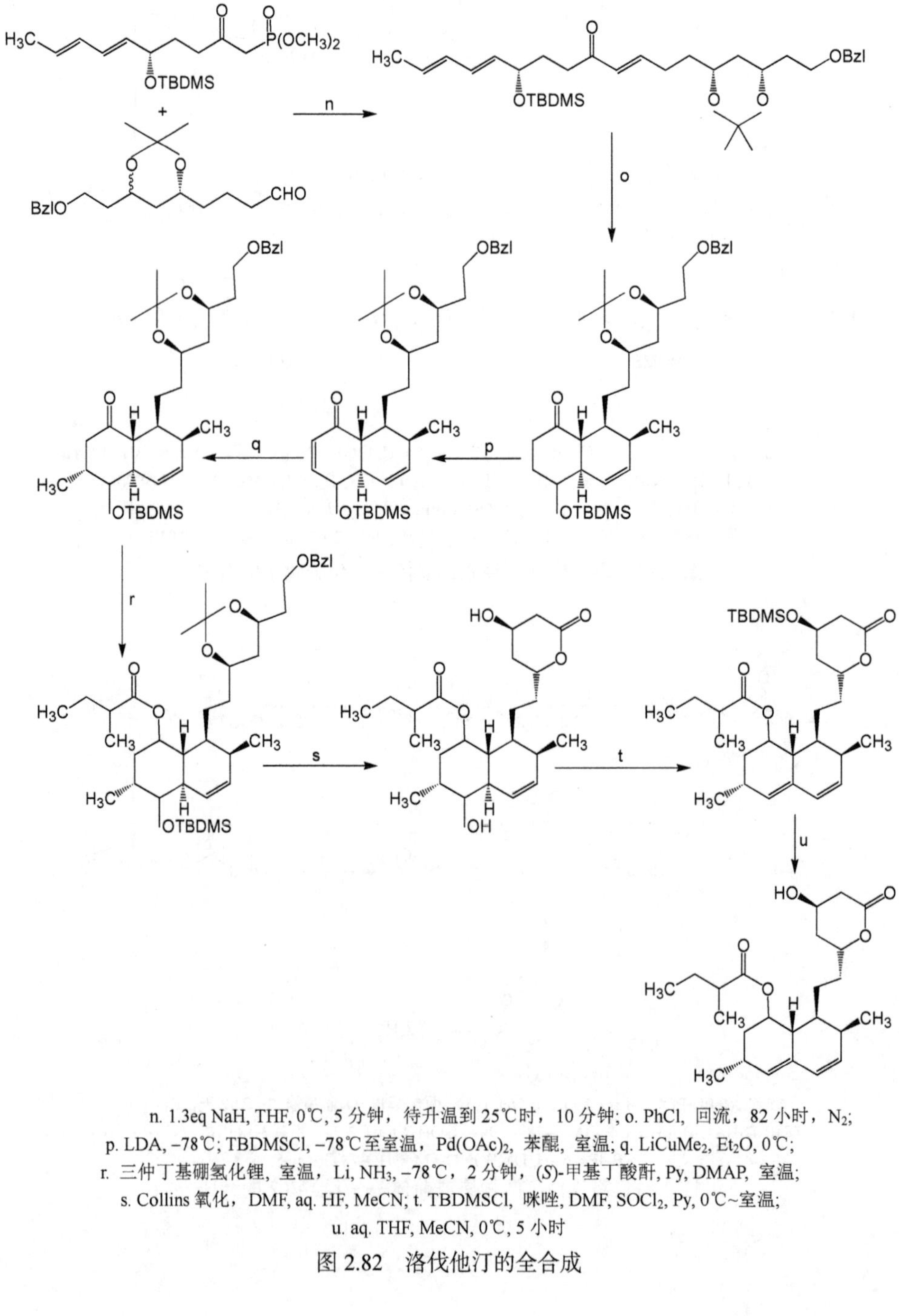

n. 1.3eq NaH, THF, 0℃, 5 分钟，待升温到 25℃时，10 分钟; o. PhCl, 回流，82 小时，N₂;
p. LDA, −78℃; TBDMSCl, −78℃至室温，Pd(OAc)₂, 苯醌，室温; q. LiCuMe₂, Et₂O, 0℃;
r. 三仲丁基硼氢化锂，室温，Li, NH₃, −78℃，2 分钟，(S)-甲基丁酸酐, Py, DMAP, 室温;
s. Collins 氧化，DMF, aq. HF, MeCN; t. TBDMSCl, 咪唑, DMF, SOCl₂, Py, 0℃~室温;
u. aq. THF, MeCN, 0℃, 5 小时

图 2.82 洛伐他汀的全合成

2.10　糖尿病人的救星"胰岛素"

2016 年 4 月 7 日世界卫生日喊出的口号是"战胜糖尿病"。这一天，WHO 给出了一组惊人的统计数字，称中国的糖尿病患者已达 1.1 亿。我国每年因糖尿病及其并发症死亡的人数就接近 100 万！众所周知，糖尿病是由于胰岛素分泌缺陷或其生物作用受损，引起身体血糖升高的代谢性疾病。这种疾病一经患上便无法治愈。它是导致患者死亡的最重要的原因之一。得了糖尿病，就好比把我们人体的器官长期浸泡在"糖水"中，使身体的各种组织和器官，尤其是眼、肾、心脏、血管和神经长期地遭受不可逆的损害，最后导致功能障碍，如失明、肾衰竭、截肢、心脏病和中风等等。

回顾历史，世界各国的人们其实对糖尿病并不陌生，早在距今三千多年前的西方古埃及对这一疾病已有了简单记述，称这种疾病的尿液为"排泄多且甜的尿液（diabetes）"——古代的人们通常根据蚂蚁、苍蝇等对尿液的喜好，来判断是否患上了糖尿病。我国东汉著名医学家张仲景在《金匮要略》中也详细记述了该病的症状。后来，随着科学技术的发展，科学家通过实验证明了这种患者尿液中含有的甜味物质的确是糖分。然而，人们在 20 世纪胰岛素发现之前，对糖尿病的治疗一直束手无策。在过去很长一段时间里，人们仅能用"饥饿疗法"延长生命——患上糖尿病就等于被宣判了死刑。数千百万的患者深受糖尿病的折磨。

"胰岛素"对于正常人体的糖分代谢是不可或缺的。它的发现及其后来人工制剂的市场化，在人类发展史上具有划时代的意义。目前，虽然糖尿病仍然无法治愈，但凭借着现今市场上唾手可得的各种形形色色胰岛素类药物和针剂，糖尿病患者仅需进行简单的注射操作，就能够及时对身体胰岛素进行"补充"，从而使自身体内的血糖值保持在一个相对正常的范围内。这样一来，糖尿病患者生活质量得到了大大的改善，病情也通过持续定量的给药而得到相当大程度的缓解——胰岛素真可谓是糖尿病患者不折不扣的"救星"。

1. 胰岛素的简介及其功能

1）胰岛素的简介

天然胰岛素是由动物胰脏中的"胰岛"（简单理解为'胰腺上的小岛'）分泌产生的，而胰岛是胰腺的内分泌结构。

小贴士：

德国病理学家、生理学家兼生物学家 Paul Langerhans 为了研究胰脏的组织结构，在显微镜下观察了多种动物的胰脏。之后，他发现有一些细胞聚集成岛状的斑点，形成无数个直径为 0.1～0.24mm 的"细胞堆"，遍及整个胰腺。后来，随着研究的深入，人们才逐渐发现这些聚集的细胞堆可以分泌激素。因此，为了纪念 Langerhans 对医学研究所做的贡献，法国的生物学家 Edounard Laguesse 于 1893 年将他发现的这些岛状斑点用法语正式命名为"ilots de Langerhans"(ilots 为法语的"小岛")，即现在所说的"胰岛"（pancreatic islets）（图 2.83）。

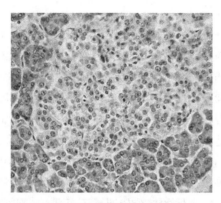

图 2.83　胰岛细胞切片图

中间浅色部分，腺泡胰腺组织苏木精明矾苏木精-伊红染色

胰岛素（insulin，缩写：INS）分子式：$C_{256}H_{381}N_{65}O_{76}S_6$，分子质量：5807.69 g/mol，熔点：233℃（分解），酸碱度：两性，等电点 pI 5.35~5.45，性状：白色或类白色的结晶粉末。它是由胰脏内的胰岛 β 细胞受内源性或外源性物质，如葡萄糖、乳糖、核糖、精氨酸、胰高血糖素等的刺激而分泌的一种蛋白质激素。

胰岛素的二级结构显示它由 A、B 两个肽链组成。人胰岛素(insulin human)A 链有 11 种 21 个氨基酸，B 链有 15 种 30 个氨基酸，共 16 种 51 个氨基酸组成。其中，A7(Cys)-B7(Cys)、A20(Cys)-B19(Cys)四个半胱氨酸中的巯基形成两个二硫键，使 A、B 两链连接起来。此外，A 链中 A6(Cys)与 A11(Cys)之间也存在一个二硫键（图 2.84）。

由图 2.85 可以看到，胰岛素体内合成的控制基因在第 11 对染色体短臂上。在 β 细胞的细胞核中，第 11 对染色体短臂上胰岛素基因区 DNA 向 mRNA 转录，

mRNA 从细胞核移向细胞浆的内质网，转译成由 105 个氨基酸残基构成的前胰岛素原。前胰岛素原经过蛋白水解作用从前肽生成 86 个氨基酸组成的长肽链——胰岛素原。胰岛素原随细胞浆中的微泡进入高尔基体，经蛋白水解酶的作用，切去三个精氨酸连接的链，断链生成没有作用的 C 肽，同时生成胰岛素。由此，胰岛素被分泌到 β 细胞外，然后进入血液循环。胰岛素的生物合成速度受血浆葡萄糖浓度的直接影响，当血糖浓度升高时，β 细胞中胰岛素原含量增加，胰岛素合成速度加快。胰岛素是机体内唯一能够降低血糖的激素。因基因变异，或者产生胰岛素的过程等任何一个环节出现问题，都会导致机体无法进行正常的糖分代谢，从而影响身体的血糖水平。

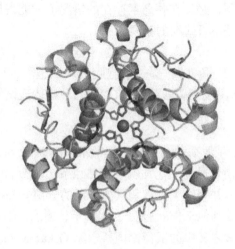

图 2.84　胰岛素六聚体三维晶体结构

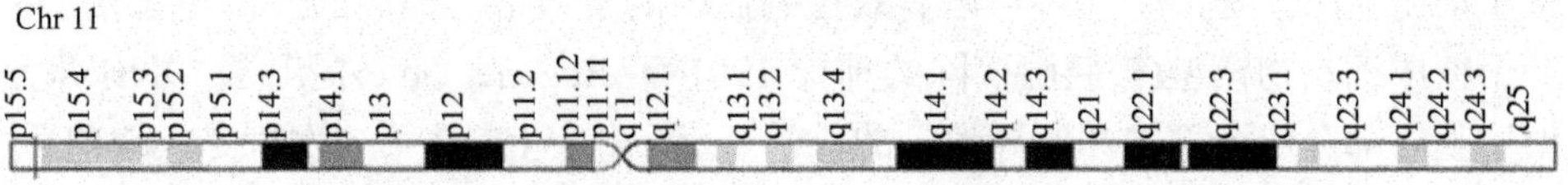

Chr 11

图 2.85　人合成胰岛素的基因所在 11 号染色体短臂上的位置（竖线位置）

2）胰岛素的功能

（1）调节糖代谢

胰岛素能促进全身组织细胞对葡萄糖的摄取和利用，并抑制糖原的分解和糖原异生，因此，胰岛素有降低血糖的作用。当胰岛素分泌过多时，血糖下降迅速，脑组织受影响最大，可出现惊厥、昏迷，甚至引起胰岛素休克。相反，胰岛素分泌不足或其受体缺乏时，常会导致血糖升高。若血糖值超过肾糖阈，则糖从尿中排出，引起糖尿。血糖升高造成血液成分的改变(含有过量的葡萄糖)，则会导致高血压、冠心病和视网膜血管病等的病变。

（2）调节脂肪代谢

胰岛素能促进脂肪的合成和贮存，使血中游离的脂肪酸减少，同时抑制脂肪的分解氧化。如果胰岛素缺乏会导致脂肪代谢的紊乱和脂肪贮存的减少，使脂肪分解加强，血脂升高，久而久之会导致动脉硬化，引起心脑血管方面的严重疾病。同时，机体脂肪分解加强，也会生成大量酮体，使机体内出现酮症酸的中毒症状。

（3）调节蛋白质代谢

胰岛素一方面能够促进细胞对氨基酸的摄取和蛋白质的合成，一方面也会抑制蛋白质的分解，因而胰岛素的存在是有利于机体生长的。此外，腺垂体生长激素的促蛋白质合成作用，必须在胰岛素存在的情况下才能表现出来。因此，对于机体的生长，胰岛素是不可或缺的激素之一。

（4）其他功能

胰岛素还能促进 K^+ 和 Mg^{2+} 穿过细胞膜进入细胞内，可促进脱氧核糖核酸(DNA)、核糖核酸(RNA)及三磷酸腺苷(ATP)这三种机体建设元件的合成。

2. 胰岛素的发现

18 世纪 90 年代，俄罗斯著名消化生理学家 Ivan Petrovich Pavlov 通过犬类肠道的手术来研究各类消化过程。他发现了在神经系统的影响下，身体不同部位会影响肠道运动的方式，并阐述了胃液和其他体液的分泌。Pavlov 因此获得了诺贝尔生理学或医学奖。受到他工作的启发，1889 年，德国科学家 Joseph von Mering 和后来被称为"胰岛素之父"的俄裔德国科学家 Oskar Minkowski 发现摘除了胰腺的狗出现了糖尿病所有的症状并在不久后死亡。这两位科学家开创性的工作显示了动物胰脏能够产生一种可以有效控制血糖的物质——他们的工作还建立了第一个糖尿病动物模型(被胰腺摘除的狗)。1901 年 Eugene Opie 提出了"糖尿病是由于胰岛部分或全部损坏所导致"的科学观点。事实上，在第二次世界大战前后，欧美多个实验室已经初步证明粗糙的胰腺提取物能够降低血糖。然而，战争却大大延长了从胰腺粗提物中纯化出真正的胰岛素的时间。

一转眼到了 1917 年，一个来自加拿大多伦多的名叫 Frederick Grant Banting 的年轻医生终于拾起了这把掌握着人类健康命运的钥匙，一段胰岛素的传奇就此展开。偶然的一次机遇，Banting 看到一篇描述"结石阻塞胰管引发的病变"的文章，这篇文章提到，除胰岛之外的任何胰腺细胞都萎缩了，但结石患者却没有患上糖尿病。这句话给了 Banting 灵感，他推想，如果通过结扎哺乳动物的胰管，也许能使之产生胰蛋白的细胞萎缩，而仍然保持产生胰腺激素的细胞不受影响——这样将提取到的胰腺提取物注射到患者体内，不就可以治疗糖尿病了吗？Banting 于是决定通过实验来证实自己的推断。1921 年，他向在多伦多大学任教的糖尿病权威学者 John James Richard Mecleod 教授求助。几经周折，Mecleod 终于在暑假同意将自己的实验室和 10 条狗借给 Banting，并派自己的学生 Charles Best 担任 Banting 的助手。6 周的时间转瞬即逝，Banting 和他的助手却一无所获，而实验用狗也陆续死亡。面对仅剩的 2 周时间和 4 条狗，2 个年轻人深感巨大的压力。就在最后期限即将到来的日子，Banting 惊喜地发现，其中一条结扎狗的胰腺终于萎缩到了原来的三分之一。于是两人将狗的胰腺切片，又在冰冻状态下磨成糜状，再加入生理盐水制成提取液，然后过滤，再用分离了的液体对 1 条因摘除胰腺而患上糖尿病的狗进行了静脉注射。不久，这只奄奄一息连头也抬不起来、陷入昏迷的狗竟然奇迹般地坐起来了！样子看上去非常的健康。Banting 和 Best 随即奔赴屠宰场，用同样的方法收集了牛胰脏的提取物，并对切除了胰腺的狗再次注射。无一例外，数据显示这些糖尿病狗的血糖和尿糖都在瞬时间下降——这说明提取物中的确含有能够有效降低血糖的物质！但从动物上得来的提取物是否能对人体起作用呢？怀着强烈的对科学探索的热情，这两位年轻人在经过了反复争论之后，于一天晚上偷偷背着对方在自己身体上注射了这种牛胰脏的提取物。不出所料，提取物使两个人的血糖值瞬间下降。Banting 和 Best 继而证明胰腺提取物对人体注射的实验是成功且安全的！于是，他们把这一提取物称作"岛素"(isletin)。而 Banting 也成为提取出胰岛素的第一人。

1922 年年初，Banting 给他的患上糖尿病、病情正在迅速恶化、生命垂危的同学注射了仍处于试验阶段的提纯了的牛胰岛素。经过一段时间的连续注射，同学的血糖逐渐下降，尿糖也减少了，身体随即恢复了正常。同学大喜过望，还以为自己痊愈了。可第二天症状又出现了。Best 按照前一次的总计剂量又给他注射了一针胰岛素，同学再一次恢复。困境于是马上出现——只不过两次注射，同学已经耗光了 Banting 和 Best 提纯的所有胰岛素。

后来，Mecleod 教授也投入到了有关胰岛素的后续实验中。三位科学家与美国的礼来药厂 (Eli Lilly and Co.) 合作，从屠宰场取得的动物胰脏中，成功地分离出了足以提供全球糖尿病患使用的胰岛素。在接下来不到

图 2.86　Frederick Grant Banting

两年的时间，胰岛素已在世界各地的医院里得到使用。1923 年 10 月，瑞典卡洛琳研究院授予 Banting 和 Mecleod 教授诺贝尔生理学或医学奖。Banting 随即与他的同事 Best 博士分享了奖金。而当时的 Banting 只有 32 岁，因此他是截至 2016 年最年轻的诺贝尔奖获得者（图 2.86）。此后，生物化学家 Collip J. P. 为胰岛素的进一步提纯做出了贡献。随即是糖尿病治疗的临床试验获得了成功并迅速得到推

广——胰岛素的发现，挽救了无数糖尿病患者的生命。为了纪念 Banting 的功劳，世界卫生组织和国际糖尿病联盟决定从 1991 年开始，将 Banting 的生日 11 月 14 日定为"世界糖尿病日"。

3. 胰岛素结构的鉴定

1）一级结构的鉴定

对于 19 世纪 40 年代的科学家来说，由于缺少精确的试验方法，氨基酸的分析是一项艰难辛苦的工作。当时，Bergmann 和 Nieman 的理论非常流行。他们认为，蛋白质中特定的氨基酸残基按照一定的规律呈线性相间排列，组成多肽链。然而，Chibnall 等发现，胰岛素如果呈线性排列，胰岛素的游离氨基数目只能由 N 端——末端氨基或是赖氨酸等碱性氨基酸中的游离氨基贡献。但实际实验结果表明：胰岛素中的游离氨基量要比胰岛素中的碱性氨基酸含量要多得多。因此得出结论：末端氨基基团是多余的自由氨基存在的原因。也就是说，胰岛素中含有不止一条肽链。而这却恰恰反映出组成胰岛素的肽链应该比较短——这种大小的蛋白质对于一项化学研究来说，再适合不过了。

图 2.87　Frederick Sanger

经 Chibnall 建议，英国生物化学家 Frederick Sanger（图 2.87），对胰岛素的测定和鉴定工作便从测定这些多出的末端-氨基究竟在哪些氨基酸上开始[5]。Sanger 利用 2,4-二硝基氟苯（2,4-dinitrofluorobenzene，简写为"DNFB"），即后来被命名为桑格试剂（Sanger's reagent，图 2.88）的化合物，将胰岛素降解成无数个极小的片段，并与专门水解蛋白质的胰蛋白酶混合在一起，然后再将一部分混合物的样本置于滤纸的一面，利用一种色层分析法来做进一步的实验。他先将一种溶剂从单一方向通过滤纸，同时让电流以相反的方向通过。由于不同的蛋白质片段有不同的溶解度与电荷，因此在电泳后，这些片段最后会停留在不同位置，产生特定的图案。这些图案被 Sanger 称为"指纹"（fingerprints）。从"指纹"的字面含义我们不难理解，不同的蛋白质拥有不同的图案，成为可供辨识且可重现的特征。之后 Sanger 又将这些小片段重新组合成氨基酸长链，进而推导出了完整的胰岛素结构。于是他得出结论，胰岛素具有特定的氨基酸序列。1955 年，Sanger 将胰岛素的氨基酸序列完整地进行了定序（图 2.89），并证明了蛋白质具有明确构造[2]。这项研究使他单独获得了 1958 年的诺贝尔化学奖。而 Sanger 的成果也使人们向胰岛素三维晶体结构的鉴定迈出了一大步。

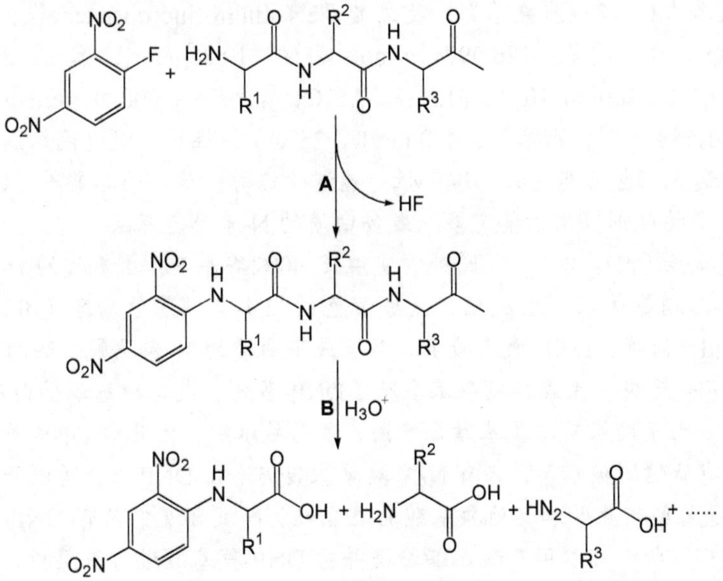

图 2.88　桑格试剂及其作用原理（A.取代反应；B.水解反应）

H₂N-Gly.Ile.Val.Glu.Gln.Cys.Cys.Ala.Ser.Val.Cys.Ser.Leu.Tyr.Gln.Leu.Glu.Asn.Tyr.Cys.Asn-COOH

H₂N-Phe.Val.Asn.Gln.His.Leu.Cys. Gly.Ser. His. Leu. Val. Glu. Ala.Leu.Tyr.Leu.Val. Cys.Gly.Glu.Arg.Gly.Phe.Phe.Tyr.Thr.Pro.Lys.Ala-COOH

图 2.89　胰岛素全部氨基酸序列[6]

　　在揭示了胰岛素一级结构后，1975 年，Sanger 又发明了一种称为链终止法（chain termination method）的技术来测定 DNA 序列，这种方法也称作"双脱氧终止法"（dideoxy termination method）或"Sanger 法"。在这之后的两年，Sanger 利用此技术成功测定出了 Φ-X174 噬菌体（phage Φ-X174）的基因组序列——这是首次完整的基因组测序定序工作。他所发明的技术比当时其他方法更优，因为他使用了较不具毒性的材料。Sanger 首先进行 PCR（聚合酶链式反应）实验，利用 DNA 引物和 DNA 聚合酶使 DNA 链得以分别展开复制，再利用双脱氧核苷酸（dideoxynucleotides）来终止 DNA 链的合成。实验会使不同序列的 DNA 带有不同长度，使其能够经由电泳来做下一步分析。这项研究后来成为人类基因组计划等研究得以展开的关键之一。因此，Sanger 于 1980 年再度与另外两名科学家同时获得诺贝尔化学奖。

🖋 **小贴士：桑格试剂**

中文名"2,4-二硝基氟苯"，英文名"2,4-dinitrofluorobenzene"，分子式：$C_6H_3FN_2O_4$，分子质量：186.0974 g/mol，密度：1.586g/cm³，熔点：23~26℃，沸点：337.3℃（760 mmHg），闪点：157.8℃，蒸汽压：0.000207mmHg（25℃），折射率：1.568~1.57，水溶性：400 mg/L（25℃），性状：淡黄色结晶或油状液体，久置遇光颜色可能变深，溶解性：能溶于乙醇、苯、丙二醇等。CAS 号：70-34-8。桑格试剂可用于鉴定多肽或蛋白质的 N-末端氨基酸。

在弱碱性（pH：8~9）、暗处、室温或 40℃条件下，氨基酸的 α-氨基很容易与 2,4-二硝基氟苯发生反应，生成黄色的 2,4-二硝基氨基酸（dinitrophenyl amino acid，简称：DNP-氨基酸）。多肽或蛋白质的 N-末端氨基酸的 α-氨基也能与 DNFB 反应，生成二硝基苯多肽（DNP-多肽）或二硝基苯蛋白质（DNP-蛋白质）。由于硝基苯与氨基结合牢固，不易被水解，因此当 DNP-多肽被酸水解时，所有肽键均被水解，只有 N-末端氨基酸仍连在 DNP 上，所以产物为黄色的 DNP-氨基酸衍生物和其他氨基酸的混合液。而混合液中只有 DNP-氨基酸溶于乙酸乙酯，所以可以用乙酸乙酯抽提并对 DNP-氨基酸进行纸层析，薄层层析或高效液相色谱（HPLC）分析，鉴定出此氨基酸的种类。

2）三级晶体结构的鉴定

20 世纪 30 年代，元素的分析技术已经达到了相当成熟的阶段。化学家们不仅可以准确地测定出化合物中各元素的比例，而且还能够通过化学反应鉴定其中可能存在的化学基团。然而，对于复杂的大分子，由于基团可能的组合方式太多，这种方法就显得黔驴技穷了。一个比较典型的例子——为确定葡萄糖分子（$C_6H_{12}O_6$）的结构式，Emil Fischer 竟然为之耗费了十年的光阴！很显然，仅仅通过化学反应的方法并不能揭示分子的三维空间结构。

1895 年，Wilhelm Röntgen 发现了 X 射线。X 射线与可见光一样都是电磁波，只不过 X 射线的波长在 0.01nm~10nm，因此我们人类无法用肉眼看见它。1912 年，Max Laue 发现 X 射线穿过晶体时会发生衍射（diffraction）。而此时，晶体内部的原子或分子会按照一定的周期性在三维空间规律排列，形成的几何图案空间点阵。同年，Bragg 父子 (William H. Bragg & William L. Bragg)提出布拉格定律（Bragg's law），指出通过衍射图案可以计算晶体的空间点阵。这些发现让化学家们意识到：X 射线是揭示分子三维结构的理想工具——如果让分子形成晶体，不就可以利用 X 射线衍射来确定原子之间的相对位置了吗？

利用 X 射线衍射解析分子结构包括四个步骤：①制备高纯度的样品。②使样品形成晶体。③得到高质量的 X 射线衍射图案。④解读衍射图案，构建分子结构模型。

在利用 X 射线衍射解析分子结构方面，著名的英国化学家 Dorothy Crowfoot Hodgkin 是当之无愧的王者。由于她的天赋、毅力和对晶体研究的兴趣，使她能够做出一流的化学晶体 X 射线分析结果。1949 年，Hodgkin 与其他科学家合作，发表了青霉素的三维晶体结构；1956 年发表了维生素 B_{12} 的三维晶体结构——这使她于 1964 年获得了诺贝尔化学奖。而早在 1935 年她在剑桥工作期间，就已经得到了清晰的胰岛素衍射图案。时隔 34 年，在 1969 年，Hodgkin 的实验室发表了胰岛素六聚体结构及详细的原子模型（图 2.84、图 2.90），这为人工合成胰岛素奠定了良好的基础。

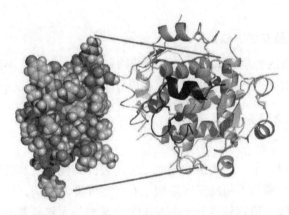

图 2.90　活性胰岛素单体分子三维晶体模型（左）和胰岛素六聚体（右）

4. 胰岛素的人工合成

我国是世界上第一个人工合成结晶牛胰岛素的国家。1958 年，我国的科学家在蛋白质领域的研究主要集中在生物功能和物化性质上，而对其结构和功能关系的研究是不够深入的，更不用说化学合成蛋白质了。可就在这样的背景下，我国科学家克服万难，仅仅用了短短 7 年时间，就于 1965 年完成了结晶牛胰岛素的合成。这也是世界上第一次人工合成多肽类生物活性物质——它开启了人工合成蛋白质的时代（图 2.91）。当时我国的相关科研人员已经达到获得诺贝尔奖的资格。但历来诺贝尔奖的授予对同一成果获奖人数有一定的限制和要求，可以由最主要的人员代表整个团队来获得该奖项。但我国的科学家一致认为该成果是集体共同智慧的结晶，因此最终与诺贝尔奖擦肩而过。

44 年后的 1998 年，具有非常"亲缘关系"的基因重组人胰岛素也在我国研制成功，并实现了批量生产和投入市场，这使我国成为当时世界上第三个能够生产基因重组人胰岛素的国家。

图 2.91　我国首次人工合成结晶胰岛素

5. 胰岛素的种类及其优、缺点

截至目前，国内外总共有各种胰岛素药物和制剂约 40 种，不同动物（人、牛、羊、猪等）的胰岛素功能大体相同，仅在成分上稍有差异。

1）胰岛素按来源分类

（1）动物胰岛素

从动物（如猪、牛）的胰腺中提取，纯化去掉其他杂质及其他蛋白质成分后得到的。动物胰岛素与人胰岛素在结构上有一定程度的差别，如牛胰岛素分子结构中有 3 个氨基酸，猪胰岛素分子中有 1 个氨基酸与人胰岛素不同。动物胰岛素相较来说价格便宜，糖尿病患者在经济上容易接受。然而，在这类胰岛素注射到人体后，人体会对它们产生免疫反应，产生抗原-抗体复合物，会较大程度降低其作用效果。并且，这些抗原-抗体复合物在人体内的结合是可逆的，因此会不定期、不定量地结合或解离，较难控制好患者体内的血糖水平。

（2）半合成人胰岛素

将猪胰岛素第 30 位丙氨酸，置换成与人胰岛素相同的苏氨酸，即半合成人胰岛素——它更合乎人体需要而减少体内抗体的产生。

（3）生物合成人胰岛素

利用生物工程技术，获得的高纯度的生物合成胰岛素——其氨基酸排列顺序及生物活性与人体本身的胰岛素完全相同。人胰岛素注射后较动物胰岛素吸收稍快，作用时间短，并且人体不会对其产生抗体，生物活性也较其他胰岛素高。如进口的诺和灵系列产品和优泌林系列产品，国产的甘舒霖系列产品等都是生物合成人胰岛素。

2）胰岛素按纯度分类

（1）结晶胰岛素

早期的药用胰岛素是用牛或猪的胰脏制备，经低温冷藏后，用酒精提取，杂质多，胰岛素含量约为 70%。后来采用多次结晶方式来精制，提高了纯度，又称普通胰岛素。结晶胰岛素是治疗糖尿病的最基础、最有效的药物，价格便宜。但却含有较多的蛋白水解酶、胰岛素原等杂质。具有较高的致敏性与抗原性。使用后可引起过敏反应，如荨麻疹、血管神经性水肿、紫癜。长期使用会出现皮肤红肿、发热、发痒、皮下硬结、脂肪萎缩以及血液产生抗体的现象，使抗药性增加，疗效降低，用量增大，现已趋于淘汰。

（2）纯化胰岛素

为降低药用胰岛素的免疫原性，人们对结晶胰岛素进行层析，剔除部分杂质，使胰岛素的纯度达到 98%。此时的色谱图上仅有一个单峰，故称单峰纯胰岛素。如果将单峰胰岛素再次经过离子交换树脂处理取得更加纯的胰岛素，便成为单组分胰岛素，纯度在 99% 以上。纯化胰岛素比结晶胰岛素杂质含量较少，用药剂量可比其减少 20%~30%。纯化制剂都是中性溶液，等渗、缓冲、生理适应性好，减少了注射部位的过敏反应和脂肪萎缩。然而，由于其来自动物，因此效果仍然不及人胰岛素。

3）按胰岛素作用时间长短分类

（1）短效胰岛素

是治疗糖尿病最基础、最有效的药物，在治疗糖尿病急、重症时静脉应用可取得良好疗效。对于一开始使用胰岛素的患者，短效胰岛素便于摸索和调整剂量，对消除餐后高血糖效果好。是初患病者的不二之选。常见的有：进口优泌林 R、诺和灵 R、国产猪胰岛素。然而，仅使用短效胰岛素，并不能很好地控制血糖。

（2）中效胰岛素

适用于控制基础血糖水平，对餐后血糖控制不理想的患者效果尤佳。然而中效胰岛素作用慢，并不能使用于治疗糖尿病的急、重症。常见的有进口优泌林 R、诺和灵 N、国产万苏林(猪胰岛素)。还包括各种中性鱼精蛋白锌胰岛素混悬液、NPH 中性鱼精蛋白锌人胰岛素混悬液和胰岛素锌混悬液(猪、牛或人)。

（3）长效胰岛素

可提供基础需要量的胰岛素以控制平日的血糖，也可与短效胰岛素联合应用。包括鱼精蛋白锌胰岛素(PZI)和特慢胰岛素锌悬液(ultralente)。同样，这种胰岛素作用慢，不适用治疗糖尿病的急、重症。

4）按胰岛素类似物作用时间长短分类

（1）快速作用胰岛素类似物

是一种经修饰的生物合成人胰岛素类似物，除了一个氨基酸被替换外，其他结构与天然人胰岛素完全相同。目前有两种，即美国礼来公司生产的优泌乐、丹麦诺和诺德公司生产的诺和锐。快速作用胰岛素类似物作用迅速，与常规人胰岛素相比，吸收比较稳定，发生夜间低血糖的危险性较低，但价格相对较高。

（2）长效基础胰岛素类似物

是一种人胰岛素的类似物。顾名思义，这种类似物每天注射 1 次就能维持 24 小时。法国赛诺菲公司生产的来得时（甘精胰岛素注射液）就是其典型代表。与其他的中长效胰岛素相比，具有良好的控制血糖作用，有效降低糖化血红蛋白。具有低血糖特别是夜间低血糖发生率低特点。缺点是价格贵，不易被大多数患者接受，而且作用慢，不适用治疗糖尿病的急、重症。

5）按胰岛素预混制剂分类

（1）预混型人胰岛素

目前临床常用的剂型有 30% 的短型人胰岛素和 70% 的中效人胰岛素。预混型人胰岛素的优点是既可控制餐后的高血糖，又能控制平日的基础血糖水平。但仅能皮下注射，并且有些并不完全适宜于 I 型糖尿病患者。部分患者有餐后血糖控制不好的情况，若增大剂量部分患者又会在吃饭前出现低血糖的反应。

（2）预混型人胰岛素类似物

能够更好地模拟生理性胰岛素分泌，更好地改善餐后血糖控制，防止夜间低血糖。餐前立即注射，无须等待，更加灵活方便。缺点是起效较快，因此在摄入吸收缓慢的食物时应予以注意。注射后 6 小时具有更强的降糖效应，因此可能需要对进食量或药物剂量进行调整，价格相对较贵。

参 考 文 献

[1] 孙海, 林英杰, 吴毓林, 等. 抗流感药达菲(Tamiflu)合成纵览. 有机化学, 2009, 29(12):1869-1889

[2] 韩文爱, 李瑞珍. 洛伐他汀工艺现状及研究进展. 石家庄职业技术学院学报, 2006, 18(2): 11-13

[3] Masahiro Hirama, Mitsuko Uei. A chiral total synthesis of compactin. Journal of the American Chemical Society, 1982, 104(15): 4251-4253

[4] Hirama M, Iwashita, Mitsuko. Synthesis of (+)-Mevinolin starting from naturally occurring building blocks and using an asymmetry inducing reaction. Tetrahedron Letters, 1983, 24(17): 1811-1812

[5] F.桑格(Frederick Sanger). 刘望夷（译）. 胰岛素结构的序列分析(节译). 生命科学, 2015, 27(6): 755-760

[6] Ryle A P, Sanger F, Smith L F, et al. The disulphide bonds of insulin. Biochemical Journal, 1955, 60:541-556

第 3 章　餐桌上的分子

民以食为天，人们必须通过饮食从外界获取各种各样的营养成分，以满足正常生长、发育并维持生存的需要。当然，人们也通过饮食从外界获取了各种各样的有毒、有害成分，从而导致了中毒、疾病等的产生。饮食中包含的各种成分既可能是食物中天然存在的，也可能是在食品烹饪及加工等过程中通过人为添加等途径引入的。但是，这绝对不代表食物中天然存在的成分就是对身体有益的，而人为添加的就一定是有毒有害的，比如很多食物中就含有对人体有毒有害的天然毒素，再比如某些食品中添加的营养增强剂就是对人体有益的。

食物中非天然存在的成分大部分是人为添加的，这些成分添加到食品中的目的如果是为了改善食品的色、香、味等感官特性或为了食品防腐与加工工艺的需要且不危害人体健康，那就是食品添加剂[1]，它可以是天然来源的，也可以是人工合成的。

虽然食品添加剂被大部分人误认为是导致食品不安全的罪魁祸首，然而它却是现代餐桌上绕不开的分子，被誉为现代食品工业的灵魂。可以说没有食品添加剂就没有现代食品工业，因为它可以预防食品的腐败变质，延长食品的保质期，改善食品的感官性状，保持或提高食品的营养价值，甚至可以满足食品的一些特殊需要，如糖尿病病人对食品甜味的需要等。

为了达到各种各样的目的，食品添加剂的种类很多，如我国目前的食品添加剂有 23 个类别，包括防腐剂、着色剂、甜味剂、酸度调节剂、增味剂、增稠剂、膨松剂、抗氧化剂、营养强化剂、香精香料等[2]。需要说明的是，添加剂并不等于食品添加剂，食品添加剂是经国际相关组织及各国相关法律法规批准能使用于食品的添加剂，其生产与使用范围和最大使用量都必须严格遵守有关法律法规，任何在食品中使用非食品添加剂或超范围、超限量使用食品添加剂的行为都称为违法添加。在我国的《食品安全国家标准　食品添加剂使用标准》（GB 2760—2014）中明确规定："食品添加剂的使用不应对人体产生任何健康危害；不应降低食品本身的营养价值；不应掩盖食品的腐败变质和食品本身或加工过程中的质量缺陷；不得以掺杂、掺假、伪造为目的；在达到预期效果的前提下尽可能降低在食品中的使用量"。

事实上，列于各国法律法规中的食品添加剂在规定的范围与限量下使用都是安全的，因为它们的安全性都经过了大量的实验评估，现在人们之所以谈食品添加剂而色变，主要是由层出不穷的违法添加事件引起的。比如众所周知的三鹿奶粉事件、苏丹红事件就是在食品加工中使用了非食品添加剂，前者是在奶制品中加入了三聚氰胺，后者是在辣椒酱等中加入了红色素苏丹红，但三聚氰胺和苏丹红都不是各国法律法规允许使用的食品添加剂；再如毒馒头事件中涉及的"玉米馒头"则是在加工过程中加入了柠檬黄，柠檬黄虽然是一种允许使用的食用色素，但是它批准的使用范围不包括包子、馒头。

不过，因为大部分食品添加剂不具有营养价值，而且一些食品添加剂对于敏感人群或在长期及一次性超大量摄入的情况下可引发过敏、中毒等反应，一些食品添加剂与其他食物或药物成分之间可能有拮抗或协同效应，从而存在一定的安全性问题，一些食品添加剂如阿斯巴甜、香兰素等的安全性本身也还有一些争议，更为重要的是因为利益驱使，食品中的违法添加问题防不胜防，所以从安全角度出发，人们应尽量少吃添加剂过多的食品。

3.1 防止食品变质的"食品防腐剂"

任何未经处理的食物在常温下自然放置一段时间后都会腐败变质，如腐烂、发霉、发臭或变酸等。导致食物腐败变质的原因主要有如下三方面：一是微生物的破坏。食物不可避免地会与微生物接触，当温度适宜时，微生物会分解食物中的营养物质如蛋白质，以满足自身生长繁殖的需要，从而导致食物发臭、变酸、变色等。二是酶的作用。食物中往往含有多种酶，这些酶会催化食物中的营养物质发生分解反应，从而引起食物腐败变质。三是食物自身的化学反应。如油脂极容易被氧化，从而产生怪味等。腐败变质的食物不仅色、香、味等感官品质以及营养价值下降，而且还含有一些危害人体健康的毒素，导致误食者中毒，如引发呕吐、恶心、腹痛、腹泻、发烧等急性中毒，甚至致病、致畸和致突变等。所以，必须预防食物的腐败变质。

预防食物腐败变质可以采用低温保存、真空保存以及高温加热、盐泡等方法，以限制细菌的繁殖。但是，这些防腐方法对于延长食品的保存时间都是有限的。目前，预防食物腐败变质的最佳方法还是添加食品防腐剂（antimicrobial）。

食品防腐剂（又称食品抗微生物剂）是指能抑制微生物生长繁殖、防止食品腐败变质、延长食品保质期的食品添加剂，其添加目的是为了保持食品原有的品质和营养价值。食品防腐剂的防腐原理大致可归纳如下：一是与微生物体内的酶系发生作用，干扰酶的正常代谢，从而抑制微生物的活性；二是引起微生物的蛋白质凝固与变性，从而抑制微生物的生存与繁殖；三是与微生物的细胞壁、细胞膜等发生作用，改变细胞壁、细胞膜的渗透性，抑制微生物体内的酶类与代谢产物的排除，导致微生物失活；四是与微生物的遗传物质或遗传微粒结构发生作用，影响遗传物质的复制、转录与蛋白质的翻译等，抑制微生物生长。

防腐剂的种类很多，但是只有符合如下条件的防腐剂才能作为食品防腐剂：①合理使用对人体无害。②不影响消化道菌群。③在消化道内可降解为食物的正常成分。④不影响药物抗生素的使用。⑤对食品热处理时不产生有害成分。如对苯二酚、甲醛（包括福尔马林）、水杨酸等虽然具有防腐性，但因为其毒性或累加性，都不能作为食品防腐剂。

目前，世界各国批准使用的食品防腐剂种类不同，如美国和日本各有约 50 种和 40 种，我国批准使用的防腐剂有约 30 种。这些食品防腐剂，按其来源可以分为人工合成防腐剂和天然防腐剂两大类。人工合成防腐剂又分为有机防腐剂与无机防腐剂，前者主要有苯甲酸及其盐类、山梨酸及其盐类等，后者主要有亚硝酸盐和亚硫酸盐等。天然食品防腐剂则来源于动物、植物和微生物的代谢产物，如乳酸链球菌素等。

防腐剂可能是食品添加剂中最受争议的一类，部分老百姓甚至到了"谈防腐剂色变"的程度。虽然一些防腐剂如亚硝酸盐、苯甲酸及其盐类等确实已经被证实会引发过敏、呼吸道疾病甚至有致突变性等问题，但防腐剂是很多食品保存中必不可少的成分。除特别咸、特别甜、特别酸、特别干以及特别油等的食物如蜂蜜、罐头食品、方便面等外，其他食品要在比较长的时间内保存，不加防腐剂更可怕。因为防腐剂虽然有潜在的安全风险，但在合理的范围内使用，对人体基本是无毒害的，而不加防腐剂的这些食物极易腐败变质，极易引起细菌在消费者体内繁殖，从而引发食物中毒甚至死亡[3, 4]。

1. 人工合成防腐剂

人工合成防腐剂是通过化学方法制备得到的食品防腐剂，是目前应用最广泛的食品防腐剂，包括有苯甲酸与山梨酸及它们的钠盐与钾盐、尼泊金酯（对羟基苯甲酸酯类）、丙酸盐等有机防腐剂以及亚硝酸盐和亚硫酸盐等无机防腐剂。需要说明的是，人工合成防腐剂都是非营养素，虽然到目前为止还没发生因正常使用防腐剂而致人死亡的事例，但长期或一次性大量食用防腐剂超标的食物，可能会对肝、肾和神经系统等造成损害[5]。婴幼儿和青少年因肝肾功能和神经系统都还未发育完善，因此应远离防腐剂超标特别是含多种防腐剂的食物。

1）苯甲酸及其盐类

苯甲酸及其盐类食品防腐剂主要包括苯甲酸（benzoic acid，又名安息香酸，CAS 号为 65-85-0，分子式为 $C_7H_6O_2$）、苯甲酸钠（sodium benzoate，又名安息香酸钠，CAS 号为 532-32-1，分子式为 $C_7H_5O_2Na$）和苯甲酸钾（potassium benzoate，又名安息香酸钾，CAS 号为 582-25-2，分子式为 $C_7H_5O_2K$）三种，其中以苯甲酸和苯甲酸钠应用最多。苯甲酸及其钾、钠盐的结构见图 3.1。苯甲酸有天然和人工合成两种来源。事实上，苯甲酸广泛存在于很多植物包括一些蔬菜、浆果、香料等食材中，它是植物在生长过程中的次级代谢产物，最早的苯甲酸生产技术就是由安息香胶干馏或碱水解得到的。此外，苯甲酸也天然存在于一些发酵性食品和乳制品等中，它是这些食物经微生物发酵得到的产物。目前使用的苯甲酸主要是由人工在环烷酸钴等催化剂存在下用甲苯通过液相氧化得到的。

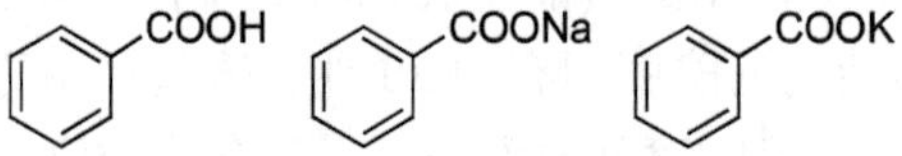

图 3.1　苯甲酸（左）、苯甲酸钠（中）及苯甲酸钾（右）的结构式

苯甲酸及其钠盐、钾盐均为无臭或略带安息香气味的白色结晶粉末或颗粒，但前者常温下难溶于水，可溶于热水和乙醇等，后者常温下也易溶于水。苯甲酸及其盐类属于广谱抗微生物剂，在允许最大使用量内及 pH 4.5 以下，对霉菌、酵母菌和部分细菌都有抑制作用。苯甲酸钠和苯甲酸钾都是以酸的形式起防腐作用，即它们要转变为苯甲酸后才有防腐作用，因此它们与苯甲酸的防腐性能基本相似，都属于酸性防腐剂，只在酸性介质中有防腐性（最佳防腐 pH 为 2.5~4.0），在碱性介质中基本无防腐效果。苯甲酸及其盐类可以穿透微生物的细胞膜从而进入细胞体内，干扰细胞膜的渗透性，抑制细胞膜对氨基酸的吸收以及细胞呼吸酶系的活性，从而实现防腐[6]。

在相同条件下，苯甲酸及其盐类的防腐效果只有山梨酸及其盐类的 1/3 左右，只有尼泊金酯的 1/10 左右，毒性却比山梨酸和尼泊金酯都强，是最有争议的食品防腐剂之一。不过现有研究表明，苯甲酸进入动物体内后，大部分会与甘氨酸结合生成马尿酸，剩余的则与葡萄糖醛酸结合生成 1-苯甲酰葡萄糖醛酸，经 10~14h 后将全部通过尿液从体内排出。因此，苯甲酸及其钾盐、钠盐无蓄积性，本身也不会直接产生致癌、致突变、致畸等作用，毒性很小。但是，苯甲酸及其钾盐、钠盐与维生素 C 反应会生成致癌物苯，因此在富含维生素 C 的食品如果脯等中使用是有害的。此外，长期或一次性过量摄入苯甲酸及其钾盐、钠盐，可能引发腹泻、荨麻疹、哮喘等，对于儿童来说，还可能加深或诱发儿童多动症[7, 8]。因此，一些国家如日本、美国等已逐步改用山梨酸及其盐类代替苯甲酸及其盐类作为食品防腐剂。不过，苯甲酸和苯甲酸钠本身毒性小，少量食用（按联合国粮食及农业组织（FAO）/世界卫生组织（WHO）的建议，苯甲酸和苯甲酸钠对成年人的每日容许摄入量（ADI）为 5mg/kg）不会对身体造成危害，而且价格低廉，因此很多国家包括中国都允许在规定的范围和用量下使用于食品中。事实上，苯甲酸钠也不可能大量添加于食品中，因为其添加量过多会导致食品产生苦味。

根据我国《食品安全国家标准　食品添加剂使用标准》（GB 2760—2014）的规定，苯甲酸及苯甲酸钠不允许添加在婴幼儿食品中，但可以限量用于食品工业用浓缩果蔬汁，最大使用量为 2.0 g/kg；胶基糖果，最大使用量为 1.5 g/kg；风味冰、冰棍类、罐头除外的果酱、腌渍蔬菜、胶基糖果、调味糖浆、酱油、醋、酱及酱制品、半固体复合调味料、液体复合调味料、果蔬汁（浆）类饮料、蛋白饮料、茶、咖啡及植物（类）饮料、风味饮料，最大使用量为 1.0 g/kg；除胶基糖果以外的其他糖果、果酒，最大使用量为 0.8 g/kg；复合调味料，最大使用量为0.6 g/kg；蜜饯凉果，最大使用量为 0.5 g/kg；配制酒，最大使用量为 0.4 g/kg；碳酸饮料、特殊用途饮料，最大使用量为 0.2 g/kg。

2）山梨酸及其盐类

山梨酸及其盐类食品防腐剂包括山梨酸（sorbic acid，又名己二烯酸等，CAS号为 110-44-1，分子式为 $C_6H_8O_2$）、山梨酸钠（sodium sorbate，又名己二烯酸钠，CAS 号为 7757-81-5，分子式为 $C_6H_7O_2Na$）和 山梨酸钾（potassium sorbate，又名己二烯酸钾，CAS 号为 590-00-1，分子式为 $C_6H_7O_2K$）三种，其中以山梨酸钾应用最多。山梨酸及其钾盐、钠盐的结构见图 3.2。山梨酸天然存在于很多植物特别是植物的成熟果实如沙棘、苹果、枇杷、桃、李、杏等中，只是含量极低。因此，山梨酸主要是由人工利用巴豆醛与乙烯酮先经缩合反应，再经分解反应而制得。

图 3.2　山梨酸（左）、山梨酸钾（中）及山梨酸钠（右）的结构式

山梨酸为白色针状或粉末状晶体，有特定的臭味，极微溶于水，能溶于乙醇等多种有机溶剂。由于其水溶性差，因此一般使用其钾盐，即山梨酸钾。山梨酸钾为白色或浅黄色晶状颗粒或粉末，无臭或微有臭味，易溶于水，易被氧化变色，但对光和热稳定。山梨酸及山梨酸钾对酵母菌、霉菌和好氧性细菌以及葡萄球菌、肉毒杆菌、沙门氏菌等具有显著的抑制作用，且作用机理相同，主要都是通过作用于微生物体内的脱氢酶系统，从而抑制微生物的生长繁殖，达到防腐目的[9]。与苯甲酸及其盐类相似，山梨酸及山梨酸钾也是酸性防腐剂，其防腐效果同样随pH 的升高而下降，在 pH 3.0 附近最好。但与苯甲酸及其盐类在 pH>4.0 后的防腐效果明显下降不同，山梨酸及山梨酸钾在 pH 值为 6.0 左右时仍有较好的防腐能力。此外，山梨酸及山梨酸钾的防腐性能明显优于苯甲酸及其盐类。相同条件下，山梨酸钾的防腐效果是苯甲酸钠的 5 倍左右。

山梨酸是一种不饱和脂肪酸，能在人体内参与正常的新陈代谢，并最终被转化为水和二氧化碳，因此安全性很高，对人体不会产生致癌和致突变等作用。山梨酸的毒性不仅小于苯甲酸类和尼泊金酯，甚至小于维生素 C 和食盐，仅为苯甲酸的 1/4，食盐的 1/2。按 FAO/WHO 建议，山梨酸及山梨酸钾对成年人的 ADI 为 25 mg/kg，是苯甲酸的 5 倍，尼泊金酯的 2.5 倍。所以，山梨酸及山梨酸钾被很多国家与组织公认为是安全、高效的食品添加剂，用其代替苯甲酸钠已成为食品工业的发展趋势。但是，也有研究表明，长期或大量食用山梨酸或山梨酸钾超标的食品，会对肝、肾产生一定的危害，对骨骼的生长产生一定的抑制作用[8]。

根据我国《食品安全国家标准　食品添加剂使用标准》（GB 2760—2014）的规定，山梨酸及山梨酸钾可以限量用于食品工业用浓缩果蔬汁，最大使用量为 2.0 g/kg；胶基糖果、杂粮灌肠制品、米面及肉灌肠制品、蛋制品，最大使用量为 1.5 g/kg；干酪和再制干酪及其类似品、人造黄油及其类似制品、果酱、除胶基糖果以外的其他糖果、面包、糕点、豆干再制品、新型豆制品、各种加工水产品及其制品、腌渍蔬菜、氢化植物油、焙烤食品馅料及表面用挂浆、调味糖浆、酱油、醋、复合调味料，最大使用量为 1.0 g/kg；果酒、青稞干酒，最大使用量为 0.6 g/kg；风味冰、冰棍类、经表面处理的新鲜水果与蔬菜、加工食用菌和藻类、蜜饯凉果、酱及酱制品、果冻、饮料类、胶原蛋白肠衣，最大使用量为 0.5 g/kg；配制酒，最大使用量为 0.4 g/kg；葡萄酒，最大使用量为 0.2 g/kg；熟肉制品、预制水产品，最大使用量为 0.075 g/kg。

3）尼泊金酯类

尼泊金酯类（parabens），化学名称为对羟基苯甲酸酯类，是由对羟基苯甲酸与醇在浓硫酸等催化下经酯化反应得到的，包括对羟基苯甲酸乙酯（ethyl p-hydroxybenzoate，又名尼泊金乙酯等，CAS 号为 120-47-8，分子式为 $C_9H_{10}O_3$ ）、对羟基苯甲酸丙酯（propyl p-hydroxybenzoate，又名尼泊金丙酯，CAS 号为 94-13-3，分子式为 $C_{10}H_{12}O_3$ ）、对羟基苯甲酸丁酯（butyl p-hydroxybenzoate，又名尼泊金丁酯等，CAS 号为 94-26-8，分子式为 $C_{11}H_{14}O_3$ ）、对羟基苯甲酸异丙酯（isopropyl p-hydroxybenzoate，又名尼泊金异丙酯等，CAS 号为 4191-73-5，分子式为 $C_{10}H_{12}O_3$ ）和对羟基苯甲酸异丁酯（isobutyl p-hydroxybenzoate，又名尼泊金异丁酯等，CAS 号为 4247-02-3，分子式为 $C_{11}H_{14}O_3$ ），其中乙酯和丙酯是目前世界上用量最大的，但有时这几种酯会复配或与苯甲酸混合使用。尼泊金酯的基本骨架结构见图 3.3。

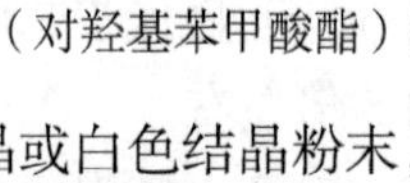

图 3.3　尼泊金酯（对羟基苯甲酸酯）的基本骨架结构式

尼泊金酯的外观为无色结晶或白色结晶粉末，是一类基本上无臭、无味、易溶于醇、极微溶于水的高效、低毒的化学防腐剂，其防腐机理是抑制微生物体内的酶类活性并破坏微生物的细胞膜，进而促使细胞内的蛋白质变性。与苯甲酸和山梨酸相比，尼泊金酯的分子中具有酚羟基结构，所以抗细菌性能更强，抗菌谱更广。此外，尼泊金酯的抑菌活性主要是以分子形式起作用，所以其抗菌性与环境 pH 几乎无关，至少在环境 pH 位于 3~8 的范围内均很好，而苯甲酸与山梨酸是酸性防腐剂，它们的抑菌效果在环境 pH 大于 5.5 后大幅下降。尼泊金酯的缺点是水溶性较差，而且用量过大时会有一定的气味，这不利于它在食品中的应用。尼泊金酯的防腐性能随分子中醇烷基碳原子数目的增加而增加，毒性和水溶性则随醇烷基碳原子数目的增加而减少，不过其复配性好，所以尼泊金酯常采用复配方式使用，以提高其水溶性和防腐性[10]。

尼泊金酯的安全性高，其本身的毒性低于苯甲酸（但高于山梨酸），再加上其防腐的高效性，使其添加量只需要山梨酸和苯甲酸的 1/10~1/5，因此尼泊金酯的相对安全性远高于苯甲酸和山梨酸。但是，也有研究报道，尼泊金酯为内分泌干扰物且有蓄积性，因此长期食用会增加女性患子宫癌、乳腺癌的风险，影响机体内正常的雄激素分泌，而对于孕妇还可能引起新生儿生殖器畸形。

世界上很多国家如美国、加拿大、俄罗斯、日本、中国等都允许在食品、化妆品和药物制剂中按规定使用尼泊金酯。

根据我国《食品安全国家标准　食品添加剂使用标准》（GB 2760—2014）的规定，尼泊金酯可以限量用于糕点馅，最大使用量为 0.5 g/kg；果味及果蔬汁（浆）类饮料、除罐头外的果酱、酱油、醋、酱及酱制品、蚝油及虾油与鱼露等，最大使用量为 0.25 g/kg；碳酸饮料、热凝固蛋制品，最大使用量为 0.2 g/kg；经表面处理的新鲜水果与蔬菜，最大使用量为 0.012 g/kg。

4）亚硝酸盐

亚硝酸盐是亚硝酸钾、亚硝酸钠等的总称，其中用作食品添加剂的主要是亚硝酸钠。亚硝酸钠（sodium nitrite，CAS 号为 7632-00-0，分子式为 $NaNO_2$）为白色或淡黄色粉末或颗粒状结晶，外观及滋味都与食盐类似，微咸、易溶于水，可以通过将等量的二氧化氮和一氧化氮通入氢氧化钠溶液中制得，也可以通过分解硝酸钠制得。

亚硝酸盐广泛存在于食物中，其来源包括天然存在、自然转化和人工添加三方面。事实上，一方面植物在摄取环境中的氮进行氨基酸等的合成时，不可避免地会产生硝酸盐及亚硝酸盐，另一方面植物体内的还原酶会把部分硝酸盐还原为亚硝酸盐，例如在蔬菜进行腌制时，细菌产生的硝酸还原酶就可以把蔬菜中的硝酸盐还原为亚硝酸盐。因此，亚硝酸盐几乎天然存在于所有植物包括几乎所有的食品如大米、瓜果、蔬菜、腌菜、泡菜等中。有研究表明，人体摄入的亚硝酸盐70%~80%来源于蔬菜[11]。此外，亚硝酸盐也是食品防腐剂和发色剂，所以可以限量使用于一些食品如腌熏肉、香肠等中。

亚硝酸盐可以防止与抑制肉毒梭状芽孢杆菌的产生和繁殖，能够作为肉制品的防腐剂。更为重要的是，亚硝酸盐可以与肉制品中的肌红蛋白结合生成玫瑰色的亚硝基肌红蛋白，从而起到发色剂和护色剂的作用。所以，亚硝酸盐被广泛用于肉制品的加工中。此外，使用亚硝酸盐制作肉制品时，还可以缩短肉制品的加工时间，增加其风味，使其口感变嫩，因此亚硝酸盐包括含有亚硝酸盐的嫩肉粉等也会被一些厨师非法用于肉制品的烹饪中。但是，亚硝酸盐的毒性很强，一个成年人摄入 0.2~0.5 g 亚硝酸盐可导致中毒，摄入 3 g 则可引起死亡。亚硝酸盐的强毒性主要来源于以下两方面。首先，亚硝酸盐进入人体后，会在微生物的作用下还原为强致癌物亚硝胺，因此长期食用会诱发食道癌、胃癌等。所以，亚硝酸盐虽然本身不具有致癌性，却被认为是致癌物。其次，在酸性介质中，亚硝酸盐为强氧化剂，进入人体内后，可氧化血液中的低价铁血红蛋白为高价铁血红蛋白，从而使血红蛋白失去运送氧的功能，导致组织缺氧，引发口唇、指尖等变紫、变蓝的中毒症状，俗称为"紫绀症""蓝血病"等，严重的还会引起脑部缺氧，甚至导致死亡。此外，亚硝酸盐中毒还会引起恶心、呕吐、腹泻、头晕、头疼、心跳加速、胸闷、气短、呼吸困难等症状，并导致婴儿先天畸形[11, 12]。

长期以来，亚硝酸盐都被认为是对人体健康没有任何益处的物质，但近年却有科学家发现了一个令人瞠目结舌的现象，亚硝酸盐可以用来治疗心脏病和镰状细胞血症等多种疾病[13]，不过这一发现还缺少临床试验证明。因此，日常生活中我们还是应该尽量少吃亚硝酸盐含量高的食物，如不新鲜的蔬菜、腌/泡菜特别是变质的蔬菜和腌/泡制时间在 7 日以内的咸菜、腌腊肉制品等。

亚硝酸盐虽然毒性较强，但少量摄入并不会引起中毒或致癌、致畸等问题，因此它还被允许限量使用于部分食品中作为防腐剂与发色剂和护色剂。根据我国《食品安全国家标准　食品添加剂使用标准》（GB 2760—2014）的规定，亚硝酸盐可以限量用于各类肉制品中，包括腌、腊、酱、卤、熏、烧、烤、油炸和发酵肉制品以及西式火腿（含熏烤、烟熏、蒸煮火腿）和肉灌肠类中，最大用量为 0.15 g/kg，残留量则普遍要求小于 30 mg/kg。同时，卫生部和国家食品药品监督管理总局还于 2012 年 6 月联合发布了公告，禁止所有的餐饮服务单位在制作食物的过程中使用亚硝酸盐。

2. 天然防腐剂

天然防腐剂是指直接来源于植物、动物和微生物代谢产物并能预防和延缓食物腐败变质的天然物质。由于天然防腐剂一般无菌、无毒，有些还能提升食品的品质，有些本身就是食品组分或营养物质，因此被认为是一类最有发展前景的食品防腐剂。目前已经开发的天然食品防腐剂种类很多，有来源于微生物代谢产物的乳酸链球菌素和纳他霉素等，来源于动物的溶菌酶、鱼精蛋白、蜂胶、壳聚糖等，来源于植物的香辛料、琼脂低聚糖、大蒜提取物等。但是，因为天然防腐剂的价格高昂，导致其在食品加工中的应用还远不及人工合成防腐剂。

1）乳酸链球菌素

乳酸链球菌素（nisin）又名尼辛或乳酸链球菌肽，是乳酸链球菌的代谢产物，由乳酸链球菌发酵液提取得到，属于多肽类化合物，其分子中含有 34 个氨基酸残基，分子式为 $C_{143}H_{230}N_{42}O_{37}S_7$，分子量为 3354.07，CAS 号为 1414-45-5，结构式见图 3.4。乳酸链球菌素的外观为白色至淡黄色结晶状粉末或颗粒，略有咸味，具有良好的耐酸性和耐热性，但其耐热性以及稳定性和水溶性都随 pH 的升高而下降，不过当其加入食品如牛奶等中以后，因受到食物中大分子的保护，稳定性会显著提高。

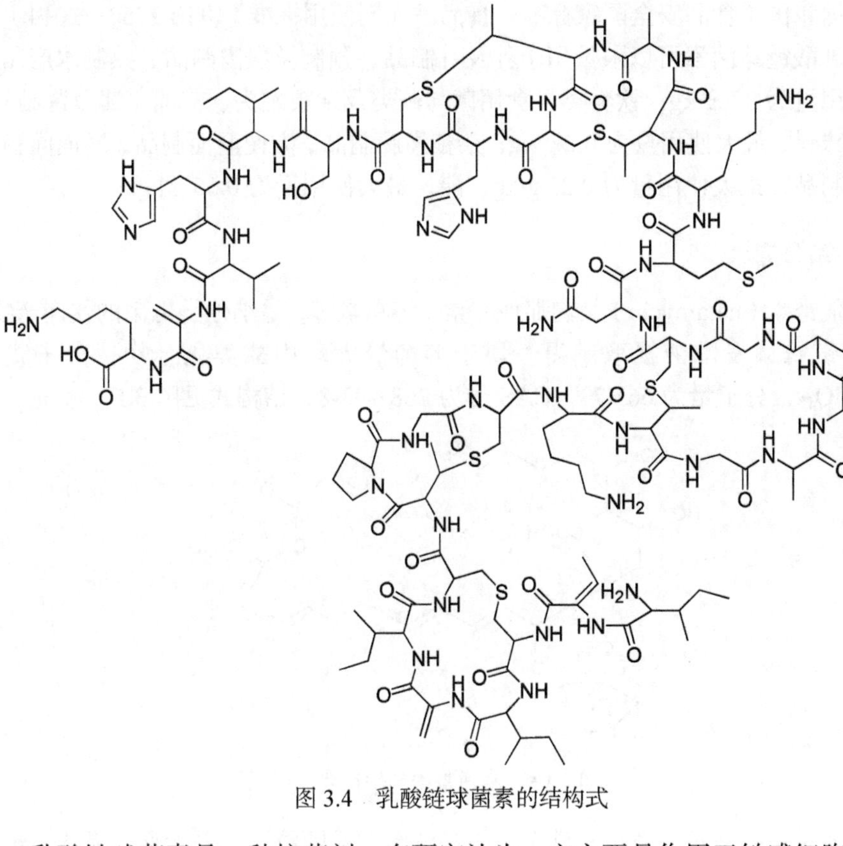

图 3.4　乳酸链球菌素的结构式

乳酸链球菌素是一种抗菌剂。有研究认为，它主要是作用于敏感细胞膜上，并且依赖于肽聚糖前体分子脂质 II 的浓度，形成孔洞，从而引起内容物的泄露，最终导致细胞自溶而死亡[14, 15]。不过乳酸链球菌素的抗菌谱相对较窄，它只对大多数的革兰氏阳性细菌如链球菌、肉毒梭菌、乳酸杆菌、芽孢杆菌、梭状芽孢杆菌及其他厌氧性形成芽孢的细菌等有很强的抑制或杀灭作用，而对酵母、霉菌和革兰氏阴性菌却几乎无作用。虽然如此，但乳酸链球菌素能提高一些细菌的热敏感性，从而可降低对这些细菌的灭菌温度、缩短灭菌时间，因此在食品加工中添加乳酸链球菌素，能更好地保持食品原有的营养成分、色泽和风味。

目前，乳酸链球菌素不仅已经被证实是完全无毒的，而且因为它属于多肽类化合物，还是一种营养物质，能被人体吸收利用。当乳酸链球菌素进入人体内后，它会被消化道中的蛋白酶水解成氨基酸，从而不会在体内残留，不会对人体产生危害。因此，乳酸链球菌素被公认为是一种高效、安全、无毒副作用的天然食品防腐剂，并被世界上很多国家广泛应用于罐头制品、乳制品、肉制品、海产品、饮料、调味品等食品以及化妆品等中。

根据我国《食品安全国家标准 食品添加剂使用标准》（GB 2760—2014）的规定，乳酸链球菌素可以限量用于乳及乳制品、预制及熟肉制品、熟制水产品，最大使用量为 0.5 g/kg；饮料类、食用菌与藻类及杂粮罐头、酱油、酱及酱制品、复合调味料，最大使用量为 0.2 g/kg；杂粮灌肠制品、方便湿面制品、米面灌肠制品、蛋制品，最大使用量为 0.25 g/kg；醋，最大使用量为 0.15 g/kg。

2）纳他霉素

纳他霉素（natamycin）又名那他霉素、游霉素等，是纳他链霉菌的代谢产物，由纳他链霉菌发酵液提取制得，属于多烯烃大环内酯类化合物，分子式为 $C_{33}H_{47}NO_{13}$，分子量为 665.73，CAS 号为 7681-93-8，结构式见图 3.5。

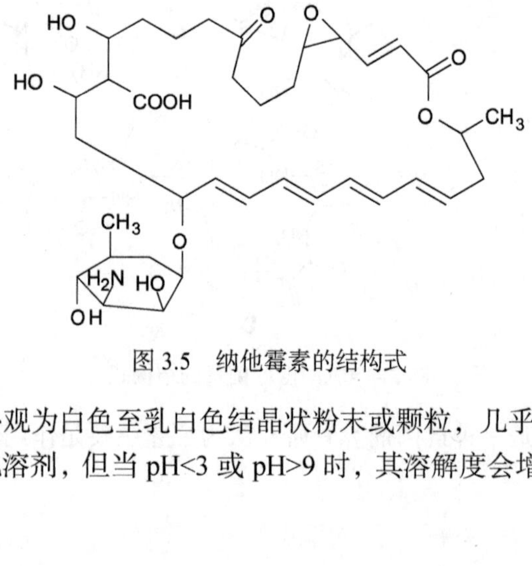

图 3.5 纳他霉素的结构式

纳他霉素的外观为白色至乳白色结晶状粉末或颗粒，几乎无臭、无味，难溶于水和大部分有机溶剂，但当 pH<3 或 pH>9 时，其溶解度会增加，不过，稳定性会下降。纳他霉素是一种抗真菌剂，它的抗菌性来自它跟真菌细胞膜上的麦角甾醇及其他甾醇基团的结合，这种结合会抑制麦角甾醇的生物合成，从而导致细胞膜发生畸变并在膜上形成水孔，最终引起细胞膜内容物如氨基酸、电解质等渗漏，造成细胞破裂、菌体死亡[16]。显然，纳他霉素对细胞膜上不存在甾醇类化合物的微生物是没有作用的，因此它只能预防真菌如酵母菌、霉菌等的产生，并抑制它们的生长繁殖，而对细菌和病毒则几乎没有抗菌活性，所以它的存在不会对奶酪、酸奶、生火腿等的自然成熟过程产生影响。

纳他霉素对人体基本无害，因为它很难被人体消化道所吸收，且微生物也很难对它产生抗性，因此是一种安全、高效、广谱的天然防腐剂。FAO/WHO 食品添加剂联合专家委员会（JECFA）建议的纳他霉素 ADI 值对成年人为 0.3 mg/kg。基于纳他霉素的安全与高效性，再加上它的溶解度小，用于食品中不会改变食品的风味等优势，所以常被用于食品防腐特别是食品的表面防腐中。

根据我国《食品安全国家标准　食品添加剂使用标准》（GB 2760—2014）的规定，纳他霉素可以限量用于干酪和再制干酪及其类似品、糕点、各类肉制品（包括酱、卤、熏、烧、烤、油炸和发酵肉制品），西式火腿（熏烤、烟熏、蒸煮火腿）、肉灌肠、果蔬汁（浆）饮料，最大使用量为 0.3 g/kg；蛋黄酱、沙拉酱，最大使用量为 0.02 g/kg；发酵酒，最大使用量为 0.01 g/L。该标准还同时规定，各食品中纳他霉素的残留量不大于 10 mg/kg。

3.2　改变食品感观效果的"食用色素"

色、香、味、形是评价食品感官质量的四大要素，其中色又被放在了首位，说明颜色对于食品的感官质量来说是至关重要的。事实上，食品的颜色不仅可以给人视觉上的享受，还能够增加食欲，促进消化液的分泌，从而有利于消化和吸收。大部分天然食品本身是有色泽的，但是因为在加工和保存过程中容易发生褪色或变色现象，所以为了改善食品的色泽或者为了模拟天然食品，在食品加工过程中往往会添加食用色素。

食用色素是一种能在一定程度上改变食物原有颜色并且可以被适量食用的食品添加剂，是色素中的一种。其实，在食品加工过程中使用色素并不是现代人的发明。早在千余年前，大不列颠的阿利克撒人就已经会用茜草提取物制作玫瑰紫色糖果，美洲的托尔铁克人与阿芒特克族人就会从胭脂虫中提取胭脂虫红并用于食物染色，我国古代也有用红曲米酿酒、酱肉以及用乌饭树叶捣汁染糯米饭等习惯。

食用色素经过上千年的发展已经有很多种类，如叶绿素、焦糖色、姜黄、紫胶红、甜菜红、苋菜红、胭脂红、柠檬黄、亮蓝等等。食用色素按溶解性可以分为水溶性食用色素和非水溶性食用色素两大类；按来源可以分为天然食用色素和人工合成食用色素两大类。

1. 天然食用色素

天然食用色素主要是指从动物、植物和微生物中直接提取得到的色素，其种类繁多。按来源，天然食用色素有植物色素（如甜菜红、苋菜红、胡萝卜素、姜黄素、叶绿素等）、动物色素（如胭脂虫红、紫胶红等）和微生物色素（如红曲色素等）三类；按结构，天然食用色素有卟啉类（如叶绿素）、异戊二烯类（如胡萝卜素）、多酚类（如玫瑰茄红、花色素苷）、酮类（如红曲色素、姜黄素）、醌类（如胭脂虫红、紫胶红）和其他类（如甜菜红、焦糖色等）。天然食用色素不仅能很好地模仿天然食品的色泽，着色色调自然，对人体安全性高，而且一些天然色素还具有增强营养甚至保健功能，如β-胡萝卜素能在人体内转化成维生素 A，且具有维持皮肤健康、保护视力、改善夜盲症、提高机体免疫力等多种生理功能；黄酮类天然色素则具有软化血管、预防心血管疾病等功效。因此，天然色素在食品中的应用越来越受到重视。然而，天然食用色素在使用中还存在一定的局限性，如①天然色素溶解性一般不好，所以不仅着色力和染色均匀性较差，而且色素之间的相容性也较差，导致调色困难，很难调出任意色调。②天然色素的稳定性和坚牢度不高，其色调受酸碱度、温度、光照等因素影响较大，在食品加工和保存过程中容易因外界影响而劣化，因此在使用中通常需要加入保护剂。③天然色素成分复杂，使用不当时，容易产生浑浊、沉淀，而且有时受共存成分影响会有异味。④成本高。但是，从安全性角度考虑，天然食用色素必将逐步取代人工合成食用色素[2, 17]。

1）天然苋菜红

天然苋菜红（natural amaranthus red）是由苋科苋属植物红苋菜（*Amaranthus tricolor* L.）的可食部分提取得到的天然色素，其主要着色成分为苋菜苷（amaranthin）和甜菜苷（betanin），它们的结构式见图 3.6。

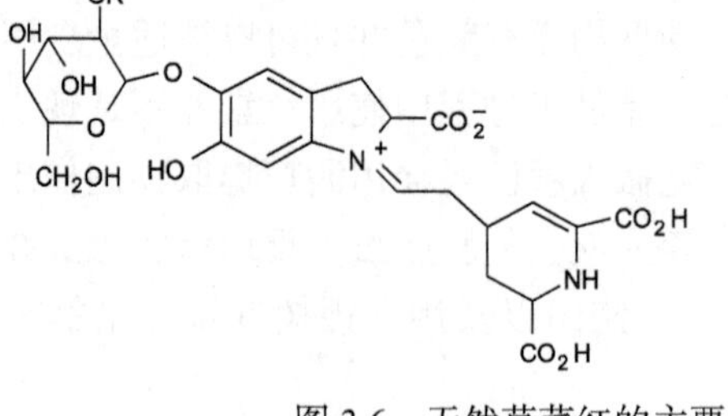

苋菜苷（amaranthin）：
R=β-D-吡喃葡萄糖基糖醛酸
甜菜苷（betanin）：
R=H

图 3.6　天然苋菜红的主要组成成分及其结构式

天然苋菜红的外观为紫红色固体粉末，是一种水溶性红色色素，色泽鲜艳，稳定性较好，只是耐光与耐热性较差，而且稳定性会因铜、铁等金属离子的存在而下降。天然苋菜红不仅毒性小、安全性高，而且在主要着色成分外，还含有苋菜中的一些营养成分，如维生素 K 和钙、铁等，因此，它除了能够给色品着色外，也能给人体补充一定的微量元素和维生素等，是一种优良的天然色素。FAO/ WHO 对 ADI 值未做限制性规定。

根据我国《食品安全国家标准 食品添加剂使用标准》（GB 2760—2014）的规定，天然苋菜红可用于配制酒、果味和果蔬汁（浆）类饮料、碳酸饮料、糖果、果冻、蜜饯凉果、装饰性果蔬、糕点上彩装等，最大使用量为 0.25 g/kg。

2）甜菜红

甜菜红（beet root red）是从红甜菜（*Beta vulgaris* L. Var. *rabra*）的块根中提取得到的天然色素，甜菜红主要成分为红色的甜菜红素（betacyanin）和黄色的甜菜黄素（betaxanthin），其中甜菜红素又以甜菜苷为主，它占红色素的 75%~95%，其余还有异甜菜苷和前甜菜苷等；甜菜黄素则包括甜菜黄素 I 和甜菜黄素 II。甜菜红的各主要成分及其结构式见图 3.7。

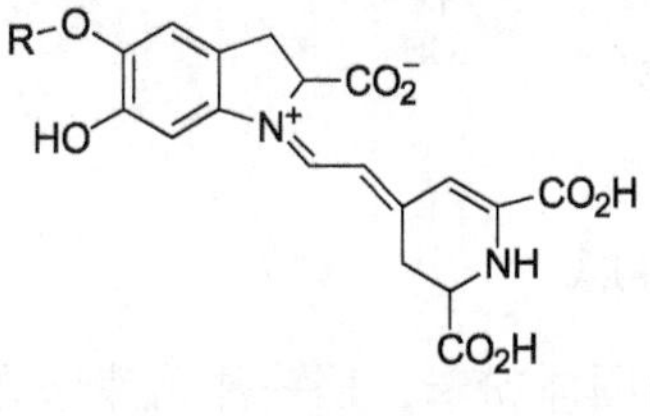

甜菜苷：R=β-葡萄糖
甜菜素：R=H
前甜菜苷：R=6-硫酸葡萄糖

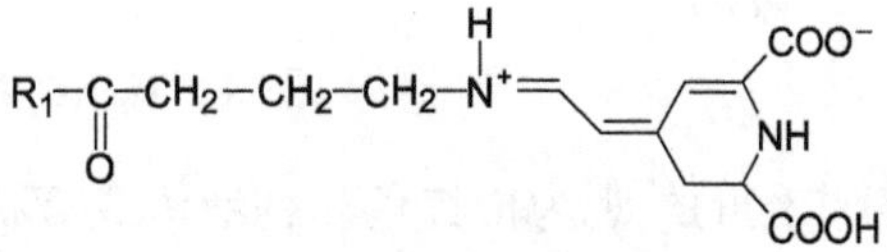

甜菜黄素 I：R'=NH$_2$
甜菜黄素 II：R'=OH

图 3.7 甜菜红的主要组成成分及其结构式

甜菜红的外观为红色至紫红色固体粉末，是一种水溶性红色色素，色泽鲜艳，着色性好，着色均匀，呈色自然，但耐热、耐光和耐氧化还原性差，加热以及氧、金属离子的存在和水分活性的增加等都将导致其稳定性下降。甜菜红来源于人们长期食用的红甜菜，不仅安全无毒，而且还具有较强的抗氧化活性，能增加人体的免疫能力，改善肝功能，并对部分肿瘤有一定的抑制作用[18]。此外，甜菜红色素还有很好的亚硝酸盐清除能力。因此，在香肠的制备过程中，可以用甜菜红色素代替一半的壳聚糖用量，既能为香肠着色，又能一定程度地清除亚硝酸盐。基于上述优点，甜菜红被广泛用作食品、药品及化妆品的着色剂，FAO/WHO 对其 ADI 值也未做限制性规定。

根据我国《食品安全国家标准　食品添加剂使用标准》（GB 2760—2014）的规定，甜菜红可按生产需要适量用于冷冻饮品、糖果、果冻、果酱、罐头、膨化食品、坚果和籽类以及调制乳、风味发酵乳、炼乳、干酪、调制奶粉等各种乳奶制品和以乳为主要配料的即食风味食品或其预制品、人造黄油及其类似物、脂肪类甜品及其他油脂与油脂制品、加工的水果、蔬菜及食用菌（含罐头）、熟肉和熟制水产品、可可与巧克力制品、米面和杂粮制品、豆类制品、蛋制品、各种饮料、酒、调料与调味品等中。

3）辣椒红

辣椒红（capsanthin）又名辣椒红色素，是从成熟的红辣椒果实中提取得到的天然色素，属于类胡萝卜素类色素，主要由极性较大的红色成分辣椒红素和辣椒玉红素组成，它们占辣椒红中类胡萝卜素总量的 50%~60%，另外还含有一些极性较小的黄色组分，主要为胡萝卜素和玉米黄质。辣椒红素的结构式见图 3.8。

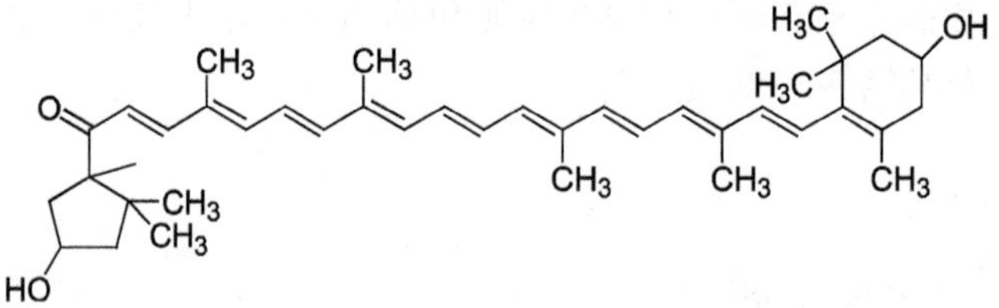

图 3.8　辣椒红素的结构式

辣椒红的外观为橙红色黏稠液体或膏状物与固体粉末，是一种无辣味的脂溶性橙红色色素，不溶于水，可溶于油脂和乙醇，具有良好的乳化分散性、耐热性以及耐酸和耐碱性，其色泽在 pH 3~12 之间稳定不变。但辣椒红耐光性较差，遇 Cu^{2+}、Fe^{2+} 等金属离子会褪色，遇 Pb^{2+} 会产生沉淀。辣椒红色素不仅色泽鲜艳、着色力强、着色坚牢度高、安全无毒，而且具有丰富的营养和生理功能。辣椒红中含有的辣椒红素、辣椒玉红素等类胡萝卜素以及具有维生素 A 活性的胡萝卜素和玉米黄质等，普遍具有抗氧化活性，并能防止和治疗动脉硬化、防止视力减退、提高免疫能力、强壮骨骼、促进发育、抑制肿瘤生长等[19]。此外，辣椒红中还不可避免地含有一些辣椒中的主要成分，如棕榈酸、油酸、亚油酸、肉豆蔻酸等脂肪酸和维生素 C、辣椒素等，这些成分都具有较好的药理活性，如辣椒素具有强消炎镇痛作用以及心肌保护、减肥等功能。因此，辣椒红色素已被 FAO、WHO、欧洲经济共同体（EEC）以及美国、英国、日本和中国等审定为无限性使用的天然食品色素。

根据我国《食品安全国家标准　食品添加剂使用标准》（GB 2760—2014）的

规定，辣椒红不仅可以按生产需要适量使用于除食用冰以外的冷冻饮品、蛋白类与果蔬汁（浆）类饮料、糖果、果冻、可可及巧克力制品、膨化食品、饼干、糕点上彩装、油炸坚果与籽类、腌渍的蔬菜及食用菌和藻类、豆干类、方便米面制品、腌腊及熟肉制品类、烹调或油炸的水产品、面糊、裹粉、煎炸粉、粮食制品馅料和调味品等中，而且还可以限量使用于冷冻米面制品（最大使用量为2.0 g/kg）、糕点（最大使用量为 1.0 g/kg）、焙烤食品馅料和表面用挂浆（最大使用量为 0.9 g/kg）以及生肉添加调理料（最大使用量为 0.1 g/kg）。

4）红曲红

红曲红（monascus colours/red rice starter）又名红曲色素，是从红曲米或红曲霉的深层培养液中提取得到的天然食用色素，主要由 6 种呈色组分组成，即红色色素的红斑素（rubropunctatin，又名潘红，分子式为 $C_{21}H_{22}O_5$）、红曲红素（monascorubrin，又名梦那玉红，分子式为 $C_{23}H_{26}O_5$）和黄色色素的红曲素（monascin，又名梦那红，分子式为 $C_{21}H_{26}O_5$）、红曲黄素（ankaflavin，又名安卡黄素，分子式为 $C_{23}H_{30}O_5$），以及紫色色素的红斑胺（rubropunctamine，又名潘红胺，分子式为 $C_{21}H_{23}NO_4$）、红曲红胺（monascorubramine，又名梦那玉红胺，分子式为 $C_{23}H_{27}NO_4$）。红曲红的主要组成成分及其结构式见图 3.9。

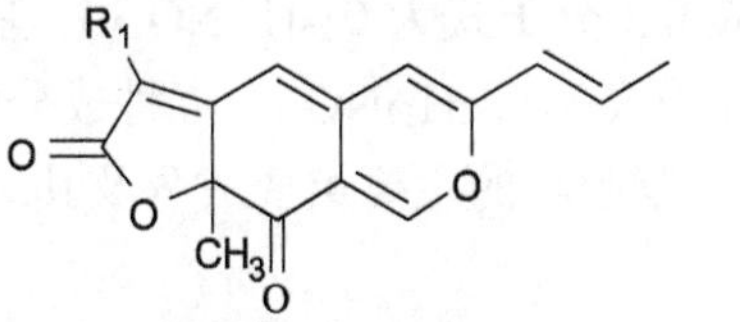

红斑素：$R_1=COC_5H_{11}$
红曲红素：$R_1=COC_7H_{15}$

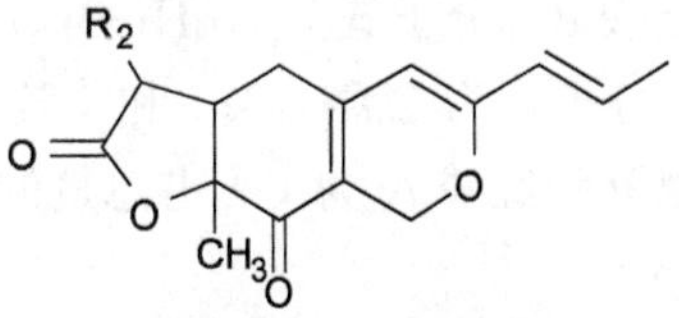

红曲素：$R_2=COC_5H_{11}$
红曲黄素：$R_2=COC_7H_{15}$

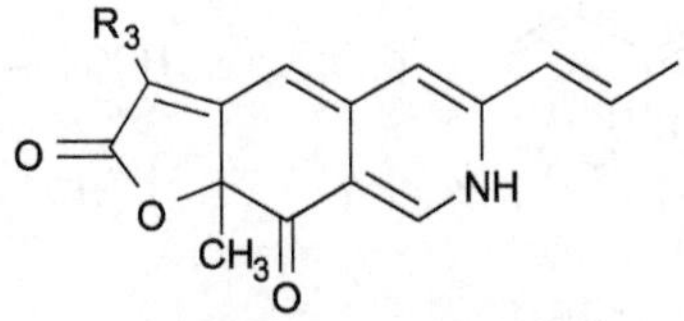

红斑胺：$R_3=COC_5H_{11}$
红曲红胺：$R_3=COC_7H_{15}$

图 3.9　红曲红的主要组成成分及其结构式

红曲红的外观为深紫红色的液体或糊状物或固体粉末，是一种略带异臭的红色色素，色调自然鲜亮，易溶于中性和偏碱性的水溶液以及乙醇。红曲红耐热、耐酸碱、耐氧化还原、耐金属离子（Fe^{2+}、Cu^{2+} 等）的能力较强，其溶液对紫外线照射稳定，但阳光直射会使其褪色。红曲红的着色力强、着色坚牢度高，尤其对蛋白质的染色能力极强，蛋白质一旦染着红曲红，就很难掉色。红曲红是目前国际上唯一利用微生物大规模生产的食用天然色素，具有悠久的使用历史。我国宋朝就有将红曲红作为食用辅料和药物的记载。现有数据表明，红曲红不仅对健康基本没有副作用，相反还有较好的医疗保健功效，它具有抑菌、杀菌作用，并对降低血脂和防止冠心病的发生也有明显效果[20]。红曲红另一个显著特点是生产周期短、产量大而且稳定，这是其他天然色素不能相比的。因此，红曲红被广泛应用于食品中，尤其是代替亚硝酸盐用于肉制品着色。

根据我国《食品安全国家标准　食品添加剂使用标准》（GB 2760—2014）的规定，红曲红不仅可以按生产需要适量使用于配制酒、除食用冰以外的冷冻饮品、各类饮料、调制乳、风味发酵乳、调制炼乳、糖果、果冻、果酱、装饰糖果和甜汁、饼干、膨化食品、油炸坚果与籽类、腌渍蔬菜、方便米面制品、腌腊与熟肉制品类、蛋制品、腐乳类、除番茄沙司外的蔬菜泥（酱）、粮食制品馅料、调味糖浆、调味品，还可以限量用于糕点（最大使用量为 0.9 g/kg）以及焙烤食品馅料和表面用挂浆（最大使用量为 1.0 g/kg）。

5）紫胶红

紫胶红（lac red）又名虫胶红，是从紫胶虫的分泌物紫胶（一种中药）或紫胶虫虫尸中提取得到的天然食用色素，主要由紫胶红酸 A（分子式为 $C_{26}H_{19}NO_{12}$）、紫胶红酸 B（分子式为 $C_{24}H_{16}O_{12}$）、紫胶红酸 C（分子式为 $C_{25}H_{17}NO_{13}$）、紫胶红酸 D（分子式为 $C_{16}H_{10}O_7$）和紫胶红酸 E（分子式为 $C_{24}H_{17}NO_{11}$）五种成分组成，其中以紫胶红酸 A 为主，占总量的 85%左右。紫胶红的主要组成成分及其结构见图 3.10。

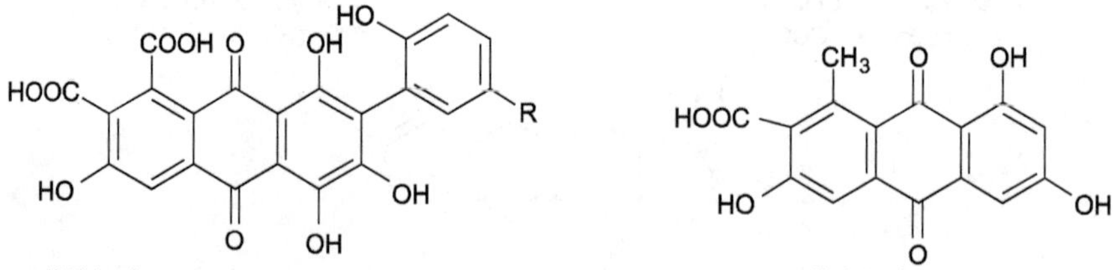

紫胶红酸 A：R=CH₂CH₂NHCOCH₃
紫胶红酸 B：R=CH₂CH₂OH
紫胶红酸 C：R=CH₂CH(NH₂)COOH
紫胶红酸 E：R=CH₂CH₂NH₂

紫胶红酸 D

图 3.10　紫胶红的主要组成成分及其结构式

紫胶红的外观为鲜红色固体粉末，是一种红色动物色素，在水、乙醇等中的溶解度都不高，其色调和着色能力随环境 pH 的改变而改变。随环境 pH 由酸性变到中性，其颜色由橙黄色变为鲜红色再变为紫红色，着色力逐渐下降。紫胶红在强碱介质中不稳定，在酸性介质中则对光和热有良好的稳定性，但它对金属离子稳定性极差，对蛋白质染色时会变黑。紫胶红作为色素的使用历史已有几千年。早在几千年前，古代中国和印度就已经利用紫胶红来对丝绸、皮革等染色，现在它也是被批准使用的食用色素之一。值得注意的是，紫胶红的安全性虽然很高，但是高浓度的紫胶红粉会染红消化道黏膜[21]。

根据我国《食品安全国家标准　食品添加剂使用标准》（GB 2760—2014）的规定，紫胶红可以限量用于果酱、可可及巧克力制品、风味派馅料、复合调味料、果味与果蔬汁（浆）类饮料、碳酸饮料、配制酒中，最大使用量为 0.5 g/kg。

6）姜黄色素

姜黄色素（curcuminoid）又名姜黄，是一种从姜科植物姜黄（*Curcuma longa* L.）的根茎以及郁金（*Curcuma aromatica* Salisb.）的块根和天南星科植物菖蒲（*Acorus calamus* L.）等中提取得到的天然黄色色素，主要含姜黄素（curcuminoid，分子式为 $C_{21}H_{20}O_6$）、脱甲氧基姜黄素（demethoxycurcumin，分子式为 $C_{20}H_{18}O_5$）和双脱甲氧基姜黄素（bisdemethoxycurcumin，分子式为 $C_{19}H_{16}O_4$），占比分别为 70%、15% 和 10% 左右。姜黄色素的主要组成成分及其结构见图 3.11。

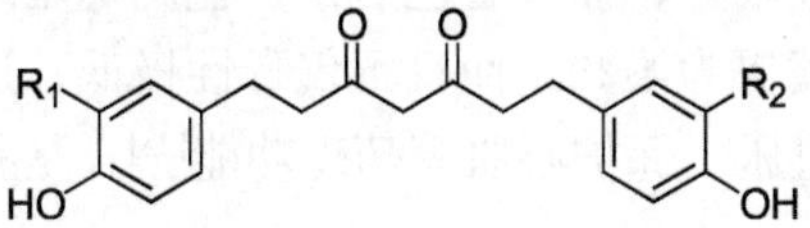

姜黄素：$R_1=R_2=OCH_3$
脱甲氧基姜黄素：$R_1=OCH_3$, $R_2=H$
双脱甲氧基姜黄素：$R_1=R_2=H$

图 3.11　姜黄色素的主要组成成分及其结构式

姜黄色素的外观为橙黄色结晶粉末，是自然界中极为少见的二酮类有色物，有特殊的辛辣和淡淡的苦味，难溶于水，可溶于乙醇，在中性和酸性介质中呈黄色，在碱性介质中呈红褐色。姜黄色素耐还原剂好，对蛋白质以外的物质着色力强，着色坚牢度高，其着色力强于大部分天然色素和合成色素，是柠檬黄与日落黄的 3~4 倍。但是，姜黄色素耐光、耐热以及耐铁离子性较差。姜黄色素被 FAO/WHO 认定为使用安全性很高的天然色素，它不仅几乎无毒，而且还具有防腐和广泛的保健和生理活性，如具有抗氧化、抗炎、抗类风湿、抗动脉粥样硬化、抗人类免疫缺陷病毒、降血脂、保护肝脏和肾脏、防癌抗癌以及抗衰老和预防老年痴呆等功效，因而被广泛用于食品、医药、饲料及纺染等工业中[22]。

按照我国《食品安全国家标准　食品添加剂使用标准》（GB 2760—2014）的规定，姜黄色素不仅可以按生产需要适量用于除配制酒、食用冰外的冷冻饮品、饮料类、糖果、可可及巧克力制品、果酱、凉果类、果冻、装饰性果蔬、油炸坚果与籽类、方便米面制品、焙烤食品、调味品中，还可以限量（以姜黄素计）用于粉圆（最大使用量为 1.2 g/kg）、调制乳粉和调制奶油粉（最大使用量为 0.4 g/kg）、膨化食品（最大使用量为 0.2 g/kg）、即食谷物（最大使用量为 0.03 g/kg）和腌渍蔬菜（最大使用量为 0.01 g/kg）中。

7）红花黄素

红花黄色素（saffower yellower）是从红花的花瓣中提取得到的天然黄色色素，主要由红花苷（carthamin）、红花黄素 A（safflower A）、红花黄素 B（safflower B）等组成，其中主要成分红花苷的结构式见图 3.12。

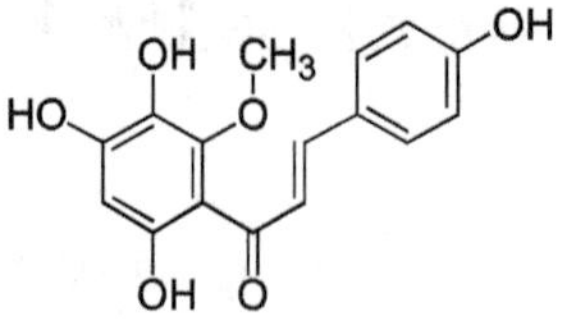

图 3.12　红花苷的结构式

红花黄色素的外观为黄色或棕黄色固体粉末，是一种查耳酮类化合物，易溶于水以及稀的乙醇，但几乎不溶于无水乙醇、氯仿等有机溶剂，其水溶液呈鲜艳的黄色，且其颜色在 pH 2~7 的介质中基本不变。红花黄色素的耐热性较差，但耐光性、耐酸性、耐还原性和抗微生物性较好，而且着色力强、色调稳定。红花黄色素的色调与柠檬黄类似，但比柠檬黄更为柔和，而且不仅毒性极低，还具有抗氧化、扩张血管、改善器官供血、降血压、保护心肌等药理功能[23]，是我国批准使用的天然食用色素。

按照我国《食品安全国家标准　食品添加剂使用标准》（GB 2760—2014）的规定，红花黄色素可以用于除食用冰以外的冷冻饮品、油炸坚果与籽类、方便米面制品、膨化食品、腌腊肉制品、腌渍的蔬菜、粮食制品馅料、盐及代盐制品外的调味品中，最大使用限量为 0.5g/kg；糖果、果冻、蜜饯凉果、果味和果蔬汁（浆）类饮料、碳酸饮料、配制酒、水果罐头、蔬菜罐头、杂粮罐头、装饰性果蔬、糕点上彩装，最大使用量为 0.2g/kg。

8）叶绿素铜钠盐

叶绿素铜钠盐（chlorophyllin copper complex sodium salt）又称绿菲林、叶绿素铜钠等，是将从富含叶绿素的原料（如菠菜、蚕沙等）中提取得到的叶绿素经皂化和酸化铜代后得到的一种半天然绿色色素，即由叶绿素转化来的。天然叶绿素具有叶绿素 a 和叶绿素 b 两种结构，所以叶绿素铜钠盐有着更为复杂的组分和结构。一般来说，叶绿素铜钠盐主要含有叶绿素 a 盐和叶绿素 b 盐，其结构见图 3.13。

叶绿素铜钠盐是基于天然叶绿素对光、热、酸、碱的稳定性差且不溶于水的缺点，而对天然叶绿素进行结构修饰后得到的金属卟啉类化合物，外观为墨绿色固体粉末，不仅易溶于水和乙醇，而且耐光性、耐热性和稳定性都优于天然叶绿素。叶绿素铜钠盐具有天然绿色植物的色调，色泽亮丽、着色力强，只是在 pH<6 的介质中或者有 Ca^{2+} 存在时会产生沉淀。叶绿素铜钠安全性高，并易于被人体吸收，有促进细胞新陈代谢、胃肠溃疡面愈合和肝功能恢复的功效。故它可用于食品、化妆品以及保健品的生产中。

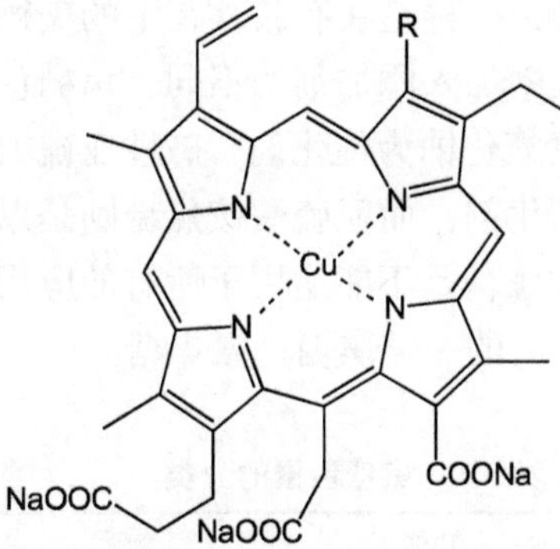

叶绿素 a 盐：R=CH$_3$
叶绿素 b 盐：R=CHO

图 3.13　叶绿素铜钠盐的主要组成成分及其结构式

除美国外，世界上其他各国普遍许可在食品中使用叶绿素铜钠盐，虽然日本将其按化学合成品对待。按照我国《食品安全国家标准　食品添加剂使用标准》（GB 2760 —2014）的规定，叶绿素铜钠盐可以按生产需要适量用于果蔬汁（浆）类饮料，也可以限量用于除食用冰以外的冷冻饮品、蔬菜罐头、熟制豆类、加工坚果与籽类、糖果、果冻、粉圆、焙烤食品、饮料类、配制酒，最大使用量为 0.5 g/kg。

9）焦糖色

焦糖色（caramel）又名酱色、焦糖色素，是由糖类物质（如饴糖、蔗糖、乳糖、麦芽糖、转化糖以及淀粉的水解产物等）经高温脱水、分解、聚合等系列反应后得到的一种半天然褐色色素，其组成非常复杂，而且其中的某些组分是以胶质聚集体的形式存在。

焦糖色的外观为深褐色至黑褐色的黏稠液体或固体粉末，具有一种特殊的甜香和焦苦味，易溶于水，但难溶于油脂及常见的有机溶剂，水溶液一般呈透明、无混浊的红棕色。焦糖色有胶体特性和等电点，并普遍具有稳定性好、耐光耐热性强、黏度低、着色均匀等优点，但焦糖色的 pH 以及性质、组成因制备方法的不同而有较大差异。

由糖类物质制备焦糖涉及的就是一种褐变反应，这是我们日常烹调中也经常发生的反应。但是，迄今为止，焦糖反应的机理还没有科学可信的确切解释，焦糖的组成结构也没有被完全认识。英国化学家 Brache（一个几乎毕生都在从事焦糖研究的化学家）曾感叹："焦糖不仅具有复杂性，而且也无法预测，只有在最大限度内将原料、制备技术、时间、温度等加以控制，才能保证高质量产品的可重复性……"。由此可见焦糖生产技术的难度。正是因为如此，焦糖的生产技术一直被各国企业视为高度机密。美国的可口可乐能风行全球并几乎难以被替代，与它拥有的耐酸焦糖制备技术是密不可分的。

　　焦糖反应主要有两种类型，一种是在有胺存在下的美德拉反应，另一种是纯焦糖化反应。按照在生产过程中加入添加剂的不同，焦糖色素可以分为四类（见表 3.1）。普通焦糖一般是以氢氧化钠为催化剂，碱性亚硫酸盐焦糖是以亚硫酸盐为催化剂，氨焦糖是以氨为催化剂，而亚硫酸铵焦糖则是以亚硫酸（氢）铵为催化剂[24]。从表 3.1 可见，一种焦糖是不能适用于所有的应用领域的，因此焦糖品种很多。目前，我国生产量最大的一类焦糖是氨焦糖。

表 3.1　焦糖色素的分类

类别	名称	功能	色强	总氨	总硫
I	普通（酒精）焦糖	酒精中稳定	0.01~0.14	<0.1	<0.2
II	亚硫酸钾钠焦糖	酒精中稳定	0.05~0.13	<0.3	<0.3
III	氨焦糖	啤酒、酱油中稳定	0.08~0.36	>0.3	<0.2
IV	亚硫酸铵焦糖	酸中稳定	0.10~0.60	>0.3	>0.3

　　焦糖色素不仅可以为食品着色，而且可以调节食品的风味，如将其用于制作糕点和甜点，可以为糕点和甜点提供一种糖果或巧克力的风味。焦糖色素的安全性也得到了普遍认可，而且加上它只是色素，在食品中的用量有限，所以大部分国家及组织都对其最大使用限量没有进行严格限制。

　　根据我国《食品安全国家标准　食品添加剂使用标准》（GB 2760—2014），用不同方法生产的焦糖色有不用的使用规定，如普通（酒精）焦糖色可以按生产需要适量用于除食用冰以外的冷冻饮品、各种饮料和酒（除威士忌与朗姆酒外）、调制炼乳、可可及巧克力制品、糖果、果冻、饼干、即食谷物、调理肉制品、面糊、裹粉、煎炸粉、焙烤食品馅料及表面用挂浆、调味糖浆、酱油、醋、酱及酱制品、复合调味料，也可以限量用于果酱（最大使用量为 1.5 g/kg）、膨化食品（最大使用量为 2.5 g/kg）和威士忌与朗姆酒（最大使用量为 6.0 g/L）。加氨法生产的焦糖色可以按生产需要适量用于可可及巧克力制品、糖果、饼干、果蔬汁（浆）类饮料、即食谷物、粉圆、调味糖浆、酱油、酱及酱制品、复合调味料，也可以限量用于果冻，最大使用量为 50 g/kg；面糊、裹粉、煎炸粉，最大使用量为 12 g/kg；果味饮料，最大使用量为 5.0 g/kg；调制炼乳、除食用冰外的冷冻饮品、含乳饮料，最大使用量为 2.0 g/kg；果酱，最大使用量为 1.5 g/kg；醋，最大使用量为 1.0 g/kg；白兰地、配制酒、调香葡萄酒啤酒和麦芽饮料，最大使用量为 50 g/L；黄酒，最大使用量为 30 g/L；威士忌与朗姆酒，最大使用量为 6.0 g/L。

2. 人工合成食用色素

人工合成食用色素主要是以化工原料如苯、甲苯、萘等通过硝化、磺化、偶联等化学反应合成制成的有机色素。按化学结构，人工合成食用色素主要包括偶氮类（如胭脂红、苋菜红、诱惑红、柠檬黄、日落黄等）和非偶氮类（亮蓝、靛蓝等）两种。相比于天然食用色素，人工合成食用色素具有如下显著优点：色泽鲜艳、色调丰富、调色容易、着色力强、坚牢度高、稳定性好、无嗅无味、使用方便、价格低廉。因此，在很长一段时间内，它取代了天然食用色素被广泛应用于食品中。但是，随着研究的不断深入，人们逐渐认识到了很多合成色素都不具有营养价值，一些合成色素甚至会对人体健康产生危害，这些危害可能是一般的毒性、致泻性，也可能是致突变性与致癌性[25]。此外，许多合成食用色素除了其本身或其代谢产物有毒性外，在生产过程中还可能因为混入重金属元素如砷和铅等而产生毒性。因此，目前世界各国都纷纷减少和限制了人工合成色素在食品中的使用，如日本已经将合成食用色素由 27 种减为 9 种，美国则由 35 种减为 7 种，法国、瑞典、丹麦等国家禁止使用所有偶氮类色素，挪威等国家则禁止使用任何合成色素。我国现阶段可以限量使用的合成食用色素有胭脂红、苋菜红、诱惑红、日落黄、柠檬黄、亮蓝和靛蓝等。

胭脂红（ponceau 4R，CAS 为 2611-82-7）又名食品红 7 号、酸性红 18 和丽春红 4R 等，化学名称为 1-(4′-磺酸-1′-萘偶氮)-2-羟基-6,8-萘二磺酸三钠盐，分子式为 $C_{20}H_{11}O_{10}N_2S_3Na_3$，结构式见图 3.14。胭脂红既可以从胭脂虫红中提取得到，也可以用 1-氨基-4-萘磺酸重氮化后再与 2-萘酚-5,7 二磺酸偶联得到，但目前广泛应用的是后一种方法。

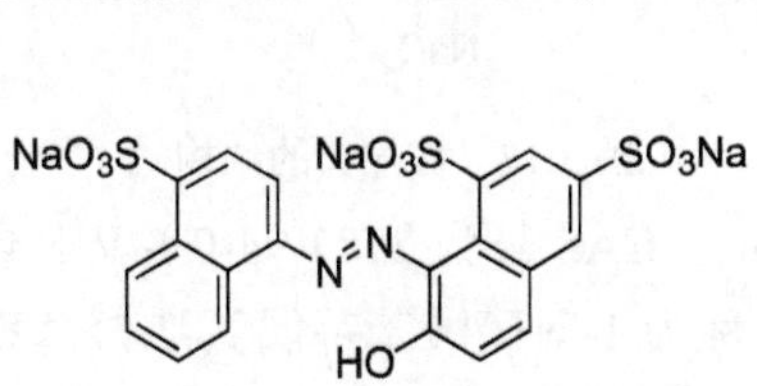

图 3.14　胭脂红的结构式

苋菜红（amarant，CAS 号为 915-67-3）是胭脂红的异构体，又名食品红 2 号、酸性红 27 和鸡冠花红、杨梅红等，化学名称为 1-(4′-磺酸-1′-萘偶氮)-2-羟基-3,6-萘二磺酸三钠盐，分子式为 $C_{20}H_{11}O_{10}N_2S_3Na_3$，结构式见图 3.15。苋菜红既可以从红苋菜等植物中提取得到，也可以由 1-氨基-4-萘磺酸重氮化后再与 2-萘酚-3,6

二磺酸偶联得到，但目前使用的苋菜红多为人工合成品。

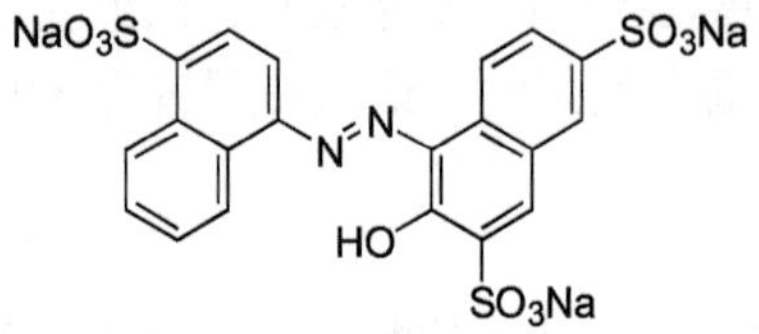

图 3.15　苋菜红的结构式

　　诱惑红（allura red，CAS 号为 25956-17-6）又名食品红色 17 号、艳红和阿落拉红等，化学名称为 6-羟基-5-(2-甲氧基-4-磺酸-5-甲苯基)偶氮萘-2-磺酸二钠盐，分子式为 $C_{18}H_{14}O_8N_2S_2Na_2$，结构式见图 3.16。诱惑红一般是由 2-甲基-4-氨基-5-甲氧基苯磺酸经重氮化后与 2-萘酚-6-磺酸钠偶联得到。

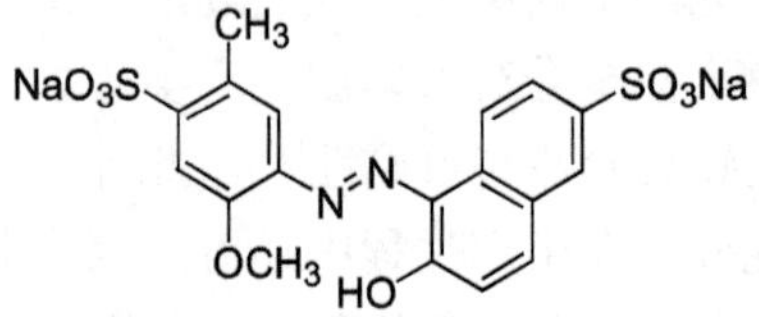

图 3.16　诱惑红的结构式

　　柠檬黄（tartrazine/lemon yellow，CAS 号为 1934-21-0）又名食用色素黄 4 号、酒石黄和酸性黄 23 等，化学名称为 1-(4-磺酸苯基)-4-(4-磺酸苯基偶氮)-5-吡唑啉酮-3-羧酸三钠盐，分子式为 $C_{16}H_9O_9N_4S_2Na_3$，结构式见图 3.17。柠檬黄一般是由对氨基苯磺酸经重氮化后再与 1-(4-磺基苯基)-3-羧基-5-吡唑啉酮在碱性溶液中偶联得到。

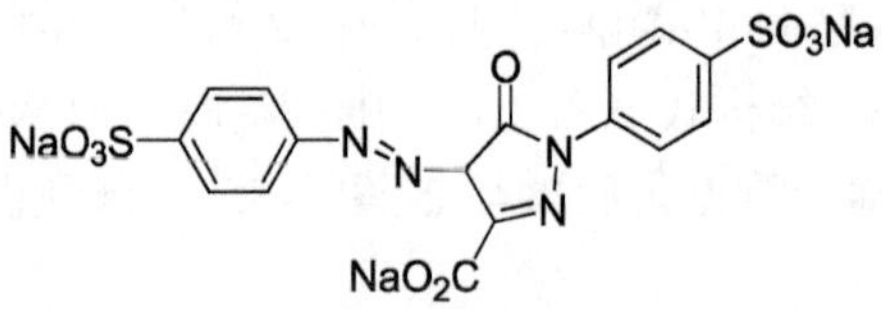

图 3.17　柠檬黄的结构式

　　日落黄（sunset yellow，CAS 号为 2783-94-0）又名食用黄色 3 号、晚霞黄、夕阳黄和橘黄等，化学名称为 1-对磺酸苯基偶氮-2-羟基萘-6-磺酸二钠盐，分子式为 $C_{16}H_{10}O_7N_2S_2Na_2$，结构式见图 3.18。日落黄一般是由 1-氨基-对苯磺酸经重氮化后与 2-萘酚-6-磺酸偶联得到。

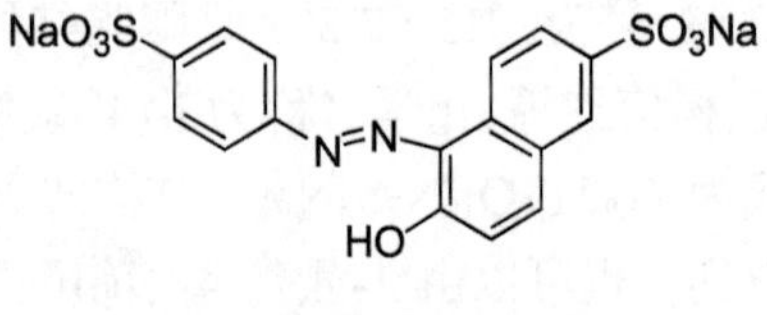

图 3.18　日落黄的结构式

食用靛蓝（indigo carmine, CAS 860-22-0）又名食品蓝 1 号、酸性蓝 74 和酸性靛蓝等，化学名称为 3,3′-二氧-2,2′-联吲哚基-5,5′-二磺酸二钠盐，分子式为 $C_{16}H_8O_8N_2S_2Na_2$，结构式见图 3.19。食用靛蓝是靛蓝的二磺酸钠盐，由靛蓝用浓硫酸磺化得到。靛蓝类色素是目前所知使用最早的色素之一。早在公元前 2500 年，靛蓝就作为染料用于织物染色，古埃及木乃伊身上的一些服装和我国马王堆出土的蓝色麻织物等都是由靛蓝染成的。

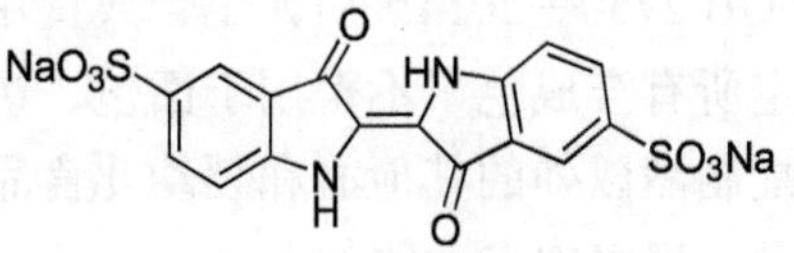

图 3.19　食用靛蓝的结构式

亮蓝（brilliant blue，CAS 号为 3844-45-9）又名食用蓝色 2 号、酸性蓝 90、考马斯亮蓝 G250 和亮蓝 G 等，化学名称为双[4-(N-乙基-N-3-磺酸苯甲基)氨基苯基]-2-磺酸甲苯基二钠盐，分子式为 $C_{37}H_{34}O_9N_2S_3Na_2$，结构式见图 3.20。亮蓝一般是由苯甲醛邻磺酸与 N-乙基-N-(3-磺基苄基)-苯胺经缩合、氧化制得。

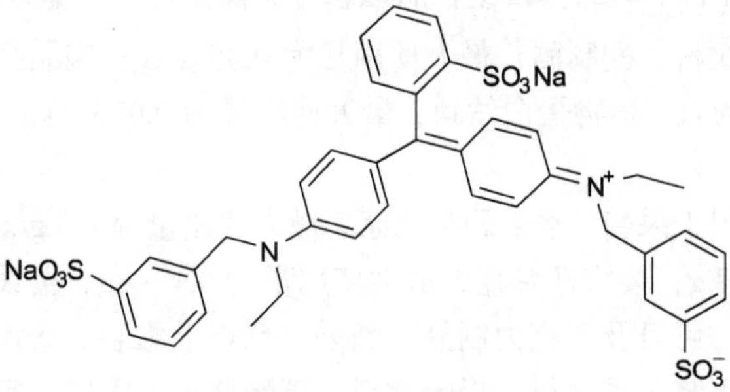

图 3.20　亮蓝的结构式

胭脂红、苋菜红和诱惑红均为无臭、水溶性偶氮类红色色素，胭脂红外观为红色至深红色固体颗粒或粉末，苋菜红外观为紫红色或暗红色固体颗粒或粉末，诱惑红外观为深红色固体颗粒或粉末。柠檬黄和日落黄都是无臭、水溶性偶氮类黄色色素，柠檬黄外观为橙黄色固体粉末，日落黄外观为橙红色固体粉末或颗粒。食用靛蓝和亮蓝则属于无臭、水溶性非偶氮类蓝色色素，食用靛蓝外观为蓝色或偏深蓝色固体粉末，亮蓝外观为有金属光泽的深紫色至青铜色固体颗粒或粉末。

目前在食品中使用的胭脂红、苋菜红、诱惑红、柠檬黄、日落黄、食用靛蓝和亮蓝都是人工合成产品，具有合成色素的基本特点，即稳定性好（其中柠檬黄是着色剂中最稳定的一种）、着色坚牢度高。除了食用靛蓝的耐热、耐光和耐酸性相对较差外，其他几种色素都具有较好的耐光、耐热和耐酸性；除了亮蓝的耐微生物性、耐碱性和耐氧化还原特性较佳外，其他几种色素的耐细菌性和耐还原性都较差，不能作为发酵食物以及富含还原性物质的食物的着色剂。此外，胭脂红、苋菜红和诱惑红的着色力不强，而且接触铁、铜等金属时容易褪色；但是，柠檬黄、日落黄、食用靛蓝和亮蓝特别是亮蓝的着色力强，而且与其他色素的匹配性好。

目前，美国等部分国家已经禁止在食品中使用胭脂红、苋菜红和诱惑红，欧盟、日本和中国等则允许在一定的范围和限量下使用。我国《食品安全国家标准 食品添加剂使用标准》（GB 2760—2014）对人工合成食用色素的使用作了非常严格且细致的规定，除规定所有合成色素不得用于面包、饼干、馒头、糕点、肉及肉制品、蛋及蛋制品、配制酒以外的其他酒和婴幼儿食品等外，还规定了各类合成色素的使用范围与限量，规定内容大致如下：

胭脂红可以用于果酱、水果调味糖浆、除蛋黄酱和沙拉酱以外的半固体复合调味料，最大使用量为 0.5 g/kg；调味糖浆、蛋黄酱和沙拉酱，最大使用量为 0.2 g/kg；调制乳粉和调制奶油粉，最大使用量为 0.15 g/kg；水果罐头、装饰性果蔬，最大使用量为 0.1 g/kg；调制乳、风味发酵乳、调制炼乳、除食用冰以外的冷冻饮品、巧克力、可可及巧克力制品、糖果、果冻、蜜饯凉果、腌渍蔬菜、虾味片、膨化食品、糕点上彩装、焙烤食品馅料及表面用挂浆、果蔬汁（浆）类饮料、含乳饮料、碳酸饮料、配制酒，最大使用量为 0.05 g/kg；肉制品的可食用动物肠衣类、胶原蛋白肠衣、植物蛋白饮料，最大使用量为 0.025 g/kg；蛋卷，最大使用量为 0.01 g/kg。

苋菜红可以用于果酱、水果调味糖浆，最大使用量为 0.3 g/kg；固体汤料，最大使用量为 0.2 g/kg；装饰性果蔬，最大使用量为 0.1 g/kg；蜜饯凉果、果冻、腌渍蔬菜、巧克力、可可及巧克力制品、糖果、糕点上彩装、焙烤食品馅料及表面用挂浆、果蔬汁（浆）类饮料、果味饮料、碳酸饮料、固体饮料、配制酒，最大使用量为 0.05 g/kg；除食用冰以外的冷冻饮品，最大使用量为 0.025 g/kg。

诱惑红可以用于除蛋黄酱和沙拉酱以外的半固体复合调味料，最大使用量为 0.5 g/kg；巧克力、巧克力及可可制品、糖果、调味糖浆，最大使用量为 0.3 g/kg；粉圆，最大使用量为 0.2 g/kg；熟制豆类、加工坚果与籽类、膨化食品、饼干夹心、除包装饮用水以外的饮料类，最大使用量为 0.1 g/kg；除食用冰以外的冷冻饮品、苹果干、可可玉米片，最大使用量为 0.07 g/kg；装饰性果蔬、糕点上彩装、可食用肠衣类、配制酒，最大使用量为 0.05 g/kg；固体复合调味料，最大使用量为 0.04 g/kg；果冻、西式火腿，最大使用量为 0.025 g/kg；肉灌肠类，最大使用量为 0.015 g/kg。

柠檬黄可以用于果酱、水果调味糖浆、半固体复合调味料，最大使用量为 0.5 g/kg；除胶基糖果以外的其他糖果、其他调味糖浆、布丁、糕点、面糊、裹粉、煎炸粉，最大使用量为 0.3 g/kg；粉圆、固体复合调味料，最大使用量为 0.2 g/kg；液体复合调味料，最大使用量为 0.15 g/kg；饮料类、配制酒、蜜饯凉果、巧克力、巧克力及可可制品、膨化食品、腌渍蔬菜、虾味片、熟制豆类、加工坚果与籽类、装饰性果蔬、糕点上彩装、香辛料酱，最大使用量为 0.1 g/kg；即食谷物，最大使用量为 0.08 g/kg；除食用冰以外的冷冻饮品、果冻、风味发酵乳、调制炼乳、风味派馅料、饼干夹心和蛋糕夹心，最大使用量为 0.05 g/kg；蛋卷，最大使用量为 0.01 g/kg。

日落黄可以用于固体饮料，最大使用量为 0.6 g/kg；果酱、水果调味糖浆、半固体复合调味料，最大使用量为 0.5 g/kg；除胶基糖果以外的其他糖果、布丁、糕点、糖果及巧克力制品包衣、其他调味糖浆、面糊、裹粉、煎炸粉，最大使用量为 0.3 g/kg；装饰性果蔬、粉圆、复合调味料，最大使用量为 0.2 g/kg；配制酒、含乳饮料以外的其他液体饮料、蜜饯凉果、巧克力、巧克力及可可制品、膨化食品、虾味片、熟制豆类、加工坚果与籽类、西瓜酱罐头、饼干夹心、糕点上彩装，最大使用量为 0.1 g/kg；调制乳、风味发酵乳、调制炼乳、除食用冰以外的冷冻饮品、含乳饮料，最大使用量为 0.05 g/kg；果冻，最大使用量为 0.025 g/kg；谷类和淀粉类甜品，最大使用量为 0.02 g/kg。

靛蓝可以用于除胶基糖果以外的其他糖果，最大使用量为 0.3 g/kg；装饰性果蔬，最大使用量为 0.2 g/kg；蜜饯凉果、巧克力、巧克力及可可制品、果味及果蔬汁（浆）类饮料、碳酸饮料、配制酒、饼干夹心、糕点上彩装，最大使用量为 0.1 g/kg；油炸坚果与籽类、膨化食品，最大使用量为 0.05 g/kg；腌渍蔬菜，最大使用量为 0.01 g/kg。

亮蓝可以用于膨化食品、果酱、半固体复合调味料，最大使用量为 0.5 g/kg；巧克力、巧克力及可可制品、糖果，最大使用量为 0.3 g/kg；固体饮料，最大使用量为 0.2 g/kg；装饰性果蔬、粉圆，最大使用量为 0.1 g/kg；油炸坚果与籽类、风味派馅料、水果调味糖浆，最大使用量为 0.05 g/kg；风味发酵乳、调制炼乳、除食用冰以外的冷冻饮品、蜜饯凉果、果冻、果味及果蔬汁（浆）类饮料、含乳饮料、碳酸饮料、配制酒、熟制豆类、虾味片、腌渍蔬菜、饼干夹心、调味糖浆、糕点上彩装，最大使用量为 0.025 g/kg；可可玉米片，最大使用量为 0.015 g/kg；香辛料及香辛料酱，最大使用量为 0.01 g/kg。

作为合成色素，其安全性始终难以保证，因此必须按规定使用，并避免长期或一次性大量食用色素超标的食物，否则可能会加重肝脏的解毒负担，伤害肝脏功能，对于儿童来说，则可能导致智力下降和多动症等行为障碍。同时需要说明的是，任何合成色素都有一定的危害性，比如柠檬黄。柠檬黄被认为安全性较高，因为不仅目前还没有明确的证据证明其有致癌性，而且研究还表明，它进入人体内后，绝大部分都会以原形排出，基本不在体内贮积。但是，柠檬黄会导致过敏等反应却是不争的事实。柠檬黄导致的过敏症状通常有偏头痛、视觉模糊、四肢无力、发痒、荨麻疹、哮喘、焦虑、忧郁症、窒息感等。日落黄对眼睛、皮肤以及呼吸系统有刺激作用，大量摄入日落黄同样会引起过敏、腹泻等症状。特别重要的是，近年来有报道认为，胭脂红和苋菜红等偶氮类色素与非食品染料苏丹红Ⅰ（偶氮类化合物）类似，它们在体内都会代谢生成具有致癌性的芳香胺，同时它们还可能被氧化生成具有强氧化性的自由基，从而造成体内 DNA 等氧化损伤，因此其毒理学实验都显示了一定的致癌和致突变作用。

3.3 赋予食品甜味的"甜味剂"

甜味剂（edulcorant; sweetener）是指能赋予食品甜味、改善食品口感与风味的食品添加剂。按来源，甜味剂可以分为天然甜味剂与人工合成甜味剂。前者有甘草甜素、甜菊苷等，后者有糖精、甜蜜素、安赛蜜等。按营养价值，甜味剂可以分为营养型甜味剂和非营养型甜味剂。前者是指这样的一类物质，当其某一重量对应的甜度（衡量甜味剂甜味高低的一个重要参数，是以蔗糖为标准测定得到的一个相对值）与蔗糖相当时，产生的热值却高于蔗糖的 2%，主要包括各种糖类和糖醇类；后者则相反，当其某一重量对应的甜度与蔗糖相当时，产生的热值低于蔗糖的 2%，主要包括多数人工合成甜味剂如糖精、甜蜜素、安赛蜜等以及部分天然甜味剂如甜菊苷、甘草甜素等。按化学结构和性质，甜味剂还可以分为糖类甜味剂和非糖类甜味剂。前者一般为营养性物质，甜度相对较低，但热值较高，能参与人体代谢过程；后者一般为非营养性物质，甜度很高，但热值很小，多不参与人体代谢过程。

1. 人工合成甜味剂

人工合成甜味剂（artificial sweeteners）是指通过人工合成得到的一类甜味剂，如糖精与糖精钠、甜蜜素、阿斯巴甜、安赛蜜、阿力甜等，这类甜味剂大部分为具有甜味但却不是糖类的化学物质，属于非糖类和非营养型甜味剂。人工合成甜味剂甜度高（其甜度普遍是蔗糖的几十甚至几千倍）、热值低，在人体内不参与代谢过程，摄入体内后基本上都会排出体外，可适用于糖尿病、高血压、肥胖、龋齿等患者，同时人工合成甜味剂还具有价格便宜、稳定性高、水溶性好等优点，因此在食品中被广泛应用。人工合成甜味剂的缺点首先是其甜味往往不够纯正，普遍带有金属异味或苦后味；其次也更为重要的是其安全性始终难以让人释怀，因为已有研究发现，部分人工合成甜味剂可能引起突发性腹胀、腹泻，个别人工合成甜味剂甚至有一定的致癌性。但是，大量数据也表明，在规定的范围和限量下使用，人工合成甜味剂是安全的。

1）糖精与糖精钠

糖精（saccharin，CAS 号为 81-07-2），化学名称为邻苯甲酰磺酰亚胺，分子式为 $C_7H_5O_3NS$，分子量为 183.18；糖精钠（saccarin sodium，CAS 号为 128-44-9）是糖精的钠盐，化学名称为邻苯甲酰磺酰亚胺钠，分子式为 $C_7H_4O_3NSNa$，分子量为 241.19，糖精和糖精钠的结构式见图 3.21。糖精一般是由甲苯用浓硫酸磺化后，再用五氯化磷和氨处理，然后以高锰酸钾氧化，最后经结晶、脱水而得到；糖精钠则是由糖精与氢氧化钠反应得到。

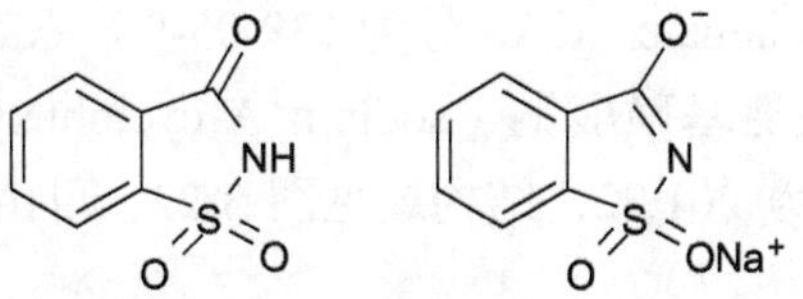

图 3.21 糖精（左）与糖精钠（右）的结构

糖精和糖精钠一般均为无色或略带白色的结晶状粉末，前者微溶于水，后者易溶于水，所以通常使用的糖精都是其钠盐，即糖精钠。糖精钠中一般含 1~2 个结晶水，无臭或略有香气，耐热性及耐碱性较差，但甜度很高，约是蔗糖的 500 倍，只是甜味中略带苦味。

糖精/糖精钠是使用历史最长也是最有争议的合成甜味剂，它自 1878 年被美国科学家康斯坦汀·法尔伯格发现后，至今已使用了百余年。糖精/糖精钠的争议来源于其安全性。虽然已有研究表明，被摄入体内的糖精/糖精钠大部分都将从尿液中排出，不会被人体吸收、利用，也不会对体内酶系统以及肾功能等产生影响。因此，在一定的限量下食用是安全的。按照 FAO/WHO 建议，糖精钠的 ADI 值对于成年人为 2.5 mg/kg。但是，人们对于糖精/糖精钠的安全性始终存有疑虑，一是因为制备糖精/糖精钠的原料如甲基苯等本身就有一定的毒性，对人体健康不利；二是因为在它们的制备过程中可能会引入重金属以及氨化合物等有害物；三是曾有动物实验发现，糖精/糖精钠有致癌主要是膀胱癌的作用，虽然该结论并没有被后来的动物实验所确证。当然，糖精/糖精钠是化学合成品，本身又无营养价值，而且还有数据表明，短期内大量摄入糖精/糖精钠，有可能引起血小板减少并对肠胃功能和神经系统产生危害，从而导致急性大出血、多脏器损害、食欲减退及神经性疾病[26]。所以，目前世界上大部分国家都对糖精/糖精钠的使用进行了严格控制，其使用范围在大幅缩小，如按照我国《食品安全国家标准 食品添加剂使用标准》（GB 2760—2011）的规定，糖精钠可以用于糕点、面包、饼干等中，最大使用量为 0.15 g/kg，但按照 GB 2760—2014 的规定，糖精钠就不能再用于上述产品。

按照我国《食品安全国家标准　食品添加剂使用标准》(GB 2760—2014) 的规定，糖精钠可以用于除冰以外的冷冻饮品、配制酒、腌渍蔬菜以及复合调味料，最大使用量为 0.15 g/kg；果酱，最大使用量为 0.2 g/kg；蜜饯凉果、熟制豆类及大豆蛋白和大豆素肉等新型豆制品、脱壳熟制坚果与籽类，最大使用量为 1.0g/kg；带壳熟制坚果与籽类，最大使用量为 1.2g/kg；杧果干及无花果干、凉果类、话梅类、果糕类，最大使用量为 5.0 g/kg。

2）甜蜜素

甜蜜素（sodium cyclamate，CAS 号为 139-05-9）又名环己胺磺钠、环拉酸钠等，化学名称为环己基氨基磺酸钠（sodium *N*-cyclohexylsulfamate），分子式为 $C_6H_{12}NSO_3Na$，分子量为 201.22，结构式见图 3.22，可由氨基磺酸、环己胺及氢氧化钠反应而制得。

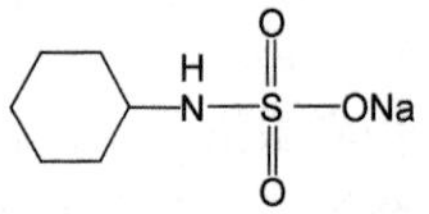

图 3.22　甜蜜素的结构式

甜蜜素外观多为白色透明晶体状粉末，无臭，易溶于水，几乎不溶于乙醇，耐热、耐光与耐碱性好，甜度是蔗糖的 40~50 倍，且甜味纯正，但加热后略有苦味。

甜蜜素自 1937 年被美国大学生麦克尔·斯维达偶然发现，并于 20 世纪 60 年代商品化成为人工合成甜味剂后，至今已经使用了几十年。但与糖精钠类似，甜蜜素的安全性也饱受争议，因为不仅有研究发现，甜蜜素在肠菌作用下可分解为有潜在慢性毒性的环己胺，而且曾经还有研究发现，以 10 比 1 混合的甜蜜素与糖精混合物可致动物膀胱癌（虽然这一说法后来并没有得到进一步的证实）[27]，这使得甜蜜素有致癌、致畸、损害肾功能等毒副作用的说法广为流传，所以为慎重起见，世界上部分国家如美国、英国、加拿大、日本等都全面禁止了在食品中添加甜蜜素。不过也有研究发现，甜蜜素进入体内后绝大多数都会通过尿液和粪便排出体外，从而不会积蓄于体内。因此，在一定摄入量下，甜蜜素是安全的。FAO/WHO 建议的甜蜜素的 ADI 值对于成年人为 11 mg/kg。但是，超量摄入尤其是短期内大量摄入甜蜜素，则会对人体的肝脏和神经系统造成危害，尤其是对代谢功能差、排毒能力弱的老人、小孩和孕妇危害更大。

目前，包括欧盟、澳大利亚和中国在内的多个国家还允许在规定的范围内使用甜蜜素为食品添加剂。按照我国《食品安全国家标准　食品添加剂使用标准》（GB 2760—2014）的规定，甜蜜素可用于除食用冰以外的冷冻饮品、饮料、配制酒、水果罐头、饼干、腐乳类、复合调味料等，最大使用量为 0.65 g/kg；果酱、蜜饯凉果、腌制蔬菜、熟制豆类等，最大使用量为 1.0 g/kg；脱壳熟制坚果及籽类，最大使用量为 1.2 g/kg；面包、糕点，最大使用量为 1.6 g/kg；带壳熟制坚果及籽类，最大使用量为 6.0 g/kg；话梅、陈皮、果糕类等，最大使用量为 8.0 g/kg。

3）阿斯巴甜

阿斯巴甜（aspartame，CAS 号为 22839-47-0）又名甜味素、蛋白糖、天冬甜精、阿斯巴坦等，化学名称为 L-天冬氨酰-L-苯丙氨酸甲酯，分子式为 $C_{14}H_{18}O_5N_2$，分子量为 294.30，结构式见图 3.23，可由天冬氨酸和苯丙氨酸两种氨基酸经缩合反应制得。

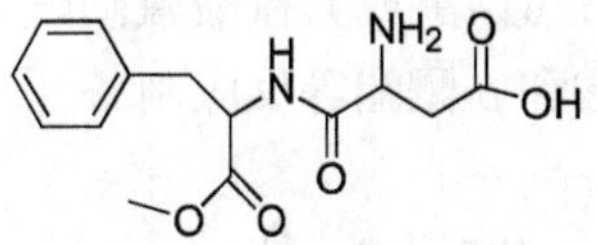

阿斯巴甜外观多为白色结晶状粉末，无臭，易溶于水，微溶于乙醇，甜度约为蔗糖的 180 倍，且甜味类似于砂糖，不仅无苦味或金属味，还有清凉感，并可持续更长的时间。阿斯巴甜的稳定性较差，只在弱酸性（pH 3~5）介质中较为稳定，

图 3.23　阿斯巴甜的结构式

在强酸介质中易分解为氨基酸单体，在中性及碱性介质中则可环化为二酮哌嗪，且反应速度随温度升高而加快，因此不宜用于需高温烘焙的食物中。

阿斯巴甜是 1965 年由 James M. Schlatter 偶然发现的，1974 年开始作为食品甜味剂使用，被认为是安全性较高的人工合成甜味剂。阿斯巴甜进入人体后会在胃肠道酶作用下迅速代谢为苯丙氨酸、天冬氨酸以及甲醇。虽然甲醇会在体内进一步代谢为甲醛，并最终氧化为对人体有害的甲酸，天冬氨酸又会与谷氨酸等部分氨基酸联合作用损伤神经细胞，苯丙氨酸则会使对它过敏的人产生痉挛、抽搐，并可能导致脑损伤甚至死亡，但因为由摄入的阿斯巴甜所产生的苯丙氨酸、天冬氨酸和甲醇的量都很少，所以还没有数据表明在规定的使用量下（FAO/WHO 建议的阿斯巴甜的 AID 值对成年人高达 40 mg/kg），阿斯巴甜有神经毒性以及致盲、致死等作用。不过，需要重点说明的是，阿斯巴甜会代谢产生苯丙氨酸，所以苯丙酮尿症患者不能使用阿斯巴甜。另外，短期内大量摄入阿斯巴甜，可能会过度刺激或干扰神经末梢，引发偏头疼等[28]。

由于阿斯巴甜具有的高甜、低毒、低热值且甜味纯正、不致龋齿等优点，被联合国食品添加剂联合委员会认定为 A 级甜味剂，在全球 100 多个国家和地区获准使用。按照我国《食品安全国家标准　食品添加剂使用标准》（GB 2760—2014）的规定　阿斯巴甜的应用范围很广，如可以用于胶基糖果，最大用量为 10.0 g/kg；可可制品、巧克力制品、除胶基糖果以外的其他糖果、调味糖浆、醋等，最大用量为 3.0 g/kg；发酵蔬菜，最大用量为 2.5 g/kg；调制奶粉及奶油粉、冷冻水果、水果干、蜜饯、固体及半固体复合调味料等，最大用量为 2.0 g/kg；糕点、饼干，最大用量为 1.7 g/kg；冷冻饮品、果冻、果酱、罐头、果蔬及脂肪类甜品、风味发酵乳、淡奶油及其类似品、即食谷物、除腌制和发酵外的其他加工蔬菜、装饰糖果等，最大用量为 1.0 g/kg；调味乳、果蔬（汁）类饮料、碳酸饮料、蛋白饮料，最大用量为 0.6 g/kg。

4）安赛蜜

安赛蜜（acesulfame potassium，CAS 号为 33665-90-6）又名乙酰磺胺酸钾、安赛蜜钾、安赛蜜-K 和 A-K 糖等，化学名称为 6-甲基-1,2,3-氧噁嗪-4-(3H)-酮-2,2-二氧钾盐，分子式为 $C_4H_4NO_4SK$，分子量为 201.24，结构式见图 3.24，可由异氰酸氯磺酰或异氰酸氟磺酰与各种活性亚甲基化合物如 α-未取代酮、β-二酮、β-酮酸和 β-酮酯等反应制备。

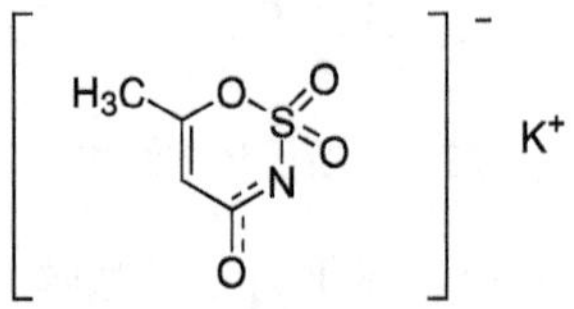

图 3.24　安赛蜜的结构式

安赛蜜的外观为无色或白色结晶状粉末，无臭，易溶于水，对光、热和酸碱的稳定性好，是目前世界上最稳定的甜味剂之一，能耐 225℃ 的高温，并在 pH 2~10 的范围内稳定。安赛蜜具有强烈的甜味，甜度为蔗糖的 200~250 倍，且甜味纯正、持续时间长，与其他甜味剂一起使用还具有很强的协同效应。

安赛蜜自 1967 年被德国赫斯特公司发现，1983 年被英国批准使用后，就作为食品甜味剂被广泛应用。几十年的研究与使用数据说明，安赛蜜进入人体后，不会参与体内代谢，不会被人体吸收，也不会在体内蓄积，因此它属于对人体基本无害的安全型、非营养性食品甜味剂，尤其适合糖尿病患者、肥胖病人和中老年人。安赛蜜被联合国 FAO/WHO 联合食品添加剂专家委员会确定为 A 级食品添加剂，其 ADI 值对成年人规定为 15 mg/kg。

目前，安赛蜜已经被世界上大部分国家及地区作为食品甜味剂在规定的范围与限量下使用。按照我国《食品安全国家标准　食品添加剂使用标准》（GB 2760—2014）的规定，安赛蜜可用于乳基甜品罐头、水果罐头、除冰以外的冷冻饮品、除包装饮用水以外的饮料类、果冻、果酱、蜜饯、腌渍蔬菜、加工食用菌、杂粮罐头及黑芝麻糊、谷类及淀粉类甜品等，最大使用量为 0.3 g/kg；风味发酵乳，最大使用量为 0.35 g/kg；调味品，最大使用量为 0.5 g/kg；酱油，最大使用量为 1.0 g/kg；糖果，最大使用量为 2.0 g/kg；熟制坚果与籽类，最大使用量为 3.0 g/kg；胶基糖果，最大使用量为 4.0 g/kg。

5）阿力甜

阿力甜（alitanme，CAS 号为 80863-62-3）又名阿力糖、天胺甜精，化学名称为 L-天门冬酰-*N*-(2,2,4,4-四甲基-3-硫杂环丁基)-D-丙氨酰胺，分子式为 $C_{14}H_{25}N_3O_4S$，分子量为 331.44，结构式见图 3.25。

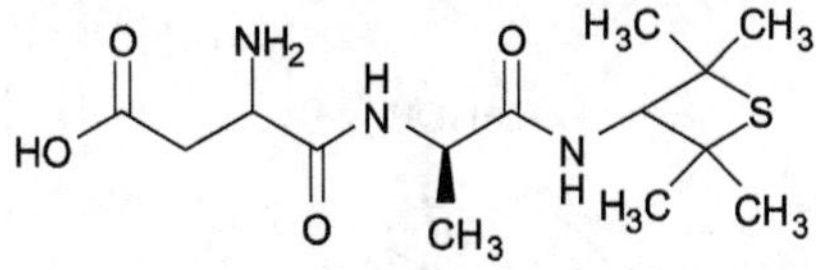

图 3.25　阿力甜的结构式

阿力甜是一种二肽类化合物，等电点为 pH 5.63，外观为白色结晶状粉末，无嗅或略带异臭，易溶于水及乙醇，耐热和耐酸碱性较好，但耐光性稍差，甜度为蔗糖的 2000 倍以上，而且口感接近于蔗糖，无苦涩味，甜味迅速、持久。阿力甜的缺点是分子中含有硫，因此稍有硫磺味。

阿力甜是 1979 年由美国辉瑞公司研发的，被认为是无毒和无刺激性的强甜味剂，但因为其应用时间短，毒理研究与动物实验等还不够充分，因此 JECFA 保守性地规定阿力糖的 AID 值对成年人为 1.0 mg/kg。目前，阿力甜虽然还没有被 FDA 认可，但世界上已经有部分国家如澳大利亚、墨西哥、中国等允许按规定使用于食品中。按照我国《食品安全国家标准　食品添加剂使用标准》（GB 2760—2014）的规定，阿力甜可用于除冰以外的冷冻饮品、除包装引用水以外的饮料类、果冻，最大使用量为 0.1 g/kg；胶基糖果、话梅类，最大使用量为 0.3 g/kg；餐桌甜味料，最大使用量为 0.15 g/份。

2. 天然甜味剂

天然甜味剂是从天然材料主要是可食用的植物中分离得到的甜度较高的天然产物，包括糖和糖的衍生物以及非糖类化合物两种。与人工合成甜味剂相比，天然甜味剂因为一般来源于食材，其安全性更为可靠，只是价格昂贵、稳定性稍差，所以应用不如人工合成甜味剂广泛，但它是食品甜味剂的发展方向。目前应用较为广泛的天然甜味剂有甜菊糖苷、罗汉果甜苷、甘草甜素、木糖醇、索马甜等，葡萄糖、蔗糖、果糖、麦芽糖、乳糖等虽然也是天然甜味剂，但一般被视为食品原料，而不作为食品添加剂。

1）甜菊糖苷

甜菊糖苷（stevioside，CAS 号为 57817-89-7）又名甜菊糖、甜菊苷等，是从一种食、药两用的菊科植物甜叶菊（*Stevia Rebaudia*）的叶子中提取得到的糖苷类化合物，分子式为 $C_{38}H_{60}O_{18}$，分子量为 804.87，结构式见图 3.26。作为食品甜味剂的甜菊糖苷一般是以水为溶剂从甜菊叶中提取得到，因此是一种混合物，除主要含有甜菊糖苷（约占 60%~70%）外，还含有甜叶菊中的其他一些甜味成分如瑞鲍迪苷 A（约占 15%~20%）以及瑞鲍迪苷 B、C、D、F 和杜克苷 A、甜茶苷、甜菊双糖苷等。

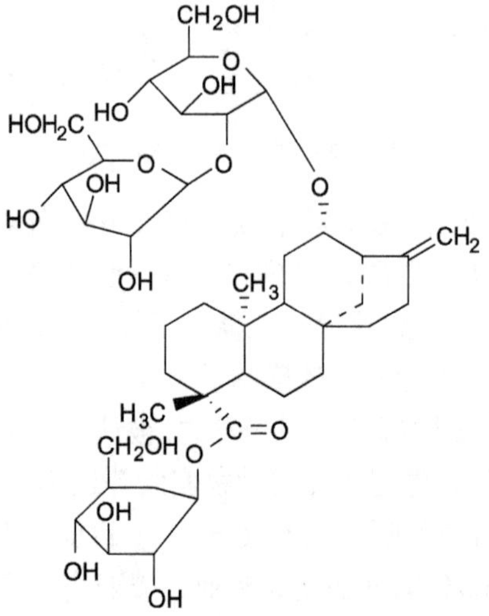

图 3.26　甜菊糖苷的结构式

　　甜菊糖苷外观为白色至浅黄色粉末状固体或晶体，易溶于水和乙醇，耐热、耐光以及耐酸碱性较好，长期存放也不会发霉变质。甜菊糖苷是最接近蔗糖的天然甜味剂，其味清凉甘甜中略带苦涩，甜度约是蔗糖的 300 倍，且高温下使用无褐变。与其他甜味剂混用时，甜菊糖苷有改善和增强其他甜味剂作用的功能。

　　研究表明，甜菊糖苷摄入体内后几乎不会被人体吸收利用，不产生热量（其热值只有蔗糖的 1/300），也没有其他的毒副作用，不仅是安全、低热值的天然甜味剂，而且对糖尿病、心脏病、高血压等有一定的辅助疗效，适合于包括糖尿病患者、高血压患者、动脉硬化患者、肥胖病患者、孕妇和儿童以及过敏原因不明的人等在内的大部分人群食用。但是，甜菊糖苷作为一种新型的甜味剂，虽然已有很多报道指出，其本身的毒性与致癌性不强，它的安全性却一直备受争议，这一是因为作为新型甜味剂，甜菊糖苷的安全性研究还不够充分，有待进一步深入；二是因为有小鼠实验发现，甜菊糖苷和瑞鲍迪苷 A 可被肠道细菌分解为甜菊醇（steviol），而甜菊醇显示出了一定的诱变活性；此外，还有研究认为，甜菊糖苷对男性的生育能力可能有一定的影响[29]。因此，一些国家和地区如美国、欧盟等还禁止将甜菊糖苷用作食品添加剂，但也有很多国家如甜菊糖苷的原产地巴西以及中国、日本、韩国等允许在食品中按规定使用甜菊糖苷。

按照我国《食品安全国家标准　食品添加剂使用标准》（GB 2760—2014）的规定，甜菊糖苷可用于膨化食品，最大使用量为 0.17 g/kg；风味发酵乳、除包装引用水以外的饮料类，最大使用量为 0.2 g/kg；糕点，最大使用量为 0.33 g/kg；调味品，最大使用量为 0.35 g/kg；除冰以外的冷冻饮品、果冻，最大使用量为 0.5 g/kg；熟制坚果与籽类，最大使用量为 1.0 g/kg；蜜饯凉果，最大使用量为 3.3 g/kg；糖果，最大使用量为 3.5 g/kg；调味茶及代用茶等茶制品，最大使用量为 10.0 g/kg。

2）罗汉果甜苷

罗汉果甜苷（mogroside，CAS 号为 89590-98-7）又名罗汉果甜等，主要是指罗汉果甜苷 V，是从药食两用植物罗汉果（被誉为"长寿果"和"东方神果"）中提取得到的三萜类糖苷化合物，分子式为 $C_{66}H_{112}O_{34}$，分子量为 1449.58，结构式见图 3.27。作为甜味剂的罗汉果甜苷一般是以水或 50% 的乙醇为溶剂从罗汉果中提取得到，因此是一种混合物，除主要含有罗汉果甜苷 V（占 20% 以上）外，还含有罗汉果苷 VI、D-甘露醇、葡萄糖、果糖、氨基酸、黄酮类化合物以及锰、铁等矿物元素。

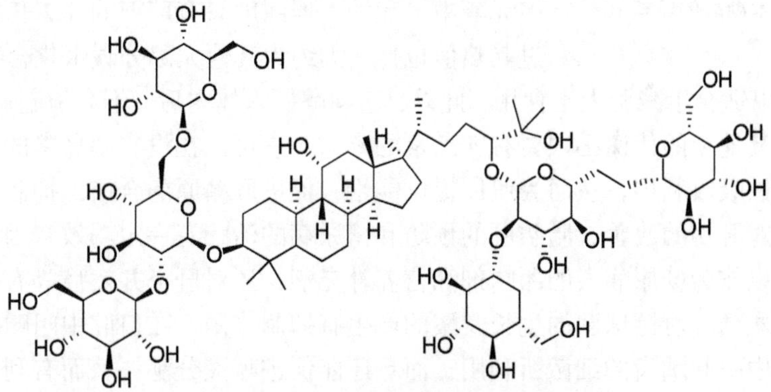

图 3.27　罗汉果甜苷的结构式

罗汉果甜苷外观为白色至浅黄色到浅棕色粉末，易溶于水和稀乙醇，耐热性好，甜度高，甜度是蔗糖的 240 倍左右，而且甜味纯正，无任何异味及苦涩味，其甜味是现已开发的甜味剂中与蔗糖最相似的。

长期使用数据和大量研究表明，罗汉果甜苷进入人体后，不会引起血糖升高和龋齿，也基本不产生热量，其热值可认为是零。此外，罗汉果甜苷不仅被证明是安全和完全无毒的，而且还发现具有清热、润肺、镇咳、祛痰、通便、清除自由基、抗氧化、增强免疫、防癌、抗癌等功效，对糖尿病、肥胖以及便秘等具有防治作用和辅助疗效[30]。因此，罗汉果甜苷被世界上绝大部分国家包括美国、欧盟、日本、中国等许可用于食品中。

按照我国《食品安全国家标准　食品添加剂使用标准》（GB 2760—2014）的规定，罗汉果甜苷可按生产需要适量使用于冷冻饮品、糖果、果冻、果酱、罐头、膨化食品、坚果和籽类、各种乳奶制品和以乳为主要配料的即食风味食品或其预制品、人造黄油及其类似物、脂肪类甜品及其他油脂与油脂制品、加工的水果、蔬菜及食用菌（含罐头）、熟肉和熟制水产品、可可与巧克力制品、米面和杂粮制品、豆类制品、蛋制品、各种饮料、酒、调料与调味品等中。

3）木糖醇

木糖醇（xylitol）又名戊五醇，化学名称为 1,2,3,4,5-戊五醇，是一种天然存在的五碳糖醇，分子式为 $C_5H_{12}O_5$，分子量为 152.15，结构式见图 3.28。木糖醇广泛存在于白桦树、橡树等植物以及各种蔬菜、水果和谷类等中，它也是人体正常糖类代谢的中间体，一般是采用甘蔗渣、玉米芯等农作物为原料提取得到。

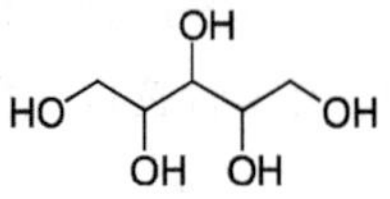

图 3.28　木糖醇的结构式

木糖醇的外观类似于蔗糖，为白色结晶状粉末或晶体，易溶于水，微溶于乙醇，具有清凉的甜味，因为它在溶解的过程中会吸收大量的热量。木糖醇虽是多元醇中最甜的，但甜度只有蔗糖的 1.2 倍左右，不过其热值也低，大约为其他大部分碳水化合物的 60%左右，所以适合于减肥人士食用。此外，木糖醇摄入体内后，不会引起血糖升高，也不会像其他糖的代谢必须要有胰岛素的参与，它可以在没有胰岛素的存在下透过细胞膜被吸收利用，从而为肌体提供能量，促进肝糖原的合成，抑制有害酮体的产生，对肝功的改善、脂肪肝的预防和糖尿病的治疗有一定功效。因此，木糖醇不仅可以作为糖尿病人的甜味剂和营养补充剂，还对肝炎并发症等有一定的辅助疗效。木糖醇对链球菌的生长及酸的产生有抑制作用，在口腔中咀嚼时不仅不会被口腔中引起龋齿的细菌所利用，而且还能促进唾液分泌，从而有利于牙齿的清洁。所以，木糖醇可预防龋齿以及牙斑的产生，对保护牙齿有明显作用，多个国家的牙齿保健协会都认可由木糖醇制作的口香糖以及糖果。但是，木糖醇偏凉性，难以被胃酶分解，所以通过食物摄入体内后会直接进入肠道，但在肠道内的吸收率又不高（低于 20%），容易在肠壁产生积累。所以，木糖醇对胃肠有一定的刺激作用，超大量食用可导致胀气、肠鸣等腹部不适以及渗透性腹泻等症状[31]。此外，木糖醇是碳水化合物，过量食用可能导致血脂升高。不过，木糖醇作为甜味剂使用已经有几十年的历史，大量数据表明，正常使用包括咀嚼口香糖以及通过食品中的添加剂摄入木糖醇的量都不足以对人体产生危害，因此木糖醇被公认为是安全无毒的，JECFA 也未对其 ADI 值进行限定。

按照我国《食品安全国家标准　食品添加剂使用标准》（GB 2760—2014）的

规定，木糖醇可以按生产需要适量使用于几乎所有食品中，如冷冻饮品、糖果、果冻、果酱、各类罐头、乳制品、奶制品、膨化食品、坚果和籽类、脂肪类甜品及其他油脂与油脂制品、加工的水果与蔬菜及食用菌、熟肉和熟制水产品、巧克力及可可与巧克力制品、米面和杂粮制品、豆类制品、蛋制品、各种饮料、酒、调料与调味品等中。

3.4　赋予食品酸味的"食品酸味剂"

酸味剂（acidulants）又称酸化剂，是指本身具有酸性并能赋予食品以酸味的一类食品添加剂。酸味剂的添加除可以提高食品的酸度，改善食品的风味外，还往往具有如下作用：①起防腐剂的作用，因为微生物一般不能在酸性较强的条件下生存，所以通过酸味剂提高食品的酸度，可以抑制微生物的生长，预防食品的酸败或褐变，同时酸味剂还能提高部分防腐剂如苯甲酸、山梨酸等的防腐效果。②起缓冲剂的作用，即控制食品的 pH，促进或抑制食品中某些组分的变化，如促进蔗糖的转化等。③起螯合剂的作用，即螯合金属离子，避免食品中的某些金属离子如镍、铜等因具有催化氧化性能，从而在食品加工过程中对食品产生变色、营养损失等不良影响。④起护色助剂的作用，因为酸味剂普遍具有还原性，所以在加工水果、蔬菜及肉类制品的过程能一定程度上避免这些食材的氧化变色。⑤起香味辅助剂的作用，如酒石酸可辅助葡萄的香味，磷酸可辅助于可乐饮料香味，苹果酸可以辅助很多水果和果酱的香味，事实上，酸味剂在调香中应用广泛。

食品酸味剂按组成可以分为两大类，即有机酸和无机酸，但以前者为主，如食品中常用的柠檬酸、酒石酸、苹果酸、乳酸、富马酸等都是有机酸，无机酸使用较多的仅有磷酸。由于食品中使用的酸味剂一般认为是安全的，所以 FAO/WHO 只规定了磷酸和己二酸的 ADI 值，而对其他酸味剂如柠檬酸、酒石酸、苹果酸、乳酸则未作规定。但是，酸味剂都有一定的刺激性，过多摄入会引起消化道疾病[32]。

1. 柠檬酸

柠檬酸（citric acid，CAS 号为 77-92-9）又名枸橼酸，化学名称为 3-羟基-1,3,5-戊三酸，分子式为 $C_6H_8O_7$，分子量为 192.14，结构式见图 3.29。柠檬酸有天然和人工合成两种来源。事实上，柠檬酸广泛存在于植物如柠檬、菠萝、柑橘等的果实和动物包括人的肌肉、骨骼与血液等以及一些微生物如黑曲霉、米曲霉、温氏曲霉等的代

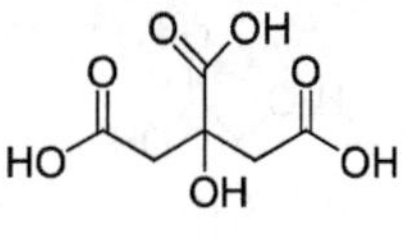

图 3.29　柠檬酸的结构式

谢产物中，它最先是由 C.W.舍勒在 1784 年从柑橘中提取得到的。目前，柠檬酸一般都是通过黑曲霉采用淀粉、葡萄、糖蜜等含糖物质发酵制得。

柠檬酸是一种三元有机酸(其电离常数 K_{a1}、K_{a2} 和 K_{a3} 分别为 $7.4×10^{-4}$、$1.7×10^{-5}$ 和 $4.0×10^{-7}$)，外观为无色半透明或白色晶体，也可以是白色固体颗粒或粉末，无臭，极易溶于水和乙醇，呈强酸性，而且酸味柔和爽口，入口即达到最高酸感，只是后味延续时间短。

研究表明，柠檬酸是蛋白质、糖和脂肪代谢过程（该过程为高等生物提供能量）的重要化合物，因此不仅是安全的，还是人体的必需物。此外，柠檬酸具有生津止渴、祛痰、利尿、通便、止痛、调剂血管通透性、排出体内毒素、降低胆固醇、去除口腔异味、防止和消除皮肤色素沉着等功效，可辅助治疗相关疾病，并起到减肥、美容的作用。虽然柠檬酸有很多生理功能，也对人体无直接危害，但是它可以与体内的钙结合，从而促进体内钙的排泄与沉积，因此大量摄入柠檬酸，可能增加低钙血症和肠癌的得病概率。此外，大量摄入柠檬酸还可能导致胃溃疡、胃酸过多等消化道疾病以及抽搐、痉挛等神经系统性问题。为此，FDA 对柠檬酸在儿童以及老年食品中的应用进行了严格限制。不过，因为柠檬酸的酸性很强，所以食品中不可能大量添加柠檬酸，消费者也不可能短期内大量摄入柠檬酸，因此 FAO/WHO 认为不需要对柠檬酸的 ADI 值进行规定，我国食品添加剂使用标准（GB 2760—2014）也没有对其在各类食品中的最大使用量进行限定。

按照我国《食品安全国家标准　食品添加剂使用标准》（GB 2760—2014）的规定，柠檬酸可以按生产需要适量使用于几乎所有食品中，如冷冻饮品、糖果、果冻、果酱、罐头、膨化食品、坚果和籽类, 调制乳、风味发酵乳、炼乳、干酪、调制奶粉等各种乳奶制品和以乳为主要配料的即食风味食品或其预制品、人造黄油及其类似物、脂肪类甜品及其他油脂与油脂制品、加工的水果、蔬菜及食用菌（含罐头）、熟肉和熟制水产品、可可与巧克力制品、米面和杂粮制品、豆类制品、蛋制品、各种饮料、酒、调料与调味品等中。

2. 乳酸

乳酸（lactic acid，CAS 号为 50-21-5）又名丙醇酸，化学名称为 2-羟基丙酸或 α-羟基丙酸，分子式为 $C_3H_6O_3$，分子量为 90.08，结构式见图 3.30。因为分子中有一个不对称碳原子，所以乳酸有左旋乳酸即 L-乳酸、右旋乳酸即 D-乳酸以及外消旋乳酸即 DL-乳酸三种存在形式，其中以 DL-乳酸最为常用。乳酸广泛存在于自然界包括苹果、番茄等水果以及生物体内，它最早是瑞典化学家席勒于 1780 年从发酸的牛

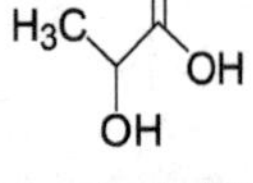

图 3.30　乳酸的结构式

奶中提取得到的。目前乳酸的制备主要有两种方法，一是发酵法，该法是以淀粉质原料如甘薯、玉米、大米等在乳酸菌作用下制备乳酸；二是化学合成法，该法既可以用乙醛和冷的氢氰酸为原料，首先得到乳腈，再经水解、酯化、水解制备乳酸（称为乳腈法），也可以丙烯腈为原料经水解、酯化和水解等反应制备乳酸（称为丙烯腈法），还可以丙酸为原料，经过氯化、水解、再酯化、水解制备乳酸（称为丙酸法）。食品酸味剂用乳酸一般为发酵法制备的，除主要含乳酸外，还含有 10%～15%左右的乳酸酐。

乳酸是一种一元有机酸（其电离常数 K_a 为 1.4×10^{-4}），外观一般为无色至淡黄色黏稠液体，能与水及乙醇互溶，无气味，耐光、耐寒，稳定性较好，与柠檬酸相比，具有更强的感官酸度，同时酸味更纯正、更柔和，不会掩盖水果等食物的天然风味，因此广受欢迎。

摄入体内的乳酸大部分可在胃中分解，因而基本无毒，而且它还有助于蛋白质和角质的溶解以及对病变组织的腐蚀作用，有利于狼疮、喉头结核、白喉等疾病的治疗。一些乳酸的衍生物如其钙、锌和亚铁盐既是食品强化剂，也对某些金属元素缺乏症有治疗作用，乳酸钠则是治疗酸中毒输液剂的重要组分。虽然乳酸是天然有机酸，其安全性较高，但过量摄入，会引起乳酸中毒，导致消化不良疾病以及精神兴奋或沉郁等问题。此外，因为人体内只有代谢 L-乳酸的酶系而没有代谢 D-乳酸的酶系，所以 D-乳酸在体内不能被代谢，过量摄入 D-乳酸会导致血尿中酸度升高，引起代谢紊乱。为此，从安全角度考虑，部分国家如美国、日本等已逐步使用 L-乳酸代替 DL-乳酸作为食品酸味剂，FAO/WHO 也对 D-乳酸的 ADI 值进行了规定（对成年人为 100 mg/kg），但对 L-乳酸则未加限制。我国《食品安全国家标准　食品添加剂使用标准》（GB 2760—2014）规定的乳酸使用范围与柠檬酸基本一致，对其最大使用量未做明确规定，只注明为按生产需要适量添加。

3. 苹果酸

苹果酸（malic acid，CAS 号为 617-48-1），化学名称为 2-羟基丁二酸，分子式为 $C_4H_6O_5$，分子量为 134.09，结构式见图 3.31。因为分子中存在一个不对称碳原子，所以苹果酸有左旋苹果酸即 L-苹果酸、右旋苹果酸即 D-苹果酸以及外消旋苹果酸即 DL-苹果酸三种存在形式，其中最为常见也是最为常用的是 L-苹果酸。苹果酸广泛存在于很多植物特别是不成熟的苹果、山楂、葡萄等的果实中，其制备方法有三种，一是提取法，

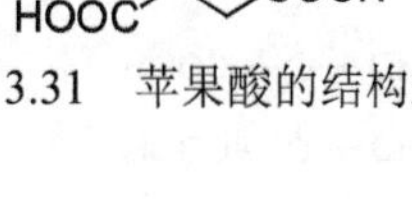

图 3.31　苹果酸的结构式

该法是以未成熟的苹果、葡萄、桃等原料提取苹果酸；二是合成法，该法是催化氧化苯为马来酸和富马酸后，再经高温、加压下的水合反应制备苹果酸；三是发

酵法，该法以反式丁烯二酸用生物酶发酵制备苹果酸，其中以发酵法最为常用。

苹果酸是一种二元有机酸(其电离常数 K_{a1} 和 K_{a2} 分别为 1.4×10^{-3} 和 1.7×10^{-5})，外观为白色结晶体或结晶状粉末，有较强的吸湿性，易溶于水和乙醇，酸性较强，酸度约是柠檬酸的 1.25 倍。与柠檬酸相比，不仅苹果酸（主要指 L-苹果酸）的酸性更强，而且在口中呈味缓慢，酸味滞留时间长，口感更为柔和，有天然苹果的酸味和香味，每年在全世界作为食品酸味剂的消费量仅次于柠檬酸和乳酸。

L-苹果酸对于人体来说是必需的有机酸，它参与体内蛋白质、糖类和脂肪等的代谢与能量转化过程，并直接被肌体吸收，有助于肌体在短时间内分解所摄取的营养物质并获得能量（虽然它自身热值很低），从而起到消除疲劳、迅速恢复体力以及减肥等功效。苹果酸的存在还能促进体内氨基酸的吸收、氨的代谢以及钾、镁离子的补充，对肝脏和心脏有保护作用，对高血压、水肿和脂肪积聚症等有一定疗效。苹果酸酸度大，但缓冲性好，因此可抗牙垢，却对口腔和牙齿的损害很小。此外，苹果酸还可增加药物的稳定性，促进药物在体内的输送与吸收，并能减少抗癌药物的毒害作用等。基于苹果酸的酸度大、口感好、安全性高、热值低以及广泛的生理活性，它被认为是"最理想的食品酸味剂"，并有逐步取代柠檬酸的趋势。按照我国《食品安全国家标准 食品添加剂使用标准》（GB 2760—2014）的规定，苹果酸的使用范围与限量要求和柠檬酸一致。

4. 酒石酸

酒石酸（tartaric acid，CAS 号为 133-37-9）又名二羟基琥珀酸，化学名称为 2,3-二羟基丁二酸，分子式为 $C_4H_6O_4$，分子量为 150.09，结构式见图 3.32。因为分子中存在两个不对称碳原子，所以酒石酸有左旋酒石酸即 L-酒石酸、右旋酒石酸即 D-酒石酸、内消旋酒石酸即中酒石酸以及外消旋酒石酸即 DL-酒石酸四种存在形式。用作酸味剂的一般是 D-酒石酸或 L-酒石酸。酒石酸广泛存在于多种植物特别是水果如葡萄（它是葡萄酒中的主要有机酸之一）等中，它可以采用四种方法制备得到。一是提取法，该法一般是以酿造葡萄酒的副产物酒石为原料提取酒石酸；二是化学合成法，该法可以用苯或萘为原料经氧化制备酒石酸，也可以直接用顺丁烯二酸酐为原料，经氧化、水解得到酒石酸；三是半合成法，该法是将化学合成法与发酵法相结合，先用化学法将马来酸转化为顺式环氧琥珀酸盐，再用发酵法以顺式环氧琥珀酸盐为前体获得酒石酸；四是发酵法，该法是采用微生物菌体将有机酸、醇、氨基酸、葡萄糖及其衍生物等含碳化合物中的碳源转化制备酒石酸。目前，酒石酸主要是采用发酵法得到。

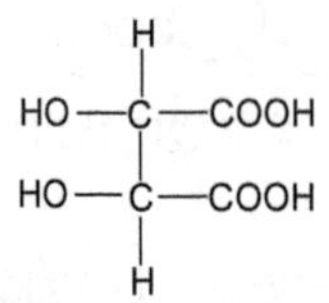

图 3.32　酒石酸的结构式

酒石酸是一种二元有机酸（其电离常数 K_{a1} 和 K_{a2} 分别为 9.1×10^{-4} 和 4.3×10^{-5}），外观为无色透明或白色结晶状粉末，无臭，极易溶于水和乙醇，在空气中稳定。酒石酸的酸味较强，是柠檬酸的 1.2~1.3 倍，虽略带涩味，但酸味爽口。

酒石酸是 1769 年由瑞典科学家卡尔·威廉·舍勒发现的，目前已经在医药、食品、化工等领域得到广泛应用。在食品工业中，酒石酸主要被作为酸味剂应用，其次，它也有抗氧化增效剂、缓冲剂、螯合剂等功能。大量研究表明，酒石酸毒性很低，但因其酸性较强，所以对牙齿有一定的腐蚀性。

按照我国《食品安全国家标准　食品添加剂使用标准》（GB 2760—2014）的规定，酒石酸可以使用于糖果，最大使用量为 30.0 g/kg；各类饮料如碳酸饮料、果蔬汁（浆）类饮料、蛋白饮料、风味饮料等，最大使用量为 5.0 g/kg；面糊、裹粉、煎炸粉、油炸面制品、固体复合调味料，最大使用量为 10.0 g/kg；葡萄酒，最大使用量为 4.0 g/L。

5. 磷酸

磷酸（phosphoric acid，CAS 号为 7664-38-2）又名正磷酸，分子式为 H_3PO_4，分子量为 97.97。磷酸的工业生产方式有湿法和热法两种，前者是将磷矿石用酸分解制备磷酸，后者是先将黄磷在空气中燃烧制得五氧化二磷，再将五氧化二磷水化制备磷酸。食品酸化剂用磷酸一般是采用湿法制备。

磷酸是一种三元无机酸（其电离常数 K_{a1}、K_{a2} 和 K_{a3} 分别为 7.6×10^{-3}、6.3×10^{-8} 和 4.4×10^{-13}），外观一般为无色透明或略带浅色的黏稠液体（含量约为 80%左右时），无臭，不挥发，有腐蚀性，可与水和乙醇互溶，味极酸，酸度是柠檬酸的 2.5 倍左右，极稀的磷酸有愉悦的酸味，但酸中略带涩味，它是唯一一使用较多的无机食品酸味剂。除了调节食品酸味外，磷酸还可以作为面粉改良剂、酵母营养剂以及杀菌剂等用于食品工业中。

磷酸为人体正常构成物质，是骨骼、牙齿、核苷酸及多种酶的必要成分，参与体内的酸碱平衡与脂肪代谢。但是磷酸有弱毒性，其蒸气或雾气会对眼、鼻、喉产生刺激作用，大量口服会引起恶心、呕吐、腹痛、血便甚至休克等，长期过量摄入则会加重肾脏负担，导致慢性中毒、肾功能下降甚至肾衰竭。不过，食品加工过程中添加的磷酸量很少，一般不会引起毒副作用。FAO/WHO 推荐的总磷（含磷酸及其各种盐类和焦磷酸盐类）的 DAI 值对成年人为 70mg/kg。

按照我国《食品安全国家标准　食品添加剂使用标准》（GB 2760—2014）的规定，磷酸（含其各种钠盐、钾盐、钙盐以及焦磷酸盐）可以作为酸度调节剂、稳定剂、水分保持剂、膨松剂、凝固剂及抗结剂用于方便湿面调味料包，最大使用量（按磷酸根计，下同）为 80.0 g/kg；复合调味料，最大使用量为 20.0 g/kg；

再制干酪，最大使用量为 14.0 g/kg；奶粉及奶油粉、调味糖浆，最大使用量为 10.0 g/kg；各种饮料、配制酒、冷冻饮品、糖果、果冻、蔬菜罐头、熟制及预制和冷冻水产品、热凝固蛋制品、熟制及预制肉制品、方便及冷冻米面制品、即食谷物、各种小麦及杂粮制品（含小麦粉、杂粮粉、食用淀粉）、可可与巧克力制品、乳及乳制品等，最大使用量为 5.0 g/kg；油炸坚果与籽类、膨化食品，最大使用量为 2.0 g/kg；杂粮罐头、冷冻薯条、冷冻薯饼、冷冻土豆泥、冷冻红薯泥，最大使用量为 1.5 g/kg；米粉、谷类甜品罐头、水产品罐头，最大使用量为 1.0 g/kg。

3.5 增加食品香味的"增香剂"

食品增香剂（flavor enhancer）又称为香味增强剂，是指能显著增强或改善食品原有香味的物质，包括食用香料与食用香精两大类，前者是指能够用于调配食用香精，并赋予或增强食品香味的物质；后者是用香料调配得到的具有特殊香味的混合物，它能赋予食品一些特殊的风味，增强或模拟食品的天然香味。部分食用香料可直接用于食品加香，但大部分食用香料是在配成食用香精后使用。

增香剂之所以能赋予或增加食品的香味，一是因为大部分增香剂本身具有香味，它们的分子中都含有一个或多个特定的能发香的基团（称为发香团或发香基），如羟基、羰基、醛基、羧基、酯基、酰胺基、硝基、苯基等；二是部分增香剂能在食品加工或烹饪过程中因受热等作用而产生香味物质。事实上，大部分食物在烹饪或加工的过程也会发生化学反应而产生香味，另有大部分食物如玉米、水果、蔬菜、鱼、肉、蛋、奶等中本身就含有香味物质，具有自身特殊的香味，只是一些食物的香味不明显或不正，一些食物的香味在加工过程中会被破坏。因此，在食品的加工或烹饪过程中，有时候需要加入增香剂，一是为了赋予或增强本身没有香味或香味很弱的食物如冰淇淋、果冻、口香糖、软饮料等的香味；二是补充或改善一些香味不正或香味特征性不强的食物如罐头、面包、速冻食品等的风味，使食物的香气更协调、丰富、柔和、逼真。

依据我国《食品安全国家标准　食品添加剂使用标准》（GB 2760—2014）的规定，增香剂必须在规定的范围与限量下使用，没有加香必要的食品不得添加增香剂，如灭菌乳、巴氏杀菌乳、发酵乳、稀奶油、无水黄油、无水乳脂、植物与动物油脂、新鲜果蔬及食用菌与藻类、冷冻蔬菜及食用菌与藻生、原粮、大米、小麦粉、杂粮粉、食用淀粉、鲜肉与鲜水产、鲜蛋、食糖、蜂蜜、茶叶、咖啡、盐及代盐制品、婴幼儿配方食品、各类饮用水。

1. 食用香料

食用香料按来源可以分为天然香料与合成香料两大类，其中天然香料是以植物、动物以及微生物为原料提取得到的香料，合成香料是通过化学反应制备得到的香料。目前，被我国食品添加剂使用标准允许使用的天然香料有 400 多种，包括柠檬油、甜橙油、薄荷油、八角茴香油、丁香花蕾油、大蒜油、中国肉桂油、枣子酊、桂花酊、甘草酊等；允许使用的合成香料则有 1400 多种，包括麦芽酚与乙基麦芽酚、香兰素与乙基香兰素、龙脑、薄荷脑、丁香酚、月桂酸、柠檬酸、百里香酚、香茅醛、肉桂醛以及很多低分子量的醇、酮、醛、酯等。

1）香兰素与乙基香兰素

香兰素（vanillin，CAS 号为 121-33-5）又名香草醛、香兰醛、香荚兰醛、香荚兰素、甲基香兰素等，化学名称为 3-甲氧基-4 羟基苯甲醛，分子式为 $C_8H_8O_3$，分子量为 152.14，结构式见图 3.33，这是人类历史上合成的第一种香料和现在产量最大的合成香料之一，它的首次成功合成是由德国科学家 M. 哈尔曼与 G. 泰曼在 1874 年完成的。香兰素广泛存在于芸香科植物中，是从芸香科植物香荚兰豆中分离得到的一种重要香料，但目前它的主要来源是化学合成。香兰素可以采用愈创木酚与乙醛酸为原料，经缩合、氧化、脱羧制备香兰素；也可以采用愈创木酚与三氯乙醛等为原料，在催化剂存在下经缩合、氧化、裂解等反应制备香兰素；还可以采用羟基苯甲醛为原料，经单溴化和甲氧基化等反应制备香兰素等。其中以愈创木酚-乙醛酸法最为常用。

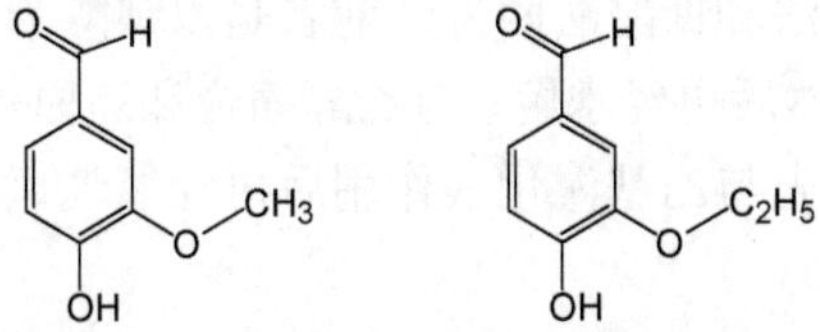

图 3.33 香兰素（甲基香兰素）（左）与乙基香兰素（右）的结构式

香兰素的外观为白色至微黄色针状晶体或晶状粉末，微溶于水，易溶于乙醇，稳定性不高，在空气中会被逐渐氧化，遇光会分解，遇碱会变色。香兰素具有浓郁的奶香及香荚兰香气，微甜，属于广谱型香料，因此不仅被直接作为香料广泛应用于食品、药品和日用品等中，而且还是调制很多香型如香草型、紫罗兰型、巧克力型等尤其是奶油型香精的重要香料。

在香兰素的基础上，后来又开发了很多香兰素衍生物及类似物香料，代表性的如乙基香兰素和香荚兰豆浸膏。乙基香兰素（ethyl vanillin，CAS 号为 121-32-4）

又名乙基香草醛等，化学名称为 3-乙氧基-4 羟基苯甲醛，分子式为 $C_9H_{10}O_3$，分子量为 166.18，结构式见图 3.33。乙基香兰素的外观与性质和香兰素基本一致，只是香气比香兰素更浓，是香兰素的 3~4 倍，而且留香更持久。香荚兰豆浸膏（vanilla extract）是由香荚兰的果实种子发酵并粉碎后提取得到的，外观为棕褐色黏稠液体，主要含香兰素(1% ~ 3%)、大茴香醛、大茴香醇、大茴香酸、洋茉莉醛等成分，有辛香和木香香味，微甜。

香兰素及其衍生物、类似物作为香料使用已经有 100 余年的历史，根据大量毒理学实验和安全评价数据表明，它们在限量标准（FAO/WHO 和欧盟制定的香兰素的 ADI 值对成年人为 10 mg/kg）下使用是安全的，但大剂量使用可能会引发恶心、呕吐、头痛、呼吸困难甚至肝肾损伤等。不过，作为香精香料类物质，它们适量用于食品中，可以增加食品的香味与风味，但超量使用反而会影响食品味道。根据我国《食品安全国家标准　食品添加剂使用标准》（GB 2760—2014）的规定，香兰素包括乙基香兰素及类似香料香荚兰豆浸膏都属于允许使用的食用合成香料，除了在不得添加食用香精、香料的食品中不能使用（但 6 个月以上的婴幼儿配方食品和谷类辅助食品中允许限量使用，最大使用量分别为 5mg/100mL 和 7mg/100mL）外，可以按生产需要适量用于其他所有食品中。

2）乙基麦芽酚与麦芽酚

乙基麦芽酚（ethyl maltol，CAS 号为 4940-11-8）又名乙基麦芽酮等，化学名称为 2-乙基-3-羟基-4-吡喃酮，分子式为 $C_7H_8O_3$，分子量为 140.14，结构式见图 3.34，它可以采用淀粉发酵法制备，也可采用化学合成法制备。化学合成法制备乙基麦芽酚主要有糠醇法和糠醛法两种，前者是以糠醇为原料，先在甲醇水溶液中通入氯气氧化氯化，然后再经水解、与乙醛缩合和还原等过程制备乙基麦芽酚；后者是以糠醛为原料，先与乙基溴化镁作用后再经氯气氧化、加热水解等反应制备乙基麦芽酚。

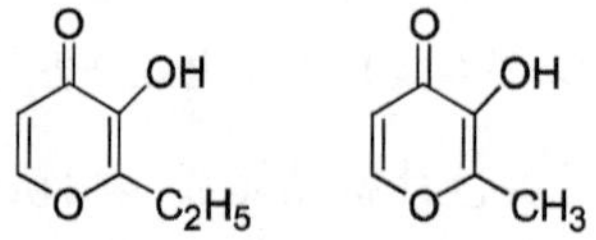

图 3.34　乙基麦芽酚（左）与麦芽酚（甲基麦芽酚）（右）的结构式

乙基麦芽酚外观为白色至微黄色针状晶体或结晶状粉末，微溶于水，易溶于乙醇，它遇碱会变黄，与铁离子络合则变为紫红色，在室温下挥发性较大，具有焦香气味，但味道略带涩苦，不过香味纯正，其稀溶液则呈水果般的焦甜香味且较为稳定。乙基麦芽酚是广谱型香料，不仅能赋予原料长久的香味，还能去除原料本身的杂味，而且用量少却效果显著，一般添加 0.01‰~0.05‰即可达到增香目的。此外，乙基麦芽酚还具有抗菌、防腐、对甜食增甜等作用，它能与肌红蛋白中的铁离子络合，从而防止肌红蛋白降解，故在有乙基麦芽酚的存在下，可以不添加亚硝酸盐也能使罐装熟肉呈粉红色。因此，乙基麦芽酚作为香料被广泛用于食品特别是肉制品以及日用品等中。

与乙基麦芽酚一样广泛用作香料包括食用香料的还有它的系列衍生物，代表性的如麦芽酚。麦芽酚（maltol，CAS 号为 118-71-8）又名麦芽酮、甲基麦芽酚等，化学名称为 2-甲基-3-羟基-4-吡喃酮，分子式为 $C_6H_6O_3$，分子量为 126.11，结构式见图 3.34。麦芽酚的外观和性质与乙基麦芽酚类似，但香味只有乙基麦芽酚的一半左右，呈焦奶油硬糖般的香味，稀溶液则呈草莓样香味，而且溶液不够稳定。

大量研究表明，乙基麦芽酚与其衍生物如麦芽酚是安全无毒的，它们摄入体内后会迅速转化为无毒的葡萄苷酸衍生物。然而也有报道指出，乙基麦芽酚与麦芽酚等为 1,2-二羰基类化合物，而这类化合物是弱诱变剂[33]，但其致癌性并没有被证实。事实上，人们从天然食物中摄取的 1,2-二羰基类化合物的量远大于从食品添加剂中摄取的量，因为它们是食物中酶促褐变和非酶促褐变反应的中间体。因为乙基麦芽酚、麦芽酚的添加量很少时就能达到增香效果，因此我国《食品安全国家标准　食品添加剂使用标准》（GB 2760—2014）没有对它们的使用作特别规定，它们可以按生产需要适量用于除规定中不得添加食用香精、香料的食品（包括 6 个月以上的婴幼儿配方食品和谷类辅助食品）外的其他所有食品中。

3）柠檬油与柠檬烯

柠檬油（lemon oil）是一种精油，它一般是由柠檬的新鲜果皮经冷榨萃取得到。主要成分是苧烯（又称柠檬烯，英文名称为 limonene，分子式为 $C_{10}H_{16}$，分子量为 136.24，结构式见图 3.35，一种无色至橙红或橙黄色的澄清液体，有类似柠檬的香气），约占 80%~90%；其次是柠檬醛（又称香叶醛等，英文名为 citral，分子式为 $C_{10}H_{16}O$，分子量为 152.23，结构式见图 3.35，一种无色至微黄色液体，具有浓郁的柠檬香味，既是一种批准使用的食用香料，也是柠檬油的主要致香成分），约占 3%~5.5%。此外，柠檬油中还富含多种其他的萜烯与醛类化合物以及酸、醇、酯等，成分非常复杂，有人从中检测到了 50 余种化合物。

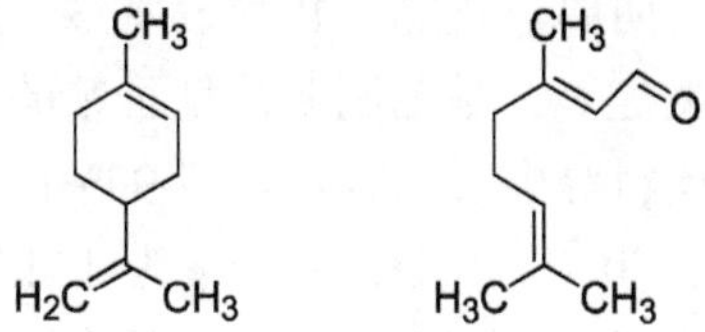

图 3.35　柠檬烯（左）与柠檬醛（右）的结构式

柠檬油外观为淡黄色至黄绿色液体，具有浓郁的柠檬香味，辛辣中略带苦味，能与乙醇互溶，但难溶于水。柠檬油能赋予食物清甜的柠檬果香味，所以主要被用于调制香精以及作为增香剂添加在糖果、软饮料以及糕点、饼干等中。此外，柠檬油还有祛风、利尿、清凉、解热、止血、行血、降血压、防腐和收敛等作用，可用于抵御痤疮以及辅助治疗口腔溃疡、口臭等，因此也是化妆品、护理品等的常用添加剂。我国《食品安全国家标准　食品添加剂使用标准》（GB 2760—2014）认可柠檬油是允许使用的食用香料，但未对其使用范围及限量进行规定。

4）甜橙油

甜橙油（sweet orange oil; orange oil）是一种精油，它可以通过冷磨新鲜的甜橙整果或冷榨新鲜的甜橙果皮得到，也可以采用碎果皮水蒸气蒸馏得到。甜橙油中含有上百种化合物，其中主要成分为苎烯（结构式见图 3.35），占 90%以上，其次还含有月桂烯、异松油烯、柠檬醛、甜橙醛、癸醛、橙花醇、辛醇、芳樟醇、香叶醇、松油醇、乙酸癸酯、乙酸辛酯、邻氨基苯甲酸甲酯等萜烯、醛、醇、酯类等化合物。

通过冷榨得到的甜橙油为黄色至橙黄色澄清液体，通过蒸馏得到的甜橙油则为无色至淡黄色澄清液体。甜橙油难溶于水，可溶于乙醇，呈轻快、甜清的新鲜甜橙香味，但有轻微的光敏性，主要用于调制甜橙、柠檬、可乐、混合水果等食用香精，也可单独作为糖果、糕点、饼干、冷饮等的增香剂。此外，甜橙油还有防腐、消炎、祛风、镇静、解痉挛、抗抑郁、壮阳以及补水保湿、美白淡斑、增加胶原蛋白分泌量、平衡肌肤酸碱度等功能，因此也是化妆品、护理品等的常用添加剂。根据我国《食品安全国家标准　食品添加剂使用标准》（GB 2760—2014）的规定，甜橙油是允许使用的食用香料，但其使用范围及限量没有规定。

5）薄荷油与薄荷醇

薄荷油（*Mentha arvensis* oil）是一种植物精油，一般是采用唇形科植物薄荷的新鲜茎和叶通过水蒸气蒸馏得到，其成分非常复杂，主要成分为左旋薄荷醇（又名 L-薄荷脑，英文名称为 L-menthol，分子式为 $C_{10}H_{20}O$，分子量为 156.27，结构式见图 3.36，是一种无色透明的针状晶体，微溶于水，可溶于乙醇，呈清凉的薄荷香气，并有清凉、抗炎、防腐、止痛、止痒、刺激、麻醉等作用，能治疗神经痛、头痛、瘙痒及呼吸道炎症等，是配制薄荷型香精的主要原料，也可以作为增香剂用于糖果、冰淇淋、饮料等中），约占 60%~90%；其次是左旋薄荷酮（英文名称为 L-menthone，分子式为 $C_{10}H_{18}O$，分子量为 154.25，结构式见图 3.36，是一种无色的油状液体，微溶于水，可溶于乙醇，具有清凉的薄荷香气，是配制薄荷型香精的重要香料，也是被允许使用的食用香料）。此外，薄荷油中还含有异薄荷酮、胡薄荷酮、乙酸薄荷酯、苯甲酸甲酯、柠檬烯、月桂烯、辛醇、松油醇、薄荷异黄酮苷、迷迭香酸、天冬氨酸、谷氨酸、丝氨酸、缬氨酸、赖氨酸等多种酮、醇、酯、烯、黄酮、氨基酸等成分。

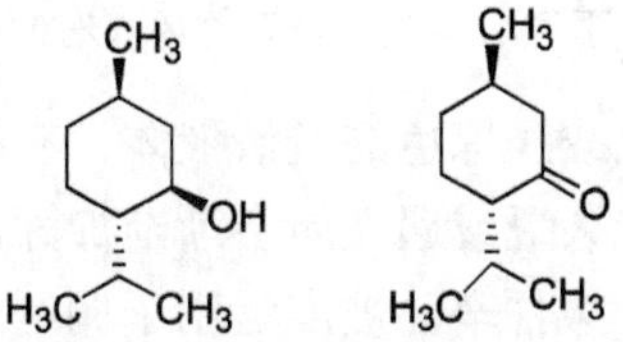

图 3.36　薄荷醇（左）和薄荷酮（右）的结构式

　　薄荷油外观为无色至淡黄色的澄清液体，难溶于水，可溶于乙醇，有特殊的清凉香气，入口开始呈辛辣味、后有清凉感，其气味有助于改善嗅觉及味觉，并能提神醒脑。此外，薄荷油还是平常生活中的常用药物，有很多生理活性，如疏风、清热、退烧、利咽、疏肝、解郁、杀菌、抗菌等，可以预防病毒性感冒，缓解恶心和呕吐，促进消化，减轻呼吸系统疼痛，治疗头痛、发热、咽痛、齿痛及口腔疾病等。但是，如果薄荷油的使用方法不当可能引起皮炎和一些过敏反应，大剂量使用甚至可能损伤肾脏[34]。在食品工业中，薄荷油可以用于调制食用香精，它本身也是我国《食品安全国家标准　食品添加剂使用标准》（GB 2760—2014）允许使用的食用香料，而且其使用范围及限量没有特别规定。

　　6）丁香油与丁香酚

　　丁香油（eugenia oil）又名丁子香油、丁香精油等，是由桃金娘科植物丁香的干燥花蕾、叶或茎经水蒸气蒸馏、溶剂提取或超临界 CO_2 提取得到的一种植物精油，分为丁香花蕾油、丁香叶油和丁香茎油，但以丁香叶油最为常见。从丁香不同部位得到的丁香油的成分略有差别，但普遍都以丁香酚（又名 1,3,4-丁香酚等，英文名为 eugenol，分子式为 $C_{10}H_{12}O_2$，分子量为 164.20，结构式见图 3.37，一种微黄色到黄色的液体，几乎不溶于水，可溶于乙醇，具有浓郁的丁香香气和温和的辛香香气，有抗菌、健胃等功效）为主要成分，约占 80% 左右；其次含石竹烯（一种双环倍半萜类化合物，英文名为 caryophyllene，分子式为 $C_{15}H_{24}$，分子量为 204.36，结构式见图 3.37，无色到微黄色的油状液体，不溶于水，可溶于乙醇，具有温和的丁香香气，并带有柑橘香、辛香、木香和樟脑香味），约占 5% 左右。此外，丁香油还含有水杨酸甲酯、乙酸丁香酚酯、甲基戊基甲酮、甲基正庚基甲酮、苯甲醛、胡椒酚以及山柰酚、鼠李素、齐墩果酸等多种成分。

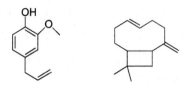

图 3.37　丁香酚（左）与石竹烯（右）的结构式

丁香油为无色至淡黄色或浅棕色的澄清液体，有时略带黏稠性，不溶于水，易溶于醇，其颜色在空气中久置或遇铁质会渐渐加深。丁香酚具有木香、辛香、药香和丁香酚特征的香气，味甘辛，被广泛用于调制丁香、柑橘、胡椒、肉豆蔻等食用香精，也可作为增香剂用于烹饪调味料、糕点和泡菜等中。丁香油中因为含有大量具有暖胃、温肾和抗菌活性的丁香酚，所以具有很强的抗菌性，并对胃胀、胃痛以及消化不良、恶心呕吐、牙痛、风湿痛、神经痛、口臭等有疗效。丁香油、丁香酚以及石竹烯都是我国《食品安全国家标准　食品添加剂使用标准》（GB 2760—2014）允许使用的食用香料，而且其使用范围及限量没有特别规定。

2. 食用香精

食用香精是以某种天然食品的香味为参考，采用各种香料调制得到的具有该天然食品风味的增香剂。食用香精组成较为复杂，一般由主体香料、辅助香料、定香香料和稀释剂组成。主体香料是决定香精主要香味的物质，其香味应与所配制的香精风味一致；辅助香料的作用是配合与衬托主体香料的香味，有的还起增稠和丰富与协调香精整体香味的作用；定香香料的作用是稳定与协调香精的香味。不过，在香精的调制过程中，主体香料、辅助香料与定香香料的界限并不是特别分明，一种香料在某种香精中既可能起主体香料的作用，也可能起辅助香料或定香香料的作用，如香兰素在香草香精中既是主体香料，也是定香香料；一种香料在这种香精中可能是主体香料，而在另外一种香精中则可能是辅助香料与定香香料，如橘子油在橘子香精中是主体香料，在香蕉香精中则是辅助香料。稀释剂是香精调制过程中不可缺少的，作用是溶解与稀释调制香精的香料，常用的有蒸馏水、酒精、丙二醇、甘油、二丁酯、邻苯二甲酸以及精致的茶油、胡桃油和乳化剂等。香精的配制没有固定的规律可循，主要靠的是调香师的经验，一般是先选择好主体香料，调配好香精的主体部分，然后加入辅助香料与定香香料，制备香精的香基，再用稀释剂对香基进行稀释后，加工为所需要的香精。

食用香料种类很多，按形态可以分为水溶性香料、油溶性香料、乳化香料、粉末香料等；按其用途可以分为糖果香精、奶油香精、饮料香精、肉制品香精、焙烤食品香精、调味品香精等；按香型可以分为水果香型、花香型、坚果香型、豆香型、奶香型、肉香型等，而且每一种香型的香精又包括很多种类，如奶香型下又包括牛奶、奶油、奶酪、干酪等香型。

1）肉味香精

肉味香精是模仿猪肉、牛肉、羊肉等以及一些水产品的香味调制得到一类香精，作用是掩蔽和驱除肉制品本身的一些不好的风味如苦、腥和骚味等，为肉制品增香提味、改善口感甚至延长其储存期，包括各种肉香型（如猪、牛、羊、鸡、鸭等）和海鲜香型（如鱼、虾、蟹、鲍鱼等），主要用于熟肉制品、膨化休闲小食品、速冻调理食品、复合调味品、各种方便食品的调味包以及汤面、火锅、菜肴、煲汤和酱卤制品等中。

目前，肉味香精一般是以天然原料肉或骨头为主要原料，再辅以部分合成香料调制的食品香精，其组成主要包括：①脂肪，这是肉味香精的重要前体物质，它的降解对很多肉香味的形成非常重要，可使香精的整体口感浓厚、柔和，起助香剂或者定香剂的作用。②碳水化合物与氨基酸，这也是天然肉香物质的重要组成成分，大部分糖与氨基酸反应会生成有肉香味的物质，它们在香精中也起助香剂的作用，当然氨基酸还是鲜味剂。③蛋白质，一般为动物有时也用植物的水解蛋白，是香精的基料。④杂环化合物，特别是含硫或含氮化合物，它们是肉味香精的关键成分，如 2-甲基-3-巯基呋喃（又名 2-甲基-3-呋喃硫醇等，英文名称为 2-methyl-3-furanthiol，分子式为 C_5H_6OS，分子量为 114.17，一种无色的油状液体，具有烤肉与咖啡般的香气，是咖啡等植物中的天然成分）就是肉味香精的基本物质，在目前的肉类香精中一般都含有。⑤香辛料，如姜、蒜、八角、茴香、丁香等的粉末等。

2）果香香精

果香香精是按照不同水果的香味配制得到的食用香精，既可以按模仿的水果分为苹果、甜橙、橘子、香蕉、梨、草莓、西瓜、菠萝、柠檬、杨梅、哈密瓜、西番莲等香型，也可以按香气分为青香（果青）、甜香（果甜）和酸香。果香香精一般具有清新的鲜果香味，香气自然、持久，口感逼真，主要用于糖果、饮料、糕点、饼干、雪糕、膨化食品等中。

由于直接从水果中提取得到的香料有限，因此各类果香香精一般都是由一些天然香料与合成香料调配得到的。常用于调配果香香精的香料包括酯类、醛类、醇酚类和精油类，以酯类成分为主。如配制香蕉型香精常以乙酸（异）戊酯、丁酸（异）戊酯为特征性香料模仿香蕉的香味，再辅助以橘子油等增加天然感，以香兰素、丁香油等补充和延长香味；配制菠萝型香精一般是以丁酸乙酯、己酸乙酯、己酸烯丙酯、环己基己酸烯丙酯等来模仿菠萝的香味，再以乙酸异戊酯、丁酸异戊酯、异戊酸异戊酯等来增加果香味，以甜橙油、柠檬油、麦芽酚等补充果

甜与焦糖气息，以乙基麦芽酚、甲硫基丙酮和 3-甲硫基丙酸甲酯等来增加香精的
菠萝仿真度。

3）奶味香精

奶味香精是模仿各种奶香配制的一类香精，包括牛奶、乳酪、干酪、奶油等
香型。这类香精一般具有浓郁的奶香和咸甜味，而且香味连绵持久，是食品工业
中应用最广泛的香精之一，主要用于糖果、饮料、炒货如奶油瓜子、奶油花生等
的增香。

奶味香精可以采用人工调制法、酶水解法和微生物发酵法三种途径制备。人
工调制法一般是以单体香料如具有浓郁奶香的丁二酮和 3-羟基-2-丁酮等再辅以
其他酯类、醛类及杂环化合物等通过人工调制得到。但随着消费者生活水平的不
断提高，对"绿色安全"产品的需求量大幅增加，奶味香精越来越多地采用了后
面两种方法制备。酶水解法是以牛奶、奶油、乳脂肪或蛋白、脂肪与酸的混合物
等为原料，采用脂肪酶、蛋白酶等对这些原料进行水解后再经提取精制得到奶味
香精，这种方法因为反应条件温和而且几乎不产生污染物等优点已被广泛应用。
微生物发酵法是指以乳或乳制品为底物，采用一些微生物对这些底物进行发酵后
再经提取精制得到奶味香精，这种方法因使用的微生物和底物不同可得到具有不
同风味的奶味香精，而且这种方法制备的香精与天然奶味非常接近，香气自然、
柔和，是纯人工调配技术难以达到的。

3.6 丰富食品口味的"食品增味剂"

食品增味剂也称为食品风味增强剂或食品鲜味剂，是指能够增强或改进食品
原有风味的物质。食品增味剂的作用是刺激感官从而呈现出鲜味，但又不能对食
品的基本味（酸、甜、苦、咸）以及其他呈味物质的味觉刺激产生直接影响。此
外，食品增味剂还应具有呈味阈值低的特性，即在较低浓度下也能刺激感官而呈
现鲜味。

按来源，食品增味剂可以分为天然和化学合成两大类，如动、植物水解蛋白
和酵母抽提物是来源于植物、动物和微生物代谢产物的天然食品增味剂，谷氨酸
钠、5′-鸟苷酸二钠、5′-肌苷酸二钠、5′-呈味核苷酸二钠和琥珀酸二钠盐均属于化
学合成类食品增味剂。按化学结构和组成，食品增味剂又可以分为有机酸类、氨
基酸类、核苷酸类和复合增味剂等，其中以氨基酸类和核苷酸类应用较多，有机
酸类被广泛使用的只有琥珀酸二钠盐。

氨基酸类食品增味剂包括氨基酸及其盐类，它们属于脂肪族化合物，主要有

谷氨酸钠（俗称味精）、丙氨酸、甘氨酸、天冬氨酸及蛋氨酸等，呈味基团主要是分子中的亲水性基团，如羧酸基团、磺酸基团、巯基和羟基等。因为结构不同，不同的氨基酸增味剂有各自不同的风味，如丙氨酸有强腌制品风味，甘氨酸则有虾、墨鱼风味，蛋氨酸有海胆风味。氨基酸类增味剂的不足是热稳定性较差，高温下容易分解。

核苷酸类增味剂主要有鸟苷酸和肌苷酸，这类增味剂都具有磷酸基团和芳香杂环结构，属于酸性离子型有机物，其呈味基团主要是具有亲水性的核糖-5-磷酸酯。虽然核苷酸类增味剂比氨基酸类增味剂更稳定尤其是在高温时，它本身在储存及食品烹饪、加工过程中都不容易被破坏，但是它会被动、植物体内普遍存在的磷酸酶分解而失去鲜味，因此不能将其直接加入到生鲜的动、植物食材中使用，而应该先将这些食品在高温（85℃左右）下预先加热，使磷酸酶失活后再添加。

复合增味剂是指至少由两种增味剂组合而成的增味剂，它又分为复配型和天然型两大类，前者是将一些增味剂、甜味剂、油脂、无机盐甚至香辛料等经科学调配而得到，后者则是由各种肉类及植物等经提取得到或由各种动植物、微生物的组织及生物大分子物质如蛋白质等经水解得到。大部分的复合增味剂都具有特殊的风味和一定的营养价值，因此是增味剂以及调味剂的发展方向。

1. 谷氨酸钠（味精）

谷氨酸钠（monosodium glutamate，CAS 号为 142-47-2）又名 DL-谷氨酸钠，俗称味精，是谷氨酸的一钠盐，化学名称为 α-氨基戊二酸一钠，分子式为 $C_5H_8O_4NNa$，分子量为 169.11，结构式为 NaOOC—CHNH$_2$—CH$_2$—CH$_2$—COOH，属于氨基酸类增味剂和第一代增味剂。谷氨酸分子中有一个手性碳原子，所以谷氨酸钠也有 L-谷氨酸钠、D-谷氨酸钠和消旋体即 DL-谷氨酸钠三种存在形式，食品增味剂中使用的一般都是 DL-谷氨酸钠。谷氨酸以游离或结合态形式广泛存在于动植物如蘑菇、海带、豆类、坚果、肉类、奶制品等以及微生物代谢产物中，人体内也会产生谷氨酸，它一般可以采用淀粉、大米、糖蜜等为原料经发酵法制备，也可以采用盐酸对植物蛋白进行水解制备，还可以采用丙烯腈为原料通过化学合成法制备，但目前基本上用的都是第一种制备方法。

谷氨酸钠外观为无色或白色棱柱状或粉末状晶体，基本上无臭、无气味，略带甜咸味，易溶于水，微溶于乙醇，水溶液有浓烈的肉类鲜味。谷氨酸钠对光稳定，但在高温下容易分解而失去鲜味，强酸中会转化为谷氨酸，强碱特别是在强碱（pH>8）介质中高温加热时会转化为谷氨酸二钠盐等，由于谷氨酸和谷氨酸二钠盐的鲜味都不及谷氨酸钠，所以强酸、强碱会导致其鲜味下降。

谷氨酸钠由雷哈生（德国人）于 1866 年在小麦面筋的水解物中最先分离得到，

1909 年开始商品化生产与应用后，至今已有 100 余年的历史，是目前世界上产量和用量都最大的食品增味剂。长期的使用结果和大量研究表明，谷氨酸钠在正常范围内使用是安全的。谷氨酸钠通过食物摄入体内后，其中 96% 被吸收，剩余的则由尿液排出。吸收的谷氨酸钠会参与肌体代谢，比如说参与氮代谢，并与酮酸发生氨基转移作用，从而合成其他人体必需的氨基酸，并降低血液中的含氨量和毒素，防止肝功能受损。此外，谷氨酸是脑组织中唯一能被氧化的氨基酸，所以在葡萄糖供应不足的情况下，它能充当脑组织的能源物质，改进和维持脑机能，防止癫痫等。适量食用谷氨酸钠虽然不会对健康产生损害，但过量摄取会导致部分人出现中毒现象，如头痛、胸痛、多汗、胃部烧灼感、口部麻木、面热及面部压迫或肿胀等[35]。另外，谷氨酸钠在高温（>120℃）或过度加热时会产生焦谷氨酸钠，有研究表明，这种物质具有一定的致癌性，虽然也有研究否定了这一结论。

虽然谷氨酸钠的使用有一定的争议性，但世界上很多国家和组织都批准其为可以按规定使用的食品增味剂。按照我国《食品安全国家标准　食品添加剂使用标准》（GB 2760—2014）的相关规定，谷氨酸钠可按生产需要适量使用于除婴儿食品以外的其他食品如冷冻饮品、糖果、果冻、果酱、罐头、膨化食品、坚果和籽类以及调制乳、风味发酵乳、炼乳、干酪、调制奶粉等各种乳奶制品和以乳为主要配料的即食风味食品或其预制品、人造黄油及其类似物、脂肪类甜品及其他油脂与油脂制品、加工的水果、蔬菜及食用菌（含罐头）、熟肉和熟制水产品、可可与巧克力制品、米面和杂粮制品、豆类制品、蛋制品、各种饮料、酒、调料与调味品等中。

2. 5′-鸟苷酸二钠、5′-肌苷酸二钠与呈味核苷酸二钠

5′-鸟苷酸二钠（guanosine-5'-monophosphate disodium salt，CAS 号为 5550-12-9），分子式为 $C_{10}H_{12}O_8N_5PNa_2$，分子量为 407.18，结构式见图 3.38。5′-鸟苷酸二钠是由 5′-鸟苷酸与氢氧化钠反应得到的，5′-鸟苷酸则可以由酶法水解和微生物发酵两种途径制备，前者是由酵母所得核糖核酸水解制备，后者是以葡萄糖等物质为碳源，先采用枯草杆菌变异株进行发酵，得到鸟苷，再将鸟苷用三氯氧磷进行磷酸化得到。

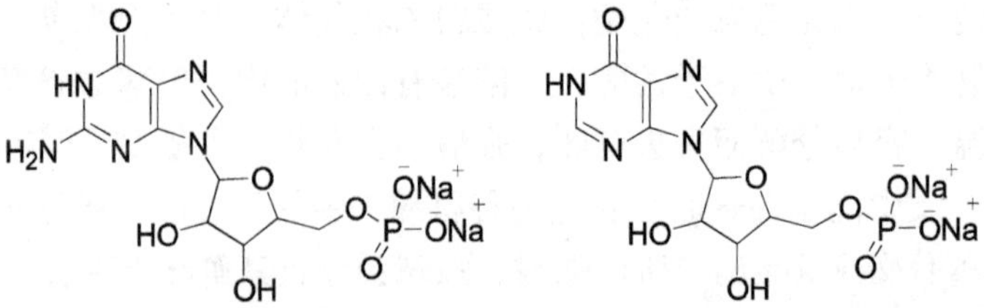

图 3.38　5′-鸟苷酸二钠（左）与 5′-肌苷酸二钠（右）的结构式

肌苷酸二钠（disodium inosinate，CAS 号为）又名肌苷酸钠等，是肌苷（或称次黄嘌呤核苷酸）的二钠盐，分子式为 $C_{10}H_{11}O_8N_4PNa_2$，分子量为 392.17。5′-肌苷酸二钠天然存在于各类新鲜的肉类和海鲜中，也可以由酵母所得核糖核酸水解得到或由发酵法制备。

5′-鸟苷酸二钠和 5′-肌苷酸二钠都属于核苷酸类增味剂和第二代增味剂，前者分子中常带 7 个左右的结晶水，后者分子中则有 7.5 个左右的结晶水，它们外观都为无色或白色晶体，易溶于水，微溶于乙醇，水溶液呈浓烈的鲜味，且呈味作用稳定、持久，只是前者（5′-鸟苷酸二钠）的鲜味强度大约是后者（5′-肌苷酸钠）的 2.3 倍。5′-鸟苷酸二钠和 5′-肌苷酸二钠的酸碱盐稳定性和热稳定性均较好，但都可被磷酸酶分解而失去鲜味，因此不宜在生鲜食品中使用。当 5′-鸟苷酸二钠及 5′-肌苷酸二钠彼此混用或与其他鲜味剂如谷氨酸钠、赖氨酸等混合使用时，都具有显著的协同效果，因此它们一般不单独使用，大部分都是与其他鲜味剂合用。在谷氨酸钠中加入 5%~12%的 5′-肌苷酸二钠得到的混合物被称为"强力味精"，其鲜味强度是谷氨酸钠的 8 倍左右。5′-鸟苷酸二钠和 5′-肌苷酸二钠以 1∶1 混合得到的混合物则被称为呈味核苷酸二钠。

呈味核苷酸二钠作为 5′-鸟苷酸二钠和 5′-肌苷酸二钠的 1∶1 混合物，其性状也与 5′-鸟苷酸二钠和 5′-肌苷酸二钠基本类似，外观为白色至米黄色晶体或粉末，无臭，易溶于水，微溶于乙醇，水溶液具有鲜味，而且鲜味强度远大于单独使用 5′-鸟苷酸二钠或 5′-肌苷酸二钠。

5′-鸟苷酸二钠和 5′-肌苷酸二钠基本上都没有毒副作用，不会产生致癌、致畸等问题，对繁殖也无危害，它们通过食物摄入人体后都会在肠道中降解，并大部分由尿液排出，但对尿酸及痛风几乎没有影响。相反，有报道指出，5′-鸟苷酸二钠和 5'-肌苷酸二钠都对慢性及迁移性肝炎有一定辅助疗效，5′-肌苷酸二钠还能辅助治疗白细胞和血小板减少症，5′-鸟苷酸二钠则能辅助治疗各种眼部疾病及进行性肌肉萎缩。因此，FAO/WHO 认为不管是对 5′-鸟苷酸二钠、5′-肌苷酸二钠还是对呈味核苷酸二钠的 ADI 值都无须规定。我国《食品安全国家标准　食品添加剂使用标准》（GB 2760—2014）对它们的使用规定也与谷氨酸钠相同。

3. 琥珀酸二钠

琥珀酸二钠（disodium succinate，CAS 号为 150-90-3）又名丁二酸二钠等，俗称干贝素，是琥珀酸即丁二酸的二钠盐，属于有机酸类增鲜剂，分子式为 $C_4H_4O_4Na_2$，分子量为 162.05，结构式为 $NaOOC—CH_2—CH_2—COONa$。琥珀酸二钠天然存在于鸟、兽尤其是海洋生物和海藻等中，是贝类肉质鲜味的来源，但目前一般是由琥珀酸与氢氧化钠或碳酸钠反应制备。

琥珀酸二钠有无水物和六水物两种存在形式，其中无水物为无色或白色晶状粉末,六水物为无色或白色晶状颗粒,无臭,无酸味和挥发性,渗透性强,水溶性好(但不溶于乙醇),水溶液具有特殊的贝类鲜味,其中无水物的鲜味强度约是六水物的 1.5 倍。此外,琥珀酸二钠不仅具有增加食物鲜味的作用,还能缓和其他调味剂如酸味剂等的刺激,改善食物口感,且热稳定性好,能直接在热处理食物的过程中使用。与其他增鲜剂一样,琥珀酸二钠与别的增鲜剂尤其是氨基酸类增鲜剂一起使用时也有协同效果,因此它除了单独作为增鲜剂使用于食品外,还常常与其他增鲜剂如谷氨酸钠、呈味核苷酸二钠等按一定比例混合使用。

作为琥珀酸的二钠盐,琥珀酸二钠有着与琥珀酸类似的生理活性,即具有一定的抗菌、中枢抑制、抗溃疡等功效,而且在常规使用下基本没有毒副作用,但如果大剂量口服,可能导致呕吐、腹泻等中毒症状。根据我国《食品安全国家标准 食品添加剂使用标准》(GB 2760—2014)的规定,琥珀酸二钠作为增味剂主要用于调味品中,最大使用量为 20g/kg。

参 考 文 献

[1] 孙国宝. 食品添加剂(第二版)[M]. 北京: 化学工业出版社, 2013

[2] 于新, 李小华. 天然食品添加剂[M]. 北京: 中国轻工业出版社, 2014

[3] 孙国宝. 躲不开的食品添加剂[M]. 北京: 化学工业出版社, 2014

[4] 梁才. 现代食品中防腐剂的应用与展望[J]. 食品安全导刊, 2016 (6): 76-77

[5] 韩乐乐, 郑丽荣. 化学合成防腐剂的应用现状及发展趋势[J]. 科技传播, 2016 (2): 85, 105

[6] 曾伟成, 郑能武. 苯甲酸钠对酪氨酸酶的抑制作用[J]. 数理医药学杂志, 2000, 13(2): 161

[7] 王思文, 巩江, 高昂, 等. 防腐剂苯甲酸钠的药理及毒理学研究[J]. 安徽农业科学, 2010, 38(30): 16724, 16846

[8] 崔明, 王欣婷, 孙婷, 等. 苯甲酸与山梨酸的危害及检测方法[J]. 品牌与标准化, 2015 (9): 51-53

[9] 刘宝珠, 张晓华. 山梨酸防腐保鲜功效的研究[J]. 陕西化工, 1998, 27(3): 6-7

[10] 陈国安, 杨凯, 彭昌亚, 等. 新型食品防腐剂——尼泊金酯[J]. 中国调味品, 2003 (3): 31-36

[11] 冯晓群, 雍东鹤. 蔬菜中硝酸盐及亚硝酸盐的来源及监控措施[J]. 甘肃科技, 2011, 27(4): 143-147

[12] 张颖琦, 沈俊毅, 徐映如, 等. 亚硝酸盐对人体的危害及检测方法的进展[J]. 职业与健康, 2015, 31(6): 851-855

[13] Wajih N, Basu S, Jailwala A, et al. Potential therapeutic action of nitrite in sickle cell disease[J]. Redox Biology, 2017, 12: 1026-1039

[14] 高蕾蕾, 李迎秋. 乳酸链球菌素及其在食品中的应用研究进展[J]. 中国调味品, 2017, 42(3): 157-165

[15] Breukink E, Wiedemann I, Van Kraaij C, et al. Use of the cell wall precursor lipid II by a pore-forming peptide antibiotic[J]. Science, 1999, 286: 2361-2364

[16] 杨双春, 邓昊, 潘一. 微生物食品防腐剂的研究与应用现状[J]. 中国食品添加剂 2013 (2): 186-189

[17] 孙晓莎, 任顺成. 天然食用色素的研究进展[J]. 食品研究与开发, 2016 (18): 198-201

[18] 郑学立. 苋菜甜菜红素合成的生理生化与分子生物学研究[D]. 福州: 福建农林大学, 2016

[19] Fernández-Bedmar Z, Alonso-Moraga A. In vivo and in vitro evaluation for nutraceutical purposes of capsaicin, capsanthin, lutein and four pepper varieties[J]. Food and Chemical Toxicology, 2016, 98: 89-99

[20] 梁彬霞, 白卫东, 杨晓暾, 等. 红曲色素的功能特性研究进展[J]. 中国酿造, 2012 (3): 21-24

[21] 张弘. 紫胶红色素提取技术及理化性质研究(博士论文)[D]. 北京: 中国林业科学研究院, 2013

[22] 李湘洲, 张炎强, 旷春桃, 等. 姜黄色素的生物活性和提取分离研究进展[J]. 2009, 29(3): 190-194

[23] Ma Q, Ruan Y Y, Xu H, et al. Safflower yellow reduces lipid peroxidation, neuropathology, tau phosphorylation and ameliorates amyloid β-induced impairment of learning and memory in rats[J]. Biomedicine & Pharmacotherapy, 2015, 76: 153-164

[24] Kamuf W，Nixon A，Parker O，et al. Overview of caramel colors[J]. Cereal Foods World, 2003(2): 64-69

[25] 李巧玲，田晶. 食用合成色素的安全性评价及对策[J]. 食品工业, 2017 (11): 268-271

[26] Bian X M, Tu P C, Chi L,et al. Saccharin induced liver inflammation in mice by altering the gut microbiota and its metabolic functions[J]. Food and Chemical Toxicology, 2017, 107: 530-539

[27] Green U, Schneider P, Deutsch-Wenzel R, et al. Syncarcinogenic action of saccharin or sodium cyclamate in the induction of bladder tumours in MNU-pretreated rats[J]. Food and Cosmetics Toxicology, 1980, 18(6): 575-579

[28] 王京京. 代糖食品易引发偏头痛[J]. 蜜蜂杂志, 2011, 31(4): 48

[29] 孙传范，李进伟. 甜菊糖苷研究进展[J]. 食品科学, 2010, 31(9): 338-340

[30] 万艳娟，吴军林，吴清平. 功能性甜味剂罗汉果甜苷的生理功能及食品应用研究进展[J].食品与发酵科技, 2015, 51(5): 51-56

[31] 申玉民. 木糖醇的功能和应用[J]. 江苏调味副食品, 2014 (3): 40-43

[32] 杨雅轩，丁兆钧，杨柳，等. 食品酸味剂使用现状及发展趋势[J]. 南方农业, 2015 (9): 165-167

[33] 许国希. 乙基麦芽酚的应用与安全性评价[J]. 精细化工, 1984 (1): 22-27

[34] 陈光亮，姚道云，汪远金，等. 薄荷油药理作用和急性毒性的研究[J]. 中药药理与临床, 2001, 17(1): 10-12

[35] 高巍，罗之纲. 味精的安全性评估[J]. 中国调味品, 2009 (7): 31-33

第4章　理想能源分子

4.1　最简单的无机分子、未来的理想能源"氢"

打开元素周期表，首选映入眼帘的就应该是氢，它是所有元素的排头兵，看起来是那么的轻盈。氢原子核内就一个质子，核周围也仅有一个电子绕着核运动，原子结构如此简单。两个氢原子通过共用一对电子形成了最简单的双原子分子——非常飘逸的氢气分子(H_2)。

人类第一次制得氢气是在1766年，由英国人 H. Cavendish 把铁、锌与稀盐酸、稀硫酸反应而获得。氢气是一种无色、无味的气体，是所有分子中质量最小的。在0℃，一个标准压力（100kPa）下，氢气的密度仅为0.0899 g/L，氢气真是那么的轻。氢具有如此小的分子质量，又是一个非极性分子，导致氢气分子之间作用力非常微弱，在标准压力下，温度需降低到–252.87℃时，才能使其液化，继续降温到–259.1℃，则可形成固态氢，呈雪花状，固态氢由 James Dewar 于1899年首次制得（图4.1）。

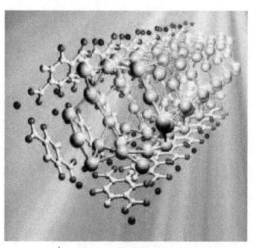

图 4.1　固态氢晶体结构

1989年，科学家在–196℃的极低温度和250万个大气压下，首次制得了黑色超微粒子化的半导体固态氢单质。2017年更是在约 495万个大气压下革命性地制得了具有金属性质的金属氢[1]。由于氢气的分子质量很小，氢气的运动速度很快，在所有气体中氢气具有最好的导热性，几乎是空气导热性的 10 倍，是一种极好的传热载体。氢看起来是那么的平淡、不起眼，但是在它的背后却隐藏着巨大的可开发利用的能量。

能源为人类提供了生存和进化的物质基础，能源领域的不断开拓也始终伴随着人类文明的发展与进步。能源是国民经济的命脉，是国民经济和社会发展的重要战略物资，可以说人类的任何生产与生存活动都离不开能源。目前作为世界经济的能源主体仍然是石油、煤炭和天然气，形成了三大能源支柱。同时辅以水能、太阳能、风能、核能、地热能等多种能源。作为主体能源的石油、煤炭和天然气是化石能源，在人类社会的进步、物质财富的生产等方面已做出了不可磨灭的贡献。但从实践发展来看，也存在难以克服的缺陷问题。首先作为化石能源是一次性的，可以说是不可再生的，消耗殆尽只是时间问题。据研究分析，这几种能源的开采时限也可能就是一百多年的时间；其次化石能源的大量使用意想不到地造成了严重的环境污染问题。因此无论是从化石能源的不可再生性，还是其对人类生存环境的严重影响性，都迫切需要发展清洁能源、可再生能源，以满足人类可持续发展的基本要求。

从目前多种模式的新能源的研究、开发和应用上看，作为未来主体的、最理想的综合性清洁能源首选应该是氢。

在自然界中氢有三种同位素存在形式：分别是氕（$_1^1$H，符号 H）、氘（$_1^2$H，符号 D，重氢）和氚（$_1^3$H，符号 T，超重氢）。而占绝对量的是氕（H），也就是我们常说的普通的氢，其天然丰度达到了 99.985%。普通的氢和氘均有稳定的核。氢作为能源使用可从两方面来看，一个是普通氢的常规使用，另一个是氢的同位素氘（D）和氚（T）的核能使用。

1. 氢的常规使用

作为自然界最为普遍存在的化学元素，氢的单质——氢气燃烧的热效应值 $\Delta_f H_m^\ominus = -285.8$ kJ/mol，也就是说 1 千克氢气完全燃烧可以放出约 1.2×10^5 kJ 的热量，是汽油燃烧热值的 3 倍，甲烷的 2.4 倍，乙醇的 4.5 倍，除了核燃料外，氢的热值远高于烃类和醇类化合物。并且氢的燃烧性能非常好，点燃快，与空气中氧气的混合可燃范围大。另外，非常重要的一点是氢气燃烧反应的产物基本上是水，外加很少量的氮氢化物，清洁、干净，不产生有害环境的污染物，如碳氢化物、碳氧化物以及粉尘颗粒等。而水又可通过一定的方法分解制得氢气，从而形成一个完美的循环。因此把氢作为未来主体、理想的综合性清洁能源是当之无愧的。

在 20 世纪 90 年代，国际上甚至提出了"氢经济"（hydrogen economy）这样一个科学术语，意指在未来的社会中，氢能作为社会主体能源时，国民经济将可能会发生根本性变化，与现今的化石能源经济有很大的不同，也预示着人们对未来清洁能源的利用将使我们生存的这个世界变得更加清新美丽的一种美好憧憬。据预测，在 21 世纪中叶，氢经济可以初步得以实现。不过从目前来看，有三个主要问题需要得以比较好的解决：一是氢的廉价、有效规模生产；二是氢的安全、有效储存和输送；三是氢能的社会整体运用[2]。

1）氢的制取

从元素角度看，氢是自然界中储量最为丰富的元素之一，但从存在状态来看其绝大部分是以化合物形式存在，而单质状态的氢气在大气中含量却极少。在地球上含氢最为丰富的物质就是水了，其次是各种生物物质和一些矿物质，如石油、煤炭、天然气等。太阳和木星等天体上也都含有大量的氢。

氢分子中 H—H 键的键能是 435.88 kJ/mol，这比一般单键的键能要大很多，已接近一般双键的键能，因此单质状态的氢分子化学活泼性不强，在常温下甚至还表现出一定程度的惰性，似乎氢气在空气中应该是可以较好稳定存在的，但我们又知道空气中氢气的含量确实极少，这是为什么呢？

我们来观察下面这个反应：

$$2H_2\,(g) + O_2\,(g) == 2H_2O\,(l)$$

该反应的标准自由能$\Delta_f G_m^\ominus$ = − 237.1 kJ·mol^{-1}，也就是从热力学角度来说，在常温、常压下，氢气与氧气是可以自发反应生成水的，而且反应趋势还比较大。但如果把氢气与氧气按上述反应比例装入一玻璃瓶中密封起来，放置不改变条件，过了很长的时间，我们也很难观察到有一滴水生成。因为动力学的因素，有一个很高的反应能垒需要跨越。但是改变一点条件这个反应就会在瞬间完成，比如氢气与氧气一定比例的混合物经引燃会猛烈反应，体积比 2∶1 的氢气和氧气混合物遇到火花，或是较大强度撞击就可能发生猛烈的爆炸，一般说含氢量在 6%~67% 的 H$_2$ 和 O$_2$ 混合物是有易爆性的。自然界，这样一些条件是容易产生的，这也可能说明了氢的单质——天然的氢气为何在空气中的存在量极少。

因此氢应该算是二次能源，是一次能源的转化形式。那么就存在一个通过人工从含氢的化合物中把氢分解制取出来的问题。说到制取氢气，我们所熟悉的可能就是通过电解水来制取了，另外还可从碳氢化合物中制取氢、利用生物资源和应用生物技术来制取氢、热水解制氢等多种途径。

目前世界上应用的制氢方法主要有：在高温下，以石油、天然气、煤为原料来与水蒸气反应，或者部分氧化制取；进行甲醇裂解、氨裂解、水电解等方法制取，呈现出多元化特点。并且所制取的氢气更多的是用作化工生产原料而不是用作能源[3]。

作为一个主体能源，要求具备规模化的生产量是必需的，同时要求生产成本较低，经济上要有比较好的可行性。

（1）电解水制氢

　　由水来制取氢，我们最熟悉的方法就是电解水。为什么要用电解呢？从上述氢与氧的反应，我们知道氢气与氧气可自发反应生成水，但其逆反应水却不能自发分解生成氢气和氧气。对一个热力学上的非自发反应，需要采取一些措施，改变一些条件促使其反应可以自动发生。从热力学角度来看，水分解为氢和氧是一个吸热、熵增加的反应过程，通过升高温度提供能量可以使该反应发生。理论计算表明在标准状态下，温度达到 1477℃以上，纯水可自发分解为氢气和氧气，显然这个条件是比较高的。这仅是从热力学理论上来考虑，若再加上动力学和其他一些因素，那么实际反应的温度条件还要高得多。我们也可以采用其他方法，比如电解水（图 4.2），利用电能促使反应进行。

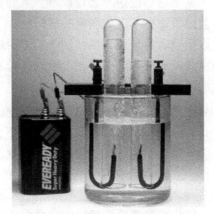

图 4.2　电解水制氢气的简易装置

　　事实上最早的制氢方法也就是从电解水开始的，大约在 18 世纪初就已使用，是获得高纯度氢的重要方法，到目前也仍然是工业制氢的重要方法。其工作原理较为简单：让直流电流通过水，在阴极和阳极可分别获得氢气和氧气，在实际工作中通过加入一些电解质以增加水的导电性。这里使水能自发反应分解生成氢气和氧气所需的能量就是通过外加电能来提供的。为了提高制氢效率，电解常在较高的压力下进行，大多选择 3.0~5.0MPa，目前电解效率一般为 50%~70%，通过电极材料、电极表面的改进等措施，效率可提升至 80%。但电解水要消耗大量的电能，而电能的生产目前大多用的是一次能源如煤炭等，向上追溯最终消耗的还是一次能源。由于目前电力比煤炭、石油、天然气等要贵，由此来看规模化电解水制氢成本还是很高，是不经济的，并且也不环保。不过在一些有丰富水电资源的国家如加拿大、挪威等，都设有很大规模的电解水生产氢气的工厂。但从世界整体上看，只有较少地区可为。因此通过目前的电解水制氢作为能源，其竞争力有待加强提高。

（2）化石燃料制氢[2,3]

主要是以煤、天然气等化石原料来制取氢气。

煤制氢的核心是煤气化技术。比如在研究实施的煤地下气化规模制氢工程，在封闭地下煤矿井中，鼓入氧气和水蒸气与煤发生水煤气反应。

$$4C(s) + O_2(g) + 2H_2O(g) \longrightarrow 4CO(g) + 2H_2(g)$$

水煤气可通过变换反应转化为 H_2 和 CO_2。

$$4CO(g) + 2H_2(g) + 4H_2O(g) \longrightarrow 4CO_2(g) + 6H_2(g)$$

生产的二氧化碳和氢气经分离，就可获得价格相对比较低廉的规模化的氢气作为能源，而 CO_2 可作为化工生产的原料气体，可用于制造尿素、纯碱等。

煤气化技术一直在不断地进行改进，如煤超临界水气化法的研究，以提高规模化制氢效率，简化工艺过程，可实现煤制氢的零排放。

而天然气制氢一直以来被认为是化石燃料制氢工艺中最为经济、合理的方法。也是目前工业上制氢最主要的方法，约占现在工业制氢量的90%以上。天然气的主要成分是甲烷，制氢涉及的主要反应是：

$$CH_4(g) + 2H_2O(g) \longrightarrow CO_2(g) + 4H_2(g)$$

此反应的 $\Delta_r G_m^{\ominus} = +113.6$ kJ/mol，在常温、常压下是不会自发进行的。反应的 $\Delta_r H_m^{\ominus} = +165$ kJ/mol，为一吸热反应，并且是熵增加过程，因此通过提高温度供给能量能使反应自发进行，实际生产中温度是维持在 750℃~920℃，反应压力为 2~3MPa。总的来说本法制氢的耗能很高，单是燃料的成本就约占总成本的一半以上了。另外可选用合适的催化剂降低反应活化能以减少能耗。

无论是用天然气还是煤作为原料来制取氢气能源，从根本上来说消耗的还是一次能源，长远来看，仍然是一个阶段性的方法。

（3）太阳能制氢[3-5]

由于水是地球上含氢最为丰富的物质，而氢作为能源反应后的产物也主要是水，因此以水作为制氢的原料是非常理想的。但用传统方法制氢需要消耗大量的常规能源，使得制氢的成本既高，又对环境不利。如果考虑：H_2O + 太阳能，取之不尽的水+取之不尽的太阳能，可形成一个完美的组合。因此以水为原料利用太阳能来大规模制氢最具有现实意义和广阔的应用前景，成为世界各国科研工作者共同努力的目标。目前研究的太阳能制氢技术主要有以下一些方法。

①太阳能电解水制氢　该方法与电解水制氢相似。电能是由太阳能转化获得，再利用电能转化为化学能制得氢。目前由于太阳能制氢的转换效率还比较低，难以与传统电解水制氢形成经济上的有效竞争。不过随着技术上的突破，不久的将来太阳能直接电解水的方法有可能在大规模制氢生产中得以应用。

②太阳能光电化学分解水制氢　这是在特殊的光化学电池中，专门制作的半

导体电极在太阳光照射下，受光激发产生电子-空穴对，在电解质存在下阳极吸收光后在半导体带上产生的电子通过外电路流向阴极，水中氢离子就可从阴极上接受电子而析出氢气。这是在同一个系统里面吸收太阳能将光能转化为电能，并且可以维持恒定的电流，再将水解离得到氢气的过程。该方法的关键之处是选取适宜的电极材料。目前研究用得最多的电极材料是 TiO_2。随着材料科学、纳米技术的深入发展，高效、价廉的光化学电池电极材料将会有所突破，并应用于大规模的制氢之中。

③太阳能热分解水制氢　直接通过太阳能聚焦方法把水或水蒸气加热到约 2730℃以上，可分解水得到氢和氧。该方法有分解效率高、不需要催化剂的优势，但存在太阳能聚焦费用太过昂贵的问题。若在水中加入了合适的催化剂，则可使水的分解温度降低到 630℃~930℃，催化剂也可再生循环利用，目前此方法的制氢效率可达到 50%。研究更加高效、廉价、环保的催化剂成为关键问题。

德国航空航天中心（DLR）的科学家用 149 盏短弧氙气灯组成的最大"人造太阳"（Sunlight）系统于 2017 年 3 月 23 日启动测试（图 4.3）。这是一堵近 14m 高、16m 宽的"灯墙"，灯光投射到 20cm×20cm 的聚焦平面上，产生的辐射强度是太阳光照射同等面积的 1 万倍，温度最高可达 3000℃，足以使水分解生成氢气和氧气。该系统的研究目的是为了探索开发出利用太阳光生产氢气的最佳装置，期望在 10 年内得以实现[6]。

图 4.3　德国科学家制造的用于分解水的 Sunlight 系统

④太阳能光化学分解水制氢　水直接分解成氢和氧是很困难的，需要的条件很苛刻。但先把水离解为 H^+ 和 OH^-，再生成氢和氧则相对容易得多。因此可分别利用太阳能的光化学作用、光热作用和光电作用实施光化学反应、热化学反应和电化学反应，经过这三个步骤就可在较低温度下制取氢和氧。

太阳能光解水的效率主要取决于光电转换效率和水分解为氢气和氧气过程的电化学效率。而水在自然条件下对可见光和紫外光是透明的，基本不能直接吸收光能。所以必须在水中加入光敏催化剂，这种物质可吸收光能并能有效传给水分子使水发生光解。最早报道的这种催化剂就是 TiO_2。现在的关键问题是要寻找光解效率高、性能稳定、价格低廉的光敏催化剂。这是科学家们一直努力研究的热点。这种方法为也为大规模利用太阳能制氢提供了美好前景。

太阳能还可与生物作用相结合来制氢。比如自然水系中的藻类通过光合作用分解水，产生氢离子、电子和氧气，藻类再通过特有的转氢酶电子还原氢离子而释放出氢气。还有科学家提出了模拟植物光合作用来分解水制取氢气的思路，就是利用叶绿素光合作用的半导体电化学机理来实现可见光直接电解水制氢，当然这还有一系列的理论和技术问题亟待解决。

（4）其他制氢方法

核能制氢　就是利用高温反应堆或核反应堆热能分解水制氢，实质上是一种热化学循环分解水过程。

生物质制氢　生物质资源丰富，有再生性，具有较好的发展潜力。目前研究的主要有生物质热化学法、生物质液化再转化制氢法和微生物化学分解法三类。

超声波和光催化剂反应结合分解水制氢　通过超声波作用，水可反应生成氢和过氧化氢，过氧化氢经光催化反应再分解为氢和氧。

液体原料醇类制氢　主要是从甲醇和乙醇一类低级醇类中制取氢。比如甲醇制氢就包含了水蒸气重整和部分氧化技术。由于液体原料具有储运方便、能量密度大以及安全性可靠等优点，因此，这是一个较好的提供燃料电池氢气来源的方法。

发展规模化廉价制氢技术是氢作为主体能源发展的重要环节。总的来看，水作为制氢原料是最为理想的，而理想的能量来源应该是太阳能。

2）氢的储存和运输

由于氢气是最轻的、运动速度最快的气体分子，易扩散，又具有易燃和易爆性，这给氢的储存和运输带来很大的困难，也使氢的安全、高效存储成了氢能作为主体能源而大规模应用的技术瓶颈，是亟待解决的关键问题。储氢问题不能很好解决，则氢能的应用就会受限，难以得到很好的发展。储氢材料需具有储氢密度高、吸放氢速度快、操作条件温和、可逆性好、寿命长等特性。一般来说，氢气的储存形态有气体、液体和化合物等形式。

（1）高压气态储氢

这是最常见的储存氢气方式，也是在技术上最成熟，并已得到了充分发展和应用的储氢方式，具有较好的可靠性和方便性，例如高压气体钢瓶储氢，但存在的最大问题就是效率很低。

由于氢气分子量极小，密度很低，就需要提高压力来增加容器的储氢量。虽然储氢容量与压力成正比，但储存容器的质量也与压力成正比。事实上在氢气已被高度压缩下，储氢的质量也仅占钢瓶质量的 1.6%左右，就是利用在太空中使用的钛金属瓶，其储氢质量也只为 5%，可见，储氢效率确实很低，而且在高压下也存在安全问题，压力越大、危险性也越大，同时材料浪费大，造价较高。虽然高压储氢一直以来作为主要的储氢方式在使用，这主要是对应于氢作为工业生产原料、反应试剂，以及特殊领域能源条件下而应用的。若是把氢作为主体能源来看，这种储存方式显然是不现实的。不过目前也提出了微孔结构储氢的思路，利用玻璃、陶瓷、塑料、金属等制造出微型球，这种球具有壁薄（1~10μm）、充满微孔（10~100μm）的特点，让氢气储存在微孔之中，以提高储氢量。

（2）低温液态储氢

在标准压力 100kPa 下，温度降低到-252.87℃时，氢气可由气态变为液态。液态储氢显然比气态储氢的储存效率高得多，不过成本也高得多，主要是氢的液化要消耗比较多的能源。理论上液化 1mol 氢需要能量 28.9kJ，但实际过程需要的能量约为理论值的 2.5 倍，并且储存容器在材料上、设计上要有很好的绝热性能。因此，这种储氢是比较贵的，安全技术也较为复杂，只能在一些特殊领域得以应用，例如航天领域用液氢作为火箭推进剂，宇宙飞船也携带液氢作为燃料。目前储氢的材料和容器设计也在不断地改进，高绝热储氢容器是一个研究的重点。如美国宇航局已广泛使用的间壁间充满中孔微珠的绝热储氢容器[7]，这种中间空心的微珠是由 SiO_2 材料制作的，微珠直径约为 30~150μm，壁厚为 1~5μm，部分微珠上镀了 1μm 厚的铝。这种微珠的热导率极小，颗粒又非常细，可几乎完全抑制颗粒间的对流传热。在未镀铝的微珠中混入 3%~5%的镀铝微珠就可有效阻断辐射传热，并且这种绝热容器还不需要抽真空，其绝热效果远远优于普通高真空的绝热容器。但总的来说，低温液态储氢也不能满足将来氢作为主体能源的储存目标要求。

（3）化合物储氢

相比于高压气态储氢和低温液态储氢，最好的方法是利用储氢材料。研究得最多的是固相储氢，这种材料在一定条件下可与气体氢反应生成固态氢化物，条件改变时氢化物可分解释放出气体氢，另外还有有机液体储氢。储氢材料也成了当今科学研究的一个重要课题。目前储氢化合物主要有金属氢化物储氢、金属配合物储氢、吸附储氢、有机化合物储氢等。

金属氢化物储氢研究得比较早，时间也长，是基于氢气与金属合金反应生成具有可逆性的金属氢化物来储存氢气的。氢以原子状态存在于金属合金中，通过温度和压力调节，金属氢化物可分解放出氢气，而自身又回到原来的合金状态，反之氢与金属合金也可生成金属氢化物[8]。相比而言，金属氢化物储氢比高压储氢和低温液化储氢要安全，储存容量要高得多，也方便得多。需要用氢时，加热金属氢化物即可放出氢气。

储氢合金目前大致分为四类：①稀土系，这类材料储氢能力强、寿命长、吸放氢速度快、反应热效应小、易活化，可实现快速安全储存，是具有良好开发前景的储氢金属材料。但是存在吸氢后会发生晶格膨胀，合金易粉碎等一些缺点。该系列以 LaNi$_5$，CeCo$_5$ 为代表。②钛系，是目前使用最多的储氢材料，以 TiFe 为代表，其储氢量是稀土系的 4 倍，且价格低，最大优点是释放氢温度低，-30℃即可放氢，给使用带来很大的方便。但存在不易活化、易中毒、滞后现象较为严重等缺点。③镁系，是储氢合金中吸氢量最大的，成本也低。但释放氢的温度较高，并且吸氢速度非常缓慢，吸氢动力学性能较差，使用上受限制，还不能达到实用化程度。④锆、钒、铌等系，该体系具有动力学速度快、易活化，吸放氢量大，热效应小等优势。但因为这类金属本身较为昂贵，只适用于一些特殊场合。

金属配位氢化物是另一类金属储氢材料。代表性的是一系列轻金属的铝氢化物和硼氢化物，如硼氢化钠（NaBH$_4$）、硼氢化钾（KBH$_4$）、铝氢化钠（NaAlH$_4$）、硼氢化锂（LiBH$_4$）等。配合物通过加水分解反应可产生比自身含氢量还要多的氢气，像 NaAlH$_4$ 加热分解可放出高达 7.4%（wt）的氢气，也成为很有发展前景的新型储氢材料。目前也在重点发展以轻质元素氢化物为主导的储氢材料体系[9]，这类轻质材料主要包括硼氢化物、氨基化合物、氨硼烷及其衍生物等。如氨硼烷 NH$_3$BH$_3$ 是一种独特的分子络合物，其理论含氢量极高，达到 19.6%（wt），在常温常压下为白色固体，熔点为 104℃，在空气及运输过程中较稳定，安全无毒，环境友好。氨硼烷分解温度适中，加热至 90℃左右开始分解放出氢气，这些特性使其成为颇具潜力的化学储氢材料之一。而随着将氮元素引入到金属储氢材料中，开创了金属氨基储氢材料体系，近年来在金属氨基化合物、金属亚氨基化合物以及金属氨基硼烷化合物等一类储氢材料的合成及储氢性能研究上取得了突破性的进展，拓宽了原有的以金属和金属合金为主导的储氢材料领域。这一体系已成为当今储氢材料研究的一个重要分支，为氢可能成为高效、洁净、可广泛利用的能源向前跨进了重要的一步。

吸附储氢也是当今储氢材料研究的一个重要分支，主要有超级活性炭吸附储氢和纳米碳储氢。随着 1991 年纳米碳管的发现激发了纳米碳管储氢的研究。目前普遍认为氢在纳米碳管里的储存是吸附作用的结果，但这种吸附只是物理吸附或是化学吸附，还是两种吸附共存，到目前还有争论。纳米碳管具有较高的储氢量，是极有发展前途的储氢材料，但有几个主要问题需要突破，分别是吸附储氢的吸附机理、优质吸附剂的合成以及吸附剂的净化。另一种碳的纳米材料——纳米石墨纤维也表现出比较高的储氢容量。超级活性炭储氢是利用具有超高比表面积的活性炭作吸附剂来吸附储氢，具有储氢量高、解吸快、循环使用寿命长、易实现规模化生产以及经济性好等优点，也是一种有前景的储氢材料。近年来由于金属有机骨架(MOFs)材料研究的迅速发展（其具有很高的比表面积），MOFs 材料吸附储氢也成了储氢材料研究的一个热点。类似的共价有机框架（COFs）材料，是一类具有高稳定性且高孔隙率的多孔聚合物网络材料，也作为储氢材料在研究[9]。

有机化合物储氢是借助不饱和液体有机物与氢的可逆反应，即催化加氢反应和脱氢的反应来实现的。常用的有机物氢载体有烯烃、炔烃和芳烃等不饱和有机物。这些有机物载体在常压下呈液态，易储存和运输。从储氢过程的能耗、储氢量、储氢剂和物理性质等方面考虑，以芳烃特别是单环芳烃为佳。目前研究表明，只有苯、甲苯的脱氢过程可逆且储氢量大，是比较理想的有机储氢材料。与其他储氢方式相比，有机化合物储氢具有储氢量大，储存、运输安全方便，可循环使用以及成本较低等优点。

虽然储氢材料在结构、性能、制备和应用等方面的研究取得了重要进展，并且也在积极进行商业化进程的推进。但到目前为止，储氢材料的总体性能仍需进一步提高。要应对氢作为主体能源的要求，储氢材料就需要满足原料来源广、成本低、制造工艺简单、比重小、氢含量高、可逆吸放氢速度快、效率高、可循环使用、寿命长等条件。

3）氢能的使用

氢能的使用是多方面的，可以直接燃烧发电和制造燃料电池进行氢–电的转换，可以作为家用常规燃料、氢内燃机、航天领域应用等等。

通过氢气与氧气的直接燃烧，可以组成氢氧发电机组，这种机组没有蒸汽锅炉系统，结构简单，启动迅速，维修方便。当电网处于低负荷时，多余的电可用来电解水，生产氢气和氧气，高峰用电时又可用来发电。远距离输送电时需要通过高压、超高压电网将电力传输到用电区，过程的损耗是较大的，而通过管道远距离输送氢气再发电，在经济上和技术上比用电网传输电要更有利。

燃料电池是把化学能转化为电能的电化学发电装置（图 4.4），是电解水制氢的逆反应。理论上来说，只要在其阳极一侧连续输入氢气等燃气，阴极一侧通入氧气或空气，就可以源源不断地产生出电能来。操作时几乎是无声的，仅有轻微的气流声，无污染、效率高。燃料电池还有一大特点，根据需要可以建造得很大，大到可用于供城市用电；中等规模的可用于家庭；也可以建造得很小，如小到用于手机、小玩具、手电筒等。目前燃料电池的种类主要有：碱性燃料电池、磷酸盐燃料电池、熔融碳酸盐燃料电池、固体氧化物燃料电池、质子交换膜燃料电池。另外还有用非氢气作为燃料的，如用甲醇、肼、二甲醚、乙醇、乙二醇、丙二醇等作为燃料的燃料电池，甚至还有利用微生物发酵的生物燃料电池。

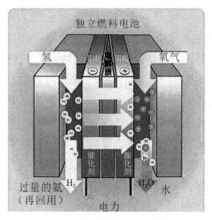

图 4.4　氢燃料电池工作原理

　　燃料电池的使用非常广泛，燃料电池汽车就是一个很令人瞩目的应用项目。纯氢燃料电池汽车可以在短时间内启动，不需要重整器，因而可以简化系统，提高燃料电池的效率。在军事上也有很好的应用，如应用于核潜艇、航空母舰等，具有续航能力强、无噪声、隐蔽性好等优点，在航空、航天领域也有重要的应用。

　　氢也可以做家用常规燃料。可以把氢气像输送煤气或天然气那样，通过氢气管道送到千家万户。也许在不远的将来，当我们拧开厨房里的燃气灶时，燃烧的是氢气，非常的干净、卫生，也不产生污染物，因为燃烧的产物就是水蒸气，经冷凝回收即是真正的纯净水，做饭时喝一口，很惬意的。

　　氢内燃机是将氢作为燃料的发动机。氢气取代汽油和柴油的氢能汽车（图4.5）可比汽油汽车总的燃料利用率高 20%，并且不会像汽油、柴油燃烧生成碳氧化物、氮氧化物、硫氧化物以及微小固体颗粒物等有害成分，它燃烧的产物就是水和极少量的氮氢化物，氢能汽车可以说是最清洁的交通工具之一。目前有两种氢内燃机，一种是全部烧氢气的汽车，另一种是氢气与汽油混烧的混合动力汽车。

图 4.5　氢能汽车

2. 氢的核聚变使用

原子核聚变是由极轻的原子核融合起来形成较重原子核的过程，过程中将释放出巨大的能量。宇宙中太阳的燃烧就是氢原子生成氦原子的核聚变过程，该过程有许多中间步骤，很复杂，总反应可表示为

$$4\,^1_1H \rightarrow\,^4_2He + 2\beta^- \qquad \Delta H = -2.4\times10^9\,kJ/mol$$

可见 1 克氢核聚变释放出来的能量就达到了 10 亿级别焦耳，相当于 15t 标准煤燃烧释放出的热量。而地球上容易实现的核聚变能可用的燃料是氘（D）和氚（T），即 D-T 和 D-D 核聚变，最初实施的氢核聚变就是氢弹爆炸（图 4.6）。

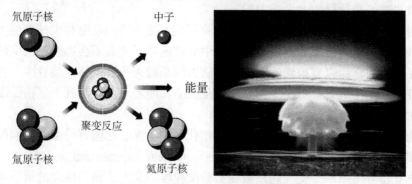

图 4.6　核聚变反应——氢弹爆炸

相比于核裂变会产生核废料、出现长期和高水平的核辐射、对环境和人类始终存在巨大的潜在威胁，如美国三里岛核电站、苏联切尔诺贝利核电站以及日本福岛核电站等所发生的爆炸、泄露事件造成的巨大危害，核聚变不会产生污染环境的放射性物质、也不产生温室气体，它基本不污染环境。从核聚变能资源来说，那也是取之不尽的。氘是天然存在的，从海水中可提取，据测算，每升海水中含有 0.03g 氘，这么微量的氘聚变所产生的能量相当于 300L 汽油燃烧后释放出的能量，而地球上仅在海水中就有 45 万亿吨氘。氚不稳定，具有放射性，可发生衰变，在自然界中基本不存在，但可以由锂制造。锂吸收中子后，可以变成氚，并放出能量。地球上的锂估算也有两千多亿吨。可见，单是水中的氘，就足以满足人类未来几十亿年对能源的需求。因此，核聚变能被科学界认为是人类可持续发展的有希望彻底解决能源和环境问题的根本出路之一[10]。

但是核聚变反应所需条件是极其高的。在一般条件下，原子核彼此靠近的程度只能达到原子的电子壳层允许的程度，所以，原子相互作用是在电子壳层的相互影响层面上，电子壳层的重叠，电子转移和共用，也就是我们看到的常规的化学反应。原子核均带正电荷，相互之间的排斥力是非常巨大的，阻止了它们进一步接近而发生聚合反应。若要使核聚变反应发生，需要提供给原子核足够的动能，

克服这一斥力而彼此靠近，温度就是一个不错的选择，提高反应温度，就可增大原子核动能。不过这个温度要求得极高，要达到上千万乃至上亿摄氏度，在这种条件下，原子的外层电子和原子核分离，并且可以分别自由运动，形成等离子体。太阳中心的氢核聚变，就是在 1500 万摄氏度的高温和 2000 亿个标准大气压的高压下进行的。但是在地球上人们难以获得太阳中心那么高的压力，因此所需的温度就要更高。氢弹就是靠先裂变的核弹爆炸后产生的上亿摄氏度高温，从而引发了氢的核聚变。

现在要解决的问题就是如何使氢弹的爆炸过程人为地大大减缓，使爆炸产生的能量缓慢而稳定地输出，转化为电能，实现氢核热聚变的可控，因此这种技术的研究也被形象地称为"人造太阳"。

目前科学家进行的可控核热聚变实验研究主要应用的是磁约束核聚变方法。其工作原理就是用磁场来约束等离子体中的带电粒子使其不会逃逸出约束体，并设计了一种可产生带有剪切的环形螺旋磁力线来约束等离子体的装置——托卡马克（Tokamark）装置。等离子体采用电磁波或高能粒子束加热到上亿摄氏度，发生核聚变而输出聚变能[11]。

为了实现这个目标，在 20 世纪 80 年代中期美国、法国等发起建造国际热核聚变实验反应堆 ITER（International Thermonuclear Experimental Reactor）计划，旨在建立世界上第一个受控热核聚变实验反应堆，为人类输送巨大的清洁能量。ITER 计划目前正在实施，并已进入了实质性阶段，计划于 2021 年建成，2027 年全面开始以氘、氚燃料为主的实验堆实验[10]。中国也于 2003 年加入了该计划，并且于 2006 年 9 月，自主设计建造了名为"东方超环"的世界上首个全超导非圆截面核聚变实验装置（EAST），并首次完成了时间接近 3s 的高温等离子体放电，获得电流 200kA。与国际同类实验装置相比，它在当时获得四项世界"第一"，即使用资金最少、建设速度最快、投入运行最早、运行后获得等离子放电最快。继而在 2016 年 11 月 2 日，又获得了超过 60s 的稳态高约束模式等离子体放电，成为世界首个持续时间达到分钟量级的托卡马克核聚变实验装置。2017 年 7 月，我国的"东方超环"(EAST)又在全球首次实现了上百秒（101.2s）稳态长脉冲高约束等离子体运行（图 4.7），这创造了新的世界纪录[12]。该研究工作的不断向前推进和突破，为人类开发利用核聚变清洁能源奠定了重要的技术基础。当然 EAST 主要还是一个用于科学实验的装置，目前中国也已完成"中国核聚变工程实验堆（CFETR）"设计，计划用二十年左右时间建成。

图 4.7　"东方超环"全超导非圆截面核聚变实验装置（EAST）

核聚变工程实验堆顺利完成后将是核聚变示范堆的建设和试运行，科学家预计人类最终将可能在 21 世纪中叶以后真正实现核聚变发电，届时将开启核聚变能为人类广泛造福的新时代，实现"人造太阳"的夙愿。

4.2　最简单的有机物、重要的能源分子——甲烷

一个碳原子与四个氢原子相结合形成了最简单的有机物分子——甲烷 CH_4。CH_4 分子中的四个碳氢键完全等同，键相互之间的夹角均为 109°28′，因此甲烷分子形成一个标准的正四面体空间构型，具有高度对称性。甲烷分子无色、无味、无毒，相对来说稳定性是比较好的，有一定的惰性，但却很容易燃烧，其标准燃烧热为 $\Delta_c H_m^\ominus(CH_4) = -891$ kJ/mol，可见燃烧热值非常高，而且燃烧反应的安全性好，燃烧产物就是水和二氧化碳，洁净，是公认的绿色能源。

甲烷分子由于有较好的稳定性，在自然界中大量存在，主要是在地下、海洋以天然气形式存在，同时在海底地层以及陆域冻土地带下还能以可燃冰形式存在。

1. 天然气

天然气组成较为复杂，主要成分是烷烃，其中甲烷占绝大多数，另有少量的乙烷、丙烷、丁烷的气体，此外一般有硫化氢、二氧化碳、氮、水汽和少量一氧化碳及微量的稀有气体。根据天然气中甲烷和其他烷烃的含量不同，将天然气分为干气和湿气两种，甲烷含量高于 90% 的称为干气，甲烷含量低于 90% 的称为湿气。有的天然气田的甲烷含量甚至可高达 99.8%，基本上可看做是纯甲烷。

天然气的形成主要是古生物遗骸长期沉积地下、与空气隔绝，处于缺氧环境

中，加上厚厚岩层的压力、温度升高、厌氧菌的作用，有机物质慢慢被分解，再经过漫长的地质时期，最终形成了天然气。

天然气在公元前 1000 多年就已被发现。在古希腊、古印度、古波斯和中国的文献资料中，都有过天然气的记录。早在公元前 11 世纪至公元前 771 年，西周时期的《周易》中就有"泽中有火""上火下泽"的记载，描述了湖泊沼泽中逸出的天然气燃烧的现象。西汉时中国已出现了天然气井，《汉书·郊祀志》就记载："祠天封苑火井于鸿门。"而在晋朝的《华阳国志》里，更有描述秦汉时期人们对天然气作为能源的应用："临邛县有火井，夜时光映上昭。民欲其火，先以家火投之。顷许如雷声，火焰出，通耀数十里。以竹筒盛其火藏之，可拽行终日不灭也……取井火煮之，一斛水得五斗盐。家火煮之，得无几也。" 可知早在 2000 多年前，人们就用竹筒装着天然气，当火把走夜路。并且用天然气煮盐，火力比普通火力大，出盐也更多，西晋的《博物志》也有类似的记载。到了公元 13 世纪，人们已开始对四川自贡、富顺和荣县一带的浅层天然气进行了大规模的开发利用（图 4.8）。主要是自流井气田的开发，这是世界上最早投入开采的天然气田。并且创造性地利用当地的竹子筒和木材制作了叫"笕"的输气管线，可翻山越岭，穿过河流、湖泊，总长达二三百里，输送天然气、盐水到几十里外的地方。而到了 19 世纪末，开始发展了天然气化工，用天然气分离生产甲醛、乙酸、合成橡胶等化工产品。在 1940 年，出现了世界上第一个以天然气为动力的发电涡轮，这标志着天然气发电技术的诞生，预示着天然气产业现代化发展的开启（图 4.9）。

图 4.8　古代人们在成都邛崃开采天然气

图 4.9　现代化的天然气井

世界天然气资源主要分布在中东、欧洲、欧亚和北美，全球的天然气储量三大国分别为俄罗斯、伊朗和卡塔尔，三个国家的天然气储量就占了全球储量的半壁江山。世界天然气勘探储量自 1980 年以来，每年以平均约 3% 的增速在不断增加。至 2016 年，全球天然气探明储量达到了 186.9 万亿立方米，按当前产量可以足以满足约 53 年的需求，其中俄罗斯探明的天然气储量居世界第一，达 47.78 万亿立方米，占世界储量的 25.6%。

2. 可燃冰

可燃冰全称是天然气水合物，又称天然气干冰、气体水合物、固体瓦斯等。是由天然气与水分子在高压低温条件下形成的类似冰状的固体结晶物质，以甲烷为主要成分，占 99%。可燃冰外表上看像冰霜，从微观上看其分子结构就像一个一个"笼子"。化学结构分析表明，可燃冰由多个水分子组成像笼一样的多面体骨架，甲烷气体分子被包含在笼子的骨架中。可燃冰的密度稍低于冰的密度，在标准压力和室温下，$1m^3$ 可燃冰分解后可生成约 $160~180m^3$ 天然气，其能源密度是煤的 10 倍，天然气的 2~5 倍。而且可燃冰燃烧后不产生任何残渣和废气，是一种高效清洁能源（图 4.10）。

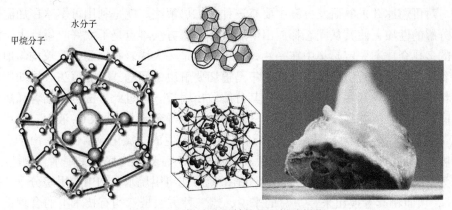

图 4.10 可燃冰分子结构及可燃冰燃烧

可燃冰的成因主要是天然气有这样一个特性，在比较低的温度下（2~5℃）可以和水结晶。自然界中埋于海底地层深处的大量有机质在缺氧环境中，厌气性细菌把有机质分解，最后形成石油和天然气(石油气)，在海底的低温（低于 0~4℃）和高压（大于 10MPa）下，天然气分子就可被包进水分子中。因此可燃冰主要分布在海底地层或陆域的永久冻土中。

早在 1810 年人类就在实验室里首次发现了可燃冰。由于可燃冰主要存在于高纬度地区的冻土地带以及海洋深处，因此人们在自然界中发现可燃冰的时间要晚得多，直到 1965 年才在西伯利亚永久冻土带首次发现了天然气水合物矿藏，由此引起多国科学家的关注，并积极开展调查和研究。

科学家分析，20.7%的陆地和 90%的海底均具备生成可燃冰的条件。目前的调查表明，世界可燃冰的矿藏面积可达到海洋面积的 30%以上，海洋里天然气水合物的资源量是陆地上的 100 倍以上。最保守的统计,全世界海底天然气水合物储存的甲烷总量约为 1.8 亿亿立方米。而在全球的海洋及大陆地层中,迄今为止探明的可燃冰所含天然气的总能量相当于全球已知石油、煤和天然气总能量的 2 倍以上。理论上全球可燃冰的储量可供人类使用 1000 年[13]。

我国对可燃冰的调查与研究起步较晚,开始于 20 世纪 90 年代。至目前,根据研究结果分析,中国陆域可燃冰主要存在于青藏高原冻土带,据分析估计青藏高原可燃冰远景储量可达 350 亿吨石油单量。在海洋区域,其中南海可燃冰储量约为 185 亿吨石油单量,相当于南海深水勘探已探明的油气地质储备的 6 倍。而最近探测的广东沿海珠江口盆地东部海域的储量可能相当于 1000 亿到 1500 亿立方米的天然气。随着可燃冰勘探计划的不断推进,预计还将有更多的可燃冰资源被发现。

由于可燃冰储存之地的地质条件较为艰苦,以及存储状态的特殊性,目前,全世界可燃冰的开发和利用的技术还不是太成熟,大多处于试验研究阶段,大量的商业开采还需一段时日。

对可燃冰开采的研发方案主要有三种:①热解法。就是利用可燃冰在加温时可分解的性质,使其从固态释放出甲烷气体。该方法难点是不太好收集,由于海底的多孔介质不一定是集中在一片,也不一定是一大块岩石,而是比较均匀地分布着,怎样设置管道以能高效的收集是迫切要解决的问题。②降解法。比如用核废料埋入地底,利用核辐射效应使其分解放出甲烷。不过此方法也面临着和热解法同样布设管道并高效收集的问题。③置换法。研究证实,将 CO_2 液化,然后注入 1500m 以下的洋面,不一定非要到海底,就会生成二氧化碳水合物,由于它的密度比海水大,于是就会沉入到海底。如果将 CO_2 注射入海底的甲烷水合物储层,因为 CO_2 较之甲烷更易形成水合物,结果就可能将甲烷水合物中的甲烷分子"挤走",从而将其置换出来[14]。总的来说,这三种方法虽然均有技术上的合理性,但也都面临着比较大的困难和挑战。

由于可燃冰生成环境较为特殊,是甲烷与水在高温高压条件下生成并存在的,因此其开采技术十分复杂。若环境发生变化,比如钻采技术措施不当等,可燃冰就会迅速大量分解、挥发,易造成井喷,影响海底沉积物的强度,破坏地壳稳定平衡,造成大陆架边缘动荡而引发海底滑坡、塌方,甚至海啸等地质灾害的发生。另外,若导致海底天然气的大量泄漏,则可能使得温室效应加强,造成全球气候变暖,因为甲烷对全球气候变暖的影响,比二氧化碳要严重得多,其温室效应约为二氧化碳的 20 倍。这将可能对人类的生存环境造成长久的影响。目前已有证据显示,过去这类气体的大规模自然释放,在某种程度上导致了地球气候急剧变化。8000 年前在北欧造成浩劫的大海啸,据推测也极有可能是由于这种气体大量释放所导致。由此可见可燃冰虽然号称绿色环保型资源,但是它的开采过程却可能面临破坏环境的危险。安全合理地开发可燃冰,必须要同时考虑对环境的保护。

目前，在陆地冻土带上的天然气水合物的开采研究比在海底的发展得好。最近，我国研发的陆域天然气水合物冷钻热采技术取得了突破，达到了国际领先水平，为陆域天然气的商业化开采迈出了重要一步，在海洋天然气水合物开采方面也取得了令人瞩目的成绩，2017 年 5 月 10 日在位于广东省珠海市东南 320km 的南海神狐海域，从水深 1266m 的海底以下 203~277m 的天然气水合物（可燃冰）矿藏中开采出天然气并点火成功（图 4.11），实现了连续稳定试产，该项技术领先于世界，为实现商业开采打下了重要的基础[15]。

图 4.11　广东省珠海市东南 320km 的南海神狐海域开采出的天然气水合物（可燃冰）点火成功

总之，可燃冰带给人类的不仅是新的希望，同样也有新的困难，只有合理的、科学的开发和利用，可燃冰才会真正地为人类造福。

3. 生物甲烷

生物质是地球上存在最为广泛的物质，包括了所有的动物、植物和微生物，以及由这些有生命的物质派生、排泄和代谢的有机质。每种生物质都含有一定的能量。生物质能是一种储量巨大的能源，是太阳能以化学能形式蕴藏在生物质能的一种能量形式。它既不同于常规的矿物能源，又区别于其他新能源，兼有二者的特点和优势，是人类最主要的可再生能源之一。根据科学家估算，地球上每年生长的生物总量约为 1400 亿~1800 亿吨，相当于每年总能耗的 10 倍。生物质的种类繁多，按原料主要有：树木，农作物，杂草，藻类，动物粪便，生活有机垃圾，工业有机废弃物、有机废水等等。

生物质能的利用是多方面的，利用生物质能生产甲烷就是一个再生能源利用的好方法。这是运用生物化学方法转化生物质能，利用微生物来进行的。生物质中的有机物在一定的温度、湿度、酸碱度以及厌氧条件下，经过微生物发酵分解作用可生成一种可燃性的气体，称为沼气。沼气的成分主要就是甲烷（50%~70%）和二氧化碳（30%~40%），另外还有少量的氨气、硫化氢、氢气、氮气、一氧化碳和水蒸气等其他气体。沼气最主要的性质就是其燃烧性。每立方米沼气的热效值可达 $2.152 \times 10^4 kJ$，约为 $1.45 m^3$ 煤气或 $0.69 m^3$ 天然气的热效值。可见，沼气是一种燃烧值很高、很有发展前景的可再生能源。沼气发酵的原料来源十分广泛和丰富，沼气制取的技术也比较简单和经济，因此具有很大的发展潜力。

事实上，早在 1896 年，英国的一个小镇就通过处理污水建起了一座沼气池，生产的沼气能够给一条街道照明用。1927 年德国开始用沼气来发电了。1920 年我国在广东汕头也建造了沼气池，在 1929 年还开设了沼气商号，命名为"中国天然气瓦斯灯行"。

沼气的研究应用经过 100 多年的历史，已呈现出多方面的发展。除可以用于家庭炊事，点灯照明等生活之中，还可以作为内燃机燃料和用于发电。并且随着科学技术的发展，沼气的新用途也在不断地被开发出来，从沼气中分离出甲烷，经纯化后用途就更广。美国、日本、欧洲一些国家已计划把液化甲烷作为新型燃料用于航空、航天、交通、火箭发射等领域。

沼气生产、工艺及用途的研究是目前很多国家沼气科学工作者研究的热点课题之一，作为一种新型可再生能源有可能替代石油、天然气等产品广泛应用于人类社会生活中。

4.3　不断给你新意的物质——碳

碳的单质有三种同素异形体，分别是石墨（图 4.12）、金刚石（图 4.13）和以 C_{60} 为代表的富勒烯（图 4.14）。碳在地壳中质量分数为 $4.8 \times 10^{-2}\%$，在自然界分布很广。游离态的碳主要有石墨和金刚石，化合态的碳存在形式就丰富多彩了，有以无机化合物形式存在的白云石、石灰石以及大气中的二氧化碳等，还有以有机化合物形式存在的煤炭、石油、天然气、植物、动物、微生物等。而碳元素形成的有机化合物的种类，已知达到了数千万种。从能源角度来看，碳主要以煤、石油和天然气形式存在，此外，还有一种新能源——生物质能。

图 4.12　石墨

图 4.13　金刚石

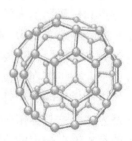

图 4.14　C_{60} 结构图

1. 煤

煤是远古时代的植物经过复杂的生物化学、物理化学和地球化学作用演变而成的固体可燃物。煤中的化学成分主要有碳、氢和氧，三种成分总和占煤中有机物质的 95% 以上。而煤中的有机物又占煤总量的 80%，其余为无机物。煤的组成、结构非常复杂而且很不均一。

煤是一种高能的固体燃料，传统的使用方法和主要用途就是利用煤的燃烧释放出能量。由于煤的种类不同，单位质量的煤燃烧释放出的热量也不相同，因此引入了标准煤的概念。标准煤的发热质量为 29.26 MJ/kg。比如，若某种原煤燃烧时的发热量是 25.46 MJ/kg，则 1kg 这种原煤就相当于 0.87 kg 标准煤。

人类使用煤炭的历史非常久远，发现和使用煤炭已有 3000 多年的历史了。中国人在 2000 多年前的春秋战国时期，就已懂得用煤作燃料。但是，大多数欧洲人在 13 世纪时，还不知道煤的应用。因此，当马可·波罗看到中国人用煤炭的时候，还以为那是一种可以燃烧的黑石头。人类虽然使用煤炭的历史很早，但主要还是用来提供热量和照明。直到 18 世纪中叶，蒸汽机的发明引发的第一次工业革命促进了煤炭工业的发展，煤炭才逐渐成为人类生产生活的主要能源，也由此开始了煤炭大规模使用的纪元。煤炭被广泛用作工业生产燃料，社会的生产力得以大幅度的提高，推动了工业和人类文明史的大跨步发展，人类对能源的认识和应用也进入了一个崭新的时期——煤炭时期。

在产业革命后的 200 多年，煤炭也一直是世界范围内的主要能源。就是在当今，煤也仍然作为发电的主要能源供给者，以及用于重工业的生产，尤其是在我国更为突出。即使到了 2015 年，我国的煤炭消费仍占了世界煤炭消费的一半。煤炭在我国的能源消费结构的占比为 64%，远高于 30% 的世界煤炭平均水平，这其中一半的煤就是用于发电，其余用于钢铁、化工、建材等行业。

但是煤炭作为能源在这 200 多年的使用过程中也带来了很大的环境问题。最主要表现在这几个方面。①生态环境的破坏。煤炭的开采、加工和运输过程均可能对生态环境造成严重的破坏。如煤炭开采造成地表塌陷、良田荒芜、生态恶化。在煤炭的加工过程中，每年会产出约 1 亿吨的煤矸石，这些煤矸石占用了大量的耕地，同时还可能造成污染。煤炭的洗涤过程排放的废水对农作物、鱼类、饮用水源也存在较大的危害。②酸雨。一般把降水的 pH 值低于 5.6 时的降水称为酸雨，它是因空气污染而造成的酸性降水。以煤炭为主的化石能源的燃烧产生的 SO_2 和 NO 就是导致酸雨的主要原因，这一百多年来，全球的 SO_2 排放量一直上升。我国又是以煤为主的能源结构，SO_2 的排放就更为严重。酸雨可以不同的方式危害水生生态系统和陆生生态系统，影响人体健康，腐蚀环境中的各种材料如钢铁、混凝土等，因此危害性极大。③温室效应。大气中的温室气体 CO_2 和 CH_4 等含量直接影响地球表面的温度。几百年来煤炭的大量开采和燃烧使得 CO_2 的排放量超出了自然界的自然固定和吸收速率，结果使大气中的 CO_2 含量逐渐上升，就会导致温室效应，全球气温上升。这将会带来非常严重的后果，如气候异常、冰川融化、海平面上升、病虫害增加、土地荒漠化等，并严重影响生态系统、农业生产等。④大气颗粒物污染。大气颗粒物是分散在空气中的固态和液态颗粒状物质，其粒径在 0.0002~500μm 之间。其中粒径≤100μm 的称为 PM_{100}，即总悬浮物颗粒；粒径≤10μm 的称为 PM_{10}，即可吸入颗粒物；粒径≤2.5μm 的称为 $PM_{2.5}$，即细颗粒物，约为人体头发丝直径的 1/20。大气颗粒物中对人体健康危害最大的就是 $PM_{2.5}$，因为其被吸入人体后可进入肺泡、支气管，还可能进入血液，引发支气管炎症、哮喘、心血管疾病等。化石燃料的开采、加工和使用过程就会排放出这些颗粒物。⑤臭氧层的破坏。化石燃料燃烧产生的氮氧化物是造成臭氧层破坏的主要因素之一。臭氧层破坏将会使地面的紫外辐射增大，影响人体健康，如使皮肤癌患者增加、损害眼睛等，还会影响生态、农业等。

由此可见，虽然煤在人类文明的发展上做出了巨大的贡献，但其产生的负面效应也不容忽视，为了人类的可持续发展，需要对煤进行综合开发和利用，以使煤焕发新生。如煤的气化就是一个很好的利用方式。把煤与气化剂（空气、氧气、水蒸气等）反应使之最大限度地转化为主要成分是 H_2、CO、CH_4 等的煤气，通过选择不同的气化方法，就可以得到不同组成和用途的煤气，煤转化成了洁净能源。

现今发展的新型煤化工就是很有前景的发展方向。新型煤化工是指以洁净能源和化学品为目标产品，应用煤转化高新技术，建成未来新兴煤炭–能源化产业。新型煤化工的特点是以生产洁净能源和可替代石油化工产品为主，主要包括煤制柴油、汽油、航空煤油、液化石油气，煤制乙烯原料、聚丙烯原料，煤制甲醇、乙二醇、二甲醚，煤制天然气以及煤化工独具优势的特有化工产品，如芳香烃类产品。2015 年，我国用煤油做燃料的第一台火箭发动机试机成功，是人类首次把煤基煤油应用于航天领域，对煤的能源开发利用具有重大意义。根据高性能聚合材料大都具有复杂芳香结构单元这一特性，通过对煤的深加工还可获得一种力学性能优异的复合材料——含碳量高于 90% 的无机高分子碳纤维。碳纤维是一种强度比钢大、而密度比铝还轻，耐腐蚀性比不锈钢还好，比耐热钢耐高温，并且还可以像铜那样导电，是具有很好的电学、力学和热学性能的新型材料。可广泛应用于航天、航空等尖端领域。在工程等领域也有广阔的应用前景。可见，在不断的科技创新中，煤的综合利用还会不断地推陈出新，造福于世界。

2. 石墨烯

石墨烯是完全由碳原子组成的只有一个原子层厚度的二维物质，也可以看作是石墨这种碳单质的极端形态。从化学结构看，每个碳原子的价层轨道采取空间结构为平面三角形的 sp^2 等性杂化，每个杂化轨道均有一个电子，碳原子间的杂化轨道相互重叠共用电子对形成 σ 键，相邻键之间夹角均为 120°，而每个碳原子上还剩余的一个带有单电子的 p 轨道是垂直于 sp^2 杂化轨道平面的，也就是说所有的 p 轨道是肩并肩相互平行的，因此可以侧向重叠形成一个离域 π 键，也称大 π 键。整个分子是由无数个六边形构成的一个平面，每个六边形类似于苯环。单层石墨烯的厚度仅为 0.335nm，约为头发丝直径的二十万分之一。形象地看，石墨烯就像是由单层碳原子紧密堆积成的二维蜂窝状的晶格结构，像六边形网格构成的平面。石墨烯是由英国科学家安德烈·海姆（Andre Geim，图 4.15）和康斯坦丁·诺沃肖洛夫（Konstantin Novoselov，图 4.16）于 2004 年首次分离发现的，并因此于 2010 年获得了诺贝尔物理学奖。

图 4.15　Andre Geim　　　　图 4.16　Konstantin Novoselov

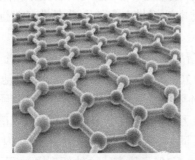

图 4.17　石墨烯结构

由于存在一个贯穿整个石墨烯的离域 π 键，这些 π 电子在整个平面内是可以自由移动的，又由于石墨烯的独特结构（图 4.17），使其具有超导电性、高载流子率、双极性电场效应、室温半整数量子霍尔效应等优异的电学性质[16]。

把石墨烯作为能源分子，并不是把仅含有碳原子的石墨烯进行燃烧以提供热能，事实上石墨烯也不会发生这样的反应，而是利用石墨烯优异的电学性质来制造石墨烯电池。石墨烯电池是利用锂离子在石墨烯表面和电极之间快速大量穿梭运动的特性开发出的一种新能源电池，也称为石墨烯基锂离子电池。

电池是新能源研究与应用中的一个重要领域。锂离子电池是目前世界上最为理想，技术上最高的可充电化学电池。而目前大量应用的锂离子电池存在容量不足以及充电时间长等问题，电池的充电时间往往要以小时为单位。锂电池电极中加入石墨烯可大幅度提高其导电性能。而目前在研究的石墨烯电池有可能把需要数小时的充电时间压缩至短短不到一分钟。并且应用石墨烯材料制成的这种新型电池，其质量能减轻、尺寸可变小，但能量储存密度却可以得到数十倍的提高，极大地提高了电池的续航能力和应用上的方便，这无疑将成为电池产业的一个新的发展点，比如像对解决新能源汽车电池的容量不足、充电时间长、行驶效率低等这样一些问题，起到了极大的促进作用。

在超级电容器的发展上，石墨烯也有望起到很大的推动作用。超级电容器，是介于传统电容器和电池之间的一种电化学储能装置，由于具有功率密度高、循环寿命长、安全可靠等特点，现已广泛应用于混合电动汽车、大功率输出设备等多个领域。但现有超级电容器由于较低的比容量（<250F/g），因此能量密度还是不高（商用活性炭：5~7W·h/kg），远不如锂电池（>80W·h/kg）。如何让超级电容器兼具高功率、高能量，长期以来科学家一直在寻找这样的理想材料。

美国加州大学洛杉矶分校的科学家在实验室的研究，发明一种以石墨烯为基础的微型超级电容器，该电容器外形小巧，充电速度为普通电池的1000倍，可以在数秒内为手机甚至汽车充电，同时可用于制造体积较小的器件。

西班牙科尔瓦多大学也开发出首例石墨烯聚合材料电池，其储电量是目前市场最好产品的3倍，用此电池提供电力的电动车最多能行驶1000km，而其充电时间不到8分钟。

浙江大学也研制出新型铝-石墨烯电池。这种电池既可耐高温，又能抗严寒，工作环境可以在-40℃~120℃之间。就是在-30℃，该电池也能实现1000次充放电且性能不减。在100℃环境中，可实现4.5万次稳定循环。实验表明该铝-石墨烯电池可以做到在经历25万次充电-放电循环后，充放电效率依旧高达91%。在大电流下可以迅速充电，同时其倍率性能优异，1.1s内就可充满电，并仍具有111mAh/g的可逆比容量，实现了秒充。这种新型电池还具有柔性，将它弯折一万次，容量依旧完全保持。即使把电芯暴露于火焰中也不会起火或爆炸，大大提高了使用的安全性[17]。

微型石墨烯超级电容技术的突破将会给电池带来革命性发展。

与传统电极材料相比，石墨烯有四大突出优势：①高比表面积有利于产生高能量密度。②超高导电性有利于保持高功率密度。③化学结构丰富有利于引入赝电容，提高能量密度。④特殊的电子结构有利于优化结构与性能关系。

随着对石墨烯研究的不断深入发展，其在能源方面的应用会越来越广。

4.4　太阳能的转化者——硅

太阳能是由太阳内部氢原子发生聚变释放出巨大核能而产生的，是来自太阳的辐射能量。可以说太阳能是地球上所有可再生能源和非可再生能源的根本来源。太阳能取之不尽，用之不竭。太阳光透过大气层每分钟达到地球表面的能量约为 8.1×10^{10} MW，相当于人类一年所耗用的能量。不过，到达地球表面的太阳能只有约 1‰~2‰被植物吸收转变为化学能储存起来，其余绝大部分转化成热，散发到宇宙空间了。太阳能比起常规能源具有持续性、分布广泛性和清洁无污染性等优点，被公认为是人类最合适、最安全、最绿色、最理想的替代能源之一。

目前太阳能的利用主要有：①太阳能光热转换，通过把太阳辐射能转换成热能来实现对太阳能的利用。如太阳能热水器、太阳能建筑、太阳能热发电等。②太阳能光电转换，利用半导体器件的光伏效应原理，把太阳的辐射能转换成电能，太阳能电池就是利用了太阳能光发电。③太阳能光化转换，利用光照半导体和电解液界面使水电离直接产生氢的电池，就是光化学电池。其中太阳能电池的研究和发展非常快速，而所用半导体器件的材料主要就是单质硅。同样地，硅也不能发生燃烧、释放出能量这样的化学反应，把硅当作能源分子来看，就是利用硅作为半导体材料的特性，把太阳能转化为电能。

硅在地壳中含量仅次于氧，按原子分数算占 16.7%。硅在自然界的分布很丰富，主要以石英砂（SiO_2）和硅酸盐形态存在于地壳中，含量约占地壳的 26%。但石英砂和硅酸盐不具备半导体性质。必须经过提纯或拉制单晶体，才能显示半导体性质。而单质硅的生产基本上是从 SiO_2 而来的，SiO_2 的存在又极为广泛。常用的方法是首先用碳在 1800℃下还原 SiO_2。

$$SiO_2 + C \longrightarrow Si + CO_2\uparrow$$

再通过加热使硅与氯气反应，制得液态 $SiCl_4$。

$$Si + 2Cl_2 \longrightarrow SiCl_4$$

然后通过精馏提纯 $SiCl_4$，最后用活泼金属 Zn 或 Mg 还原 $SiCl_4$，就可得到纯度较高的硅。

$$SiCl_4 + 2Zn(Mg) \longrightarrow Si + 2ZnCl_2(MgCl_2)$$

也可以用氢气来还原 $SiCl_4$，以制取电子工业用所需的高纯度硅。

$$SiCl_4 + 2H_2(g) \longrightarrow Si + 4HCl$$

硅单质有无定形和晶态两种。晶态硅是原子晶体，晶态硅又分为单晶硅和多晶硅。硅单晶呈灰色、硬而脆、熔点和沸点均很高。由于硅原子有 4 个价电子，均可参加成键，因此每个硅原子就可与邻近的 4 个硅原子以共价键形式共享 4 个价电子。结果，一个硅原子和 4 个与其共享价电子的硅原子组成了一基本单元，一系列的由 5 个硅原子组成的基本单元就构成了硅晶体。硅晶体结构类似于金刚石，是一种半导体。

单晶硅的这种共价键结构使得共价键内的共有电子受到了束缚，若能提供给这些电子足够大的动能，比如温度或强光照射提供的热能或光能，共价电子就有可能挣脱束缚成为自由电子，同时也就留下一个空穴。通常把电子看成是带负电的载流子，空穴看成是带正电的载流子。由光照产生的载流子叫作光生载流子。

由于硅半导体共价键产生的自由电子在运动中可能会遇到已经产生的空穴，会与空穴进行复合，从而使载流子消失。在这样的过程中，空穴载流子的不断产生和消失，相当于空穴（正电荷）的移动，正是电子和空穴这样的移动，就使得半导体具有了导电性。可见，半导体的导电能力与金属的是不同的，金属是依靠自由电子导电，而半导体是依靠电子-空穴对导电。

由于硅的所有价电子均参与成键，而且键的稳定性也比较好，纯硅材料的电阻率约为 $2 \times 10^5 \Omega \cdot cm$，因此纯硅半导体是基本不导电的，实用性也就不大。为解决这个问题，可以在硅半导体中加入微量的有用杂质。半导体的特性对杂质是非常敏感的，比如在纯硅中加入 1%的磷或者硼，就可以使硅的电阻率降低到原来的十万分之一。

磷、硅为同一周期相邻元素，磷位于为第五主族，有 5 个价电子，比硅多一个价电子。就利用磷多一个电子的特性，在硅中掺入磷原子时，一个磷原子替代了硅晶格中的一个硅原子，磷原子的 4 个价电子与周围的 4 个硅原子形成共价键，此时磷还多出一个价电子，这个价电子受核的束缚相对较小，易被激发成为自由电子。在硅晶体中加入的磷原子足够多时，就可以产生很多自由电子。当受到外界条件激发时，如太阳光的照射，此时半导体中的自由电子数（负电荷）就远多于空穴（正电荷）数，这种主要依靠激发的电子导电的半导体称为电子型或 n 型半导体。掺入了磷原子的硅就是 n 型硅。

硼为第三主族元素，只有三个价电子，比硅少一个价电子。当硅中掺入硼原子时，硅晶格中的一个硅原子被硼原子替代，硼原子与周围 4 个硅原子形成共价键时还缺少一个价电子，也即有一个多余的空穴。若较低能量的电子受激发填补了这个空穴，同时就留下了一个能量较低的新空穴。这种主要依靠产生空穴来导电的半导体称为空穴型或 p 型半导体，掺入硼原子的硅也就是 p 型硅。

在 n 型半导体内，电子多，空穴少；而在 p 型半导体内，空穴多，电子少。若通过掺杂可以形成一边是 p 型半导体，另一边是 n 型半导体，中间有个分界线，为 p-n 结。在光的照射下，p-n 结两端将产生稳定的电势差，此为光生伏特效应。如果是太阳光的照射，那就是太阳能发电，这种器件就是太阳能电池。

世界上第一个太阳能电池是 1954 年由贝尔实验室制造的硅材料电池，且电池的效率已达 6%，并且在很短时间内就升到了 10%。

经过几十年的发展，目前开发最多的是典型的单晶硅太阳能电池。这种电池的效率为 12%~14%，在实验室可达到 20%，电池厚度为 0.2~0.3 mm。另外还有薄膜太阳能电池，这种电池厚度一般只有 1~10 μm，在玻璃、塑料、陶瓷等相对廉价的衬底支撑材料上制备，根据薄膜材料的不同，主要有非晶硅薄膜太阳能电池、多晶硅薄膜太阳能电池以及砷化镓薄膜太阳能电池、铜铟硒薄膜太阳能电池等[18]。

世界上很多地区都不断地建立了光伏发电站（图 4.18），并投入应用。早在 2004 年位于德国莱比锡艾斯彭海因镇的太阳能电站建成发电，整套装置由 3.35 万块太阳能电池板组成，电站功率为 5MW，可为 1800 户居民提供生活用电。2010 年位于加拿大安大略省西南部的 80MW Arnia 太阳能项目开始运行，这个太阳能光伏电站由 130 万个 FirstSolar 的薄膜电池板组成，预计每年可发电 12 万 MWh，足以满足 12800 户家庭的电力需求，并且每年可减排超过 39000t 的二氧化碳。于 2008 年开建的当时亚洲最大的光伏电站石林光伏电站一期 20MW 工程于 2010 年投产发电。该项目总建设规模达到 166MW。项目全部建成后发电量将达到 1.95 亿 kWh，可以满足 16.25 万户家庭使用，相当于减排二氧化碳 17.5 万吨。2015 年美国加利福尼亚州也建设完成了 Solar Star 579MW 光伏电站，并投入运营。2016 年 6 月，由我国中兴能源有限公司投资建设的巴基斯坦旁遮普省一期 300MW 光伏电站正式并网发电（图 4.19），年发电量可达 4.8 亿 kWh，至少可解决巴基斯坦 20 万个家庭的日常用电，而该光伏电站设计总规模是 900MW。2015 年在我国宁夏盐池县高沙窝镇开工建设的光伏电站规划装机容量更是高达 2GW（图 4.20），首批 380MW 已于 2016 年 6 月正式并网发电，预计在运行期的 25 年内年平均发电量为 2.69 亿 kWh，项目投运后每年可节约标准煤 91 万吨，年减少二氧化碳排放量 231.6 万吨。在将来，还有更多的光伏电站会建立起来造福世界。

图 4.18　太阳能光伏发电

图 4.19　巴基斯坦旁遮普省光伏电站

图 4.20　宁夏盐池县高沙窝镇光伏电站

近年来，随着石墨烯研究的不断发展，石墨烯已经被视为用于打造第三代太阳能电池的最佳备选材料之一。实验研究表明，现有多晶硅太阳能单元的光电转化效率为30%，而石墨烯则能够在理论上将这一数值提高至60%以上，因此通过在太阳能电池中引入石墨烯材料，将可能有效地提高太阳能电池的光电转换效率，从而使得太阳能光电系统的小型化成为可能。基于这种材料制造出来的太阳能电池未来有望被广泛应用，如用于夜视镜、相机等小型数码设备当中。目前石墨烯太阳能电池的研究重点主要集中在染料敏化电池、半导体薄膜电池和硅基电池等。其中石墨烯–硅太阳能电池以其简单的制备工艺、低廉的制备成本以及较高的光电转换效率，吸引了广泛的关注。石墨烯-硅太阳电池可以通过掺杂、减反射、界面优化等处理后，使光电转换效率不断提高，近来报道的效率已达 15.6%[19]，具有极大的应用潜力。

参 考 文 献

[1]　Dias R P, Silvera I F. Observation of the Wigner-Huntington transition to metallic hydrogen. Science, 2017, 355: 715-718

[2]　申泮文. 近代化学导论. 2 版. 北京: 高等教育出版社, 2009

[3]　王革华. 新能源概论. 2 版. 北京: 化学工业出版社, 2011

[4]　吴素芳. 氢能制氢技术. 杭州: 浙江大学出版社, 2014

[5]　李星国. 氢与氢能. 北京: 机械工业出版社, 2012

[6]　杨漾. 德国造世界上最大"人造太阳"：探索太阳能制氢新途径. 澎湃新闻网, 2017 年 3 月 27 日

[7]　刘泉. 新能源技术与应用. 北京:化学工业出版社, 2015

[8]　Lototskyy M V, Yartys V A, Pollet B G, et al. Metal hydride hydrogen compressors: A review. Int. J. Hydrogen Enegy, 2014, 39:5818-5851

[9]　He T, Pachfule P, Wu H, et al. Hydrogen carriers. Nature Reviews Materials, 2016, 59. doi:10.1038/natrevmats

[10]　钱伯章. 氢能和核能技术与应用. 北京:科学出版社, 2010

[11]　Steve K. Core Issues: Dissecting Nuclear Power Today. nuclear engineering special publications, progressive house, UK, 2008

[12]　吴长锋. 国家大科学装置东方超环刷新世界纪录——首获百秒级稳态高约束模式等离子体. 科技日报, 2017 年 7 月 5 日

[13]　廖志敏, 熊珊. 绿色新能源——可燃冰. 天然气技术, 2008, 2(2): 64-66

[14]　宗新轩, 张抒意, 冷岳阳, 等. 可燃冰的研究进展与思考. 化学与黏合, 2017, 39(1): 51-55

[15]　李刚. 神狐海域可燃冰储量只是我国可燃冰蕴藏量的冰山一角. 人民日报, 2017 年 5 月 19 日

[16] 陈永胜, 黄毅. 石墨烯——新型二维碳纳米材料. 北京:科学出版社, 2016

[17] Chen H, Xu H, Wang S, et al. Ultrafast all-climate aluminum-graphene battery with quarter-million cycle life, Science advances, 2017, 3: eaao7233

[18] 王淑娟. 可再生能源及其利用技术. 北京:清华大学出版社, 2012

[19] Song Y, Li X, Mackin C, et al. Role of interfacial oxide in high-efficiency graphene-silicon Schottky barrier solar cells. Nano. Letters, 2015, 15(3): 2104-2110

第 5 章 "明星"高分子及其材料

高分子材料在我们的日常生活中无处不在，甚至可以毫不夸张地说，"在当今社会根本找不到完全不与高分子材料打交道的人"，因为从某种意义上讲，人体本身就是一个复杂的高分子系统。那么到底什么是高分子呢？这得追溯到 20 世纪 20 年代，当时人类社会已广泛使用了纤维素及天然橡胶类产品，但人们对这两类物质的化学结构却知之甚少。绝大多数的学者认为纤维素及天然橡胶应该由小分子构成，在溶液中，这些小分子通过某种"次价键"缔合在一起而形成"胶束"。1922 年，德国人 H.Staudinger 在《德国化学会志》上发表了一篇划时代的论文"论聚合"，其观点明确地提出了"聚合反应是由大量小分子通过化学键合方式形成大分子过程"的假设，同时指出天然橡胶为具有高相对分子质量的大分子聚合物，并通过端基分析法、渗透压法等手段测定了一些天然大分子的相对分子质量[1]。为了表彰 H.Staudinger 对高分子科学的贡献，其获得了 1953 年的诺贝尔化学奖，同时也成为高分子科学领域获得该殊荣的第一人。

从高分子化学的角度来看，所谓高分子（macromolecule），也称聚合物（polymer），指的是由众多原子或原子团以共价键合的形式结合而成的分子质量在 1 万以上的化合物。显然，从时间上看，合成高分子从概念的提出至今还未超过 100 年，与历史悠久的金属材料、无机非金属材料相差甚远。尽管时间不长，但高分子及其材料在国民经济乃至国防领域均有重要地位，也是当今材料科学领域发展最快、最为迅猛的材料之一。

5.1 天然橡胶大分子

天然橡胶(natural rubber)原液往往从橡胶树直接采集而得。据相关史料记载，早在公元 8 世纪，就有人在中美洲的洪都拉斯附近发掘出"橡胶球"，并将这种具有弹性的"橡胶球"称为"魔球"。但如今，人们已知道天然橡胶的主要化学结构为聚异戊二烯，其分子结构如图 5.1 所示。其中，n 为聚合度，而大分子中丰富的不饱和双键也是致使天然橡胶类产品具有优良柔韧性的关键所在。

图 5.1 聚异戊二烯的分子结构示意图

一般而言，天然橡胶乳液中含有约 35%（质量分数）的线性聚异戊二烯大分子，经适度的交联及增强处理后即可获得高强、高韧的橡胶制品，在汽车轮胎、密封垫、医疗器械、日用品等领域已被广泛使用。

如上所述，从天然橡胶的分子结构上看，天然橡胶（也称生胶）为具有线型结构的聚异戊二烯大分子，未交联以前，其在宏观上表现为黏附性较强的半固态"流体"，稍微加热后即出现软化、强度显著降低等现象，应用领域十分有限。因此，在很长一段时间内，天然橡胶类产品并没有在人们的日常生活中被大规模使用。

图 5.2　查尔斯·固特异

直到 1839 年，一位名不见经传的发明者查尔斯·固特异（Charles Goodyear，图 5.2）发明了硫化橡胶，这才大大扩宽了天然橡胶的应用领域[2]。1800 年 11 月，查尔斯·固特异出生于美国康涅狄格（Connecticut）州。固特异的父亲是当地小有名气的发明者，擅长于发明、创造各种小型五金和家具类产品。在父亲的影响下，16 岁时，固特异就到费城的一家五金厂当学徒，4 年后回到家乡与父亲一起创业。由于经营不善，公司最终以破产告终，但固特异并没有因此而放弃自己对橡胶研究的热爱。1834年，固特异参观了位于纽约的印第安橡胶公司，并了解到天然橡胶存在着致命的缺陷，如橡胶制品的宏观性能对温度过于敏感、有臭味、强度及弹性不稳定等，并且，这种缺陷是一直困扰整个橡胶行业的难题，亟须解决，否则，天然橡胶类产品将不可能大规模应用于人们的日常生活。于是，固特异决心系统地研究并开发性能完全可以满足实际使用需求的橡胶产品。直至其逝世，固特异都一直致力于橡胶产品的研发与推广工作。

与其他材料的发明者不同，固特异既没有读过多少书，也称不上是化学家和科学家，其日常工作完全与一名普通工人无异，平常的工作就是不断地尝试将各种材料与橡胶进行混合。而且，需要指出的是，当时还没有产生《高分子化学》和《高分子物理》这两门学科，甚至连"高分子"这一概念都还没有提出，人们对天然橡胶大分子的化学及物理结构并没有充分的认识。但"功夫不负有心人"，1839 年 1 月，固特异的实验终于有了重大突破。在实验过程中，固特异偶然将硫磺和氧化铅放到了天然橡胶中，更为巧合的是他在混合生胶液的过程中不小心将部分胶液泼洒到了一旁的火炉上。之后，固特异在清理被泼洒至火炉上的橡胶液时惊奇地发现，橡胶液已失去原本的黏性，而且被拉伸或扭曲后可快速回复至变形前的状态，从火炉上刮下来的天然胶已完全变成与动物皮革相类似的弹性物质。该现象让固特异十分兴奋，经过一系列的探索与改进后，固特异最终成功发明了"橡胶硫化"技术。但遗憾的是，固特异所发明的橡胶硫化技术在当时并没有体现出应有的经济价值。更糟糕的是，由于硫化技术相对而言比较容易掌握。因此，固特异陷入了与大量侵权者无休止的维权斗争中，这几乎耗尽了固特异所有的时间和金钱，这也使得固特异成为高分子历史上第一位掌握核心专业技术，但生活却十分拮据的发明者。

在固特异去世后的第38年（1898年），弗兰克兄弟在美国创建了目前全球规模最大的轮胎生产公司——GOODYEAR（图5.3）。据悉，公司之所以起名为GOODYEAR，正是为了纪念为美国乃至全球橡胶工业做出巨大贡献的查尔斯·固特异先生。虽然GOODYEAR公司与查尔斯·固特异先生并无直接关系，但公司一直认为自己传承了查尔斯·固特异的"橡胶硫化技术"及其在科学研究中不断探索与进取的精神。如今，尽管自硫化橡胶被发明至今已接近180年，但世界各地仍在广泛使用固特异所发明的橡胶硫化技术，各类硫化橡胶制品更是被广泛地用于航空航天、汽车工业、造船、潜艇、电子工业等领域。同时，各类新型橡胶类制品，如聚氨酯（polyurethane）、聚烯烃（polyolefin）、苯乙烯-丁二烯-苯乙烯共聚物（SBS）热塑性弹性体等，也被大量开发并广泛应用于人们的日常生活。但无论最终制品中是否使用了硫磺和氧化铅，橡胶工业内始终保持了"硫化"（vulcanization）这一概念。

图5.3　GOODYEAR商标（左）及其汽车轮胎（右）

图5.4　列奥·亨德里克·贝克兰

5.2　酚醛树脂"电木"

电木（商品名）是人类历史上第一种完全人工合成的高分子材料，其化学名为酚醛树脂，1907年由美籍比利时裔化学家列奥·亨德里克·贝克兰（Leo Hendrik Baekeland，图5.4）所发明，同年7月14日申报了相关专利[3]。

贝克兰1863年出生于比利时根特（Ghent），是一名鞋匠和女仆的儿子，家境贫寒。但贝克兰从小就聪明、好学，21 岁时便获得了根特大学的博士学位，24 岁时就已成为比利时布鲁日高等师范学院的物理和化学专业教授。1889 年，贝克兰有机会获得资助到美国深造，继续从事化学方面的研究工作。之后，在美国哥伦比亚大学教授的鼓励下留在了美国发展。起初，贝克兰为纽约一家摄影供应商工作。其间，他成功发明了一种不必在阳光下即可显影的 Velox 照相纸，并获得专利权。这种新型照相纸一经推出，便获得市场的广泛好评。1893 年，贝克兰辞去原先工作，自己创办了 Nepera 化学品公司，专门从事新型照相纸的生产。在新产品的冲击下，传统摄影器材供应商伊士曼·柯达公司实在是吃不消了，于是，柯达公司寻找机会与贝克兰接触。经与贝克兰的多方商谈后，柯达公司最终决定以 75 万美金（1898 年）的价格购买贝克兰所发明 Velox 照相纸的专利权。但柯达公司很快便发现，贝克兰专利里所述的配方和工艺不灵，照着专利所述的方法并不能得到他们想要的 Velox 照相纸。贝克兰坦率地回答，这非常正常，发明家们在撰写专利时往往会省略其中比较重要或关键性的一两个步骤，以防止自己的专利被侵权使用。于是，柯达公司又支付了 10 万美金才从贝克兰手里获得了 Velox 照相纸的全部技术。

有了这一笔资金后，贝克兰将自己家的谷仓改装成了设备齐全的私人实验室，并与人合作在布鲁克林建起了一座中试工厂。之后，他便开始寻找自己的研发目标。很快，贝克兰发现，当时还处于萌芽状态的电力工业蕴藏着巨大的市场，人们对天然虫胶绝缘材料的需求量巨大，但此类材料一直以来都是靠纯手工进行生产的，生产效率低下，且原材料市场价格飞涨。于是，贝克兰将自己的研发目标锁定为天然虫胶绝缘材料的代替品。有了研发目标后，贝克兰便开始大量查阅相关资料和文献。其间，他偶然发现早在 1872 年的时候，德国化学家拜尔就发现苯酚和甲醛反应后会在反应釜底部产生难以清理的顽固固体杂质。但拜尔的主要目标是通过苯酚和甲醛合成有机染料，所以并没有把研究重点放在这种黏糊糊、难以处理的杂质上面。观察敏锐的贝克兰自然不会放过这一现象，并马上思考，这种黏糊糊的顽固固体物质能否具有黏接性和绝缘性能？于是，从 1904 年开始，贝克兰便在自己的私人实验室中重新开始苯酚与甲醛的反应研究，试图从大分子的角度聚合得到高分子量且具有绝缘性能的聚合物。在不断地努力与探索下，贝克兰很快便成功开发了一款商品名为 Novolak 的酚醛虫胶。3 年后，贝克兰又进一步开发了可采用模压成型技术成型的真正意义上的酚醛塑料，并提交了相关专利的申请。英国同行詹姆斯斯温伯恩爵士也提交了类似的专利，只不过他提交专利的申请日期比贝克兰晚了一天而已。否则，酚醛树脂的发明者就不是贝克兰而是詹姆斯爵士了。酚醛树脂的合成机理如图 5.5 所示。

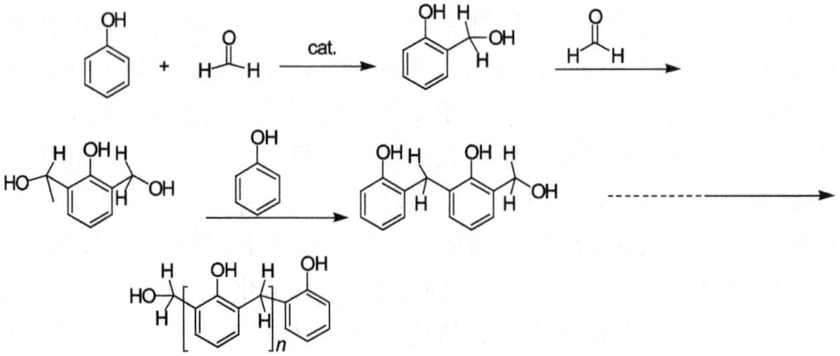

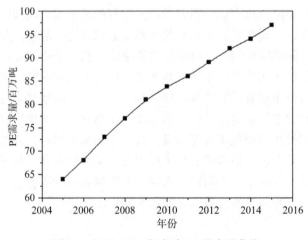

图 5.5　常见酚醛树脂的合成机理示意图

　　1909 年，贝克兰在美国化学会纽约分会的一次会议上公开了这种塑料。酚醛塑料自身具有优异的绝缘、耐热、耐腐蚀、不燃等性能，曾一度被称为"千用材料"，并迅速在当时发展迅猛的汽车、电子、电力工业领域得到广泛应用。也正因为如此，酚醛塑料登上了 1924 年的《时代周刊》封面故事。1940 年，《时代周刊》又将贝克兰称为"塑料之父"。

5.3　热塑性树脂"聚乙烯"

1. 概述

　　聚乙烯，英文名 polyethylene，简称 PE，是聚烯烃（polyolefin）"家族"成员中的重要一员，其具有密度低、可设计性强、便于回收利用、加工性能优异及高性价比等优点，是当今世界上在工业领域中应用最为广泛的合成聚合物材料之一。图 5.6 给出了 2005~2015 年全球 PE 需求量变化曲线。

图 5.6　2005~2015 年全球 PE 需求量曲线

按密度的不同，可将聚乙烯分为低密度聚乙烯（LDPE）、线型低密度聚乙烯（LLDPE）及高密度聚乙烯（HDPE）。而按其分子结构的不同又可将 PE 分为均聚聚乙烯和共聚聚乙烯，其中，丙烯、丁烯、己烯和辛烯是最为常见的共聚单体，共聚单体种类及用量的不同直接决定了最终制品性能及应用领域的差异。一般而言，共聚单体的用量往往在 10%~20%，所得共聚物通常比相应的均聚物具有更优异的性能。表 5.1 列出了几种常见 PE 的基本性能数据。

表 5.1 常见 PE 的基本性能数据

名称	密度/(g/cm^3)	体积结晶度/%	熔点/℃	开发年限
LDPE	0.915~0.930	40~60	106~120	1935
LLDPE	0.910~0.940	40~60	120~125	1975
HDPE	0.940~0.965	65~80	125~135	1955

2. 低密度聚乙烯

在人类发明茂金属催化剂技术以前，乙烯均聚物或共聚物的聚合均是采用自由基或过渡金属催化剂聚合机理来完成的。这种传统聚合机理的实施过程往往是在高压反应釜内通过气相、淤浆或溶剂聚合方法来获得最终大分子聚合物的。因此，在整个聚合实施过程中，对相关反应设备、管线及控制装置都有很高的要求。英国帝国化学工业（Imperial Chemical Industries，简称 ICI）公司是世界上最早将 PE 工业化的公司，其在 20 世纪 30 年代早期就已通过高压气相自由基聚合成功将乙烯气体聚合为聚乙烯，并首次获得工业级聚乙烯。考虑到此类聚乙烯为高压聚合方式获得，因此，人们也习惯性地将其称为高压聚乙烯，其聚合工艺流程如图 5.7 所示。

从聚合物大分子的分子结构上看，由于聚合机理的限制，采用高压聚合法所获得聚乙烯的分子中往往含有大量长度不等且分布不均匀的无规则烷烃长支链，分子量多在 2 万~5 万之间，且分子量分布相对较宽（3~20），其结构示意如图 5.8 所示。相关研究表明，这种烷烃长支链主要是由于乙烯在高压聚合过程中发生"回咬"（链转移）现象而产生的，即使改变聚合工艺条件也不可避免。无规则烷烃支链，特别是长支链的存在，在一定程度上增大了 PE 大分子主链的间距，降低了链间相互作用。最终，导致所得聚乙烯在密度及力学性能上的降低。

因此，在工业领域，人们也常常将高压聚乙烯称为低密度聚乙烯（LDPE）[4,5]。LDPE 是最早商业化的烯烃类聚合物，由于当时聚合机理的限制，其密度、结晶度、熔点及拉伸强度相对较低，但伸长率、延展性及热塑加工性能优异，通常用于非结构构件的制造，如农用地膜、保鲜膜等。

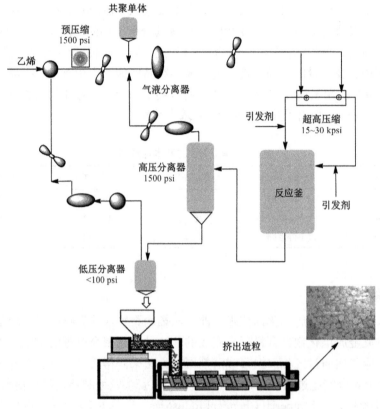

图 5.7　高压聚乙烯的聚合工艺流程示意图

1psi=6.895×10³Pa

图 5.8　高压聚乙烯支链结构示意图

3. 高密度聚乙烯

顾名思义，高密度聚乙烯指的是密度相对较高（~0.95 g/cm³）的乙烯聚合物的总称。在人类发明专用的配位聚合催化剂以前，乙烯的聚合过程均是在高温、高压条件下进行的，聚合所得产物也仅为力学性能适中的低密度聚乙烯，而在低温、低压条件下无法获得能满足实际使用需求的聚乙烯大分子。

图 5.9　化学家齐格勒（左）与纳塔（右）

　　直到 1953 年，德国人齐格勒（Karl Ziegler，图 5.9 左）和意大利人纳塔（Giulio Natta，图 5.9 右）在一次偶然的实验中发现了一种具有特殊催化性能的三乙基铝（AlEt$_3$）催化剂[6,7]。起初，研究人员在尝试使用 AlEt$_3$ 作为催化剂从乙烯合成高级烯烃时失败了，并不能获得想象中的高级烯烃。但研究人员却意外地发现，在采用乙酰丙酮的锆盐和 AlEt$_3$ 作为催化剂催化乙烯时得到的最终产物是白色的固体粉末或颗粒。但当时，齐格勒对于制备聚合物大分子并无特殊兴趣，而是一直关注如何在三乙基铝存在下能使乙烯转变为更高级别的烯烃。于是齐格勒给他的博士生安排了论文题目，并让其系统地实验整个元素周期表中的过渡金属元素，试图找出取代反应能超过链增长反应的特殊催化剂。但具有讽刺意味的是，博士生的研究并没有取得成功，反而发现三乙基铝与某些过渡金属化合物共同使用时能催化乙烯聚合成为大分子。该现象首先在三乙基铝与乙酰丙酮锆的催化体系中发现，后来，进一步的筛选与探索又发现金属钛的化合物与三乙基铝共同使用时催化乙烯聚合的效果更佳，该聚合反应甚至可以在常温、常压条件下进行。采用红外光谱技术进一步研究所得产物的红外分子振动时发现，红外光谱中有少量甲基基团的特征振动峰。于是研究人员推测，采用金属钛化合物及三乙基铝催化剂所得乙烯大分子很可能为具有线性结构的聚合物。此外，人们在测试此类乙烯聚合物的熔点时一度都不敢相信自己的测试结果，其熔程高达 130~150℃，远远高于高压聚乙烯（即低密度聚乙烯）的熔程 105~120℃。因此，研究人员推测，产生这一差异的原因为线型乙烯大分子在空间的排列相对紧密，结晶度及密度高，于是将这种由低温、低压聚合工艺所得的乙烯聚合物称为高密度聚乙烯，简称 HDPE。

　　1954 年，纳塔在齐格勒所发明催化剂的基础上进行了改进，并以此成功将丙烯催化聚合得到了具有全同立构的等规聚丙烯大分子。两年后，高密度聚乙烯及全同立构聚丙烯均实现了工业化生产。也即从此刻起，高分子工业进入了一个全新的时代。为了表彰齐格勒和纳塔为高分子工业所做出的贡献，齐格勒和纳塔于1963 年获得了诺贝尔化学奖。

4. 线型低密度聚乙烯

尽管齐格勒和纳塔所发明的 Z-N 催化剂已将人们带入了高分子工业时代，但常温、常压所生产的线性 HDPE 也暴露出其自身的缺陷，如耐撕裂性能差、脆性高、柔韧性不足等。这致使 Z-N 催化剂所生产出来的 HDPE 一时间堆积如山，找不到满意的用途。为了弥补 HDPE 自身的缺陷，开发出兼具 HDPE 高强度、高结晶度及 LDPE 高韧性、高耐撕裂性等优点为一体的大分子聚合物，各国研发人员展开了广泛的研究工作。终于，杜邦公司于 1960 年率先工业化生产了一类兼具上述优点为一体的新型乙烯聚合物——线型低密度聚乙烯（LLDPE）[8]。之所以称之为线型低密度聚乙烯主要有以下几方面的因素：

①LLDPE 采用 Z-N 催化剂在常温、常压条件下聚合得到，与 HDPE 相类似，所得大分子具有线型结构。

②在乙烯聚合为聚乙烯大分子的过程中，人为地引入了一些具有短支链结构（如丁烯、己烯、辛烯等）共聚单体。因此，所得聚合物大分子为乙烯与上述单体的共聚物，只是共聚物含量较少，支链的长度可控、有限，LLDPE 的聚合过程示意图如图 5.10 所示。

③LLDPE 兼具 LDPE 优异的耐撕裂性能和 HDPE 较高的力学强度，但密度略高于 LDPE。

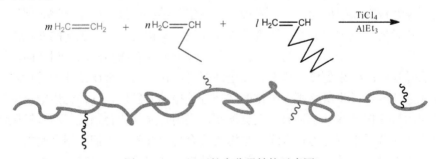

图 5.10　LLDPE 的大分子结构示意图

5.4　导电高分子"聚乙炔"

1977 年在美国纽约科学院召开的一次国际学术会议上，来自日本东京工业大学的助教白川英树先生闭合了由聚乙炔薄膜导线串联的小灯泡和电池组电路中的开关，电路中的小灯泡立刻亮了起来。此举让参会的研究人员惊叹不已，绝缘的塑料也能导电？这与人们认为塑料只能是绝缘材料的传统认识完全不符。从此，塑料只能是绝缘体的传统观念被彻底打破，全球范围内也逐渐掀起了导电高分子材料的研究热潮。

与天然橡胶的硫化、高密度聚乙烯等其他聚合物的发现相类似。其实，聚乙炔也是在一次完全偶然的失败实验之后才逐渐走入人们视野的。相传，白川英树在某次出差之前给研究生写了一张乙炔聚合的配方及工艺流程单。待其出差回来后找该研究生问起聚乙炔产物的事情，于是研究生将自己所得的聚乙炔样品交给了白川英树先生。但导师一看研究生交给他的聚乙炔为有一定金属光泽的粉末，与实验室之前所得到的黑色粉末存在较大差异。于是，便问其是否严格按照自己所写的配方及工艺进行实验。学生虽有些胆怯，但在查阅了配方单及详细实验记录后还是向白川英树先生给出了自己肯定的答案——自己是完全按照导师所给配方单进行相关实验的。得到这一肯定的答案后，白川英树先生并没有轻易放过这一实验现象，转而认真思考其中可能隐含的机理。最终，白川英树发现，自己所写的配方确实没错。但从学生的实验记录中发现，由于某种原因，该研究生并未完全领会自己的意思，学生在具体的实验过程中将催化剂用量扩大了 1000 倍。本来自己的原本意思是催化剂用量为毫摩尔，但由于配方中的数字后面均未注明单位（毫摩尔），所以该研究生在实验时很自然地就按摩尔来进行称量，正是这次偶然的失误开启了导电高分子材料的研究时代。

聚乙炔刚被发现时，其电导率与金属相差甚远，提升空间较大。1975 年，时任美国宾夕法尼亚大学化学系教授的麦克迪尔米德（Alan G. MacDiarmid）先生开始对导电高分子产生兴趣。于是，经人介绍后认识了日本东京工业大学的白川英树先生，并邀请白川英树前往美国宾夕法尼亚大学进行交流、深造。此后，麦克迪尔米德又邀请了在半导体及导电高分子材料基础理论方面有相当造诣的黑格（Alan J. Heeger）教授参与到聚乙炔的项目研究中。几年的研究后，三人发现聚乙炔经碘及 AsF_6 掺杂后，其电导率可以大幅度提高（约 10 个数量级），掺杂后聚乙炔的电导率高达 10^3 S/cm，已达到金属的电导率水平，聚乙炔的分子结构如图5.11 所示。

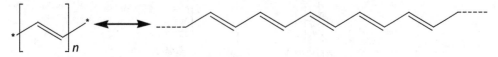

图 5.11　聚乙炔的结构式及其共轭大分子结构示意图

后来，德国 BASF 公司又于 1987 年成功合成出了高纯度的聚乙炔大分子，经氧化掺杂后其电导率甚至高达 10^5 S/cm，但其体积电导率约为铜的 1/4，而质量电导率却是铜的 2 倍。因三位科学家在导电高分子基础理论及制备方面的开创性工作，白川英树、麦克迪尔米德及黑格教授（图 5.12）共同被授予了 2000 年的诺贝尔化学奖，白川英树先生也因此成为在高分子领域第一位获得诺贝尔奖的亚洲人[9-11]。

图 5.12　白川英树、麦克迪尔米德、黑格（从左至右）

研究发现，掺杂处理后的聚乙炔之所以能够导电，本质原因是其沿着分子链所形成的共轭 π 键结构。掺杂剂的引入打破了共轭链体系原有的电子平衡，某些活动能力较强的电子将在共轭的高分子链上发生离域，在外加电场作用下电子将产生定向流动从而形成电流，最终实现高分子的电子导电。

如上所述，聚乙炔的大分子链为高度共轭的大分子 π 键，电子云可在整个共轭链内离域和流动，而电子的定向迁移或流动即可实现电荷的传输，最终实现导电。因此，自聚乙炔被成功开发以后，人们又按照这一思路相继研发出了诸如聚苯胺、聚噻吩、聚吡咯等一系列新型导电高分子材料，这些材料在二次电池、发光二极管、传感器、电化学显示器件等精密电子元器件领域表现出巨大的应用潜质。近期被成功开发和应用的导电高分子材料结构示意图如图 5.13 所示。

聚苯胺PANI

聚吡咯　　　　　　聚噻吩

图 5.13　部分新型导电聚合物的结构示意图

特别需要指出的是，一般的导电高分子材料（如聚乙炔、聚苯胺、聚噻吩等）为不溶不熔的深色粉末或硬脆薄膜，其自身不具备大面积溶液涂覆或热塑性熔融加工的能力，而只能将其作为导电填料添加到其他塑料基体中使用，所以其应用领域十分有限。中国在导电高分子领域的研究虽然起步较晚，但华南理工大学、吉林大学、北京化工大学及四川大学的一些课题组均有相关研究报道，其中，研究工作最为出色的当属华南理工大学的曹镛院士团队，其创新性地提出了"有机对阴离子诱导加工"的概念，即通过具有较大空间位阻及优良有机相容性对阴离子的引入，有效削弱了刚性共轭大分子链间的相互作用力（如范德华作用力和氢键），从而赋予共轭导电高分子一定的溶液或熔融加工性能[12-15]。以此为指导，曹镛院士团队成功制备出了一系列可溶可熔的导电高分子材料，并将其成功应用于可弯曲大面积发光二极管等精密电子器件上，该技术在国际上有很高的知名度和重要影响力。类似地，四川大学雷景新教授课题组也采用有机、无机酸共掺杂的方法成功制备出了具有明显熔融温度的聚氨酯/聚苯胺复合导电材料，该复合材料的室温电导率高达 30 S/cm，且具有优良的溶液和热塑加工性能，复合材料的相关 DSC 曲线如图 5.14 所示[16]。

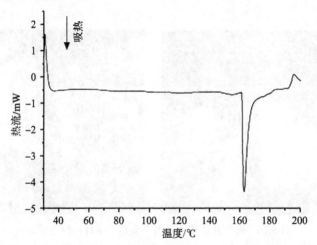

图 5.14 有机无机酸共掺杂 TPU/PANI 复合导电材料的 DSC 曲线

5.5 聚四氟乙烯新材料"特氟龙"

聚四氟乙烯（简称 PTFE），被纺织成纤维后也称为氟纶。PTFE 自身具有超强的耐腐蚀性、极佳的自润滑性、耐候性、不燃性和化学惰性，有"塑料之王"的美誉。目前，PTFE 已被广泛用于轴承、防腐、电线电缆、火箭等民用及军事领域。如北京奥运场馆"水立方"中就大量使用了具有优异耐候性及自清洁性能的四氟乙烯–乙烯共聚物膜作为外墙材料，如图 5.15 所示。

图 5.15　奥运场馆"水立方"中的四氟乙烯-乙烯共聚物膜外墙

与其他重要高分子聚合物的发现类似，聚四氟乙烯也是在一次偶然的失败实验后才被人们所发现的。1938 年，美国俄亥俄州立大学获得博士学位的化学家普兰凯特（Roy J. Plunkett，图 5.16 左）和其助手雷博克开始展开了四氟乙烯的聚合研究。

图 5.16　普兰凯特博士及其所发现的 PTFE 白色粉末

四氟乙烯在常温常压下为高蒸气压的气体，通常被保存在特制的钢瓶中，使用时，打开钢瓶阀门即可实现四氟乙烯气体向反应器的传输。让人感觉到奇怪的是，研究人员在某次实验中发现将钢瓶与反应器连接并打开阀门后，并没有观察到有四氟乙烯气体流入到反应釜中，反应器管路中的气体流量计没有任何气体流过的指示。同时，研究人员还发现四氟乙烯钢瓶自身的压力表显示四氟乙烯气压不断下架，最后显示为零。于是，普兰凯特怀疑是否气体存储钢瓶的阀门或气体流量计坏了？但是，经仔细检查后发现阀门和流量计均没有坏，能正常工作。而且，存储气体的钢瓶在气压下降前后并没有任何质量损失。该现象令人匪夷所思，四氟乙烯气体就这么不明不白地消失了，实验以失败告终。几经思考后，普兰凯特决定再认真检查一次实验装置，拆开了实验所用的反应器和气体存储钢瓶。发现，钢瓶和反应釜均是空空的，没有发现预想的目标化合物。但当普兰凯特打算放弃的时候，无意间摇动了几下存储四氟乙烯气体的钢瓶。随即发现，钢瓶中似乎有某种固体，因为听见了固体撞击钢瓶所发出的声音。于是，研究人员立即拆开了钢瓶上的压力表和阀门，并从中倒出了许多白色的粉末状固体（如图 5.16 右所示）。进一步鉴定发现，该白色固体即为他们梦寐以求的目标聚合物。经过认真分析，普兰凯特总结出了四氟乙烯在氧和压力条件下可以发生聚合的规律，并于1945 年在杜邦公司成功工业化生产[17,18]。

从化学结构上看，PTFE 大分子由多个四氟乙烯重复单元构成，其结构式如图5.17 所示。

图 5.17　PTFE 的化学结构示意图

一般而言，氟是化学性质较为活泼的元素之一，但在 PTFE 中，氟原子通过化学键与碳原子进行键合。然后，四氟乙烯单体又通过共价键进一步聚合为高度规整及高结晶性的 PTFE 大分子。在高键能的 C—F 键中，由于氟原子的直径远远大于氢原子，所以在 PTFE 中，由 C—C 所组成的大分子主链被直径较大的氟原子包围着，宏观上体现出优异的化学惰性和不可浸润性。此外，也正因为 PTFE中高键能 C—F 键的存在及其自身较高的结晶度（分子链在空间的高度规整性），PTFE 也表现出极佳的阻燃性和可在 260~285℃高温连续使用而稳定性不受影响的性能。

5.6　人造羊毛纤维 "腈纶"

腈纶为聚丙烯腈（polyacrylonitrile，PAN）纤维的商品名，其性能与天然羊毛极为相似，故又有人造羊毛之称[19]。腈纶弹性较好，伸长 20%时的回弹性仍可保持 65%左右，蓬松卷曲且柔软顺滑，保暖性比羊毛高 15%以上，只是防静电性能不如天然羊毛。因此，在实际的民用使用过程中，腈纶往往与羊毛进行混纺，制成毛线。然后，再进一步织成毛毯、毛衣、地毯等制品。

PAN 在国外也称 Creslan-61，是一种具有线型结构的半结晶性有机大分子树脂。虽然 PAN 具有线型分子结构，理论上应该表现出一定的热塑加工性能。但实际加工过程中发现 PAN 侧链上极性基团—CN 的存在致使 PAN 的热塑加工温度超过其热分解温度，即均聚 PAN 不具备热塑加工性能，PAN 的分子结构如图 5.18所示。所以，几乎所有的商品 PAN 均为丙烯腈与其他单体（如苯乙烯、丙烯酸酯等）的共聚物。而且这些共聚物在超滤膜、中空纤维、织物纤维等领域得到巨大应用。

图 5.18　PAN 的分子结构示意图

此外，在军事领域，高分子量的 PAN 纤维（$M_n \geqslant 70000$）也是制备高性能碳纤维的前驱体。因为，PAN 纤维经 230℃左右的高温氧化后可获得氧化 PAN 纤维，此类纤维再在 1000℃及惰性气体中碳化处理后即可获得在航空航天飞行器、导弹、火箭发动机等军事领域有着广泛用途的高性能碳纤维材料，如图 5.19 所示。

图 5.19　PAN 基碳纤维长纤（左）、航天飞机（中）及长征运载火箭（右）

1930 年，德国 IG Farben 公司的汉斯（Hans Fikentscher）和克劳斯（Claus Heuck）博士在菲肯切尔（Fikentscher）成功合成出了 PAN[20]。但研究人员发现，所得到的 PAN 不能熔融热塑加工，也不能溶于常见溶剂。于是，就像公司早期发现的聚四氟乙烯一样被当成垃圾丢弃了。直到 1931 年，化学家瑞恩（Herbert Rein），同时也是 IG Farben 公司在比特费尔德（Bitterfeld）工厂的研发主管，从菲肯切尔工厂获得了一些 PAN 样品。带回去研究后发现，PAN 可以很好地溶解于氯化苄基吡啶盐离子液体中。经过研究小组的不断努力与探索，进一步的研究发现，PAN 更易溶解于 N,N-二甲基甲酰胺（DMF）中，于是成功地开发出了 PAN 的溶液纺丝及成膜技术。但由于战争的原因，PAN 并没有在德国得到工业化应用。而是到了 1946 年，由美国杜邦公司参照德国专利量产，商品名为"Orlon"。

5.7　合成纤维工业的重大突破"尼龙"

1. 概述

尼龙是世界上最早被成功商业化应用的合成纤维，其优异的综合性能已使其在人们的日常生活甚至军事领域得到广泛应用，如尼龙丝袜、尼龙服饰、尼龙绳、降落伞、热气球、轮胎等。

　　人们对尼龙并不陌生，但对其历史及发展历程就很少有人了解。说起尼龙，我们就不得不提及一位伟大的美国化学家、发明家华莱士·H.卡罗瑟斯（Wallace H. Carothers，1896~1937 年）先生，简称卡罗瑟斯（图 5.20）[21,22]。卡罗瑟斯 1896 年 4 月出生于美国伯灵顿（Burlington），1921 年获得伊利诺伊（Illinois）大学理学硕士学位，毕业后到南达科他（South Dakota）大学任教，专门给本科生讲授物理化学及分析化学课程。1923 年，卡罗瑟斯又再次回到 Illinois 大学继续深造，攻读有机化学博士学位。获得博士学位后留校任教，直至 1926 年到哈佛（Harvard）大学教授有机化学。

图 5.20　尼龙发明者卡罗瑟斯

　　20 世纪初期，在全球各国的企业中还几乎没有专门开展基础研究的团队或部门。但当时美国最大的工业品公司之一——杜邦（Dupont）公司董事兼研究主管查尔斯·斯泰恩（Charles Stine）对此却颇有兴趣，其决定公司每年出资 25 万美金用于公司产品相关科学问题的基础研究。需要指出的是，25 万美金对于现代企业而言并不算多，但对于 20 世纪 20 年代的美国经济大萧条时期而言，这足以称得上是一笔巨款。在查尔斯·斯泰恩的支持与筹划下，杜邦公司于 1928 年在公司总部成立了基础化学研究所，并聘任年仅 32 岁的卡罗瑟斯担任该研究所有机化学分部的负责人，此举为尼龙的诞生提供了最直接、最有力的支持与保障。

2. 尼龙的化学及物理结构

　　从高分子化学的角度，商用尼龙是聚酰胺类大分子化合物的总称[23]。但在当时，人们对大分子（特别是合成大分子）的认识几乎还处于空白状态，"胶体缔合"学说是学术界对此类"黏稠"杂质或化合物化学及空间结构的普遍共识。而以德国化学家施陶丁格（Staudinger）为代表的少数学者则认为小分子可在一定条件下通过共价键合的方式形成分子量巨大的分子，即聚合物，并在此基础上建立了前所未有的"高分子理论"学说。卡罗瑟斯到杜邦公司从事研究工作后，就一直赞扬并支持施陶丁格的观点，并试图通过实验来证实施陶丁格理论的正确性。1935 年卡罗瑟斯把研究小组的研发重点转移到了二元酸及二元胺的缩合聚合反应中，并在实验室得到了分子量超过 5000 的大分子，同时还发现从反应釜中取出熔融状大分子的时候会伴随有像棉花糖一样可以抽出漂亮丝状纹理的现象，表明此类化合物具备纺丝的可能性。在前期大量研究工作的基础上，再经过研究人员的不懈努力及尝试，研究小组终于在 1935 年 2 月 28 日通过己二胺和己二酸小分子成功合成出人类历史上第一种真正意义上的合成纤维原材料——聚己二酸己二胺

（polyamide-66），简称聚酰胺 66 或 PA-66。聚酰胺 66 的化学结构如图 5.21 所示，其中 n 代表聚合度。

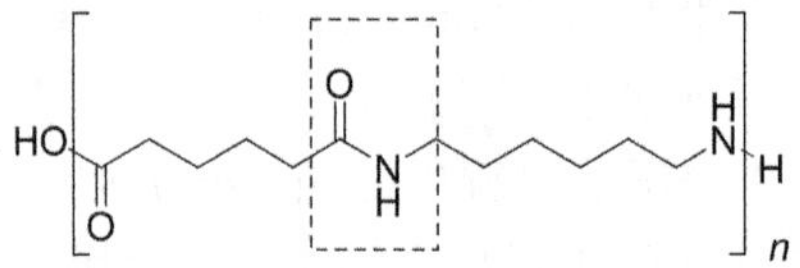

图 5.21　尼龙 66 的结构示意图

　　由于 PA-66 中存在较强的氢键作用，大分子在空间的堆砌结构相对规整、结晶度高，致使 PA-66 的熔点高达 263℃。然而，当研究人员将实验室所得的 PA-66 经过熔融针压注射成型及牵伸处理后，获得了外观及光泽度接近天然丝的纤维状材料。进一步的研究还表明，PA-66 纤维的耐磨性、拉伸强度等物理性能十分优异，在当时还没有哪一种纤维可与之媲美。于是，杜邦公司决定将 PA-66 纤维工业化，并于 1937 年 8 月顺利完成了产品中试。同年，公司就以 PA-66 为刷毛生产牙刷投放市场，商品名 Nylon（意为"奇迹丛"）。两年后，PA-66 终于实现了大规模工业化应用。回顾其发展历程，期间历时 11 年，耗资超过 2000 万美元，有超过 200 名专家参与了相关研究工作，可谓工程浩大，遗憾的是其发明人卡罗瑟斯先生并没能亲眼见证 Nylon 的工业化应用。

3. 尼龙的缩合聚合

　　从聚合机理的角度来看，尼龙是通过缩合聚合反应而获得的大分子材料，尼龙分子量的大小直接决定着尼龙纤维或相关工程材料最终的力学性能。卡罗瑟斯研究小组早期所获得的聚合物大分子材料的分子量都不大，在宏观上并未体现出优异的刚度、挺度等与材料力学性能密切相关的性能优势。因此，改进聚合实施工艺，以进一步提高聚合度或分子量成为关键。于是，卡罗瑟斯研究小组在聚合过程中换用了真空度更高的反应器以及时脱去反应过程中所生成的小分子，同时又严格控制聚合反应过程中的单体配比，尽可能使聚合反应按理想的模式进行。最终，研究小组获得了分子量超过 1 万，真正意义上的 PA 大分子材料。

　　如上所述，PA-66 为己二酸和己二胺通过缩合聚合而得。但从化学工程的角度而言，要将实验室所研发的小试样品放大至中试、进而到规模生产是十分困难的，其间需要解决原材料的大规模工业化问题。因为在实验室可以很容易地获得己二酸和己二胺原料，但大批量工业化生产时要综合考虑所需原料的产量、价格等因素。1935 年，杜邦公司以廉价易得的苯酚为原料，采用新催化技术相继成功生产出大量己二酸及己二胺原料，为 PA-66 的大规模工业化应用奠定了坚实的基础，苯酚法制备己二酸及己二胺的合成路线分别如图 5.22 及图 5.23 所示。

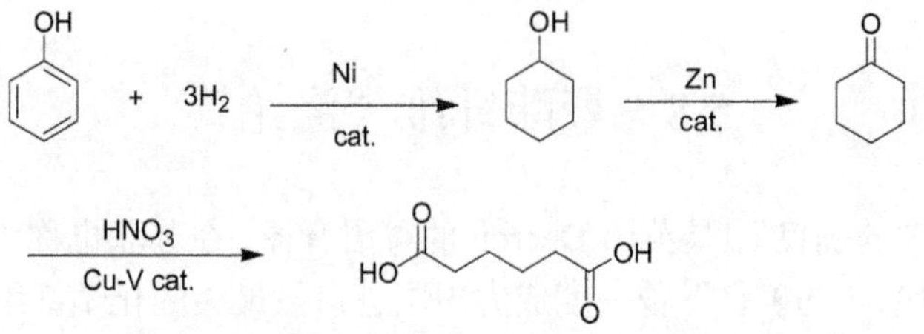

图 5.22 苯酚氧化法制备己二酸合成路线示意图

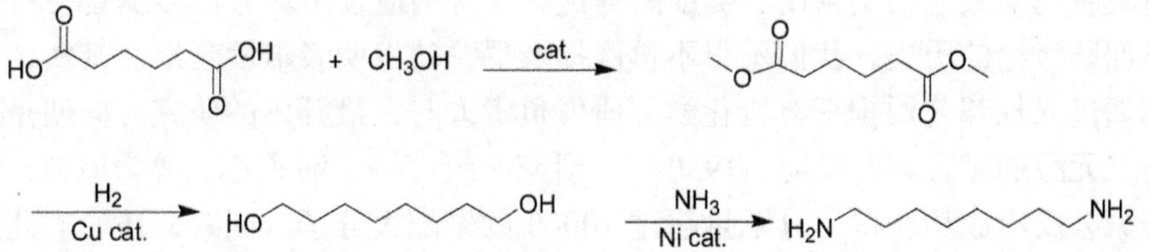

图 5.23 己二酸制备己二胺合成路线示意图

有了充足的原材料保障后，要想获得最佳品质的 PA-66 大分子就需要选择最优化的聚合实施工艺路线。一般而言，有两条路线可以合成商品 PA-66。其中，第一种方法由己二酸与己二胺直接缩合聚合而得，也正是卡罗瑟斯研究小组最早采用的方法（如图 5.24 所示）。

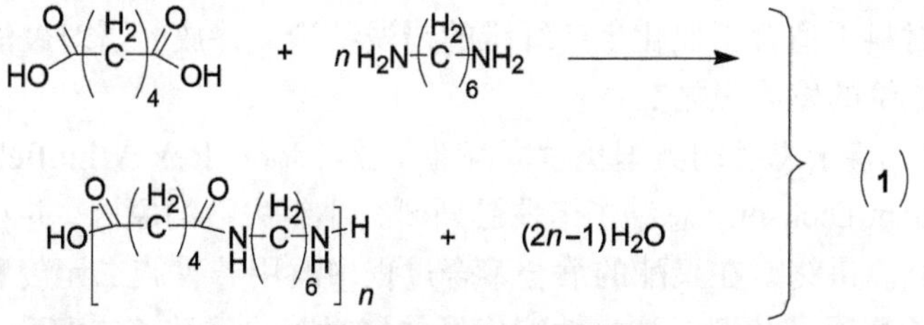

图 5.24 己二酸、己二胺直接缩合聚合制备 PA-66 反应示意图

而另外一种方法则是先将己二酸和己二胺转化为己二酰己二胺内盐，然后再将这种内盐进一步缩合得到 PA-66 大分子。该方法的优势在于聚合反应过程中可以尽可能地保证原料单体官能团的等摩尔配比，能获得分子量相对较高的 PA 聚合物大分子，其反应机理示意图如图 5.25 所示。

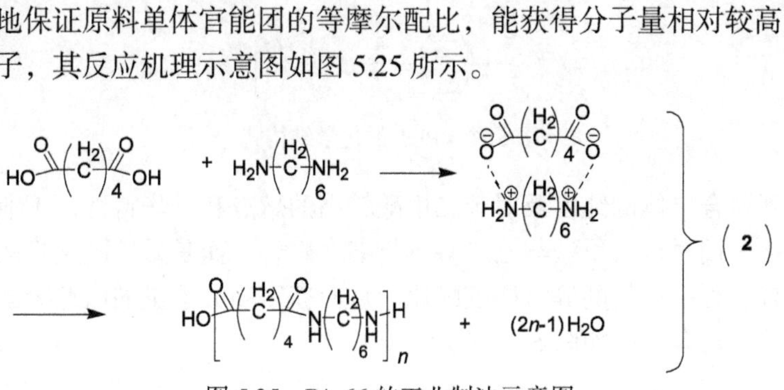

图 5.25 PA-66 的工业制法示意图

5.8 聚酯纤维 "涤纶"

涤纶又称"的确良"，是英语 Decron 的粤语音译，在苏联也称为 Lavsan 纤维。20 世纪 70 年代，"的确良"曾一度成为中国进口量最大的化学纤维材料，也是人们大力追捧的面料[24,25]。与现代人们的审美观念不同，当时人们认为"的确良"面料具有耐褶皱、结实耐用、挺度高等优点，特别适合于裁剪衬衫及套装衣裤。

回顾涤纶的历史，我们不得不再次提及尼龙的发明者卡罗瑟斯。其实，自卡罗瑟斯进入杜邦公司担任有机化学部研发负责人时，最开始的研究方向便是二元酸与二元醇的缩合聚合反应。1930 年，研究小组以癸二酸和乙二醇为原料，通过缩合聚合反应成功获得了分子量超过 10000 的聚酯大分子。同时，还发现此类聚酯在熔融状态下也能拉出棉花状的细丝，且经过冷却及牵伸处理后这种细丝的强度和弹性将大幅度提高。但遗憾的是，卡罗瑟斯研究小组当时的研究方向均集中在脂肪族二元酸与二元醇的缩合聚合反应上，在聚合单体的选择范围上还比较有限，并未扩展至除脂肪族二元酸以外的其他二元酸。此外，研究人员对所合成出的脂肪族聚酯材料的物理性能进行了进一步的系统研究，发现此类聚酯材料的耐水性和耐温性均较差，易水解、熔点低，不能满足实际使用需求。因此，卡罗瑟斯得出聚酯材料不适合工业化生产纤维的错误结论，并放弃了对聚酯材料的进一步研究，与涤纶的发明失之交臂。

10 年后，善于思考的英国化学家温菲尔德（John Rex Whinfield）和狄克逊（James Tennant Dickson）总结了卡罗瑟斯研究小组失败的原因，并在其基础上展开了大量研究。最终，在聚酯的缩合聚合过程中改用芳香族二元羧酸代替脂肪族二元酸，成功获得了防潮、防水性能优异的聚对苯二甲酸乙二醇酯（PET）聚酯大分子材料，进一步纺丝后获得完全能满足实际使用的聚酯纤维，即涤纶，其特性黏数通常在 0.4~0.7 之间。1950 年，全球第一条涤纶生产线顺利工业化，涤纶也成为化学纤维的新秀，PET 的化学结构式如图 5.26 所示。

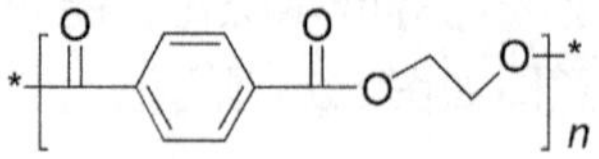

图 5.26　PET 的化学结构式

考虑到聚合单体的纯度及对苯二甲酸较高的熔点和升华特性，工业上生产涤纶并不直接采用对苯二甲酸与乙二醇进行缩合聚合，而是采用酯交换的方式来确保缩合聚合过程中严格的等官能度配比，从而获得高分子量的涤纶聚酯大分子，其具体的缩合聚合过程如图 5.27 所示。

$$HOOC—C_6H_4—COOH + 2CH_3OH \longrightarrow H_3COOC—C_6H_4—COOCH_3 + 2H_2O \quad (1)$$

$$\xrightarrow{2HOC_2H_4OH} \quad HOC_2H_4OOC—C_6H_4—COOC_2H_4OH + 2CH_3OH \quad (2)$$

$$n\,HOC_2H_4OOC—C_6H_4—COOC_2H_4OH \longrightarrow HOC_2H_4O\left[\!OC—C_6H_4—COOC_2H_4O\right]_n\!H$$

图 5.27　PET 的常见工业制法

参 考 文 献

[1]　Staudinger H. Über polymerization [J]. European Journal of Inorganic Chemistry, 1920, 53(6): 1073-1085

[2]　Calzonetti J A, Laursen C J. Patents of Charles Goodyear: His international contributions to the rubber industry [J]. Rubber Chemistry & Technology, 2010, 83(3): 303-321

[3]　Baekeland L H. The synthesis, constitution, and uses of Bakelite [J]. Industrial & engineering chemistry, 1909, 1: 149-161

[4]　Strobl G R, Schneider M J, Voigt-Martin I G. Model of partial crystallization and melting derived from small - angle X-ray scattering and electron microscopic studies on low-density polyethylene [J]. Journal of Polymer Science Polymer Physics Edition, 1980, 18(18): 1361-1381

[5]　Lu X, Zhang C, Han Y. Low-density polyethylene superhydrophobic surface by control of its crystallization behavior [J]. Macromolecular Rapid Communications, 2004, 25(18): 1606-1610

[6]　Karl Z, Heinz B, Heinz M. Polymerization of ethylene: US, US 2699457 A [P]. 1955

[7]　Giulio N, Paolo C, Italo P, et al. Polypropylene having syndiotactic structure: US, US 3258455 A [P]. 1966

[8]　Schlund B, Utracki L A. Linear low density polyethylenes and their blends: Part 1. Molecular characterization [J]. Polymer Engineering & Science, 1987, 27(5): 359-366

[9]　Hideki S, Edwin J L, MacDiarmid A G, et al. Synthesis of electrically conducting organic polymers: Halogen derivatives of polyacetylene, (CH) [J]. Journal of the Chemical Society-Chemical Communications, 1977, 16(16): 578-580

[10]　Harada I, Furukawa Y, Tasumi M, et al. Spectroscopic studies on doped polyacetylene and β-carotene [J]. Journal of Chemical Physics, 1980, 73(10): 4746-4757

[11]　Macdiarmid A G, Chiang J C, Richter A F, et al. Polyaniline: A new concept in conducting polymers [J]. Synthetic Metals, 1987, 18(1): 285-290

[12]　Cao Y, Smith P, Heeger A J. Counter-ion induced processibility of conducting polyaniline and of conducting polyblends of polyaniline in bulk polymers [J].Synthetic Metals, 1992, 48(1): 91-97

[13]　Cao Y, Andreatta A, Heeger A J, et al. Influence of chemical polymerization conditions on the properties of polyaniline [J]. Polymer, 1989, 30(12), 2305-2311

[14]　Cao Y, Smith P, Heeger A J. Counter-ion induced processibility of conducting polyaniline [J].Synthetic Metals, 1993, 57(1): 3514-3519

[15]　Cao Y, Smith P. Liquid crystalline solutions of electrically conducting polyaniline [J]. Polymer, 1993, 34(15): 3139-3143

[16]　Wang J L, Yang W Q, Tong P C, et al. A novel soluble PANI/TPU composite doped with inorganic and organic compound acid [J]. Journal of Applied Polymer Science, 2010,115(3): 1886-1893

[17]　Martin B M. Process for polymerizing tetrafluoroethylene: US, US2393967 [P]. 1946

[18]   Tan K L, Woon L L, Wong H K, et al. Surface modification of plasma-pretreated poly(tetrafluoroethylene) films by graft copolymerization [J]. Macromolecules, 1993, 26(11): 2832-2836

[19]   Kern W, Fernow H. Macromolecular compounds. CCCII. polymerization of acrylonitrile. Polyacrylonitrile [J]. Rubber Chemistry & Technology, 1944 (2): 356-365

[20]   Matyjaszewski K, Jo S M, Hyunjong Paik A, et al. Synthesis of well-defined polyacrylonitrile by atom transfer radical polymerization [J]. Macromolecules, 1997, 30(20): 6398-6400

[21]   Gaines A, Carothers W H. Wallace Carothers and the story of DuPont nylon [M]. Mitchell Lane, 2002

[22]   Smith J K, Hounshell D A. Wallace H. Carothers and fundamental research at Du Pont [J]. Science, 1985, 229(4712): 436-442

[23]   Evstatiev M, Fakirov S, Schultz J M, et al. In situ, fibrillar reinforced PET/PA-6/PA-66 blend [J]. Polymer Engineering & Science, 2001, 41(2): 192-204

[24]   Izard E F. Scientific success story of polyethylene terephthalate [J]. Chemical & Engineering News, 1954, 32(38): 3724-3732

[25]   Bunn C W. The crystal structure of polyethylene terephthalate [J]. Proceedings of the Royal Society of London. Series A, Mathematical and Physical Sciences, 1954, 226(1167): 531-542

第6章 毒素分子之"改邪归正"

断肠散、鹤顶红和七步倒，凡是熟悉武侠小说的人，大都对这几种毒药耳熟能详。现实生活中人们往往谈毒色变，而毒素（toxin）也一直是大众避而远之的一个词语。然而，在《汉语大辞典》和《说文解字》中对"毒"的解释往往与"药"相关，即所谓"毒药"。毒素与药物就像孪生兄弟一样紧密相连。过量为"毒"，适量为"药"。英国著名医生 P. M. Latham 就曾经说过"毒物和药物往往是用于不同用途的同一物质"。我国传统的中医学中也有"以毒攻毒"的说法，尤其在治疗顽疾和恶疾方面，"毒物"往往能发挥意想不到的奇效。因此，传统的毒素分子在经过结构修饰，或者控制其用量后，就可以广泛地应用到临床上治疗多种疾病。例如蛇毒、蝎毒等就可以用来治疗神经、心血管系统的疾病。除此之外，在新药研制中，毒素也可以作为创新药物的先导化合物使用。

6.1 "拼死吃河豚"的由来之"河豚毒素"

河豚又名鲀鱼，是有毒鱼类中以含剧毒而闻名的一个类群（图 6.1）。相传宋代大诗人苏东坡在江苏吃到鲜美的河豚后，当即写下"竹外桃花三两枝，春江水暖鸭先知。蒌蒿满地芦芽短，正是河豚欲上时。"的诗句。可见，在宋元时期，河豚已是士大夫所熟知的珍肴。但河豚所含剧毒要比眼镜蛇毒毒 100 倍，是氰化钾毒性的 1250 倍，且发毒极快，无有效解毒剂，吃河豚中毒的患者死亡率高达 60%。早在明朝李时珍所著《本草纲目》中，就记有"河豚有大毒，味虽珍美，食之杀人"。如果人或者动物误食了河豚都可能会导致严重中毒，甚至死亡。因此，食鲜河豚鱼有非常大的危险性，关于河豚的食用方法和食用经验在我国民间有广泛的流传，尽管如此，只要处理不当或稍有疏忽仍然有可能中毒。故尝此美味者多数会"口水共汗水齐下，食欲与冒险欲俱生"，喜食者甘愿以死相拼，以了平生垂涎此美味的夙愿，"拼死吃河豚"一说故而广为流传。河豚毒素（tetrodotoxin，TTX）在河豚的卵巢、肝脏、肠、胆囊、精巢、肌肉和皮肤中均有分布，河豚毒素对人的致死剂量为

图 6.1 河豚（来源于百度图片）

6~7 mg/kg，但近些年的研究发现，河豚毒素具有重要的开发应用前景。

河豚毒素是发现最早的小分子海洋毒素。早在 1894 年，Tahare 就从河豚的卵中分离纯化了一种物质，他把这种物质命名为河豚毒素。1964 年，哈佛大学的罗伯特·B. 伍德沃德（Robert B.Woodward）阐明了河豚毒素的结构。1970 年该结构被 X 射线晶体学所证实。河豚毒素是一种剧毒的生物碱类神经毒素，是氨基全氢化喹啉化合物(图 6.2)，通常以"两性离子"的形式存在，其分子式是 $C_{11}H_{17}N_3O_8$，分子量是 319.3，其粗品为棕黄色粉末，精制品为无定形粉末。河豚毒素在弱酸条件下可溶于水，微溶于浓酸，不溶于无水乙醇、乙醚、苯等有机溶剂。河豚毒素在 pH 3~7 稳定，在强酸或强碱条件下不稳定。在乙酸或碱性水溶液中极易水解，5%氢氧化钾水溶液中，90~100℃可分解成 2-氨基-6-羟甲基-8-羟基喹唑啉，即为黄色结晶的无毒化合物 C9 碱，这也是河豚毒素化学检测法的理论基础。河豚毒素分子较稳定，一般加工处理难以破坏清除其毒性，需在加热到 220℃以上方可使其分解，熔化变黑。

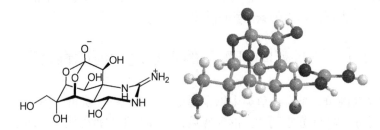

图 6.2　河豚毒素的结构

早在 1972 年日本名古屋大学的 Yoshito Kishi 等就已经通过化学途径人工合成了河豚毒素，但路线非常复杂，并没有很实用的意义。因此，很长一段时间，河豚毒素主要依靠从东方鲀属的内脏中提取。随着人们对河豚毒素的检测方法的研究不断深入，一些高新检测技术不断产生[1]，相继出现了小鼠生物实验法、荧光法、紫外分光光度法、高效液相色谱法（HPLC）、薄层色谱法（TLC）、气相色谱-质谱联用（GC-MS）、液相色谱-质谱联用（HPLC-MS）、HPLC-MS 与 LS 联用、免疫学检测、超临界流体色谱、毛细管等速电泳、生物传感器检测法、固定化草酸氧化酶检测法、表面增强拉曼光谱等检测方法[2,3]。

1. 河豚毒素的生物来源

河豚毒素主要有两种生物来源：一种是河豚通过摄食涡虫、纽虫、海螺等含有河豚毒素的饵料，使河豚毒素在河豚的体内富集；另一种则是与河豚共生的某些细菌有关，这些细菌正是河豚毒素的初级生产者。河豚毒素在河豚体内的分布是不均衡的，在河豚鱼的卵巢和肝脏中比较集中，其次是胃肠道，肌肉和皮肤较少，且河豚内脏含毒量也会随着季节的不同而有明显的变化。在产卵期（12 月至翌年 6 月）毒性最强。人们正是利用了河豚毒素在河豚体内的这种分布和动态的不均衡性实现烹成佳肴，品其美味的夙愿[4]。

2. 河豚毒素的致病机制和药理学研究

河豚毒素分子中的胍胺基和内酯环两个极性区域是其参与受体结合的重要部位。关于河豚毒素的致病机理[5,6]，主要表现在：①河豚毒素是高度特异性 Na^+ 通道阻滞剂，对神经、心肌、骨骼肌 Na^+ 通道均有不同程度影响。②河豚毒素对神经肌肉系统有着重要的影响，可引起中枢神经组织的麻痹，导致个体死亡，对脊髓也有明显的影响。③河豚毒素对心血管系统的作用表现为血压下降、心律失常。④对呼吸系统的作用表现为河豚毒素中毒速度对呼吸的抑制影响很大。⑤河豚毒素能够抑制平滑肌的收缩，可阻止由于神经受到刺激而引起的汗腺分泌，甚至可以抑制胃酸的分泌。

而对于河豚毒素中毒的诊断，一般是先询问病史，再进行体格检查。但针对该毒暂时没有特效解毒剂。因而一般采用综合对症治疗措施进行救治，例如催吐、洗胃、促排、维持呼吸、解毒、去麻痹、补液、中药治疗等。

同样地，关于河豚毒素的药理学作用研究也非常的广泛，主要是通过阻断可兴奋组织的 Na^+ 通道而实现的[6]。河豚毒素具有镇痛和局部麻醉作用，比杜冷丁稍弱，起效缓慢，但无成瘾性，可以作为戒除海洛因成瘾的疗效药[7]。河豚毒素能够阻断心肌 Na^+ 通道，但是对 Ca^{2+}、K^+ 通道没有影响，可有效对抗心室纤颤的发生，河豚毒素中毒可明显抑制心脏，降低血压。河豚毒素还能够预防肾功能衰竭。

3. 河豚毒素的临床应用

过去百余年对河豚毒素药理学的充分研究为其临床应用奠定了坚实的基础。近年有关河豚毒素的提取、生产以及开发应用的研究范围都有所拓展[8]。尽管如此，但是将河豚毒素应用在临床上时的剂量仍较难掌握，剂量太小时可能起不到很好的治疗效果，剂量稍大又可能会中毒，因而限制了其在临床的广泛使用。目前，河豚毒素在临床上的应用主要有[6]：①镇痛，尤其是对一般性神经系统疾病所产生的疼痛起到很好的镇痛作用。对于晚期癌症患者的止痛效果也非常的明显，并且不会成瘾，虽然起效比较慢但镇痛持续时间长[7]。②局部麻醉，麻醉效果非常明显。③用作瘙痒镇静剂、呼吸镇静剂和尿意镇静剂，对冬季皮肤痒、皮炎等可以起到止痒、促进创面痊愈的作用。④解痉，尤其对胃痉挛、破伤风痉挛有特效。⑤戒除海洛因毒瘾，且没有依赖性，效果优于美沙酮。⑥降压，由于降压速度很快，所以在临床上用于抢救高血压病人。⑦抗心律失常。⑧使血管充血，用来提高性兴奋。

4. 河豚毒素的合成

1972 年 Kishi 研究小组首先报道了河豚毒素消旋体的全合成[9,10]。其合成方法的反合成分析的策略见图 6.3 所示：主要包括醌和丁二烯的 Diels-Alder 反应，由 Beckmann 重排引入第一个氮原子，经一系列立体选择反应，构建起胍体系。虽然该全合成方法现在还不能很好地工业化，但其全合成的方法仍具有重要的化学意义。

取代醌 **2** 与 1, 3-丁二烯在 Lewis 酸催化下首先发生 Diels-Alder 加成得双环产物 **3**，之后经过 Beckmann 重排得乙酰胺取代产物 **4**，然后再立体选择性还原 **4**，然后在 *m*-CPBA、CAS 条件下氧化（经环氧化物）成醚 **5**，氧化 **5** 中的羟基并保护为缩酮，另一酮羰基则被还原转化为乙酰氧取代物 **6**，以 SeO$_2$ 氧化 **6** 中烯键上的甲基，接着还原为伯醇得 **7**，经形成乙基烯醇醚、立体选择环氧化、环氧化物开环、乙酰化等一系列官能团转化得 **8**，再经 Baeyer Viliger 氧化得环化内酯 **9**，在乙酰羰负离子存在下内酯开环，并形成新的烯醚五元环，内酯羰基跨环反应，消除乙酸酯构建起另一环得化合物 **10**，以 OsO$_4$ 氧化双键为邻二醇，接着以异亚丙基保护，脱除酰胺末端乙酰基得伯胺 **11**，末端氨基经 BrCN 取代、H$_2$S 加成转化为硫脲 **12**，对硫脲进行一系列转变，并脱除异亚丙基保护后得 **13**，最后分别在高碘酸、羟胺作用下形成 C—N 键和原酸酯，便全合成得到河豚毒素 **1**。Isobe 及其同事在日本名古屋大学[11,12]和美国斯坦福大学的 J. Du Bois 均在 2003 年报告了河豚毒素的不对称全合成[13]。这两种合成方法使用了完全不同的策略，Isobe 的路线基于 Diels-Alder 反应，Du Bois 使用 C—H 键活化反应。此后，河豚毒素合成新策略的开发得到了迅速发展[14-17]。

1 河豚毒素

4

5

9

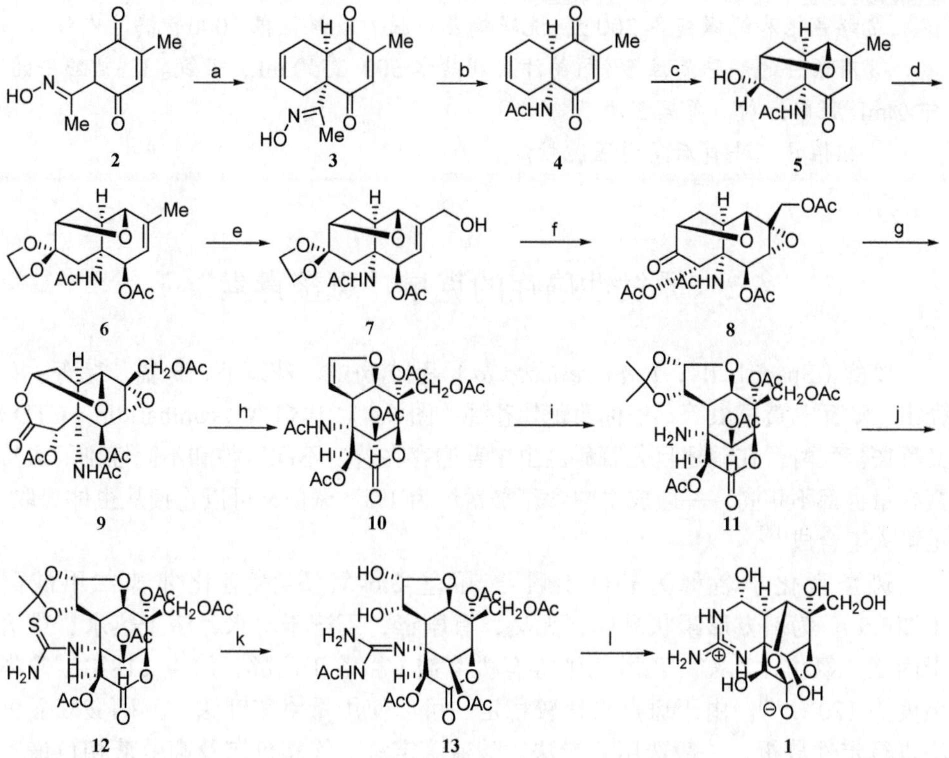

反应试剂及反应条件: a. 1,3-丁二烯, SnCl; b. MsCl, Et₃N, H₂O, Δ; c. NaBH₄, MeOH, *m*-CPBA, CSA; d. CrO₃, Py, 乙二醇, BF₃·Et₂O, Al(O*i*Pr)₃, *i*-PrOH, Ac₂O, Py; e. SeO₂, NaBH₄; f. *m*-CPBA, Ac₂O, Py, TFA, H₂O, Ac₂O, Py, (EtO)₃CH, CSA, Ac₂O, Py, Δ, *m*-CPBA, K₂CO₃, AcOH; g. *m*-CPBA; h. KOAc, AcOH, Ac₂O, CSA, Δ, 真空, 300℃; i. OsO₄, Py, (MeO)₂CMe₂, CSA, Et₃OBF₄, Na₂CO₃, AcOH; j. BrCN, NaHCO₃, H₂S; k. Et₃OBF₄, Ac₂O, Py, 乙酰胺, BF₃, TFA, TFA, H₂O; l. H₅IO₆, NH₄OH

图 6.3 河豚毒素反合成策略及全合成方法

✎ **趣味小百科:** (http://jb.yp900.com/jizhenke/jizhenke/jb_5222/wenzhangzhishi.htm)

（1）河豚毒素中毒症状。

①潜伏期：病情发展快，一般食后半小时至 3 小时出现症状。

②首先出现的症状是剧烈的恶心、呕吐和腹痛，然后出现腹泻。

③神经损害：毒素被吸收入血液后，首先引起感觉丧失、痛觉消失、上眼睑下垂、口唇及四肢麻木，然后肌肉瘫痪、行走困难、共济失调、呼吸浅而不规则、血压下降、昏迷不醒、瞳孔散大，最后呼吸麻痹死亡。

（2）河豚毒素中毒急救方法：主要是对症治疗。但必须迅速抢救，否则常会造成死亡。

①催吐、洗胃、导泻，用 1%硫酸铜溶液 50~100 mL 催吐；用 1：4000 高锰酸钾液或 0.5%活性炭悬液反复洗胃，口服硫酸镁导泻。

②鲜芦根和鲜橄榄各200 g，洗净搗丸口服。或鲜芦根1000 g搗汁内服。

③有条件的静脉滴注5%葡萄汁生理盐水500~2500 mL。吸氧。1%盐酸士的宁2 mL肌肉注射，每天3次。

④在催吐、洗胃后急送医院救治。

6.2　原发性癌症的克星"斑蝥毒素"

斑蝥（Spanish fly；*Lytta vesicatoria*）：别名斑蚝、花斑毛、斑猫、芫菁、花壳虫、章瓦、黄豆虫等，俗称西班牙苍蝇（图6.4）。斑蝥素（cantharidin，CTD）又称斑蝥酸酐，在鞘翅目芫菁科昆虫中普遍存在着，不同属种和不同性别的斑蝥素含量也都不相同，一般成虫中含斑蝥素约为1%。斑蝥素可以直接从虫体提取，也可人工合成[18]。

斑蝥素化学名称为外-1,2-顺-二甲基-3,6-氧桥-六氢化邻苯二甲酸酐（图6.5）。为斜方形鳞状晶体，无臭，有剧毒，不溶于冷水，溶于热水，难溶于丙酮、氯仿、乙醚、乙酸乙酯等有机溶剂，微溶于乙醇，熔点218℃，升华温度为120℃[19]。由于斑蝥素比较稳定，可以使用重铬酸钾法、亚硒酸双显色法进行定性分析，一般选用质量法、酸碱滴定法、气相色谱及高效液相色谱等方法进行定量分析，其中气相色谱法的准确度高。目前的药用斑蝥主要在成虫盛发期进行野外采集。

图 6.4　斑蝥

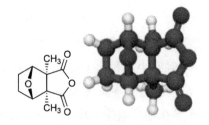

图 6.5　斑蝥素的结构

1. 斑蝥素的毒性

斑蝥素属于剧毒药，小鼠急性试验腹腔注射的半数致死量为1.25 mg/kg，内脏切片检查，无论急性或亚急性毒性试验发现各脏器都出现了病变，常见心肌纤维浊肿、肝细胞浊肿、肾小管上皮浊肿明显、肺脾郁血，并有小灶性出血。服用斑蝥素后，出现发热、排尿疼痛、甚至血尿等症状。斑蝥素还可能对肾脏和生殖器造成永久损害，严重者可进展为急性肾功能衰竭。30 mg 斑蝥素就能致人中毒死亡。

对于中毒后的急症治疗，口服中毒一般是先排毒保护胃黏膜，再用50%的硫酸镁导泻，之后再补充液体，维持水电解质平衡，最后用中药治疗。如果是接触中毒，一般先用温开水冲洗，然后给予龙胆紫、冰硼散外敷。如果中毒情况严重，需立即送医院急救。

虽然斑蝥素的毒性很大，可早在几千年之前我国就已经将斑蝥入药。《神农本草经》《本草纲目》《大观本草》《仁斋直指方论》等药典名著都有用斑蝥治疗肿瘤的记载。我国药典主要以大斑芫菁（ *Mylabris phqlarata* Pallas）和眼斑芫菁（ *Mylabris cichorri* L.）的干燥全虫入药。临床应用斑蝥时，一般要先去头、足和翅，或者与米一起炒，炮制加工。

2. 斑蝥素的药理作用

斑蝥素的药理作用主要表现在发泡和抗肿瘤两个方面。斑蝥素对皮肤有发泡作用，刺激性很强，穿透力很弱，作用也较为缓慢，伴有疼痛。所以民间都会用斑蝥素刺激发泡作用一定部位，治疗疾病。此外，斑蝥素的水溶液能够抑制食道癌、肝癌、胃癌等癌细胞的代谢。斑蝥素对癌细胞具有较强的亲和性，其作用机制是首先抑制癌细胞蛋白质的合成，进而影响其 DNA 和 RNA 的生物合成，最终抑制癌细胞的生长和分裂。斑蝥素对原发癌效果显著，且没有骨髓抑制作用，还能同时提升白细胞数量和质量，并具有一定的抗炎、抗病毒、抗真菌的作用。所以，在临床上斑蝥素一般用来治疗肝癌、乳腺癌等，也用来治疗一些恶疮、牛皮癣等。但是，毕竟斑蝥素是有毒的，所以在使用时一定要小心，应该注意在外敷时不能大面积使用，体弱者和孕妇也需要禁服，服药后在泌尿道和肠胃道有刺激性副作用，所以在使用汤剂时需要加入滑石[20-28]。

《神农本草经》中曾记载斑蝥可以治疗痈疽、溃疡、癣疮等病症，具有攻毒蚀疽、破血散结的作用。近年临床发现斑蝥素有多种新用途，特别在治疗一些如风湿痛、神经痛、梅核气、斑秃、乳腺增生、鼻炎、传染病、肝炎、癌肿等疑难杂症上具有独特的疗效。因而，利用斑蝥及其衍生物制成的一些疗效显著的中成药、化学药、生化药等相继问世。医药上一般使用的是斑蝥素的衍生物，如低毒性的斑蝥酸钠、甲基斑蝥胺、羟基斑蝥胺等。斑蝥酸钠对骨髓造血干细胞有一定刺激，但因其可以提升白细胞的数量，所以常用来治疗食管癌和贲门癌。用药后，癌组织周围淋巴样细胞有改善，但是可能会引起血尿等不良反应。甲基斑蝥胺治疗癌症的作用要比斑蝥素更好，可以使患者症状减轻，体征得到明显改善，对肝脏等器官的毒性也相对较小，但是对肾脏有害。羟基斑蝥胺在抗肿瘤的作用上与斑蝥素差不多，化疗指数也较高，毒性也较小，对原发性肝癌效果最好，无明显不良现象[29]。

3. 斑蝥素的开发和利用

对于斑蝥毒素的开发和利用，已经有很多成品药。1929 年，Diels 和 Alder 合成了去甲斑蝥素（norcan-tharidin，NCTD）。日本科学家 Sodeoka 等对斑蝥素进行骨架修饰，合成了一系列去甲斑蝥素衍生物。去甲斑蝥素片（艾力尤，图 6.6）就是一种常用的广谱抗肿瘤药。艾力尤可用来治疗一些常见的癌症和白细胞低下症，及治疗肝炎、肝硬化等。艾力尤可以与甲斑蝥酸钠注射液交替使用，但不能联合使用，以免出现不良反应。甲基斑蝥胺片主要用来治疗原发性肝癌。斑蝥酸钠注射液（齐宁注射液）有抑制和破坏癌细胞的作用，可做术前用药或化疗时联合用药，但是可能对患者的泌尿系统有刺激作用。尤立康主要成分就是斑蝥素，具有高效的抗病毒、抗菌作用，能够高效地杀死病毒、细菌、真菌等，主要用于男、女生殖器的抗病毒、抗菌治疗。尤思洛主要成分也是斑蝥素，主要用于治疗尖锐湿疣[30]。

图 6.6 艾力尤

4. 斑蝥素的合成

对于斑蝥素的全合成（图 6.7）[31]，一般先是采用呋喃（**1**）和化合物 **2**，在高压下发生 Diels-Alder 环加成反应，之后得到的化合物 **3** 再在 10%（摩尔分数）的 Pd-C 催化下，与 H_2 发生加成反应得到化合物 **4**，之后再在拉尼镍（Raney Ni）的催化下，加热开环，得到斑蝥素 **5**。

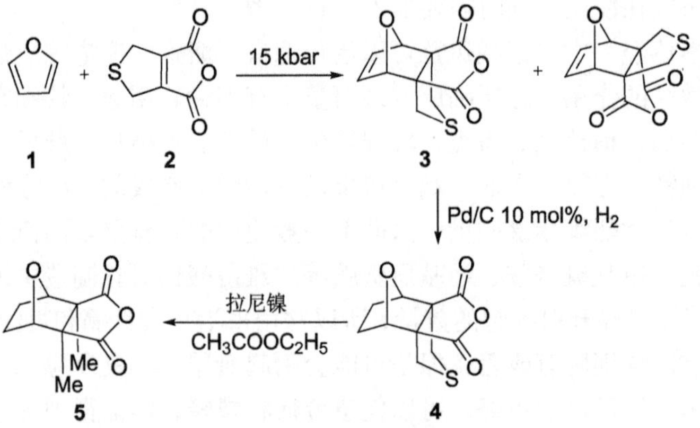

图 6.7 斑蝥素的合成

6.3　美味山珍中的陷阱"毒菌毒素"

野生菌因其味道鲜美，富含营养而被誉为"山珍"。早在史前的旧石器时代，我们的先祖就开始以野果、山菌作为充饥的食物。但是，在种类繁多的山菌中，有很多菌类是有毒的。毒菌中往往含有一种或者多种毒素，人食用之后就会中毒，严重的可以致命。

我国上千年前就已经开始对毒菌中毒进行防治，并且积累了很多经验，但是对毒菌毒素成分的研究时间却很短，羟基毒肽和毒伞肽就是其中研究比较深入的两种毒素[32]，已知最剧烈的毒素大多是鹅膏属菌产生的。毒菌毒素的化学性质其实很复杂，而对人有较大危害的主要是生物碱类或多肽类和氨基酸类。一种毒菌可能含多种毒素，一种毒素也可能在多种毒菌中存在。不同毒素的毒理和毒性都不相同，并且毒菌体内的毒素会随着外界土壤和环境的变化而变化。

毒肽类和毒伞肽（amatoxin，图 6.8）类为无色晶体，化学性质稳定，耐高温，耐干燥，易溶于甲醇、乙醇、吡啶等有机溶剂，在热水中溶解度较大，所以毒菌煮汤后汤中也有剧毒。但是毒肽和毒伞肽两者之间的毒理作用不同，所以毒性大小、中毒快慢、作用部位都不太相同。毒肽作用快，作用于肝细胞的内质网，而毒伞肽作用慢，主要作用于肝细胞的细胞核[33]。

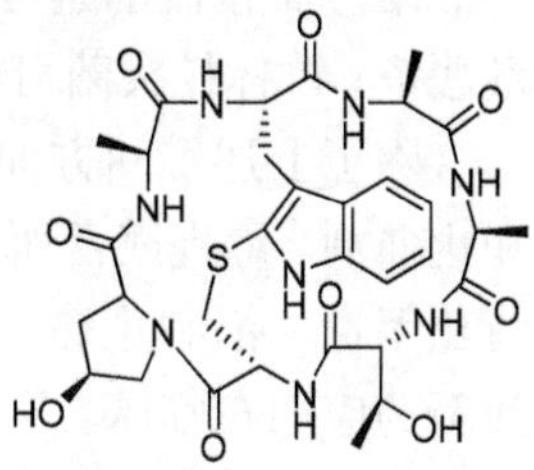

图 6.8　毒伞肽结构

毒菌中所含毒素成分非常复杂，并且有些毒素还是未知的，所以很难用一般的分析方法准确测定，一般会选用化学分析法或者生物毒性试验来进行毒菌毒素的分析鉴定[34]。

1. 毒菌毒素中毒和急救

不同种类的毒菌所含的毒素不同，中毒后所表现的症状也各不相同。因而一旦食用了毒菌中毒后，要根据中毒的类型及临床表现，进行对症治疗，减轻中毒症状，减少死亡率[35]。例如，鹅膏属和鹿花菌属会引起细胞损坏及死亡，主要损害肝、肾细胞；鬼伞属和杯散属主要侵害自主神经系统；裸盖菇属主要侵害中枢神经系统；还有一些毒菌主要会引起肠胃的刺激。

对于肝损害型的毒菌毒素中毒，一般病程较长，病情也更加凶险复杂，死亡率也非常高。对于呼吸与循环衰竭型的毒菌毒素中毒，一般会出现胃不适，恶心，呕吐等。对于溶血型的毒菌毒素中毒，一般会引起红细胞破坏，引发急性溶血型贫血，主要表现为面色苍白、恶心呕吐、全身无力。对于神经型的毒菌毒素中毒，会表现为神经兴奋、神经抑制、精神错乱等。对于胃肠炎型的毒菌毒素中毒，潜伏期较短，病程也短，但是中毒较重就会引发腹泻、头痛等症状。对于光过敏性皮炎型的毒菌毒素中毒，曝光部位会出现肿胀，有灼烧针刺感。

所以，急性毒菌中毒的急救措施为：首先采用催吐、洗胃、导泻、灌肠等方式清除毒物；其次通过输液供给营养，稀释毒素，维持体液平衡以及水和电解质平衡；之后再及时用活性炭等吸附剂、牛奶豆浆等保护剂、沉淀剂及解毒剂等解毒药进行解毒。

2. 毒菌毒素的应用

不可否认，尽管毒菌毒素对人体危害巨大，但是它依旧在一些方面有潜在的利用价值，国内外对毒菌的利用也已经有了很多年的历史了。在《神农本草经》《名医别录》《本草拾遗》《本草纲目》《五十二病》等医学名著中都曾记载我国利用毒菌作为治病药物。在民间流传的药方中曾记载用"虫草王"治疗毒蛇咬伤。在中成药的处方中也记载了用毒菌作为原料生产的"舒筋散"用来追风散寒、舒筋活络。而止血扇菇可用来止血；黄丝散盖可抗湿疹、治关节炎；红鬼笔可治肿毒恶疮；竹林蛇头菌可解毒消肿等，还有很多利用毒菌治疗一些恶疾的例子[35, 36]。

除了上述民间方面的应用，毒菌毒素也在近些年用作新药的开发。①镇静剂和止痛剂。毒蝇鹅膏所含的一种成分与蟾蜍素结构相似，而蟾蜍素可治疗脑血栓、清热解毒、消肿止痛、化瘀除脓，所以，如果对这种毒素进行结构修饰，就能作为新药应用在临床。毒蝇鹅膏中还含有 THOP 的活性物质，可有效防止抽搐、癫痫发作；还有一种提取物可治疗精神分裂症。②抗肿瘤制剂。马达加斯加有一种毒菌的毒蛋白可有效阻止癌细胞增殖，所以科学家就想用毒伞肽及其衍生物经结构修饰后杀死癌细胞。③精神病治疗。裸盖菇属中所含的毒素能够影响大脑中枢神经系统，使人产生强烈的致幻作用，而致幻作用时间很短，且无后遗症，可为研究精神病的病因和治疗提供病理模型。④戒除毒瘾。可产生致幻作用的毒菌毒素属胺类或吲哚类化合物，产生的致幻效果与致幻药很像，但毒性小，不会产生依赖，也不会有后遗症，所以被用作毒品暂代品，减少吸毒者痛苦，最终达到断毒的效果。还有一些毒菌毒素能够清除自由基，有明显的抗衰老作用，也有一些毒菌毒素具有抗病毒，调节免疫力的功能。

除了临床上的应用，毒菌毒素还经常用作生物防治[37-39]。因为一些毒素对人无毒，但却对昆虫有致命打击。化学合成的杀毒剂对环境污染很严重，使得生物防治手段成为近些年的研究热点。毒菌毒素在生物学上的应用主要体现在毒素经过分子修饰后应用到分子生物学、分子遗传学和细胞生物学的研究[35]；在化学工业上主要生产橡胶、提取稀有氨基酸及挥发性化合物。所以毒菌毒素具有很广泛的开发利用的潜在价值。

3. 毒菌毒素的合成

Anderson 等在 2005 年对毒菌毒素做了全合成研究[40]，逆合成分析如图 6.9，根据所推的逆合成，来进行毒菌毒素的全合成工作，如图 6.10~图 6.12。

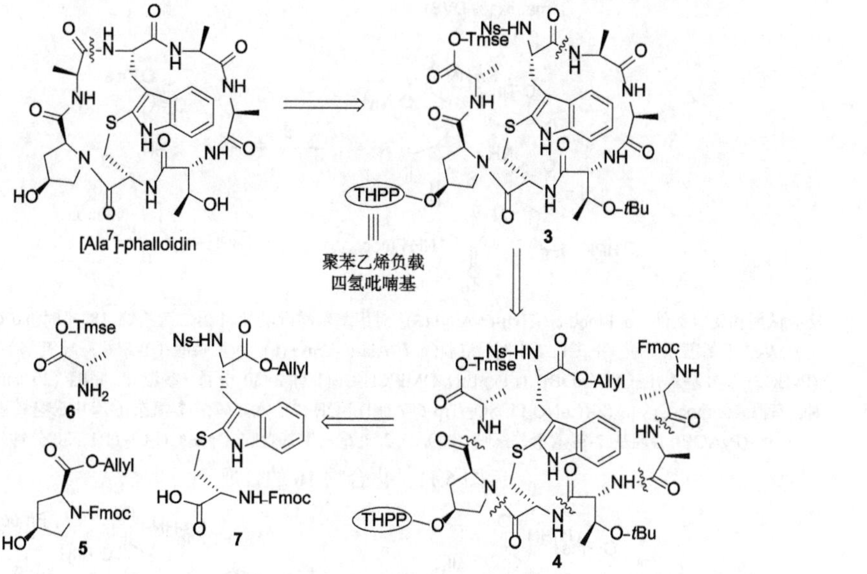

图 6.9　合成毒菌毒素的逆合成分析

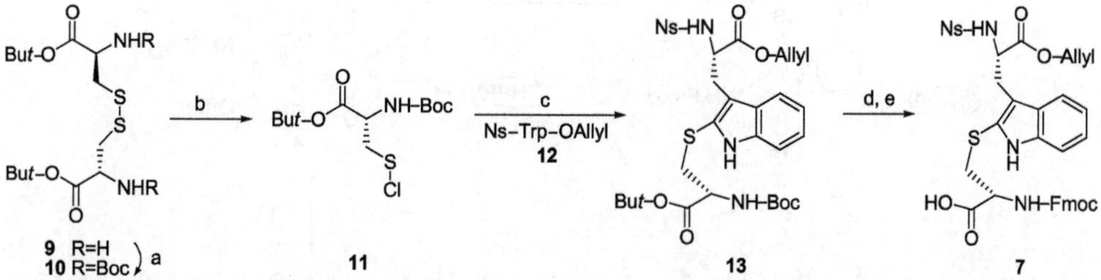

反应试剂和反应条件：a. 碳酸二叔丁酯, MeOH, Et₃N, 10 分钟, 60℃, 95%; b. SO₂Cl₂, CHCl₃, 空气, 45 分钟, 室温; c. (o-NO₂Ph)SO₂-Trp-O-Allyl (12), NaHCO₃,CHCl₃, 氩气, 15 分钟, 室温(两步产率 71%); d. CF₃CO₂H, (i-Pr)₃SiH, 24 小时,室温; e.氯代甲酸-9-芴甲酯, Na₂CO₃ (1 M aq.), 1,4-二氧六环, 2 小时, 0℃ (两步产率 66%)

图 6.10　化合物 7 的合成

首先化合物 9 经过 Boc 酸保护氨基得到化合物 10，再在 SO₂Cl₂ 和 CHCl₃ 条件下反应，得到化合物 11，通过与化合物 12 (o-NO₂Ph)SO₂-Trp-O-Allyl 的反应得到化合物 13，再脱去叔丁基和 Boc 保护基，就得到化合物 7。

化合物 8（DHPP）经过与化合物 5 Fmoc-cis-Hyp-O-Allyl 反应得到化合物 14，化合物 14 经过酰胺化得到化合物 15，化合物 15 再与化合物 7 发生反应得到化合物 16。

化合物 16 经过一系列的酰胺化反应得到化合物 4，化合物 4 经过缩合形成酰胺键得到化合物 3，化合物 3 再经过一次缩合成酰胺键，得到环合产物

[Ala^7]-phalloidin[40]。

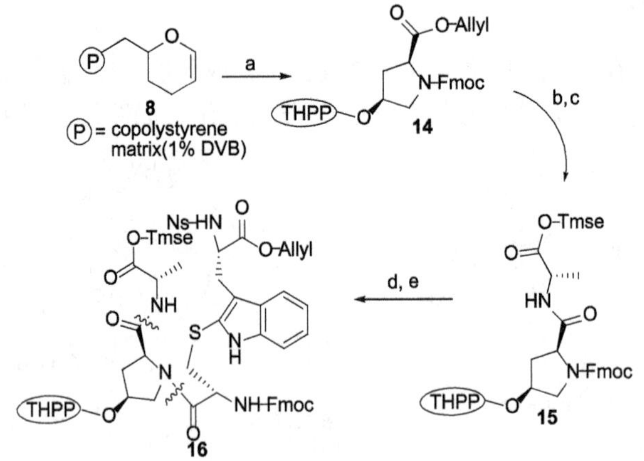

反应试剂和反应条件：a. Fmoc-cis-Hyp-O-Allyl (**5**), 对甲苯磺酸吡啶盐, 1,2-二氯乙烷, 18 小时, 80°C; b. Pd(PPh₃)₄, N, N-二甲基巴妥酸, CH₂Cl₂, 2 小时, 室温; c. H-Ala-O-Tmse (**6**), 六氟磷酸（1-苯并三唑氧基）三吡咯磷盐 (PyBOP), 1-羟基苯并三唑 (HOBt), (i-Pr)₂EtN, DMF/CH₂Cl₂(1:1), 2×30 分钟, 室温; d. 哌啶 (20% in DMF), 10 分钟, 室温; e. Fmoc-Cys-[S-(2-((o-NO₂Ph)SO₂-Trp-O-Allyl))]-OH (**7**), 六氟磷酸(7-氮杂 1-苯并三唑氧基) 三吡咯磷盐 (PyAOP), 1-羟基-7-氮杂苯并三唑 (HOAt), 2, 4, 6-三甲基吡啶, DMF/CH₂Cl₂ (1:1), 30 分钟, 室温

图 6.11　化合物 **16** 的合成

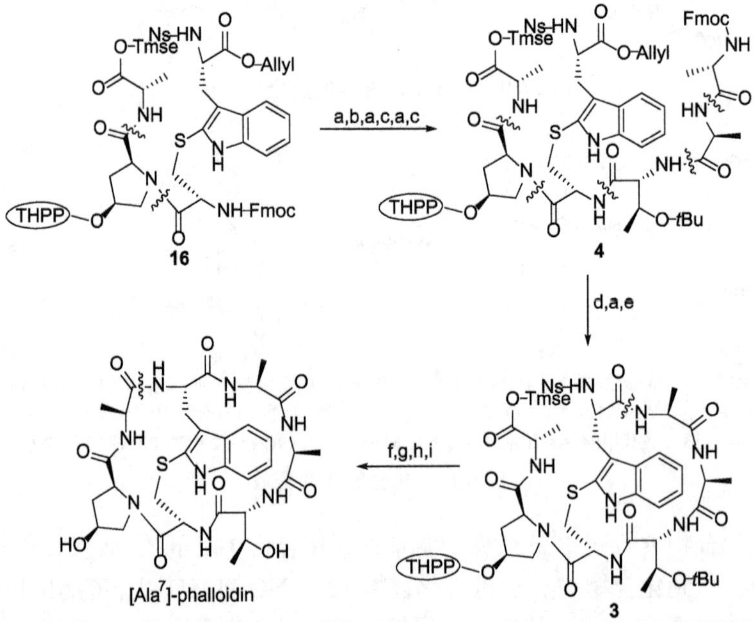

反应试剂和反应条件：a. 哌啶 (20% in DMF), 20 分钟, 室温; b. Fmoc-D-Thr(O-t-Bu)-OH, PyBOP, HOBT, (i-Pr)₂EtN, DMF/CH₂Cl₂(1:1), 30 分钟, 室温; c. Fmoc-Ala-OH, PyBOP, HOBT, (i-Pr)₂EtN, DMF/CH₂Cl₂(1:1), 30 分钟, 室温; d. Pd(PPh₃)₄, N, N-二甲基巴妥酸, CH₂Cl₂, 2 小时, 室温; e. PyAOP, HOAt, (i-Pr)₂EtN, DMF/CH₂Cl₂ (1:1), 24 小时, 室温; f. 四丁基氟化铵 (1 M in THF) 2×24 小时, 室温; g. 巯基乙醇, 1, 8-二氮杂双环 [5.4.0]十一-7-烯 (DBU), DMF, 氩气, 6×30 分钟, 室温; h. 二苯基-磷酰基叠氮化物, (i-Pr)₂EtN, DMF, 48 小时, 室温; i. CF₃CO₂H/H₂O/Et₃SiH (8：2：10), 30 分钟, 室温

图 6.12　化合物[Ala^7]-phalloidin 的合成

> **趣味小百科：如何鉴别毒蘑菇？**
>
> （1）看颜色。有毒蘑菇一般菌面颜色鲜艳，有红、绿、墨黑、青紫等颜色，特别是紫色的往往有剧毒，采摘后易变色。
>
> （2）看形状。无毒的蘑菇通常菌盖较平，伞面平滑，菌柄下部无菌托，上部无菌轮；有毒的蘑菇往往菌盖中央呈凸状，形状怪异，菌面厚实、板硬，菌柄上有菌轮、菌托，菌柄细长或粗长，易折断。
>
> （3）看分泌物。将采摘的新鲜野蘑菇撕断菌株，无毒的一般分泌物清亮如水（个别为白色），菌面撕断不变色；有毒的往往有稠浓分泌物，呈赤褐色，撕断后在空气中易变色。
>
> （4）闻气味。无毒的蘑菇一般有特殊香味，有毒蘑菇常有怪异味。

6.4 感冒药的核心"麻黄碱"

麻黄（herba ephedrae，图 6.13）是我国应用历史悠久的中药材之一，始载于汉代《神农本草经》。现代医学研究证明麻黄素存在于麻黄中，特别是茎中。麻黄素是一种生物碱，也称麻黄碱，主要包括左旋麻黄碱和右旋麻黄碱，左旋麻黄碱也直接称为麻黄碱（ephedrine，E），而右旋麻黄碱被称为伪麻黄碱（pseudo-ephedrine，PE）（图 6.14）。麻黄碱是一种白色的细微结晶，无臭、味苦，遇光易分解变质，易溶于水。

图 6.13 麻黄

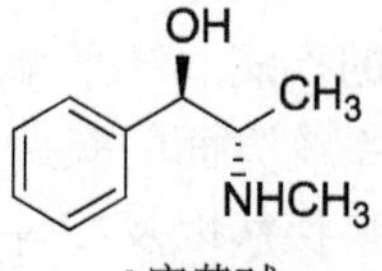

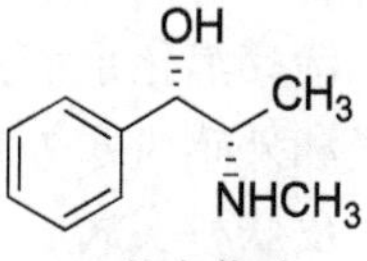

图 6.14 l-麻黄碱和 d-伪麻黄碱的结构

麻黄碱的提取方法一般采用甲苯萃取法、水蒸气蒸馏法或离子交换法，近些年来提取工艺有所改进，主要采用生物发酵、HPLC、膜分离等方法[41-43]。

1. 麻黄碱中毒和急救

麻黄碱可以用作平喘发汗，毒性很小，但是服用过量也会引起中毒。长期服用麻黄碱可能成瘾，所以应该严格控制麻黄碱的出售和使用，对于含麻黄碱的药物购买和使用也有所限制。

当麻黄碱使用不当或者过量使用会刺激肾上腺，使心血管系统兴奋，从而诱发地卡因过敏；麻黄碱会使血管收缩，血压升高，因而可能诱发脑血管疾病；如果麻黄碱与洋地黄协同使用，可能会导致心律失常；当麻黄碱的摄入量过大时，会使交感神经和中枢神经过度兴奋而中毒，早期主要表现为心悸气短、血压升高，中毒严重时会产生休克、昏迷，甚至死于呼吸衰竭和心室纤颤。

当麻黄碱中毒时，要先进行催吐、洗胃、导泻等来降低体内麻黄碱的含量，之后再采用药物解毒，例如氯丙嗪、绿豆、甘草等，如果中毒严重，就需要中西药结合使用，进行对症下药。

2. 麻黄碱的药理活性和临床应用

其实在几千年前，我们的祖先就发现了麻黄碱的药理活性，这也在《神农本草经》和《本草纲目》等药学经典中有所记载。麻黄碱可以用作风寒感冒，利于发汗平喘，也可用于风湿、皮肤病等顽疾。

麻黄碱可以影响心血管系统，刺激肾上腺神经，增强心肌收缩，加速心跳，升高血压，还可以抑制混合血栓的形成；可以使大脑皮层和皮下中枢兴奋，也能使呼吸中枢和血管中枢兴奋；麻黄碱还可以持久的解除平滑肌的痉挛，使肌肉松弛，抑制肠胃蠕动；麻黄碱可以影响肌肉神经传递，具有抗疲劳作用，可用于重症肌无力的治疗；除此之外，麻黄碱具有平喘、镇咳、祛痰、发汗、利尿、抗炎、抗过敏等作用[41]。

最开始对麻黄碱的应用主要是以麻黄植株入药[44]，而近些年来研究开发了很多含有麻黄碱的药物，例如"白加黑""小儿止咳露""丽珠感乐""定喘宁胶囊"等药物用于治疗风寒、感冒。而麻黄碱在临床上的应用[44-47]主要有几个方面：①利尿，麻黄碱可以用来治疗泌尿生殖系统方面的疾病。②麻黄碱可提高交感神经的兴奋，治疗消化系统方面的疾病。③平喘，麻黄碱常常用来治疗过敏性哮喘、小儿肺炎和外感风寒等呼吸系统方面的疾病。④麻黄碱还对心血管疾病、神经系统疾病、皮肤科疾病、五官科疾病以及妇科疾病都有良好的治疗效果，可常常被用来抢救氯丙嗪中毒的病人。

3. 麻黄碱的制备

目前，麻黄碱的工业化生产主要依靠从植物中提取[48]或者化学合成两种方法。生产麻黄碱的生物技术主要有植物细胞组织培养法、生物转化法和转基因微生物法[49]。麻黄碱的合成[50]可以先采用生物转化生产 α-羟基酮 R-PAC，再用化学合成麻黄碱（图 6.15）。

图 6.15　化学合成麻黄碱

6.5　有机磷农药中毒的解毒仙子"曼陀罗生物碱"

曼陀罗（*Datura stramonium* Linn.，图 6.16）又叫洋金花，原产于墨西哥，广泛分布于世界温带至热带地区。全株有毒，又以种子毒性最大[51]。

图 6.16　曼陀罗

曼陀罗生物碱是曼陀罗中所有生物碱的统称，具有剧毒。曼陀罗的主要活性成分为具有抗胆碱特性的莨菪碱（hyoscyamine）、东莨菪碱（曼陀罗提取物）（scopolamine）及阿托品（atropine）等生物碱[52]。莨菪碱为白色针状结晶，易溶于氯仿、乙醇等有机溶剂，难溶于醚或冷水，易溶于稀酸，成盐溶于水，莨菪碱在外围和中枢的作用更强。阿托品为白色或无色结晶，易溶于氯仿及乙醇，难溶于醚或热水，更难溶于冷水，不溶于石油醚，阿托品能够刺激或抑制中枢神经系统。东莨菪碱分子式是 $C_{17}H_{21}NO_4$，呈黏稠糖浆状液体，易溶于乙醇、乙醚、氯仿、丙酮和热水，微溶于苯和石油醚，在冷水中溶解度尚可，能与多种无机或有机酸生成结晶的盐。东莨菪碱能阻断 M 胆碱受体，对呼吸中枢有兴奋作用，能抑制腺体分泌，对大脑有镇静催眠作用。而我们所说的曼陀罗生物碱一般指的是东莨菪碱（图 6.17）。

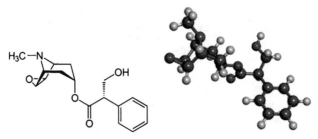

图 6.17　东莨菪碱的结构

1. 曼陀罗生物碱中毒和急救

曼陀罗生物碱的中毒机制主要是：①曼陀罗生物碱能够造成中枢神经系统的兴奋，刺激大脑细胞，刺激脊髓神经，导致抽搐和痉挛。②曼陀罗生物碱能够阻断 M 胆碱受体，阻断交感神经，使平滑肌松弛，抑制腺体分泌，引起瞳孔散大及视力障碍，使心律加速，血管扩张。

曼陀罗中毒后在临床上的症状复杂，早期表现为吞咽困难、兴奋不安、视力障碍、呼吸加速。后期表现为瞳孔放大、视物不清、体温升高发抖、腹痛、反应迟钝，最后可能会因为呼吸麻痹而死亡。

对于曼陀罗生物碱中毒的急救，一般先用高锰酸钾或鞣酸的溶液洗胃，再服用解毒剂以沉淀生物碱，注射葡萄糖液，促进排除毒素，之后再根据症状不同服用氯丙嗪或尼可刹米治疗，中药解毒可以选用绿豆、甘草和连翘等。

2. 曼陀罗生物碱的应用

曼陀罗虽然有剧毒，但是也有药用价值，早期曼陀罗花被用于麻醉，还用于治疗疾病。有古书记载其叶、花、籽均可入药，味辛性温，有大毒。花能去风湿，止喘定痛，可治惊痫和寒哮，煎汤洗治诸风顽痹及寒湿脚气。花瓣的镇痛作用尤佳，可治神经痛等。叶和籽可用于镇咳镇痛。近年来对曼陀罗生物碱的药用价值的研究主要集中在平喘、祛风和麻醉止痛方面。

东莨菪碱在临床上有多种用途[53-59]。东莨菪碱可用于治疗呼吸衰竭、各型肺水肿、成人呼吸窘迫综合征（ARDS）、咯血、哮喘持续状态等各种呼吸系统疾病。在传统治疗肺出血型钩端螺旋体病（钩体病）的基础上加东莨菪碱佐治，能有效地控制肺出血型钩体病咯血，缩短治愈时间，治愈率显著提高，还能减轻治疗过程中患者恶心、呕吐、腹痛等胃肠道不良反应。此外，东莨菪碱还可用于治疗心衰、室性心律失常、心绞痛、高血压危象等心血管系统疾病，在治疗小儿重症肺炎并发心功能衰竭中也获得良好的效果。东莨菪碱是 M 胆碱受体阻断剂，具有明显的拮抗儿茶酚胺作用，能解除动静脉痉挛，改善微循环，治疗感染性休克；东莨菪碱阻断乙酰胆碱的释放，改善全身微循环，减少病理性腺体的分泌，从而治疗消化系统疾病。

东莨菪碱除了具有临床药用价值，还在农业、生活中有重要的应用价值。研究表明曼陀罗提取液具有杀灭鱼类指环虫的作用。东莨菪碱还具有杀菌作用，曼陀罗的水浸提液对大肠杆菌等 5 种革兰氏阳性和阴性细菌都有一定程度的抑制作用。曼陀罗各部位均具有杀鼠活性和较好的适口性，种子的杀鼠活性最强，其次为茎、果壳和叶，而且曼陀罗具有较强的杀鼠活性和较好的适口性。曼陀罗生物碱还能降低线虫活性，引起线虫死亡对寄主作物的危害。

3. 曼陀罗生物碱的合成

东莨菪碱的生物合成（图 6.18）开始于鸟氨酸脱羧酶（ornithine decarboxylase）对 L-鸟氨酸（ornithine，**1**）脱羧至腐胺（putrescine，**2**），腐胺通过腐胺 *N*-甲基转移酶（putrescine *N*-methyltransferase）甲基化为 *N*-甲基泼尼菌素（*N*-methylputrescine，**3**），特异性识别甲基化腐胺的腐胺氧化酶（putrescine oxidase）催化该化合物脱氨为 4-甲基氨基丁醛（**4**），然后其经历自发形成 *N*-甲基-吡咯鎓阳离子（*N*-methyl-1*H*-pyrrolium cation，**5**）。之后，吡咯鎓阳离子 **5** 与乙酰乙酸缩合，产生禾谷物（hygrine，**6**）。不能证明催化该反应的酶活性。**6** 进一步重排为托品酮（tropinone，**7**）。随后，托品素还原酶 I（tropinone reductase I）将托品酮转化为与苯丙氨酸衍生的苯丙酸酯缩合成托丝汀的托品（tropine，**8**）。分类为 Cyp80F1 的细胞色素 P450 氧化并重新排列紫罗兰酮至莨菪碱醛（**10**）。在最后一步中，莨菪胺通过 6*β*-羟基胞嘧啶环氧酶催化环氧化产生东莨菪碱（**12**）。

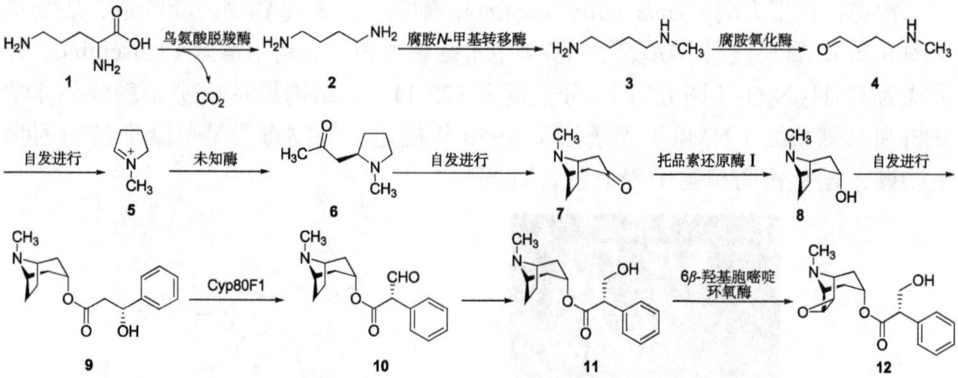

图 6.18　东莨菪碱的生物合成

东莨菪碱除了可以生物合成，还能通过化学全合成的方法得到（图 6.19）。首先是 2, 5-二甲氧基-2, 5-二氢呋喃 **1** 作为羟基琥珀醛（**2**）的前体，与 3-氧代戊二酸进行罗宾逊反应，以 30%的收率形成 6-羟基托他酮 **3**。虽然 **3** 的产量中等，但该反应在室温和水中进行，而且原料价格便宜。**3** 是以苯作为酮保护的溶剂，并以 90%的产率转化成乙二醇缩酮 **4**。酮 **4** 经过甲氧基化得到磺酸盐 **5**，在 *t*-BuOK 的作用下发生消除，以 85%的产率得到所需的烯烃 **6**。然后在盐酸作用下去掉醛基保护基，然后用 L-selectride 进行还原得到 6,7-脱氢托品 **8**，收率 53%。使 **8** 在保护氨基的条件下，发生酯化反应得到 **9**，化合物 **9** 中的双键经过 35%的 H$_2$O$_2$ 氧化，最终得到东莨菪碱 **10**[60]。

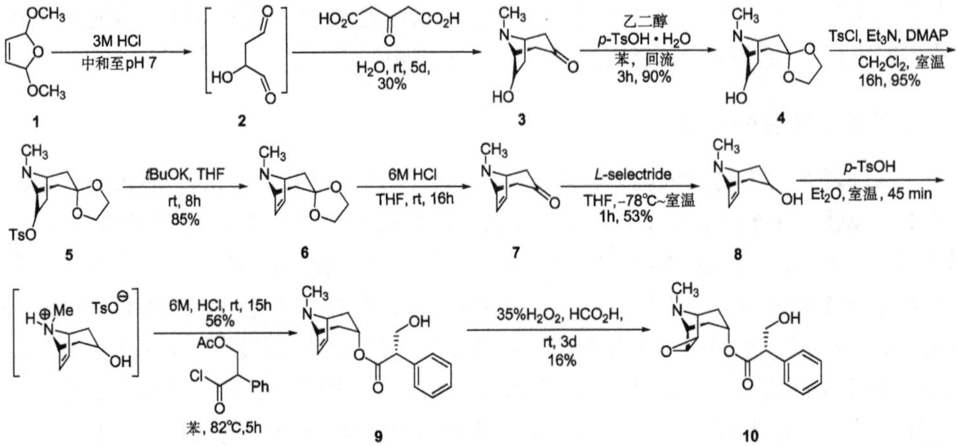

图 6.19　东莨菪碱的化学合成

6.6　肝肠寸断的"钩吻毒素"

钩吻，拉丁文名：*Gelsemium elegans*；别名：又有金钩吻、断肠草、烂肠草（图 6.20），属马钱科、胡蔓藤，多年生常绿藤木植物。钩吻毒素（gelsemine）分子式为 C$_{20}$H$_{22}$N$_2$O$_2$（图 6.21），分子量为 322.44，其结构最终通过 X 射线晶体学分析和核磁共振（NMR）光谱法于 1959 年确定。钩吻毒素是单萜类型的吲哚生物碱，是从钩吻植物中提取的，有剧毒。

图 6.20　钩吻

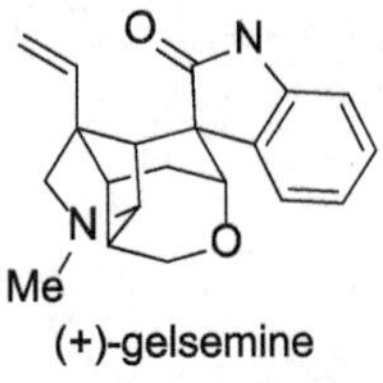

图 6.21　钩吻毒素

1. 钩吻毒素中毒和急救

钩吻毒素具有强烈的神经毒性，主要侵犯中枢神经系统，能够抑制呼吸中枢，作用于迷走神经，还能影响心肌和血管平滑肌。钩吻毒素中毒后，可致呼吸麻痹而死亡，在人体内的较低剂量下，甘氨酸受体上的凝胶酶作用引起的抑制性突触后电位可导致肌肉松弛，引起的恶心，腹泻和肌肉痉挛。在较高的剂量下，可能导致视力障碍或失明，麻痹甚至死亡。钩吻毒素中毒后在临床上的表现是：早期出现恶心、呕吐、腹痛、流涎等消化道症状，后期病情会急速恶化，发生呼吸抑制，并伴有一系列的并发症。

钩吻毒素中毒并没有特效解毒剂，但可以在低剂量中毒的情况下进行治疗。患者入院后立即给予呼吸、心电、血氧饱和度等监护，持续中至高流量给氧，然后用生理盐水进行灌洗，灌洗必须在摄入 1 小时内进行，然后口服 20%甘露醇 250 mL，再用活性炭吸附胃肠道中的游离毒素以防止继续吸收，同时进行其他对症治疗。最后，还要实时监测和控制电解质和营养水平，及早给予肝、肾等重要脏器功能的保护。

2. 钩吻毒素的药用价值

钩吻毒素虽有剧毒，但也可入药，钩吻毒素的药用价值在《神农本草经》和《本草纲目》中早有记载。在近些年的临床上，钩吻毒素可直接作用于肿瘤细胞，减慢其增长速度，进而提升细胞的死亡率[61-64]。关于钩吻毒素抗肿瘤的研究表明：①钩吻毒素可抑制人神经胶质瘤细胞株 U251 的生长，诱导其死亡。②对肿瘤细胞 DNA 合成期及 G2-M 期的阻滞有极其重要的作用。③通过抑制 DNA 的合成，阻止细胞由 G1 期向 S 期的转化而诱导人结肠癌 LoVo 细胞凋亡。④对肝癌细胞 HepG2 生长有很好的抑制作用。钩吻毒素还有镇痛的效果[65,66]。这主要是因为钩吻毒素能提高机体的痛阈，对内脏平滑痉挛所引起的绞痛和癌症剧痛有较强的止痛效果，也常常被用于治疗三叉神经痛和偏头痛。此外，钩吻毒素还具有抗焦虑、调节免疫系统、抗应激等作用。钩吻毒素能调节免疫的作用可通过小鼠试验发现[67]，研究表明钩吻毒素能显著提高小鼠腹腔巨噬细胞的吞噬功能和吞噬指数，可影响机体的免疫功能，钩吻对免疫功能的影响是间接的，可能是通过保护骨髓造血功能而发挥的作用，钩吻能迅速恢复骨髓造血功能，进而使免疫细胞得到恢复，从而增强免疫作用。除此之外，钩吻毒素还有促进造血功能、扩瞳、抗炎、治疗皮肤病等药理作用。在农业上，钩吻毒素可用于杀虫，在畜牧业上一般是掺在饲料里治疗牛、羊的肠炎。

3. 钩吻毒素的制备

关于钩吻毒素的提取一般采用醇提法、酸提法、离子交换树脂法、氯仿热提法、大孔吸附树脂法[68]。除了直接从植物中提取，也可以采用化学全合成的方式得到，首先对钩吻毒素进行逆合成分析（图6.22）[69]。

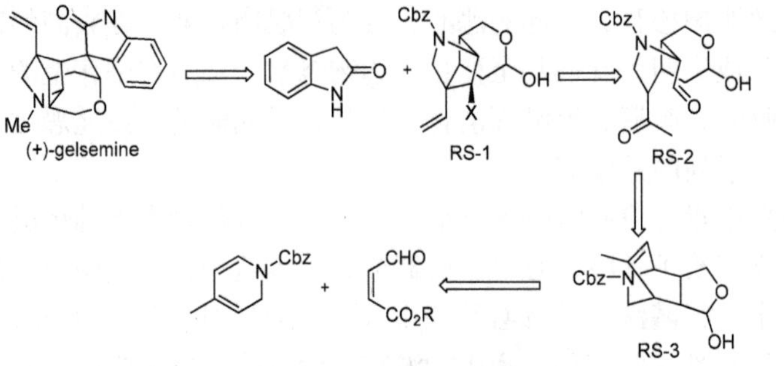

图 6.22　钩吻毒素的逆合成分析

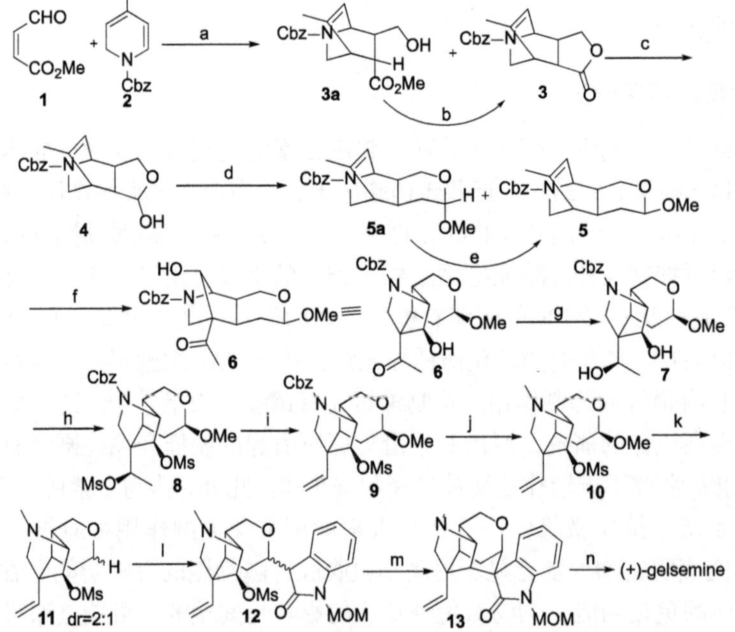

反应试剂和反应条件: a. Cat. NaBH₄ (0.1 eq), CH₃CN/H₂O (20:1), 20℃, 36 小时, then NaBH₄ (1 eq), 0℃, 30% for **3a**, 47% for **3**; b. DBU, 甲苯, 回流, 20 小时, 97%; c. DIBAL-H (1.05 eq), DCM, 78℃, 3 小时, 90%; d. KHMDS (4.4 eq), MOMPPh₃Cl (4 eq), *p*-TSA, THF, 0℃~室温, 3 小时, then **4**, 0℃, 4 小时, *p*-TSA (0.1 eq), CH(OMe)₃, DCM, 室温, 93% for **5a** and **5**; e. *p*-TSA (0.1 eq), CH(OMe)₃, DCM, 室温; f. O₃, DCM, 78℃, 30 分钟, NaOCH₃ (0.3 eq), CH₃OH, 0℃, 24 小时, 60%; g. NaBH₄ (1.1 eq), CH₃OH, 0℃, 30 分钟, 93%; h. MsCl (3 eq), DMAP (3 eq), Et₃N (5 eq), DCM, 0℃, 定量; i. DBU, 甲苯, 回流, 24 小时, 85%; j. LiAlH₄ (1.2 eq), THF, 0℃, 10 小时, 86%; k. 6 mol/L HCl, THF, H₂O, 3 小时, 96%; l. 哌啶, 1-MOM-羟吲哚 (1.5 eq), CH₃OH, 回流, 86%; m. LDA (1.2 eq), Et₂AlCl (5 eq), 甲苯, 32%; n. 6mol/L HCl, THF, 50℃, 24 小时, Et₃N, CH₃OH, 55℃, 24 小时, 70%

图 6.23　钩吻毒素的合成

　　根据前文的逆合成分析，设计的全合成路线如图 6.23，首先烯烃 1 与二氢吡啶 2 发生 Diels-Alder 反应得到化合物 3a 与 3，3a 与 DBU 在甲苯溶液中回流也能得到化合物 3，以提高产率。化合物 3 在 78℃下被 DIBAL-H 还原成化合物半缩醛 4，通过随后的 Wittig 反应提供甲基烯醇乙醚，直接用催化量的原甲酸三甲酯处理对甲苯磺酸，就能够得到中间体 5 和 5a（13：1），5a 也可以在对甲苯磺酸的作用下得到化合物 5，化合物 5 被臭氧氧化得到化合物 6，再经过硼氢化钠的还原得到化合物 7，其羟基被 MsCl 保护后得到化合物 8，然后在 DBU 的作用下就能得到化合物 9，化合物 9 在 LiAlH₄ 还原下得到化合物 10，再加入 HCl 后得到化合物 11，化合物 11 与 1-MOM-oxindole 发生反应得到化合物 12，12 在 LDA 的作用下得到化合物 13，再加入 HCl 后得到目标产物钩吻毒素。

6.7　散寒止痛的毒物"乌头碱"

　　乌头属植物是被子植物亚门毛莨科中非常重要的一类，全球约有 350 种，主要分布于亚洲，其次为欧洲和北美洲。我国乌头属植物分布广泛且种类丰富，已报道的有 200 多种，其中 76 种已被用于民间药材中。

　　乌头，草本。块根倒圆锥形，长 2~4 cm。茎高 60~150 cm。叶片常 3 全裂，中央裂片宽菱形或菱形，急尖，近羽状分裂，小裂片三角形，侧生裂片斜扇形，不等地 2 深裂。总状花序狭长，密生反曲的微柔毛。小苞片狭条形。萼片 5 枚，蓝紫色，外面有微柔毛，上萼片盔形，高 2~2.6 cm，侧萼片长 1.5~2 cm。花瓣 2 枚，无毛，有长爪，距长 1~2.5 mm。雄蕊多数，心皮 3~5 个，通常有微柔毛。蓇葖长 1.5~1.8 cm，种子有膜质翅（图 6.24）。分布在长江中、下游各省，北达秦岭

图 6.24　川乌、草乌和附子（来源于百度图片）

和山东东部，南达广西北部，越南北部也有。生于山地草坡或灌丛中。四川、陕西大量栽培。块根为镇痉、镇痛剂，主治关节痛、神经痛、风寒湿痹等症。

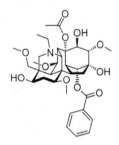

图 6.25　乌头碱的结构

乌头碱（aconitine）也被称为恶魔的头盔或僧侣，主要存在于川乌、草乌、附子等植物中，分子式是 $C_{34}H_{47}NO_{11}$，分子量为 645.74，是六方形片状结晶，其结构见图 6.25，熔点 204℃，比旋光度 $[\alpha]^D = +17.3°$。水溶液对石蕊呈碱性反应，溶于无水乙醇、乙醚和水，微溶于石油醚，是双酯类二萜生物碱，结构中有双酯基，有剧毒。其毒汁经常涂在弓箭上用来射杀禽、兽。乌头碱化学性质不稳定，加热后容易水解产生乌头次碱（benzoylaconine）和乌头原碱（aconine），毒性也会降低很多。

近年来国内有关乌头碱的研究文献，主要集中于乌头碱化学成分的分离和提取，乌头碱的检测以及药理学等方面，而主要的检测手段有中和法、分光光度法、薄层层析法、高效液相色谱法、质谱与色谱联用法。

1. 乌头碱的药理作用[70]

1）镇痛作用

在民间常将乌头制剂外敷用以镇痛，乌头汤也有很强的麻醉止痛作用。张覃木等[71]利用电刺激大鼠尾部法测得乌头碱的最小镇痛有效量为 25 μg/kg，镇痛指数为 11.8（吗啡为 142），镇痛强度和维持时间随剂量的加大而增加。中国科学院上海药物研究所[72]研制的镇痛新药 3-乙酰乌头碱，对大多数疼痛均有较强的镇痛作用，且不成瘾。唐希灿等[73]利用 4 种致痛方法对小鼠和大鼠进行测试，发现 3-乙酰乌头碱具有提高痛阈值的作用。Shu H 等[74]研究表明一些二萜类生物碱可以增强吗啡等镇痛药物的疗效，并降低其耐药性，因此可作为镇痛药物的辅助剂使用。刘安平等[75]研究表明草乌水煎液可使蟾蜍坐骨神经复合动作电位的振幅和传导速度变小，并且药物浓度越大变化幅度越大。停止给药后，电位传导可恢复。实验结果为草乌镇痛机理的阐明提供了依据。草乌甲素片是新型第三类镇痛药物，对常见慢性疼痛有明显的抑制、消除作用，肠胃黏膜安全性高，且无药物依赖性[76,77]。

2）抗炎作用

乌头属植物的抗炎活性主要来自于其中的二萜生物碱类成分。刘世芳等[78]研究表明草乌中总生物碱和乌头碱对离体豚鼠回肠有抗组胺作用，并且总生物碱能够抑制鸡蛋白致敏豚鼠回肠的收缩反应。汪沪双等[72]研究表明对于角叉菜胶引起的炎症,乌头总碱可明显减少渗出物中 PGE 的含量,并能抑制组胺及五羟色胺引起的毛细管通透性增强,减轻炎症反应。程薇等研究表明,草乌提取物可显著减轻大鼠蛋清性足肿胀,使足踝体积变小,说明草乌具有抗急性炎症的作用。龙丽等研究表明草乌甲素可明显减轻大鼠踝关节肿胀,并提高痛阈值。

3)强心作用

刘世芳等[79]以家兔心电图变化为指标,发现小剂量的北乌头总生物碱能够增强肾上腺素的作用,对抗 $CaCl_2$ 引起的 T 波倒置,并且能够减小垂体后叶制剂引起的 ST 段初期上升并随后下降的反应。苏联学者 Dzhakhangirov 和 Sadridinov[80]曾从草乌中分离出两种具有抗心律失常作用的生物碱,分别为 Napelline 和 Heteratisine,之后相关工作者进行了大量的结构修饰和活性研究。高桥真太郎等也认为炮制后的草乌有较强的强心作用。

4)抑瘤作用

Hazawa 等[81]对一些 C_{20} 型二萜生物碱进行结构修饰,发现经过修饰后这些生物碱可抑制肿瘤细胞的产生。汤铭新等研究表明,中药乌头提取的乌头碱注射液有抑制癌细胞增长、自发转移的功效,临床可用于治疗癌症晚期患者,且治疗过程无不良反应。赖春丽等的研究也表明乌头注射液对肝癌细胞有较强的抑制作用,可应用于临床治疗。

2. 乌头碱的毒性、中毒与急救

乌头类药材使用历史悠久,但毒性极强,误食或用药不当易发生中毒甚至死亡现象。乌头中的乌头碱、次乌头碱、新乌头碱是主要的药效成分,同时又是毒性很强的成分,其中乌头碱口服 0.2 mg 即可使人中毒,3~5 mg 即可致死。这三种双酯型二萜生物碱经煎煮分别水解成毒性较弱的苯甲酰乌头原碱、苯甲酰次乌头原碱和苯甲酰新乌头原碱,而苯甲酰乌头原碱、苯甲酰次乌头原碱、苯甲酰新乌头原碱又可继续水解成毒性更低的乌头原碱、次乌头原碱和新乌头原碱,使炮制品的毒性大为减小[82]。

乌头碱中毒时,最初使心率减慢,随即由于高度刺激了心肌,突然心率加快,心收缩力加强,很快出现心律失常,心收缩力减弱,最终心跳停止;乌头碱对免疫器官的影响和体液免疫均呈免疫抑制作用,乌头碱对 T 细胞及其亚群能够产生抑制作用,从而影响 B 细胞功能;乌头碱也会抑制呼吸中枢,引起呼吸困难,最终呼吸衰竭;除此之外,乌头碱对皮肤黏膜的刺激很强烈,使神经末梢先兴奋后麻痹,有灼烧感,最终丧失知觉。

乌头碱在临床上毒性反应的表现：对神经系统的毒副作用主要是使中枢神经及周围神经先兴奋后抑制，症状表现为轻者口、舌发麻，四肢麻木，伴有头晕，头痛、烦躁；重者全身发硬，四肢抽搐，语言及神志不清，呼吸先加快后减慢，直至麻痹。对心血管系统的毒副作用主要表现为胸闷、心悸、四肢厥冷、心动过缓、面色苍白，唇青肢冷、大汗淋漓、心慌胸闷心律失常、血压下降，甚至引起死亡等。消化系统方面主要表现为恶心、呕吐、腹痛、腹泻，甚至出现大小便失禁。此外，还对基因、胚胎发育、卵细胞、雄性生殖系统具有一定的影响。

对乌头碱中毒的治疗一般先用高锰酸钾或鞣酸溶液洗胃，服用活性炭吸附，再注射葡萄糖盐水，以维持体液电解质平衡，用阿托品缓解神经兴奋，心律失常时注射利多卡因，四肢麻痹，呼吸衰竭时注射硝酸士的宁。

3. 乌头碱的合成

乌头碱是由附子植物通过萜类的生物合成途径（MEP 叶绿体途径）自然合成的。现已经分离和鉴定出大约 700 种天然存在的 C_{19}-二萜生物碱，但是只有少数生物碱被合成出来。Shi Y 等[83]从环丙烯 10、环戊二烯 11 和二氢氮杂环烯酮 8 出发，经过两次 Diels-Alder 环加成、Mannich 反应、自由基环加成等反应成功合成出与乌头碱具有相同骨架结构的赣皖乌头新碱（neofinaconitine）和 9-去氧刺乌头碱（9-deoxylappaconitine），其逆合成分析和合成见图 6.26 和图 6.27。

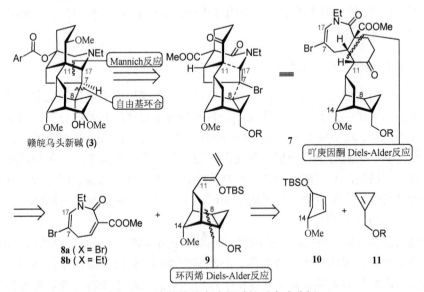

图 6.26　合成赣皖乌头新碱的逆合成分析

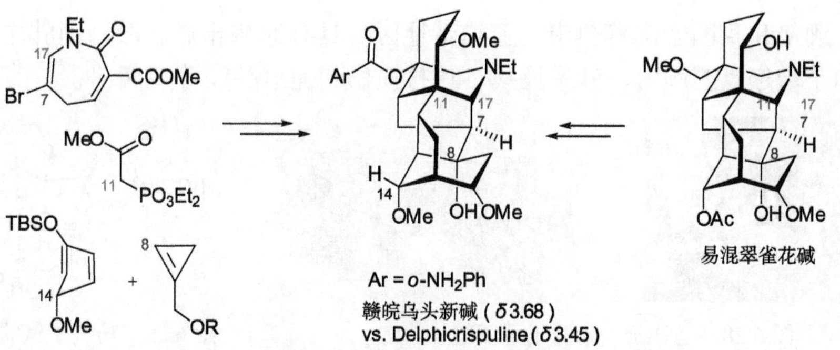

图 6.27　赣皖乌头新碱和9-去氧刺乌头碱的合成

4. 乌头碱的应用

乌头碱在医学中使用历史悠久，应用广泛。在传统中医学中草乌、川乌有祛风湿、散风邪作用，常常被用于治疗风寒湿痹、肢体关节冷痛、半身不遂等症。现代药理研究证实，乌头类及其复方制剂具有抗炎、免疫抑制、麻醉止痛、抗肿瘤等作用，对心血管系统则表现为强心、降血压、扩张血管等作用。

乌头碱类药物的功能一是用于回阳救逆，用于亡阳证，四肢厥冷，面色苍白，出冷汗，脉微欲绝等；二是用于心阳衰微，肾阳不足，畏寒肢冷、脾胃虚寒，腹痛等症；三是具有祛寒除湿，温经止痛的功效，常常用于治疗风湿性关节炎、关节痛、腰腿痛、神经痛等疾病。

由于乌头碱具有明显的抗炎镇痛作用，所以在临床上主要用于治疗各种痛症，如头痛、心痛、腹胁痛、痹痛等，除此之外还被用于缓解癌痛，尤其适用于消化系统癌痛；乌头碱有抗肿瘤作用，对肝癌有一定的疗效，诱导肿瘤细胞凋亡；外用时能麻痹周围神经末梢，产生局部麻醉和镇痛作用；有消炎、发汗作用；还用于心动过速，高血压症的治疗，以及是研究心律不齐的工具药。

6.8　癫痫和面瘫的灵药 "马钱子碱"

马钱子（*Strychnos nux-vomica* L.）为马钱科马钱子属植物，又名番木鳖，始载于《本草纲目》卷十八，是常用中药（图 6.28），为马钱科马钱子属植物马钱子及云南长籽马钱（*Strychnos wallichiana* Steud. ex DC.）的干燥成熟种子[84,85]。干燥成熟的种子呈扁圆形，纽扣状，略弯曲，边缘微隆起，常一面稍凹下，另一面稍突起，直径 1~3 cm，厚 3~6 mm，表面灰棕色或灰绿色，密生匐伏的银灰色毛茸，呈辐射状排列，有丝光，底面中央有一稍突出的圆点，边缘有一小突起，在圆点与小突起之间有一条棱线。质坚硬，难破碎，破开后种仁淡黄白色，稍透明，角质状，纵切面可见心形的子叶。无臭，味极苦，毒性剧烈。主要分布于印度、越南、缅甸和我国云南等热带、亚热带地区。具有通络止痛、散结消肿之功效，临床用于治疗风湿顽痹、麻木瘫痪、跌打损伤和痈疽肿痛等疾病[86]。

图6.28　马钱子（来源于百度图片）

图6.29　马钱子碱的结构

马钱子植株主要有效成分为单萜吲哚类生物碱[87]。生物碱的含量约为生药的1.5%~5%，主要是士的宁（strychnine），马钱子碱（brucine）及其氮氧化物等，其中又以士的宁含量居首，占1.2%~2.2%。马钱子碱占0.8%，分子式为$C_{23}H_{26}N_2O_4$，分子量为394，为白色结晶性粉末，其结构如图6.29所示。马钱子碱味极苦，微溶于水，可溶于乙醚、氯仿、乙醇、甲醇等有机溶剂，其含量大约占马钱子总生物碱的30%~40%。马钱子碱的提取一般采用水提取、酸提取、醇提取、氨性氯仿提取、酶提取、微波萃取等方式。而马钱子碱的纯化一般采取硅胶色谱柱或者大孔吸附树脂。在提取、分离、纯化上，由于溶剂的差异、提取方法、条件、效率的不同，没有一种统一、高效、经济的方法。

1. 马钱子碱的药理作用[88]

马钱子碱具有显著的镇痛、抗炎、抗肿瘤、对中枢神经系统的兴奋等作用。

1）马钱子碱的镇痛作用

马钱子碱腹腔注射（ip）30 min后发挥镇痛作用，ED_{50}与哌替啶给药后15 min的ED_{50}相近，具有镇痛强度大、持续时间长（马钱子碱为2h，哌替啶为1h）的特点，且在一定剂量范围内，马钱子碱药效强度与给药剂量呈正相关，进一步证实了其镇痛作用的可靠性。不同剂量的复方马钱子碱进行热板法镇痛研究，并与吗啡进行平行比较。实验结果证明，32.6 mg/kg剂量马钱子碱的镇痛效果明显超过10 mg/kg剂量的吗啡组，22.8mg/kg和16 mg/kg剂量马钱子碱的镇痛作用基本与吗啡组相当。马钱子碱的镇痛机理为：马钱子碱通过中枢和外周两种途径发挥镇痛作用，其镇痛作用可能与镇静和麻痹感觉神经末梢有关。马钱子碱和吗啡合用时，不仅能明显增加吗啡镇痛作用，还能延长其镇痛时间。马钱子碱能不同程度地增加神经递质5-HT、NE与DA的含量，提示其中枢镇痛作用是通过增加脑内单胺类神经递质而发挥镇痛作用。也有人认为镇痛作用与中枢M胆碱能神经系统有关，这也可能是其增加吗啡镇痛作用（与阿片受体结合）但不具成瘾性、不能被纳洛酮拮抗的原因。外周镇痛作用可能是通过抑制PGs合成，减少外周炎症

组织 PGE_2 的释放，降低感觉神经末梢对痛觉敏感性，使疼痛得以缓解。

2）马钱子碱的抗炎免疫作用

马钱子碱在免疫性疾病中应用广泛，多用于治疗风湿性关节炎、强直性脊柱炎等。骨关节炎是由于内外因素的作用引起关节软骨的受损而引起的，发病中心环节是关节软骨发生退行性改变，而软骨细胞凋亡在骨关节炎的发病过程中起重要作用。张梅等[89]的研究表明，在 NO 诱导的兔软骨细胞凋亡模型中加入不同剂量的马钱子碱，其凋亡率明显下降，并呈量效关系，以高剂量组（250 mg/L）最为显著，与正常软骨细胞组比较，二者凋亡率并无显著性差异。提示马钱子碱抑制软骨早期凋亡，保护软骨组织，从而达到治疗风湿性关节炎的目的。其次，它还可以减轻炎症。徐丽君等[90]发现马钱子粉具有抗实验性关节炎作用，且有效部位为非士的宁生物碱，即提示马钱子碱具有较好的抗炎作用。而 Yin 等[91]的实验证明马钱子碱及其氮氧化物能够抑制炎症组织的 PGE_2 的释放，降低血管通透性和完全佐剂性关节炎大鼠血浆中 6-keto-PGF_{1a} 和 5-HT 的含量，从而达到抗炎的目的。可见，马钱子碱的抗炎作用并不是通过免疫抑制来实现的，完全有别于地塞米松免疫抑制作用。镇痛有效剂量的马钱子碱对小鼠淋巴细胞具有功能依赖性的免疫调节作用，且对正常的免疫系统无影响[92]。

3）马钱子碱的抗肿瘤作用

从植物中寻找具有抗肿瘤作用的天然药物一直受到人们的重视。研究表明，具有吲哚型结构的生物碱如长春碱、钩吻素、长春新碱等，大多对各种肿瘤有生长抑制作用，并可诱导肿瘤细胞的凋亡。在马钱子碱，士的宁及两者的氮氧化物中，马钱子碱表现出最好的抗肿瘤作用。它能引起 HepG2 细胞的萎缩，阻碍细胞的形成，使 DNA 片段断裂，细胞循环停止，最终导致 HepG2 细胞凋亡。其机制可能与线粒体的去极化有关。首先马钱子碱使细胞内的 Ca^{2+} 快速、持续地增高，导致了细胞凋亡的过程。其次，B 淋巴细胞也参与了整个凋亡过程，而且它的过分表达会抑制 Ca^{2+} 浓度提高。B 淋巴细胞和 Ca^{2+} 介导的线粒体途径最终导致 HepG2 细胞凋亡[92]。Deng 等[93,94]通过实验发现，马钱子碱及其脂质体对小鼠移植性肝癌（Heps）和小鼠移植性实体瘤肉瘤 S_{180} 细胞的生长均表现出明显的抑制作用，但两者对腹水瘤模型（EAC 和 Heps）荷瘤小鼠的生存时间无延长作用。对 Heps 小鼠的胸腺、脾脏的重量及其指数均有显著的增加作用。对造血系统和免疫系统不仅没有明显抑制作用，还有显著促进其功能的趋势。研究还发现，马钱子碱脂质体抗肿瘤作用明显强于马钱子碱，可能与脂质体的靶向性和缓释作用有关。马钱子碱包裹在脂质体中，由于代谢消除速率减慢，在体内作用时间大大增加，使其抗肿瘤作用显著增强。因而，马钱子碱及其脂质体是很有前途的抗肿瘤药物。

4）马钱子碱对心血管的作用

马钱子碱可能阻滞心肌 Ca^{2+} 通道，使得心肌内 Ca^{2+} 量减少，呈现负性肌力作用，降低心肌耗氧量。它还可减慢房室结的传导速度，降低窦房结自律性，从而减慢心率。马钱子碱对氯仿、氯化钙引起的小鼠室颤有保护作用。马钱子碱对心律失常也有一定的对抗作用。周建英等[95]观察了马钱子碱及其氮氧化物（BNO）抗血小板聚集和血栓形成的作用，发现两者均能显著抑制由二磷酸腺苷（ADP）和胶原诱导的血小板聚集。与阿司匹林比较，马钱子碱对 ADP 或胶原诱导的血小板聚集的抑制作用强于马钱子碱氮氧化物和 ASP。马钱子碱和马钱子碱氮氧化物都有类似 ASP 的抗血栓形成作用，血栓抑制率分别是马钱子碱为 47.5%、马钱子碱氮氧化物为 50.6%，ASP 为 42.1%，且马钱子碱的剂量是其氮氧化物和 ASP 的一半，却有与其氮氧化物和 ASP 相近的血栓形成抑制率。因而，马钱子碱在心血管方面也有一定的对抗心律失常的作用，能够改善微循环，增加血流，改变局部组织营养状况，同时还可促进炎症渗出物的吸收，降低局部致痛化学因子的浓度，使疼痛得以缓解，这也解释了传统中药马钱子活血化瘀、治疗骨折瘀痛的临床应用。

2. 马钱子碱中毒与急救

马钱子碱是一种极毒的白色晶体碱，有刺鼻气味，可通过皮肤和眼睛中毒。马钱子碱轻度中毒者会出现头晕、恶心呕吐、舌麻、肌肉抽搐。中毒严重者会肌肉痉挛萎缩、腹痛、腹泻、呼吸困难、血压升高、大小便失禁、甚至窒息死亡。经研究发现，马钱子碱和士的宁引起中毒的机理[96]被认为是作用于脊髓，兴奋其反射功能，引起感觉器官敏感，调节大脑皮层兴奋性和抑制过程。提高横纹肌、平滑肌和心肌的张力，终致强直性惊厥，最后可因脊髓过度兴奋及缺氧而麻痹致死。马钱子碱极大剂量时可阻断神经肌肉传导，呈现箭毒样作用。马钱子碱在肝、肾、脑、脊髓等组织的分布，不仅与该药物的代谢，排泄有关，同时也是其发挥抗肝癌等药理作用和产生脊髓中枢过度兴奋致缺氧而死的毒理作用的物质基础。

当马钱子中毒时，可以先用浓茶和凉水进行初步处理，再用肉桂、甘草和绿豆等中药材进行解毒。如果是用西医，那一般先将患者置于暗室，再服用甘露醇催吐、导泻，之后再进行补液以维持体液电解质平衡，吸氧保持呼吸，最后使用东莨菪碱作为解毒药。

3. 马钱子碱的合成

马钱子碱具有与士的宁同样的骨架结构，因而，马钱子碱的合成研究主要集中在构建其母体结构（即士的宁）上。士的宁分子骨架是由含二氢吲哚结构在内的 7 个环构成。分子中除了二氢吲哚结构外还包含的官能团有：一个三级胺、一个酰胺键、一个碳-碳双键、一个醚键。天然提取的士的宁分子还有 6 个不对称碳原子（图 6.30）。而士的宁分子的 2,3-位为甲氧基时，即为马钱子碱。1954 年 Robert Burns Woodward 报道的构建士的宁分子的方法被认为是这一研究领域的经典方法[97]。自此，相继出现了许多构建士的宁分子的合成方法的报道[98]（图 6.31）。

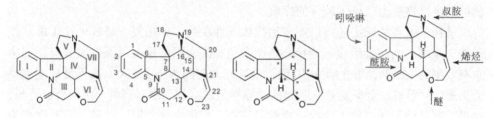

图 6.30　士的宁的结构分析

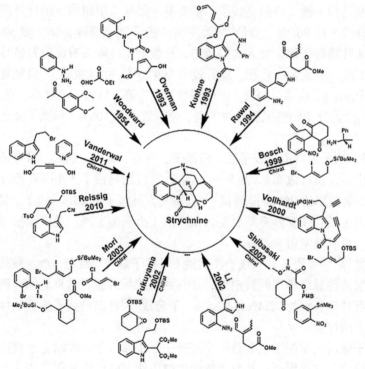

图 6.31　士的宁的合成（图片来源于 Wikipedia）

4. 马钱子碱的应用[99]

马钱子具有通络止痛，散结消肿的功效。在临床上，马钱子碱对治疗癫痫（治癫灵）、面瘫（蒲氏番蜜膏）、眶上神经痛（马蝉散）、再生障碍性贫血（参马散）、结核病、重症肌无力（新斯的明）、阳痿不射精（马钱通关散）、精神分裂症、麻痹、慢性支气管炎、子宫颈糜烂、骨折、痈疽、喉痈（番木鳖散）、带状疱疹、手足癣、坐骨神经痛等疾病都有很好的疗效。马钱子对脑卒中早期有一定作用，尤宜于无明显热象者。马钱子散可用于治疗有机磷中毒迟发神经病，且配合针灸推拿治疗急性脊髓炎，取得了良好的效果。杨云志[100]运用马钱子治疗糖尿病并发末梢神经炎性疼痛也取得了较好的疗效。

马钱子碱在临床上还可以用来治疗风湿性疾病。如用复方马钱子片（由马钱子粉、全蝎、当归等组成）治疗寒热错杂型和瘀血阻络型类风湿性关节炎，临床总有效率为92.2%，可止痛6~10天，消肿起效时间为1~2.5天，其不良反应主要为头晕、唇舌麻、全身发紧或肌肉抽动等神经毒症状。用通痹灵（由桂枝、芍药、知母、制马钱子等组成）治疗强直性脊柱炎。与消炎痛对照，通痹灵总有效率为94.4%。且通痹灵在改善肿胀积分、晨僵时间、指地距离、整体功能方面均优于消炎痛。用制马钱子散（由制马钱子、炒姜蚕、炒穿山甲组成）治疗骨质增生和风湿病，总有效率达96.2%。姜洁[101]运用制马钱子20 g磨碎，鲜生姜50~100 g加入消炎痛4片捣碎研细，加入食醋调匀，外敷增生性膝关节炎患者患膝持续2小时，每日1次，10天为一疗程，总有效率为93.5%。张盘根等[102]自制复方马钱子散（马钱子300 g，全虫、僵蚕、用砂锅炒黄的牛膝、乳香、生甘草、苍术、麻黄、没药各36 g）治疗单纯性风湿性关节炎，总有效率达100%。马钱子丸还用于治疗大骨节病。

张俊耀[103]采用自拟马钱子散（马钱子、白芍、黄精、当归、甘草等）治疗腰椎间盘突出症，总有效率达89.89%。孟青[104]应用马钱子等中草药治疗原发性坐骨神经痛，治愈率达96%。陈碧岚[105]采用复方马钱子散（由马钱子、炙川乌、炙草乌等组成）结合硬膜外穿刺后注入镇痛液（由利多卡因、地塞米松等组成）治疗腰腿痛，总有效率为96.3%。

李树星等[106]采用复方马钱子注射液（马钱子总碱、红花、鸡血藤等制成）治疗中心性浆液性脉络膜视网膜病变，并与西药进行对照。结果显示，西药组和中药组的总有效率分别为72.4%和93.5%。荆建成[107]自制马钱子油剂治疗中耳炎也取得了满意的疗效。

马钱子碱的化学应用主要是由于其分子是手性分子，所以它已被用作手性拆分中的对映选择性识别剂。其溴化物盐也被用作HPLC中的固定相，以选择性地结合两种阴离子对映异构体之一。

6.9 驱蛔虫的"川楝素"

楝科植物川楝（*MeLia toosendan* Sieb.et Zucc.，图6.32、图6.33），落叶乔木，

生于平坝或丘陵地带湿润处，有栽培。分布于河南、甘肃、湖南、广西、四川、贵州、云南等地。冬季果实成熟时采收，除去杂质，干燥。采其熟后的果实晒干，叫川楝子、金铃子或川楝实。川楝子（图 6.34）是我国传统中药材，为川楝干燥成熟果实。其历史悠久，来源广，价格低廉，应用广泛。在《神农本草经》记有："主温疾伤寒，大热烦狂，杀三虫疥疮，利小便水道。"现代《中国药典》记载：具有疏肝泄热、行气止痛、杀虫的作用。川楝子呈类球形，直径 2~3.2 cm。表面金黄色至棕黄色，微有光泽，少数凹陷或皱缩，具深棕色小点。顶端有花柱残痕，基部凹陷，有果梗痕。外果皮革质，与果肉间常成空隙，果肉松软，淡黄色，遇水润湿显黏性。果核球形或卵圆形，质坚硬，两端平截，有 6~8 条纵棱，内分 6~8 室，每室含黑棕色长圆形的种子 1 粒。气特异，味酸、苦。

图 6.32　川楝

（来源于百度图片）

图 6.33　川楝

（来源于百度图片）

图 6.34　川楝子

（来源于百度图片）

1. 川楝的化学成分

川楝的化学成分主要有：川楝素（toosendanin）[108]、苦楝子酮（melianone）、21-*O*-乙酰川楝子三醇（21-*O*-acetyltoosendantriol）、脂苦楝子醇（lipomelianol）、21-*O*-甲基川楝子五醇（21-*O*-methyltoosendanpentaol）等，其中川楝素是最主要的活性成分。

川楝素的研究始于 1953 年，1955 年四川中药研究所分离提纯出结晶物并定名为川楝素。1975 年钟炽昌等通过化学反应及光谱分析证明川楝素为呋喃三萜类化合物。1980 年舒国欣等确定其化学结构。1994 年和 1996 年汪文陆等和陈玉等分别用 IR 和 MS 等鉴定了川楝素的结构（见图 6.35）。

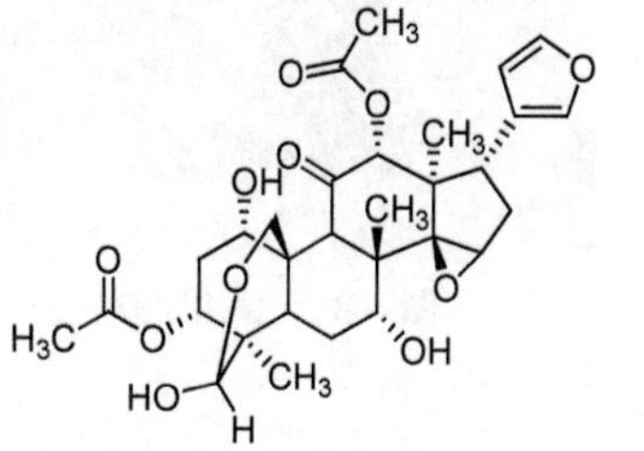

图 6.35　川楝素的结构

川楝素是从川楝韧皮和川楝子中提取的，分子式为 $C_{30}H_{38}O_{11}$，分子量为 574，状态为白色结晶针状，无色，无臭，味苦。易溶于乙醇、甲醇、乙酸乙酯、丙酮、吡啶等，微溶于水、氯仿、苯、乙醚，难溶于石油醚。熔点在含有一分子结晶水时为 178~180℃，乙醇中结晶产物熔点为238~240℃。川楝素结构中C_{28}位为游离羟基，因含有半缩醛基团而具有互变异构现象，这一个结构特点在衍生物制备及结构活性分析中具重要意义。川楝素的提取一般采用浸提法、索氏提取法、超声提取法、微波辅助提取法和超临界CO_2萃取法等。对川楝素的检测一般采用反向高效液相色谱法、高效液相色谱法及薄层层析法等。

2. 川楝素的药理作用

川楝素的生理及药理作用[109,110]：①对神经肌肉及细胞的作用，能够阻断神经肌肉接头传递，抑制刺激神经诱发的乙酰胆碱释放。②对呼吸中枢的作用，会导致呼吸变慢，甚至呼吸停止。③对心血管系统的作用，作用于细胞膜的Ca^{2+}通道，从而增加钙电导，导致胞内钙超载，引起递质释放阻遏。④对消化系统的作用。

1）驱虫作用

川楝素是一种易得又容易保存的化合物，在我国已被广泛应用。早期关于川楝素的研究多关注其驱虫活性。它是中国传统驱蛔中药的有效成分，以它为主要原料压制的驱蛔片，在我国20世纪60年代已用于临床[111-115]，排虫率约80%，并兼驱蛲虫等，疗效与进口驱蛔药山道年相仿。临床应用川楝驱蛔片没有或仅有轻微副作用，副作用一般在数分钟或2~3小时内消失，不需特殊处理。且已证实川楝素对昆虫具有拒食、内吸毒杀、胃毒和生长抑制作用，可有效防治三化螟、玉米螟、菜青虫等害虫。川楝素对多种农业害虫具高效和专效，对人畜、环境及

图6.36　蔬果净

害虫天敌又较安全，故特别适用于对一些重要经济作物害虫的防治，尤其适用于"无污染蔬菜"的生产[116]。以其为杀虫主要有效成分的"蔬果净"（图6.36）是我国学者张兴等研究并已于1993年在西北农业大学投产的"无公害杀虫剂"[117]。杨东升等研究显示，川楝素能显著抑制家蝇幼虫的生长发育，使其发育迟缓，发育历期延长，个体变小，活动性降低，延迟化蛹，甚至形成永久性幼虫不能化蛹。埃及伊蚊是登革热病毒、黄热病病毒等的主要传播媒介。高剂量的川楝素对埃及伊蚊幼虫和雌成虫具有明显的毒性，亚致死剂量的川楝素能够阻碍埃及伊蚊幼虫的发育，影响雌成虫的繁殖。因此，川楝素的使用将有助于预防和控制登革热、黄热病等疾病的发生和流行。

2）抗肿瘤活性

川楝素具有良好的抑制肿瘤细胞增殖及促进细胞凋亡的能力，它对来自人的前列腺、肝、中枢神经、血液、肺及大鼠肾上腺的多种肿瘤细胞株具有广谱的抑制增殖效应，它能经过线粒体依赖的细胞凋亡通路诱发肿瘤细胞凋亡[118,119]。抑制肿瘤细胞增殖、诱发其凋亡是抗肿瘤研究的重要方向，川楝素抑制肿瘤细胞增殖，引发凋亡毒性作用的半数有效浓度较某些抗癌药如依托泊苷（VP-16），顺铂（cisplatin），阿霉素（adriamycin）及紫杉醇（taxol）更低，仅在纳摩尔数量级，是一个极具潜力的候选抗癌药物。王鹏等考察了川楝素对人肝癌细胞凋亡的影响，发现其对两种细胞均有抑制增殖、诱导凋亡的作用，该作用涉及线粒体途径的参与，可能通过非 P53 依赖途径而发挥。刘小玲等发现川楝素提取物对人慢性髓系白血病细胞 K562 细胞具有增殖抑制和诱导凋亡的作用，其机制与 Caspase 信号途径的活化有关。此外，川楝素能够引起小鼠神经母细胞瘤、大鼠神经胶质细胞 NG108-15 细胞和人神经母细胞瘤 SK-N-SH 细胞的坏死，推测其可能通过增大膜的钙电导导致细胞裂解。同时，个别细胞具有凋亡细胞的形态学特征。王应斌等发现川楝素对人宫颈癌 JTC-26 细胞的抑制率在 90%以上。

3）抑制神经递质释放，阻遏突触传递作用

川楝素以先易化后抑制的双相作用干扰神经递质释放，阻遏神经肌肉接头的突触传递，使间接刺激引起的肌肉收缩反应消失，其对 Ach 量子式释放的影响依赖于神经活动和 $Ca^{2+[120]}$。此外，川楝素能够抑制非量子式 Ach 释放。川楝素不影响兴奋在神经的传导及肌肉的 Ach 敏感性，不降低肌肉对直接刺激的反应，对肌细胞膜的静电位无明显作用，是一种选择性地作用于突触前的神经肌肉传递阻遏剂[120]。川楝素对中枢胆碱能神经元突触的作用与对神经肌肉接头的作用相似，先诱导脑纹状体和顶叶皮层内 Ach 水平短暂升高，然后持续减少并最终阻碍 Ach 的释放[121]。

需要特别说明的是虽然川楝素和肉毒素一样具有阻滞突触传递的作用，而常常被用于临床和神经递质释放的研究，也常常被用于治疗痉挛和美容行业。但川楝素与肉毒素作用也存在某些不同。比如，川楝素能使突触前运动神经末梢发生亚显微结构变化，突触囊泡数量减少和突触裂加宽。由于川楝素属小分子化合物，可通过血脑屏障，所以它显示出对多种释放不同递质的中枢突触有与对神经-肌肉接头相似的阻断作用。特别值得指出的是，川楝素对乙酰胆碱的量子释放是一个先易化后抑制的双相作用。在易化相，无论自发或诱发的量子式递质释放，还是释放装置对 Ca^{2+} 的敏感性都升高，所以川楝素经结构修饰后比肉毒素更为安全易得。

4）治疗肉毒毒素中毒

与肉毒作用非常相似的川楝素，却有着非常明显的抗肉毒效应。肉毒毒素中毒是由肉毒梭菌外毒素引起的中毒性疾病，毒素主要通过影响外周胆碱能神经，包括神经肌肉接头及副交感神经突触间传递，使肌肉麻痹，严重时可致死。1982年，川楝素对肉毒毒素中毒的治疗作用首次被发现[113]，备受关注。李培忠等1982年报告的川楝素对实验性小鼠肉毒中毒的治疗效果显示，注射过致死量 A 型肉毒的对照组小鼠全部于 4 日内死亡，而在注射肉毒后的最适时间以最适剂量川楝素处理的治疗组的小鼠则全部存活，无论用口服、静脉注射还是皮下注射方法给川楝素均明显有效，最佳给药时间是在注射肉毒后 1~6 小时。这种治疗作用是剂量依赖的，并且已证明对 B 型和 E 型肉毒（未发表）中毒同样有效，说明川楝素可能对各种亚型肉毒中毒无特殊的选择作用。以恒河猴作为实验动物进行的实验也得到了相似的结果。研究表明，川楝素能够抑制 A 型和 C 型肉毒与突触体的结合，其作用通过抑制肉毒对其底物 SNARE 蛋白的酶切作用，阻碍肉毒轻链到达靶位点而产生，抑制程度依赖于药物的浓度、反应温度及突触活动[114]。川楝素水解及氢化还原产物具有部分肉毒毒素解毒效果，但比川楝素活性低。

5）抑制 K^+ 通道，激动 L 型 Ca^{2+} 通道作用

川楝素能够抑制多种 K^+ 通道，而对 Na^+ 通道无明显影响。选择性激动 L 型 Ca^{2+} 通道，引起 Ca^{2+} 持续内流和胞内 Ca^{2+} 升高，这些生物效应为川楝素的抗肉毒、抗肿瘤、阻遏递质释放和突触传递等多种作用的机制提供了一定的解释[122]。

6）抑菌作用

川楝素溶液对金黄色葡萄球菌、铜绿假单胞菌、大肠埃希氏菌、白色念珠菌均有一定的抑制作用，且浓度越高，作用时间越长，抑菌效果越好[108,123]。

3. 川楝素中毒的不良反应

川楝素具有较强的毒性。①川楝素对胃肠道具有较强的刺激性，大多在服用后 1~2 小时内出现消化道的不良反应，表现为胃黏膜发生水肿炎症、脓肿及溃疡，伴有腹痛、恶心、呕吐、腹泻。②川楝素可发生急性中毒性肝炎。其对肝细胞的损伤主要表现在使肝细胞重度肿胀，细胞核缩小，染色质融合成片，肝窦狭窄，黄疸、肝大叩痛等[124]，并可有鼻、肾、肝、肠等处出血。③川楝素对神经系统有抑制作用，可见头晕、头疼、不安、多疑、狂躁、发热、冷汗、面红、眼花、结膜充血、视力模糊、视野缩小、复视、抽搐、口唇及全身发麻、咽喉发痒，说话和吞咽困难，且可阻断神经肌肉间的传递，引起肌无力，甚至会导致呼吸中枢麻

痹而死亡。④川楝素可导致流产。川楝素对早期妊娠小鼠的致流产作用呈剂量依赖性，该作用与 Th1 型细胞因子 IFN-γ、TNF-α 含量的增加有密切关系[125]。⑤若食用过量苦楝素会出现急性中毒症状，造成血管壁损害，引起内脏出血，急性循环衰竭。⑥其对肾脏亦可造成损害，出现蛋白尿等，症状严重可致死亡。

4. 川楝素中毒的救治

川楝素中毒的救治措施有：①催吐。先给患者饮水 500~800 mL，然后刺激咽喉使呕吐，如此反复数次。②洗胃。用 1∶5000 高锰酸钾溶液洗胃。③静脉滴注 5%葡萄糖盐水注射液 1500~2000 mL，稀释并促进毒素的排出。待病情稳定后，可改用静脉滴注能量合剂。④导泻、灌肠。口服硫酸镁导泻，温盐水灌肠，并大量饮水。⑤对症治疗。如：发生狂躁和抽搐时，可用苯巴比妥 0.1~0.2 g，或地西泮 10 mg，肌内注射；或 10%水合氯醛溶液 1 g，用生理盐水稀释 1~2 倍后灌肠，必要时每 6~8 小时重复使用。发生痉挛时，皮下注射硫酸阿托品 0.5 mg，必要时半小时再重复 1 次；或口服颠茄浸膏片 0.05~0.1 g。发生呼吸困难或呼吸衰竭时，用咖啡因肌内注射，1 日 2 次，每次 0.5 g；或用尼可刹米 0.25~0.5 g（1~2 mL）皮下肌肉注射或静脉注射，必要时每 1~2 小时重复 1 次；或与其他中枢兴奋剂交替使用，直到可以唤醒病人，同时配合低流量吸氧。出血严重时，用止血剂。⑥及时应用维生素 B$_1$、维生素 B$_5$ 和维生素 C 等。

5. 川楝素的合成

Yuya Nakai 等[126]从羧酸酯出发，经 21 步构建出川楝素的 A、B 环。其反应式见图 6.37。

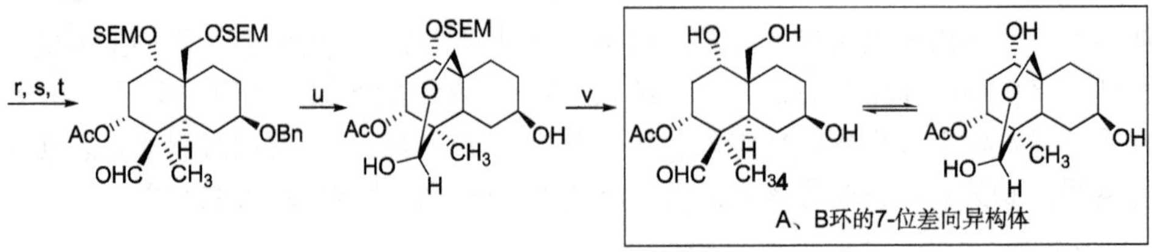

反应试剂和反应条件: a. NaOEt, EtOH; b. H$_2$, Pd/C, 乙醚; c. 2, 2, 2-三氯亚氨逐乙酸苄酯, cat. TfOH, 环己烷/CH$_2$Cl$_2$ (2:1, V/V); d. cat. H$_2$SO$_4$, MeOH, 两步总产率 51%; e. LAH, THF, 回流; f. 5mol/L HCl, THF; g. SEMCl, DIPEA, CH$_2$Cl$_2$, 三步总产率 93%; h. KHMDS, THF, −78℃, then TESCl, −78℃; i. PhSeCl, CH$_2$Cl$_2$, −78℃; j. 30% H$_2$O$_2$, THF, 三步总产率 83%; k. LHMDS, THF, −78℃, then NCCO$_2$Me, −78℃; l. NaH, MeI, THF; m. TBHP, triton B, THF, 三步总产率 65%; n. PhSeSePh, NaBH$_4$, EtOH, 86%; o. SEMCl, DIPEA, CH$_2$Cl$_2$, 99%; p. NaBH$_4$, CH$_2$Cl$_2$/MeOH (15:1, V/V), 99% (ratio of epi-**17/17** = 2/1); q. Dess-Martin 高价碘化物, CH$_2$Cl$_2$, 96%; r. LAH, 乙醚; s. NaOCl, TEMPO, KBr, CH$_2$Cl$_2$/饱和 NaHCO$_3$ 水溶液 (2:1, V/V); t. Ac$_2$O, 吡啶, cat. DMAP, 三步总产率 85%; u. H$_2$, Pd(OH)$_2$/C, CH$_2$Cl$_2$/MeOH (1:1, V/V), 94%; v. TFA, CH$_2$Cl$_2$, 0℃, 80%

图 6.37　川楝素的 A、B 环的合成

临床使用川楝子小提示:

　　川楝子不易久服, 以免引起蓄积性中毒; 虚寒之症、贫血及肝肾功能不全者均宜忌用; 川楝子煎煮时, 忌用铁器, 因其含鞣质, 可与铁反应生成鞣酸铁而降低药效; 苦楝子毒性大, 副作用多, 应避免用苦楝子代替川楝子使用。

6.10　皮肤病良药"瑞香狼毒素"

　　瑞香狼毒（*Stellera chamaejasme* L.）又名红狼毒、绵大戟、断肠草, 蒙药名达楞图, 为瑞香科 *Thymealaeaceae* 多年生草本植物（图 6.38、图 6.39）, 其根入药, 其性味苦、平、辛、有毒, 入肝、肺、脾三经, 有逐水、祛痰、破积、杀虫之功效[127]。狼毒为多年生草本, 高 20~50 cm。根粗大, 木质化圆柱状, 外包棕褐色。茎自基部分枝或不分枝, 光滑无毛, 叶较密全缘, 对生或互生, 椭圆状披针形, 长 1.2~2.8 cm, 宽 0.3~0.9 cm, 先端渐尖, 叶柄短, 基部钝圆或楔形, 两面无毛。花黄色, 白色或下部紫红色, 头状花序顶生, 有小花 20~40 朵, 花瓣有白色、黄色、紫红色或淡红色及内外不同的色泽组合, 具有芳香味, 绿色总苞。花萼筒细瘦, 长 8~12 mm, 宽约 2 mm, 具明显纵纹, 顶端 5 裂, 裂片近卵椭圆形, 长 2~3 mm, 具紫红色网纹。雄蕊 10 枚, 2 轮, 着生于萼喉部与萼筒中部, 花丝极短, 子房椭圆形, 1 室, 上部密被淡黄色细毛, 花柱极短, 近头状。子房基部一侧自长约 1 cm 近圆形蜜腺。果实为蒴果, 小坚果卵形淡紫色膜顶, 上半部被细毛。返青期 6 月, 花期 7~8 月, 成熟期 9~10 月[128]。植株总长（地上部分和地下部分) 163.5 cm。成年株可产种子 240 粒左右。0.25 m² 地下根总重 (干重) 38.2 g。
化验分析表明,狼毒的茎含纤维 16.23%,α-纤维素 14.33%,β-纤维素 1.6%,鞣
质 11.80%,糠醛 5.04%。根皮含纤维 28.49%,α-纤维素 25.75%,β-纤维素 1.16%,
鞣质 37.30,糠醛 5.04%,淀粉 8.87%。根部含淀粉 34.77%,去皮后的根含淀粉
66.49%[129]。瑞香狼毒再生能力强,冬季地上部分干枯死亡,地下部分越冬产种量
大。瑞香狼毒多生长在海拔 2300~4200 m,平均温度 0℃左右的干燥向阳山坡,亚
高山草地[130,131]。在我国主要分布在吉林省的西部、内蒙古、河北坝上、四川西
部,甘肃省的武威、甘南、临夏、陇南等地区,青海省的海北藏族自治州、西藏,
云南西北部的香格里拉、丽江和迪庆等地。其中以青海、甘肃和内蒙古三省分布
的面积最大。在青海省海北藏族自治州境内,狼毒分布面积约 8.01 万公顷。内蒙
古赤峰市阿鲁可尔泌旗 13% 的草场有狼毒的分布。西藏广泛分布喜马拉雅山北侧、
藏南湖盆区、雅鲁藏布江中上游和羌塘高原南部等地。由此可见,瑞香狼毒植物
资源分布较为广泛。瑞香狼毒全株有毒,根部毒性最大,花粉剧毒,如果在含有
大量花期瑞香狼毒植株的草地上放牧,家畜也可能因吸入狼毒花粉,导致中毒。
由于成株莲叶中含有萜类成分,味劣,家畜一般不采食其鲜草,然而早春放牧时,
家畜由于贪青或处于饥饿状态,常因误食刚刚返青的狼毒幼苗而中毒,多为急性
中毒,主要症状为呕吐、腹痛、腹渴、四肢无力、卧地不起、全身痉挛、头向后
弯、心悸亢进、粪便带血,严重时虚脱或惊厥死亡,母畜可导致流产。人接触时,
可引起过敏性皮炎,根粉、花粉对人眼、鼻、喉均有较强烈而持久的辛辣性刺激。
当中了瑞香狼毒的毒后,主要表现为心、肺、肾器官受损,也会影响肝细胞,造
成肝功能障碍,刺激胃肠道,出现腹痛腹泻,甚至出血。所以治疗时,需要先用
高锰酸钾洗胃,再注射葡萄糖生理盐水,再服用解毒剂。

图 6.38　瑞香狼毒 (来源于百度图片)

图 6.39　瑞香狼毒 (来源于百度图片)

1. 瑞香狼毒的化学成分

　　瑞香狼毒的化学成分[132]包括香豆素、黄酮、二萜、木质素、苯丙素、挥发油
等类化合物和钾、钙、镁、铅、铜、锌、铁等金属元素,以及氨基酸、鞣质、糖

类、皂苷等。其中，双二氢黄酮类化合物是瑞香狼毒中的黄酮种类（图 6.40）。它包括 1977 年由黄文魁从瑞香狼毒根中分离出的狼毒素（chamaejasmine，**1**），1984年杨伟文等得到的 7-甲氧基狼毒素（7-methoxychamaejasmine，**2**），日本学者 Niwa等在 1984~1986 年分离出的 8 种双二氢类同系物及异构体：狼毒素 A，B，C（chamaejasmin A，B，C，**3~5**）[133]、新狼毒素 A，B（neochamaejasmin A，B，**6~7**）[134]、异狼毒素（isochamaejasmin，**8**）[135]、狼毒素外消旋体（dl-chamaejasmine）、内消旋体异狼毒素（meso-isochainaejasmin）[136]，1995 年 Ikegawa[137]得到的较强抗 HIV 病毒的优狼毒素 A（**9**），B，C（euchanmaejasmin A，B，C）。2001 年徐志红等分离得到的瑞香狼毒素 A，B（ruixianglangdusu A，B，**10~11**）[138]。2003年刘欣等得到二氢瑞香素乙（dihydrodaphnodorin）等。另外瑞香狼毒根中还含有其他黄酮类化合物如：狼毒色原酮（chamaechromone，**12**）及其衍生物（mohsenone，**13**）[138-141]，瑞香素乙（daphnodorin B）等。瑞香狼毒中的黄酮类化合物有一共同特点：B 环都有—OH，—OCH₃ 或—Oglu 基取代，单糖苷皆为葡萄糖苷。

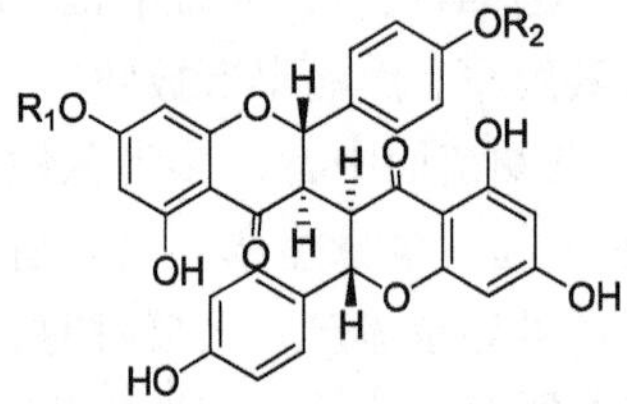

1 R₁ = H, R₂ = H
2 R₁ = CH₃, R₂ = H
3 R₁ = H, R₂ = CH₃

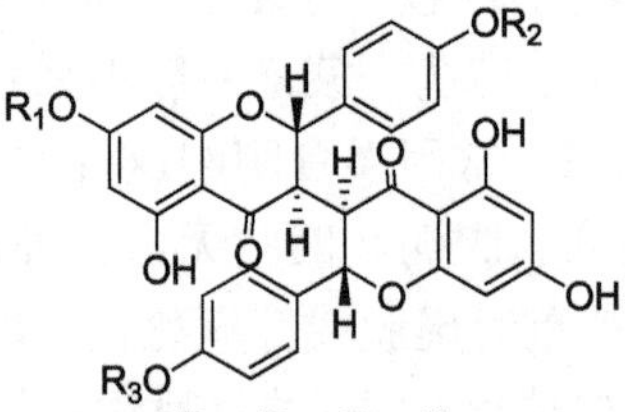

8 R₁ = R₂ = R₃ = H
9 R₁ = R₂ = R₃ = CH₃
10 R₁ = H, R₂ = R₃ = CH₃

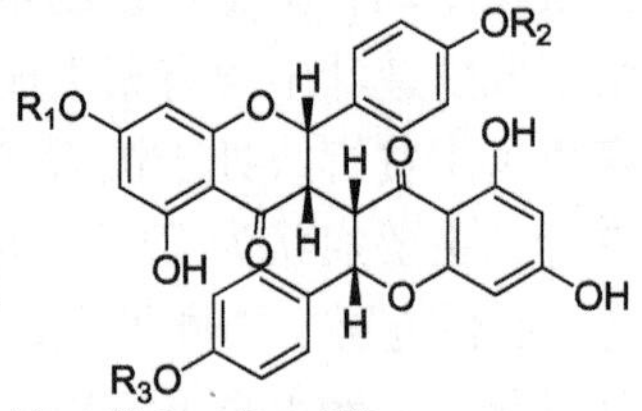

4 R₁ = H, R₂ = R₃ = CH₃
5 R₁ = R₂ = R₃ = CH₃
6 R₁ = R₂ = R₃ = H

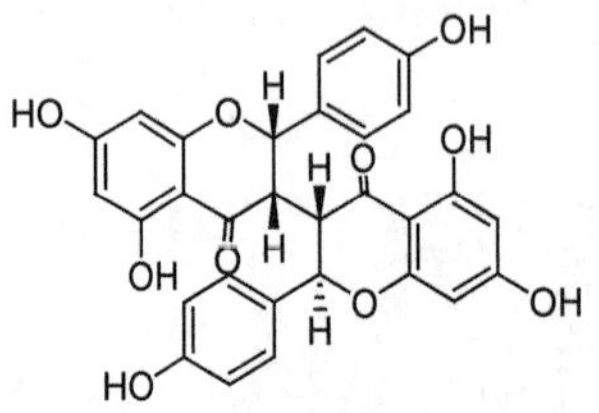

7 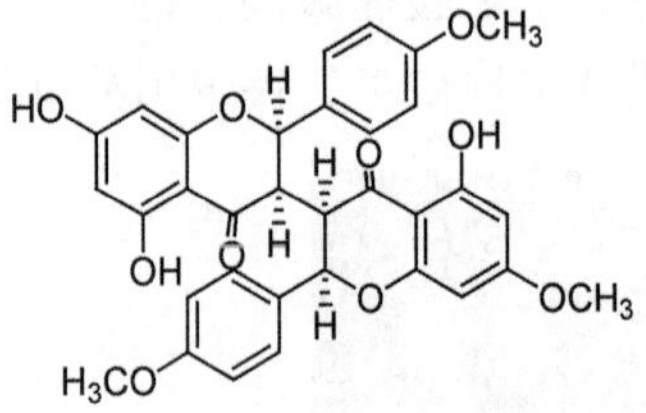   **11** 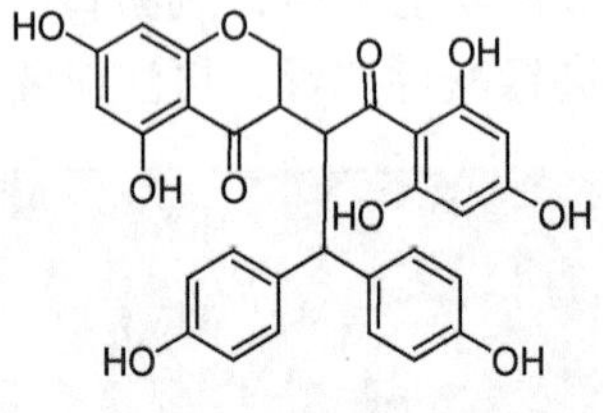   **12**

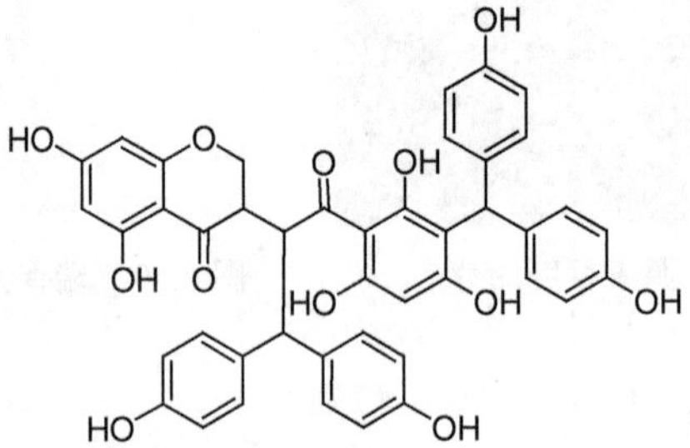

13

图 6.40 瑞香狼毒根中的黄酮类化合物

2. 瑞香狼毒的生物活性

瑞香狼毒生物活性的中医药理论及临床在古医书《神农本草经》《集效方》《滇南本草》等中均有明确记载（图 6.41）。狼毒最早始在《神农本草经》中有记载，其味苦、辛、性平，具有医治水肿腹胀、痰食虫积、心腹疼痛、结核、疥癣等功效。《本草纲目》记载"狼毒有大毒，观其名而毒矣"之描述，《中药大辞典》记载其主治水肿腹胀，痰、食、虫积，心腹疼痛，淋巴结、皮肤、骨、附睾等结核，慢性气管炎，咳嗽气喘，济癣，痔瘘[127]。近年来科研工作者研究发现瑞香狼毒有较好的抗菌、抗肿瘤、抗病毒、杀虫等活性，具有研究开发价值。国内外学者采用现代高科技研究手段，对瑞香狼毒进行进一步完整的理论化、系统研究，取得了突破性的进展。

图 6.41　瑞香狼毒根（来源于百度图片）

1）抗肿瘤活性

目前，约有 32%的抗肿瘤药来源于天然药物。在我国，民间早就有利用狼毒和红枣配伍治疗胃癌、食管癌、乳腺癌肿瘤的验方，并且认为它对肝癌和甲状腺癌也有比较好的疗效，可有效治疗一些原发性癌症。早在 20 世纪 80 年代，杨宝印等就应用瑞香狼毒治疗恶性肿瘤 54 例中，完全缓解 3 例，部分缓解 9 例，有效 8 例，改善 14 例，无效 20 例。这说明瑞香狼毒能使病灶部分消失，改善症状，具有抑制肿瘤细胞增殖的功效。冯威健等对瑞香狼毒的抗癌活性成分进行了比较，发现尼地吗啉（nidimacrin）的抗癌活性最强，并认为尼地吗啉是瑞香狼毒根茎中的主要抗癌活性成分。形态学观察表明，尼地吗啉作用过的细胞膜有明显突起样改变，有丝分裂明显减少，细胞呈多核化、巨核化改变、胞体变大、染色体减少。其抗癌作用是通过激活细胞的蛋白激酶 C 而发挥的，其机制与常规化疗药物显著不同。瑞香狼毒乙醇提取物的总黄酮成分对人体的胃癌细胞、肝癌细胞、白血病细胞及小鼠白血病细胞的增殖均呈现较好的剂量依赖性抑制作用。焦效兰等以不同剂量水提物给小鼠灌胃后，在不同时间点采集小鼠血清体外与人胃腺癌 SGC-7901 细胞培养。结果显示：不同剂量、不同时间节点的 MTT 转化率和克隆形成率均显著降低，提示直接抑制癌细胞增殖可能是瑞香狼毒抗肿瘤作用的机制之一[142]。相比较而言，瑞香狼毒甲醇提取物抗肿瘤的有效剂量范围较窄，给药剂量为每天 5 μg/kg 时的抗癌效果最佳，且显著提高机体的免疫功能。大剂量则无治疗作用且毒性很大。体外实验表明，瑞香狼毒甲醇提取物可刺激脾细胞增殖，提高脾细胞 NK 活性，提示 SCES 抗肿瘤作用可能是药物直接作用于肿瘤细胞和影响免疫功能的综合效应[143]。另有报道瑞香狼毒乙醇提取物和水提取物注射和灌胃对小鼠移植性 Lewis 肺癌生成有抑制作用（$P < 0.01$）。石油醚提取物是瑞香狼毒中体外抗肿瘤活性最强的部位，通过实验测定了该提取物对人体胃癌细胞、食管癌细胞、白血病细胞及肝癌细胞的抑制率，均呈现出良好剂量依赖性，且 IC_{50} 值均小于其余提取部位，证实了石油醚提取物的强抗肿瘤活性。贾正平等[144]分别研究了瑞香狼毒水提物及其单一成分狼毒素对小鼠移植肿瘤 3S-180 和体外培养的小鼠白血病 P380 细胞生长的影响。结果表明，瑞香狼毒水提物的抗肿瘤作用是直接作用于肿瘤细胞的，狼毒素不是瑞香狼毒水提物的主要抗肿瘤成分。瑞香狼毒水提物可诱导肿瘤细胞凋亡，瑞香狼毒素可诱导肿瘤细胞凋亡，降低 bel-2 蛋白表达。由此认为直接抑制癌细胞增殖及 DNA 合成是瑞香狼毒的重要抗癌机制。此外，瑞香狼毒可增加化疗药物对多药耐药肿瘤细胞的敏感性，协同诱导肿瘤细胞凋亡，降低 bcl3 阳性表达，阻止肿瘤细胞周期于 G2/M 期。通过对瑞香狼毒多糖（RXLDDT）的免疫调节作用的研究发现 RXLDDT 能明显改善环磷酸酯抑制的小鼠免疫功能，说明这可能是瑞香狼毒抗肿瘤的另一作用机理。临床上，杨宝印等报道了用瑞香狼毒的挥发物注射液、醇提物片剂以及水提物治疗恶性肿瘤 54 例的观察结果，其中原发性肝癌 43 例，肺癌 6 例，宫体癌、宫颈癌、卵巢癌、胰腺癌、脑胶质瘤各 1 例。在治疗中发现肿块消退及回缩者占 63%，其中肝癌肿块消退及回缩者占 53%，显著延长晚期宫体癌、晚期肺癌患者的带瘤生存期，控制了肺癌积液增长和卵巢癌、直肠癌之癌性腹水，且局部肿块回缩，全身症状改善。

2）抗病毒活性

日本学者 Ikegawa 和 Endo 等发现了一系列具有抗病毒尤其是抗艾滋病毒活性的化合物：优狼毒素 A，B，C、木脂体类化合物桉素、neostellin 等。其中 neostellin 能抑制 HIV-1 对 MT-4 细胞的感染，EC_{50} 值为 0.041 ng/mL。毒性很低，CC_{50} 值为 4.8 mg/mL。复旦大学的陈道峰进行了抗乙肝病毒活性筛选，发现狼毒色原酮和槲皮素在 0.3 μmol/mL 对 HbsAg 和 HbeAg 均有抑制作用，尤其是槲皮素的活性最好，显示出抗乙型肝炎病毒作用。

3）抗菌活性

瑞香狼毒的有效成分狼毒素（黄酮类）为一抗菌性物质，能抑制真菌、金黄色葡萄球菌和链球菌的生长，有提高小鼠痛阈的效能[145]。用瑞香狼毒的提取液在试管内对大肠杆菌、宋内氏痢疾杆菌、变形杆菌、伤寒杆菌、副伤寒杆菌及霍乱弧菌等 7 种革兰氏阳性肠内致病菌有抑制作用。并能抑制金黄色葡萄球菌与链球菌的生长。狼毒的水浸剂（1∶3）在试管内对黄色毛癣菌、同心性毛癣菌、铁锈色小芽孢癣菌、许兰氏黄癣菌、奥杜盎氏小芽孢癣菌、羊毛状小芽孢癣菌、腹股沟表皮癣菌、星形奴卡氏菌等皮肤真菌均有不同程度的抑制作用[146]。2003 年，秦宝福等根据瑞香狼毒根的不同溶剂提取物对 7 种供试病原真菌的抑制作用有差异性，推断狼毒根中含有中等极性和强极性的杀菌物质。用瑞香狼毒制剂治疗多种瘙痒性皮肤病有明显的止痒作用。杨国红[147]以稻瘟酶（pyricularia oryzae P-2b）为抗有丝分裂和抗真菌活性筛选模型，对瑞香狼毒中的双二氢黄酮类化合物的抗有丝分裂和抗真菌活性进行了初步构效关系研究。研究结果表明：双二氢黄酮的甲氧基的数目和取代位置、2-H/3-H 的相对构型，可能在双二氢黄酮的抗有丝分裂和抗真菌的活性中起很重要的作用。另外，还对畜禽的部分疾病有明显的疗效。如鸡消化道传染病，以瑞香狼毒和黄芩（Stcutellaria baicalensis）等药材加工而成的合成粉剂，对雏鸡感染沙门氏菌的保护率可达 66.6%[148]。2006 年龚晓霞[149]研究了瑞香狼毒对病原真菌石膏样毛癣菌的抑制作用，其乙醇浸提后乙酸乙酯萃取物具有较强的抑菌活性，且最低抑菌浓度为 312.5 mg/L，故认为瑞香狼毒有望成为新的天然抗皮肤癣菌药。瑞香狼毒也被利用来防治寄生虫。把瑞香狼毒与扩散剂、透皮剂相结合制成浇泼剂来驱杀小白鼠体内外寄生虫。其中 95%的醇浸液浇泼剂杀螨效果最好，水提物浇泼剂杀线虫效果最好，但对皮肤有一定的刺激性。瑞香狼毒的叶、根中含有蒽苷，能增强小肠蠕动，治疗便秘[150]。

4）杀虫活性

瑞香狼毒的杀虫活性主要体现在其作为植物源农药方面的应用。早在 1959 出版的《中国土农药志》[151]中就有记载，当时人们将狼毒根粉末埋入地下用于防治田间地下害虫，或将狼毒的水提液喷洒在植物叶面，用于防除叶面豆蚜、菜蚜、叶锈病等。此外，狼毒根粉或其水煮液、乙醇浸液对蚊蝇也有很好的杀灭作用。2004 年湖北的 Zhang 等[152]对三种试虫菜粉蝶、桃蚜和亚洲玉米螟喂食瑞香狼毒根乙醇提取液后进行测定，杀虫作用随着浓度的增加而增强，并发现伞形花内酯、瑞香亭和狼毒色原酮 3 种分离出的活性成分单体纯度越高，生物活性越低，充分说明这些活性物质之间的关系十分复杂，仅靠其中一种有效成分的含量高低并不能准确地反映出其粗提物的活性大小。侯太平等[153]以米象、玉米象、谷蠹、赤拟谷盗为试虫，初步研究了瑞香狼毒对仓储害虫的杀虫活性。实验表明，瑞香狼毒根粉剂对米象、谷蠹、玉米象的防治效果较好。瑞香狼毒根粉的粗提物中，极性以及非极性溶剂的提取液均表现出对米象较高的杀虫活性。瑞香素对农业上重要的几类蚜虫具有很高的触杀作用和较好的拒食作用。瑞香素在田间防治棉蚜效果显著。并从端香狼毒根中发现分离到2个杀蚜活性物质，1, 5-二苯基-1-戊酮和1, 5-二苯基-2-烯-1-戊酮。用瑞香狼毒素 B 活性物质处理蚜虫活体及离体酶液。结果表明，瑞香狼毒素 B 对蚜虫酯酶总活性、羧酸酯酶、谷胱甘肽 S-转移酶均有显著的抑制作用，对乙酰胆碱酯酶活性无明显的影响，对蚜虫体内解毒酶系的影响是导致中毒的一个重要因素[154]。殷永升等以杨、柳、桃、石榴枝叶与花椒、西红柿、烟草、瑞香狼毒等植物为主要原料，配制出新型植物性杀虫剂，对各种蚜虫、红蜘蛛具有较高杀灭效果。对主要天敌昆虫瓢虫、甘晴蛉和食蚜蝇及经济昆虫蜜蜂、蓖麻蚕无杀伤作用。王茂生进行了狼毒提取液、狼毒混配液、常规农药等 11 个处理对角窃囊防治效果试验。结果表明狼毒混配杀虫剂防治效果最佳。瑞香狼毒提取物对蚜虫、蝇、蛆都具有较强的拒食、毒杀等活性[155]。瑞香狼毒提取物对高灭蚜、菜青虫、水稻螟虫具有较好的杀灭活性，其根的乙醇提取物对菜粉蝶幼虫有很强的杀灭活性。

5）抗惊厥活性

山西医科大学第一医院张美妮采用五种动物惊厥模型研究香狼毒丙酮提取物（AESC）抗惊厥作用，通过分析时效和量效关系发现注射或灌胃均可提高惊厥阈值并且持续时间长。AESC 对多种动物惊厥模型有效，在癫痫病人发作的过程中，它无疑是一种作用持续时间长，抗癫痫谱广的，有开发价值的抗癫痫物质。

6）免疫系统调节活性

瑞香狼毒也能很好地提升免疫系统。2000 年兰州总医院樊俊杰探索瑞香狼毒多糖对环磷酰胺（CTX）抑制的小鼠免疫功能的模型时发现灌胃狼毒多糖的小鼠7 天后胸腺的重量显著增加，且和剂量正相关。7 天后处死小鼠，取腹腔液计数观察发现腹腔吞噬细胞活性增强；分析小鼠血清也发现此多糖可以使 CTX 抑制的血清凝集素滴度明显增加。检测 ConA 刺激的小鼠脾淋巴细胞增殖也出现增加。这些表明，瑞香狼毒多糖对 CTX 处理小鼠的非特异性、细胞和体液免疫功能等有不同程度的改善作用。2001 年，徐志红等采用柱色谱对狼毒提取化合物进行分离纯化，狼毒的根提取化合物中分离得到新化合物经过波谱分析方法进行结构鉴定，分别是瑞香狼毒 A（双黄酮 chameajasmenin C 的对映体）和瑞香狼毒素 B，经研究表明，提取到的两个化合物均有较强的免疫调节活性。

3. 瑞香狼毒素的合成

狼毒素是一种新结构类型的双黄酮类化合物，为探索狼毒素及这一类化合物的合成途径，兰州大学的李裕林[156]首次成功地合成了 3, 3′-双黄酮（**2**）。从化合物 **3** 到需选择性地脱去两个羰基邻位的甲基保护基，BCl_3 具有很高的选择性，产率为 98%，而 $AlCl_3$-苯则不具选择性，其结果和吡啶盐酸盐作为去甲基试剂的结果基本一致。化合物 **4** 和苯甲酰氯或对甲氧基苯甲酰氯在吡啶溶液中反应制得 **5**，产率分别为 85.3%。Baker-Venk araman 重排一般采用吡啶和粉末状氢氧化钾。从 **5** 到 **6** 要求 1，4-二酮的两个 α 碳分别进攻两个酯羰基，由于位阻关系，比较困难。李裕林选用氢化钠-甲苯体系得到了重排产物 **6**，产率约 90%。用乙酸-硫酸体系闭环成功地得到了 **2**，产率分别为 95%，加氢即可得到 O-六甲氧基狼毒素（图 6.42）。

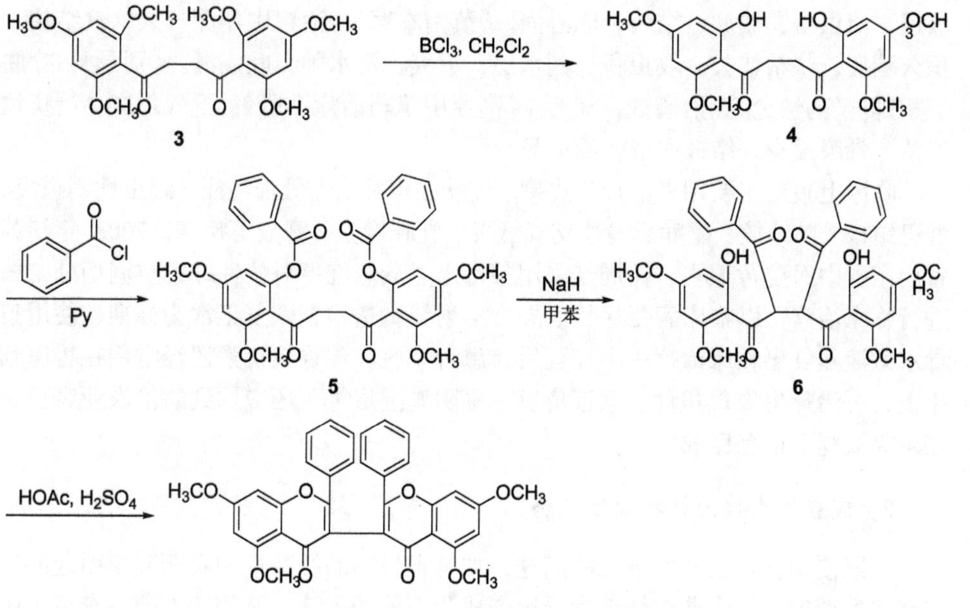

图 6.42 　3，3′-双黄酮（**2**）的合成

2005 年兰州大学的 Wei-Dong Z. Li 教授[157]也报道了合成瑞香狼毒素的简便方法（图 6.43）。

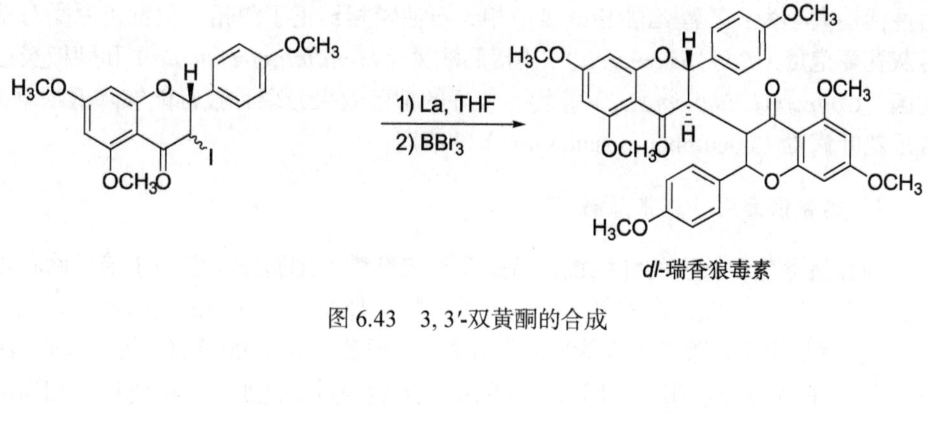

dl-瑞香狼毒素

图 6.43 　3，3′-双黄酮的合成

4. 瑞香狼毒的应用

1）瑞香狼毒的临床应用

临床上对于瑞香狼毒的应用，除《本草纲目》记载的外，还有《本经》：主咳逆上气，破积聚，饮食，寒热，水气，恶疮，鼠瘘疽蚀，蛊毒。《本草通玄》：主咳逆，治虫疽，瘰疬，结痰，驱心痛。《滇南本草》：治胃中年深日久饮食结住，积久稠痰，状粘如胶。攻虫积，利水道，下气，消水肿，吐痰涎。《别录》：疗胁下积癖。《药性论》：治痰饮，症瘕。《高原中草药治疗手册》：下气杀虫。治痰饮停留，骨膜发炎，结核顽疮，酒齄鼻。

临床上狼毒主要用来治疗牛皮癣、皮肤瘙痒症、坐骨神经痛、滴虫性阴道炎、淋巴结核、肺结核、癫痫、慢性支气管炎、乳腺增生、瘢痕等疾病。2008 年江苏省启东省中医院黄瑞彬、黄周红采用狼毒水煮液蒸红枣对慢性纤维空洞型肺结核进行临床治疗，以临床病变症状消失、X 射线胸透检查恢复正常为标准，使用狼毒水煮液蒸红枣临床治疗一个疗程后，患者痊愈。瑞香狼毒素还经常用在兽医临床上，可治疗牛瘤胃积食、家畜疥癣、牛阴囊湿疹等，还应用到防治农业害虫，在杀灭蚊蝇上也有良效。

2）瑞香狼毒作为植物源性农药

长期使用化学农药所带来的问题，如有害生物的抗药性和农药残留引起的生态环境失衡等，使农药多样性发展逐渐成为当前的主流，植物源农药逐渐成为中国农药研发的重点和热点之一。瑞香狼毒不同溶剂提取物和不同化学成分有一定杀虫活性。田间试验结果表明，瑞香狼毒中所含的东莨菪素对草莓朱砂叶螨具有较好的杀除效果，杀螨率高于除虫菊素。瑞香狼毒素 A、槲皮素和(+)-表枇杷素均具有一定的杀螨活性。此外，瑞香狼毒对植物病菌和病毒有杀灭作用，其根部抑菌性活性大小为：乙酸乙酯相＞氯仿相＞石油醚相＞正丁醇相。狼毒色原酮对草莓灰葡萄孢霉（*Botrytis cinerea*）、桃褐腐病菌（*Moniliniia fructicola*）和辣椒炭疽病菌（*Collecotrichum capsici*）等均有较好的抑菌效果，瑞香狼毒能够降低烟草、黄瓜花叶病毒（cucumber mosaic virus）的浓度。

3）瑞香狼毒用作纸张原料

瑞香狼毒茎和根皮的纤维细，特别是根皮纤维的细胞结构中初生壁呈网状排列，具有一定的韧性，全株是生产各种纸张的一种原料。特别是我国藏族人民的藏经纸，就是用瑞香狼毒的根为原料制作的，在西藏已有 1300 多年历史，也叫"狼毒纸"。瑞香狼毒毒性很大，用根制成的纸，虽然经过漂洗加工，但仍然有相当的毒性，正是由于这种毒性，使 "狼毒纸" 具有不怕虫蛀、鼠咬、不腐烂、不变色、不易撕破等特点。

4) 瑞香狼毒用作观赏植物

瑞香狼毒在我国天然草地的广泛生长，已形成优势种群，其花冠呈球形，在盛花期花色十分鲜艳，具有观赏价值，可作为观赏或景观植物，发展草原旅游业。

趣味小百科：（http://www.meilele.com/article/shipin/29548.html）

瑞香狼毒应该如何鉴别？主要是有三种方式：①瑞香狼毒粉末黄白色。在紫外光灯下显淡蓝色荧光。木栓细胞黄棕色，韧皮部薄壁细胞圆形或不规则形，有细胞间隙。以网纹导管为主，直径 30~50 μm，偶见具缘纹孔导管。纤维无色，直径 7~15 μm。淀粉粒多为单粒，类圆形、盔帽形，层纹不明显，脐点点状或裂缝状，直径 3~15 μm。②取瑞香狼毒粗粉 5g，加乙醇 20 mL，在水浴上回流 1 小时。将提取液浓缩至 5 mL，过滤后取滤液 1 mL，加镁粉少许，盐酸数滴，置水浴中加热数分钟，放置显品红色。③取上述滤液 1mL，放于蒸发皿中蒸干，加硼酸的饱和丙酮溶液及 10%枸橼酸丙酮试液各 1 mL，慢慢蒸干，置紫外光灯下观察，显黄色荧光。

参 考 文 献

[1] 王亚丽, 王玉霞. 河豚毒素定量检测的研究进展. 军事医学科学院院刊, 2002, 26(2): 151-153
[2] 邓尚贵, 彭志英, 杨萍, 等. 河豚毒素研究进展. 海洋科学, 2002, 26(10): 32-35
[3] 王艳, 周培根, 戚晓玉. 海洋生物中毒素的研究进展. 上海水产大学学报, 2002, 11(3): 283-286
[4] 李晓川, 林美娇. 河豚鱼及其加工利用. 北京: 中国农业出版社, 1998: 91-170
[5] 伍汉霖. 中国有毒及药用鱼类新志. 北京: 中国农业出版社, 2002: 79-143
[6] 陈素青, 任雷鸣. 河豚毒素的药理作用及临床应用. 中国海洋药物杂志, 2001, 20(6): 50-55
[7] 徐英, 耿兴超, 韩继生, 等. 河豚毒素单用及与吗啡合用对大鼠福尔马林致痛的影响. 中国海洋药物杂志, 2003, 22(2): 39-41
[8] 徐勤惠, 魏昌华, 黄凯, 等. 一种长效的河豚毒素抗毒疫苗的实验研究. 中国免疫学杂志, 2003, 19(5): 339-342
[9] Kishi Y, Aratani M, Fukuyama T, et al. Synthetic studies on tetrodotoxin and related compounds. 3. A stereospecific synthesis of an equivalent of acetylated tetrodamine. Journal of the American Chemical Society. 1972, 94(26): 9217-9219
[10] Kishi Y, Fukuyama T, Aratani M, et al. Synthetic studies on tetrodotoxin and related compounds. IV. Stereospecific total syntheses of DL-tetrodotoxin. Journal of the American Chemical Society. 1972, 94(26): 9219-9221
[11] Ohyabu N, Nishikawa T, Isobe M. First asymmetric total synthesis of tetrodotoxin. Journal of the American Chemical Society. 2003, 125 (29): 8798-8805

[12] Nishikawa T, Urabe D, Isobe M. An efficient total synthesis of optically active tetrodotoxin. Angewandte Chemie. 2004, 43(36): 4782-4785

[13] Hinman A, Du Bois J. A stereoselective synthesis of (-)-tetrodotoxin. Journal of the American Chemical Society. 2003, 125(38): 11510-11511

[14] Sato K, Akai S, Yoshimura J. Stereocontrolled total synthesis of tetrodotoxin from myo-inositol and D-glucose by three routes: aspects for constructing complex multi-functionalized cyclitols with branched-chain structures. Natural Product Communications. 2003, 8(7): 987-998

[15] Benzer T. Toxicity, Tetrodotoxin. eMedicine Journal, 2001, 2(6)

[16] Goldfrank L R, Flomenbaum N E, Lewin N A, et al. Goldfrank's Toxicologic Emergencies. Sixth Edition. Stamford, Connecticut, USA: Appleton & Lange, 1998: 1603-1645

[17] Marquardt H, Schafer S G, McClellan R, et al. Toxicology. San Diego, London, Boston, New York, Sydney, Tokyo, Toronto: Academic Press, 1999: 959-1007

[18] 郭常. 斑蝥内服治疗多种妇科病. 中医药研究, 1999, 15(6): 33-34

[19] 江苏新医学院. 中药大辞典（上下册）. 上海: 科学技术出版社, 1996

[20] 蒋三俊. 芫菁毒素在抗癌上的应用. 特征经济动植物, 2000 (1): 16

[21] 李红兵, 蒋三俊. 芫菁毒素在抗癌中的应用. 郴州师范高等专科学校学报. 2000, 21(6): 67-69

[22] 林咸明, 何亦溪, 郑颖. 天灸疗法及其临床应用. 浙江中医杂志, 2003 (4): 492

[23] 刘德贵, 苗艳波, 张铁光. 简述有毒动物药的抗肿瘤作用临床研究. 吉林中医药, 1998 (6): 61

[24] 孙振晓, 李家实. 去甲斑蝥素抗肿瘤研究热点. 西北药学杂志, 1998, 13(5): 227-229

[25] 颜增光, 蒋国芳. 斑蝥及其药理研究概况. 广西科学院学报, 1998, 14(1): 3-6

[26] 杨以超, 钟春生. 急性斑蝥中毒的临床表现和救治. 中西医结合临床实用急救, 1996, 3(10): 463-464

[27] 张卫东, 赵惠儒, 阎影, 等. 斑蝥素诱导人肺癌 A549 细胞凋亡及其分子机制的研究 [J]. 中华肿瘤杂志, 2005, 27(6): 330-334

[28] 成浩, 范跃祖. 去甲斑蝥素对人类胃癌 SGC-7901 细胞凋亡相关基因表达的影响 [J]. 肿瘤研究与临床, 2007, 19(9): 579-581

[29] 杨月伟, 张培玉. 斑蝥的药用研究及其开发. 资源开发与市场, 1999, 15(6): 326-327

[30] 李晓飞, 陈祥盛, 国兴明. 斑蝥药品制备方法的改进及其成效比较[J].中成药, 2007, 1 (29): 129

[31] Danishefsky S, Tsuzuki K. Simple, efficient total synthesis of cantharidin via a high-pressure Diels-Alder reaction. Journal of American Chemical Society, 1980, 102: 6893-6894

[32] 云南省卫生防疫站. 云南食用菌与毒菌图鉴. 昆明: 云南科技出版社, 1988

[33] 贺新生, 张玲, 康晓惠. 神经致幻毒菌及其毒性. 中国食用菌, 2004, 23(3): 9-11

[34] 林佶. 蘑菇中毒性物质的检验综述. 中国食用菌, 1996, 15(2): 40-41

[35] 张志光等. 鹅膏多肽毒素在生命科学研究中的应用. 卫生研究, 1991, 28(1): 62-63

[36] 谈希里等. 毒菇活性物质利用价值的研究进展. 中国食用菌, 1993, 12(4): 29-31

[37] Wieland T. Interaction of phallotoxins with actin. Advances in Enzyme Regulation, 1977, 15: 285-300

[38] Haigier H J, Aghajanian G K. Serotonin receptors in the brain. Federation Proceedings, 1977, 36: 2159-2164

[39] Wieland H. Peptides of Poisonous Amanita Mushrooms. Germany: Springer-Verlag New York Inc, 1986: 10-100

[40] Anderson M O, Shelat A A, Guy R K. A solid-phase approach to the phallotoxins: total synthesis of [Ala^7]-phalloidin. Journal of organic chemistry, 2005, 70: 4578-4584

[41] 林文津, 林励, 陈康. 麻黄的研究进展. 基层中药杂志, 2002, 16(6): 48-50

[42] 戴贵东, 闫琳, 余建强, 等. 伪麻黄碱镇痛、抗炎作用的研究. 陕西医学杂志, 2003, 32(7): 641-642

[43] 韦颖. 麻黄的内科应用新进展. 中国航天医药杂志, 2002, 4(3): 77-78

[44] 许馨燕, 贾晓光. 麻黄及其主要复方临床应用进展. 新疆中医药. 1997, 15(3): 52-55

[45] 张连茹, 邹国林, 杨天鸣. 麻黄的化学研究进展. 中南民族学院学报, 2000,19(3): 87-90

[46] 于英, 孙秀珍. 麻黄在喘症中的临床应用. 现代中西医结合杂志, 1999,8(3): 427

[47] 查丽杭, 苏志国, 张国政, 等. 麻黄资源的利用与研究开发进展. 植物学通报, 2002, 19(4): 396-405

[48]　李俐, 陈坚. 麻黄碱和伪麻黄碱的提工艺及分析[J]. 中国医药工业杂志, 2003, 34(4): 202-205

[49]　Judith M C, Ronald G D. Structure and properties of pyruvate decarboxylase and site- directed mutagenesis of the *Zymomonas mobilis* enzyme [J]. Biochimica et Biophysica Acta, Protein Structure and Molecular Enzymology, 1998, 1385: 323- 338

[50]　Sankar M A, Nair G S, Augsting A. Ephedrine synthesis in vitro cultures of sida species through precursor feeding [J]. Journal of Medicinal and Aromatic Plant Sciences, 2001: 248- 251

[51]　陈冀胜, 郑硕. 中国有毒植物 [M]. 北京: 科学出版社, 1987: 557-558

[52]　姚士岩, 王海泉. 曼陀罗有效成分的分析[J]. 辽宁大学学报(自然科学版), 1995, 21(1): 99-102

[53]　杜新民. 用东莨菪碱及持续气道正压呼吸抢救急性肺水肿四例[J]. 中国急救医学, 1990, 10(2): 48-49

[54]　陈平. 应用东莨菪碱抢救小儿呼吸衰竭的临床体会 [J]. 实用儿科杂志, 1991, 6(3): 147-148

[55]　吕政学, 路常东. 东莨菪碱抗心律失常的作用 [J]. 中国急救医学, 1990, 10(4): 46-47

[56]　Newhouse A, Sunderland T, Tariot N, et al. The effects of acute scopolamine in geriatric depression [J]. Arch Gen Psychiatry, 1988, 45(10): 906-912

[57]　Drevets W C, Furey M L. Replication of scopolamine's antidepressant efficacy in major depressive disorder: A randomized, placebo-controlled clinical trial [J]. Biol Psychiatry, 2010, 67(5): 432-438

[58]　王冬来. 东莨菪碱加氯丙嗪治疗小儿肺炎并发心力衰竭 98 例. 新医学, 1997, 28 (8): 418

[59]　孟磊, 李玉湘, 翟林伟, 等. 以东莨菪碱为主治疗肺性脑病 62 例. 中华内科杂志, 1990, 29 (6): 360

[60]　Nocquet P A, Opatz T. Total synthesis of (±)-scopolamine: Challenges of the tropane ring. Eur. J. Org. Chem. 2016, 1156-1164

[61]　王寅, 云峰, 林文, 等. 钩吻总碱对肝癌细胞 HepG-2 的体外抑制作用. 中药材, 2001, 24(8): 579-580

[62]　吴达容, 秦瑞, 蔡晶, 等. 钩吻素子抗肿瘤作用的研究 [J]. 中药药理与临床, 2006, 22(5): 6-8

[63]　迟德彪, 金金宏, 庞建新, 等. 钩吻素子体外诱导人结肠腺癌 LoVo 细胞凋亡的实验研究 [J]. 第一军医大学学报, 2003, 23(9): 911-913

[64]　高明雅, 沈伟哉, 吴颜晖, 等. 钩吻生物碱单体对肝癌细胞体外抑制作用机制的初步研究 [J]. 中药材, 2012, 35(3): 438-439

[65]　谭建全, 邱成之, 郑林忠. 钩吻碱的镇痛作用和无依赖性. 中药药理学与临床, 1988, 4(1): 24

[66]　周名璐, 黄聪, 杨小平. 钩吻总碱的镇痛、镇静及安全性. 中成药, 1998, 20(1): 35-36

[67]　周利元, 王坤, 黄兰青, 等. 钩吻对小鼠免疫功能的影响. 中华实验临床免疫学杂志, 1992, 4(4): 14-16

[68]　陈竞峰, 袁慧. 钩吻总碱的提取、分离、鉴定及一般毒性 [J]. 湖南农业大学学报: 自然科学版, 2003, 29(5): 423-424

[69]　Chen X M, Duan S G, Tao C, et al. Total synthesis of (*b*)-gelsemine via an organocatalytic Diels-Alder approach [J]. Nature Communications, 2015, 6: 7204

[70]　彭劼. 草乌中生物碱类化学成分研究. 长春: 吉林大学硕士学位论文, 2014

[71]　张覃木等. 乌头碱和闹羊花毒素的镇痛作用以及并用东莨菪碱和阿托品的增强现象 [J].生理学报, 1958, 2(2): 98

[72]　汪沪双等. 乌头碱抗风湿作用的药效学研究概述 [J]. 基层医药杂志, 1996, 10(3): 45-46

[73]　唐希灿等. 3-乙酰乌头碱的镇痛和无身体依赖性 [J]. 中国药理学报, 1986, 7(5): 413

[74]　Shu H, Hayashida M, Chiba S. Inhibitory effect of processed aconiti tuber on the development of antinociceptive tolerance to morphine: Evaluation with a thermal assay [J]. J Ethnopharmacol, 2007, 113(10): 560-563

[75]　刘安平, 于智芳. 草乌对离体蟾蜍坐骨神经动作电位的影响 [J]. 时珍国医国药, 2008, 19(5): 1109-1110

[76]　刘延青, 丁晓宁, 王应德. 草乌甲素片治疗常见慢性疼痛的临床研究 [J]. 中国疼痛医学杂志, 2011, 17(5): 314-315

[77]　张琴, 杨秋实, 盛剑勇, 等. 草乌甲素对大鼠胃肠黏膜的影响 [J]. 中国新药与临床杂志, 2011, 30(3): 193-198

[78]　刘世芳等. 北乌头总生物碱的抗组胺作用 [J]. 中国药理学报, 1980, 1(2): 131

[79]　刘世芳, 杨毓章. 北乌头总生物碱及乌头碱对几种药物引起心电图变化的影响 [J]. 药学学报, 1980, 15(9): 520

[80] Dzhakhangirov F N, Sadridinov F S. Dokl.Akad.Nauk.USSR, 1977 (3): 50-51

[81] Hazawa M, Wada K. Suppressive effects of novel derivatives prepared from aconitum alkaloids on tumor growth [J]. Invest New Drugs, 2009, 27(2):111-119

[82] 赵英永, 崔秀明, 戴云, 等. 草乌的研究进展 [J]. 特产研究, 2006, 1: 61-65

[83] Shi Y, Wilmot J T, Nordstrøm L U, et al. Total synthesis, relay synthesis, and structural confirmation of the C18-norditerpenoid alkaloid neofinaconitine. J. Am. Chem. Soc., 2013, 135 (38): 14313-14320

[84] 中国科学院植物研究所. 中国高等植物科属检索表 [M]. 北京: 科学出版社, 1979: 126-128

[85] 全国中草药汇编写组.全国中草药汇编(下册) [M]. 北京: 人民卫生出版社, 1983: 118-119

[86] 陈翼胜. 中国有毒植物 [M]. 北京: 科学出版社, 1990: 371-376

[87] 刘艳萍. 马钱子的化学成分研究. 济南: 山东大学硕士学位论文, 2010

[88] 徐金华. 马钱子碱透皮贴剂的研究. 南京: 南京中医药大学硕士学位论文, 2010

[89] 张梅, 李平, 陈朝晖, 等. 马钱子碱对一氧化氮诱导软骨细胞凋亡的影响[J]. 中国临床康复, 2003, 7(26): 3554-3555

[90] 徐丽君, 魏世超, 陆付耳, 等. 马钱子若干组分治疗实验性关节炎的比较研究 [J]. 同济医科大学学报, 2001, 30(6): 564-565

[91] Yin W, Wang T S, Yin F Z, et al. Analgesic and anti-inflammatory properties of brucine and brucine N-oxide extracted from seeds of *Strychnos nux-vomica* [J]. Journal of Ethnopharmacology, 2003, 88: 205-214

[92] 赵红卫, 翁世艾, 朱燕娜, 等. 马钱子碱对小鼠淋巴细胞功能的影响 [J]. 中国药理通报, 1999, 15(4): 354-356

[93] Deng X K, Yin F Z, Cai B C, et al. The apoptotic effect of brucine from the seed of *strychnos nux-vomica* on human hepatoma cells is mediated via Bcl-2 and Ca^{2+} involved mitochondrial pathway [J]. Toxicological Sciences, 2006, 91(1): 59-69

[94] 邓旭坤, 蔡宝昌, 殷武, 等. 马钱子碱对小鼠肿瘤的抑制作用 [J]. 中国天然药物, 2005, 3(6): 392-396

[95] 周建英, 卞慧敏, 马骋, 等. 马钱子碱和马钱子碱氮氧化物抗血小板聚集及抗血栓形成作用的研究 [J]. 江苏中医, 1998, 19(4): 41-43

[96] 吴贤仁, 陈运立, 陈协辉. 大剂量马钱子中毒致呼吸心跳骤停 1 例 [J]. 汕头大学医学院学报, 1999, 12(1): 37

[97] Woodward R B, Cava M P, Ollis W D, et al. The total synthesis of strychnine. Journal of the American Chemical Society, 1954, 76(18): 4749-4751

[98] Bonjoch J, Sole D. Synthesis of Strychnine. Chemical Reviews, 2000, 100: 3455-3482

[99] 林昌松, 陈纪藩, 刘晓玲, 等. 马钱子药理研究及临床应用概况. Traditional Chinese Drug Research & Clinical Pharmacology, 2006, 17(2):158-160

[100] 杨云志. 马钱子治疗糖尿病并发末梢神经炎性疼痛 [J]. 中国中药杂志, 1995, 20(2): 119

[101] 姜洁. 制马钱子生姜外用治疗增生性膝关节炎 230 例 [J]. 实用中医内科杂志, 2003, 17(3): 217

[102] 张盘根, 武金萍. 复方马钱子散治疗单纯性风湿性关节炎 42 例 [J]. 实用中医药杂志, 2002, 18(5): 20

[103] 张俊耀. 马钱子散治疗腰椎间盘突出症 89 例 [J]. 陕西中医, 1999, 20(2): 66

[104] 孟青. 应用马钱子等中草药治疗原发性坐骨神经痛 280 例 [J]. 现代中西医结合杂志, 2001, 10(7): 652-653

[105] 陈碧岚. 复方马钱子散加硬膜外封闭治疗腰腿痛 [J]. 浙江中医学院学报, 1997, 21(2): 22

[106] 李树星, 徐勤国, 李强, 等. 复方马钱子注射液治疗 "中浆" 脉络膜视网膜病变 [J]. 辽宁中医杂志, 1995, 22(9): 411-412

[107] 荆建成. 马钱子油剂治疗中耳炎 [J]. 中医外治杂志, 2003, 12(2): 53

[108] 衣秀娟. 川楝素的稳定性及其抑菌效果研究. 济南: 山东大学硕士学位论文, 2009

[109] 李穆丰. 川楝素药理作用研究进展. 上海: 复旦大学博士学位论文, 2004

[110] 周建营. 川楝素抗肉毒作用分子机制研究. 北京: 中国科学院研究生院博士学位论文, 2005

[111] 钟炽昌, 谢晶曦, 陈淑凤, 等. 川楝素的化学结构. 化学学报, 1975, 33: 35-47

[112] 重庆第一中医院. 川楝片驱蛔 1327 例临床疗效初步报告. 中华医学杂志, 1955, 5: 372-374

[113] 李培忠, 邹镜, 缪武阳. 川楝素对肉毒中毒动物的治疗效果 [J]. 中草药, 1982, 13(6): 28-33

[114] 周建营. 川楝素抗肉毒作用分子机制研究[D]. 上海: 中国科学院上海生命科学研究院博士论文, 2005

[115] 练梅青. 苦楝片驱蛔虫 115 例之报告. 中华内科杂志, 1959, 7: 24

[116] 刘桂德, 姚丹帆, 毛本缓. 几种驱虫药在试管内对整体猪蛔虫的麻痹作用. 生理学报, 1958, 22: 16-21

[117] 张兴, 王兴林, 冯俊涛. 植物性杀虫剂川楝素的开发研究. 西部农业大学学报 1993, 21: 1-5

[118] Tang M Z, Wang Z F, Shi Y L. Toosendanin induces outgrowth of neuronal processes and apoptosis in PC12 cells. Neuroscience Research, 2003, 45: 225-231

[119] Tang M Z, Wang Z F, Shi Y L. Involvement of cytochrome c release and caspase activation in toosendanin-induced PC12 cell apoptosis. Toxicology, 2004, 201: 31-38

[120] 施玉裸, 魏乃森, 杨亚琴, 等. 一种作用于突触前的神经肌肉接头传递阻断剂——川楝素 [J]. 生理学报, 1980, 32(3): 293-297

[121] Shi Y L, Chen W Y. Effect of Toosendanin on acetylcholine level of rat brain, a microdialysis study [J]. Brain Research, 1999, 850(1-2): 173-178

[122] 施玉楔, 王文萍. 川楝素对 K^+、Ca^{2+} 通道活动及细胞内 Ca^{2+} 浓度的调控 [J]. 生物化学与生物物理进展, 2007, 34(2): 132-137

[123] 姜萍, 叶汉玲, 安鑫南. 苦楝提取物的提取及其抑菌活性的研究 [J]. 林产化学与工业, 2004, 24(4): 23-27

[124] 洪庚辛, 陈业洲, 谢裕英. 苦楝子与山道年对肝脏毒性的比较 [J]. 广西医学, 1982, 4(2): 71

[125] 张建楼, 钟秀会. 川楝素对早期妊娠小鼠的毒性作用及对 Th1 型细胞因子含量的影响 [J]. 中国兽医科学, 2011, 41(1): 94-98

[126] Nakai Y, Pellett S, Tepp W H, et al. Toosendanin: Synthesis of the AB-ring and investigations of its anti-botulinum properties (Part II). Bioorganic & Medicinal Chemistry, 2010, 18: 1280-1287

[127] 江苏新医学院编. 中药大辞典, 上海: 上海人民出版社, 1977: 1898

[128] 徐汉虹, 赵善欢, 等. 肉桂油的杀虫作用和有效成分分析. 华南农业大学学报, 1994, 15(1): 27-33

[129] 张键探. 亟待开发利用的野生纤维植物——狼毒. 四川草原, 1992, 2: 17

[130] 陈冀胜, 郑硕. 中国有毒植物 [M], 北京: 科学出版社, 1987

[131] 权宜淑. 瑞香狼毒的研究概况 [J]. 陕西中医, 1999, 20(9): 425-426

[132] 韩文雪. 瑞香狼毒根部化学成分研究. 上海: 复旦大学硕士论文, 2012

[133] Liu G Q, Tatematsu H. Novel C-3/C-3'biflavanones from *Stellera chamaejasme* L. [J]. Chemical & Pharmaceutical Bulletin, 1984, 32(1): 362-365

[134] Niwa M, Tatematsu H, Liu G Q. Isolation and structures of two new C-3/C-3'bilavanones, neochamaejasmin A and neochamaejasmin B [J]. Chem Letters, 1984, (4): 539-542

[135] Tikhomirova L I, Markova L P, Tumbaa H. Coumarins of *Libanotis transcaucasia* roots. [J]. Khimiya Prirodnykh Soedinenii, 1974 (3): 402-403

[136] Niwa M, Otsuji S, Tatematsu H. Stereostructures of two biflavanones from *Stellera chamaejasme* L. [J]. Chemical & Pharmaceutical Bulletin, 1986, 34(8): 32-49

[137] Ikegawa T, Ikegawa A. Chamaejasmin and euchamaejasmin extraction from *Stellera chamaejasme* and their antiviral activities [P]. Patent, JP 08 311,056 [96 311,056] (CI.C07D311/32)

[138] Jin C D, Ronald M, Daneshtalab M. Phenypropanoid glycosides from *Stellera chamaejasme* L. [J]. Phytochemistry, 1999, 50: 677-680

[139] 丛浦珠. 质谱学在天然有机化学中的应用 [M]. 北京: 科学出版社, 1987

[140] Niwa M, Liu G Q, Atematsu H. Chamaechromone, a novel rearranged biflavonoid from *Stellera chamaejasme* L. [J]. Tetrahedron Letters, 1984, 25(34): 37-35

[141] Jin C D, Michetich R G., Daneshtalad M. Flavonoids from *Stellera chamaejasme* [J]. Phytochemistry, 1999, 50(3): 505

[142] 王敏, 贾正平, 马俊, 等. 瑞香狼毒总黄酮提取物的抗肿瘤作用 [J]. 中国中药杂志, 2005, 30(8): 603-606

[143] 王润田, 张坤娟, 佟慧, 等. 瑞香狼毒甲醇提取物抗瘤机理研究 [J]. 中华微生物学和免疫学杂志, 2003, 23(9): 734-738

[144] 贾正平, 樊俊杰, 王彦广, 等. 瑞香狼毒水提物小鼠药物血清对小鼠白血病 L121。细胞增殖、克隆形成和 DNA 合成的影响. 中草药, 32(9): 807-809

[145] 朱亚民. 内蒙古植物药志(第 2 卷) [M]. 呼和浩特: 内蒙古人民出版社, 1989: 224

[146] Tatematsu H, et al. Recent advances in research on botanic insecticides in China. Journal Plant Disease and Protection, 1985, 92: 310-319

[147] 杨国红. 瑞香狼毒等三种药用植物的生物活性成分 [D]. 上海: 复旦大学药学院, 2005

[148] 李充壁, 方天棋, 张竟秋, 等. 狼毒合剂对鸡消化道传染病疗效的初步研究[J]. 中国兽医杂志, 1995, 21(9): 40-41

[149] 龚晓霞, 李文娟, 欧阳秋, 等. 瑞香狼毒根中抑菌活性成分的研究[J]. 四川大学学报(自然科学版), 2006, 43(3): 697-701

[150] 杨英, 温立彬. 瑞香狼毒浇泼剂驱杀小白鼠体内外寄生虫试验. 中国兽医科技, 2000, 30(9): 24-26

[151] 江苏新医学院. 中药大辞典(下册) [M]. 上海: 上海人民出版社, 1977: 1898

[152] Zhang G Z, Wang Y W, Xu H H. Studies on Insecticidal Activity of Extract of *Stellera chamaejasme* L. Journal of Changde Teachers University (Natural Science Edition), 2002, 14 (3): 601

[153] 侯太平, 崔球, 陈海荣, 等. 第二届全国植物农药暨第六届药剂毒理学术论文会文集, 2001, 165-169

[154] 唐川江, 侯太平, 等. 瑞香狼毒防治仓储害虫活性物质的研究. 化学研究与反应, 2002, 14(3): 360-362

[155] 高平, 刘世贵, 等. 瑞香狼毒对蚜虫醋酶和谷肤甘肤 S-转移酶的影响. 四川大学学报(自然科版), 2001, 38(3): 425-429

[156] 祝介平, 王茜, 李裕林. 双黄酮类化合物的合成研究. 化学学报, 1990, 48: 190-194

[157] Li W D Z, Ma B C. A simple biominetic synthesis of dl-chamaejasmine, a unique 3,3'- biflavanone. Organic Letters, 2005, 7(2): 271-274

第7章 生活中的重要分子

日常生活中，人们常常在保健品、日用品和化妆品中添加一些特殊的化合物，以达到增强抵抗力，延缓衰老，除皱，美白，减肥等效果。但对这些化合物分子为什么能有这些功效一知半解。本章就五种常见的添加在日用品中具特殊作用的分子进行介绍。

7.1 激活细胞能量的"辅酶 Q_{10}"

辅酶 Q_{10}（coenzyme Q_{10}，CoQ_{10}）是人体中唯一的辅酶 Q 类物质，又称泛醌，是一种脂溶性多烯醌类化合物。它在自然界中分布广泛，主要存在于酵母、植物叶子、种子及动物的心、肝和肾的细胞中，是生物细胞呼吸链中的重要递氢体。辅酶 Q_{10} 的分子式为 $C_{59}H_{90}O_4$，分子量为 863.36，其化学名称为 2，3-二甲氧基-5-甲基-6-癸异戊烯基苯醌，其 IUPAC 名称为2-[(2*E*, 6*E*, 10*E*, 14*E*, 18*E*, 22*E*, 26*E*, 30*E*, 34*E*)-3, 7, 11, 15, 19, 23, 27, 31, 35, 39-decamethyl-tetraconta-2, 6, 10, 14, 18, 22, 26, 30, 34, 38-decaenyl]-5, 6-dimethoxy-3-methylcyclohexa-2, 5-diene-1,4-dione，CAS 号为 303-98-0，其结构式如图 7.1 所示。

辅酶 Q_{10}（图 7.2）为黄色或淡黄色、无臭无味的结晶状粉末，易溶于氯仿、苯、四氯化碳，溶于丙酮、石油醚和乙醚，微溶于乙醇，不溶于水和甲醇。遇光易分解成红色物质，对温度和湿度稳定，熔点为 48~52℃[1]。

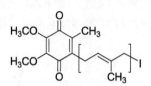

图 7.1 辅酶 Q_{10} 的结构式

图 7.2 辅酶 Q_{10}

1. 辅酶 Q_{10} 的分布

辅酶 Q_{10} 广泛存在于动植物、微生物等细胞的线粒体内，是细胞自身合成的天然抗氧化剂和细胞代谢激活剂，在细胞线粒体内呼吸链质子转移及电子传递中起重要作用，它能影响某些酶的三维结构，直接参与这些酶的生化活动，对其生化过程起着十分重要的作用。人体内辅酶 Q_{10} 总含量为 0.5~1.5 g。在细胞内的分布为：细胞核内占 25%~30%，线粒体内占 40%~50%，微粒体内占 15%~20%，细胞质内占 5%~10%。食物中的辅酶 Q_{10} 在脏器（心脏、肝脏、肾脏）、牛肉、豆油、沙丁鱼和花生等食物中含量相对较高。摄入 500 g 沙丁鱼、1000 g 牛肉或 1250 g 花生可分别为机体提供约 30 mg 辅酶 Q_{10}。

2. 辅酶 Q_{10} 的发现

图 7.3　Peter Dennis Mitchell
（图片来源 Wikipedia）

1957 年，美国的 Frederick Crane 首次从牛心脏的线粒体中分离得到辅酶 Q_{10}。同年，英国的 Morton 从缺乏维生素 A 的老鼠肝中得到同一种化合物，并定名为辅酶 Q_{10}。辅酶 Q_{10} 的发现被誉为"营养研究的里程碑"。1958 年，Merck Inc.的 Karl Folkers 确定了辅酶 Q_{10} 的结构并首次用化学方法合成了辅酶 Q_{10}。1977 年日本实现了微生物发酵法生产辅酶 Q_{10} 的工业化生产。1978 年，英国爱丁堡大学的 Peter Dennis Mitchell 博士（图 7.3）用化学渗透理论解释了在能量转换系统中辅酶 Q_{10} 起重要的质子转移作用，并获得了诺贝尔化学奖[2]。

3. 辅酶 Q_{10} 的生物活性和功效[3]

辅酶 Q_{10} 是人类生命不可缺少的重要元素之一，其生物活性主要来自于醌环的氧化还原特性和其侧链的物理化学性质。辅酶 Q_{10} 能激活人体细胞和细胞能量的营养，具有提高人体免疫力、增强抗氧化、延缓衰老和增强人体活力等功能，医学上广泛用于心血管系统疾病。此外，辅酶 Q_{10} 还具有抗肿瘤，预防冠心病，缓解牙周炎，治疗十二指肠溃疡及胃溃疡，缓解心绞痛，增强人体免疫力的功效以及对帕金森综合征、亨廷顿舞蹈病及阿尔茨海默症等与线粒体功能障碍及衰老有关的神经退行性疾病也疗效显著。

1）抗氧化性和清除自由基

辅酶 Q_{10} 是一种脂溶性抗氧化剂，是人体细胞代谢不可或缺的辅酶，被称为"心脏活力之源"。20 世纪 80 年代初，瑞典科学家 Ernster 揭示出类维生素物质辅酶 Q_{10} 的抗氧化作用和自由基清除作用。因而，国内外广泛将其用于营养保健品、化妆品及食品添加剂中。辅酶 Q_{10} 不仅在人体线粒体内营养物质转化为能量的过程中起到重要作用，而且还具有明显的抗脂质过氧化作用，是有效的抗氧化剂和自由基清除剂。辅酶 Q_{10} 存在于多数真核细胞中，尤其是线粒体。它是呼吸链组分之一，其在线粒体内膜上的含量远远高于呼吸链其他组分的含量，而且脂溶性使它在内膜上具有高度的流动性，特别适合作为一种流动的电子传递体。包埋在线粒体内膜脂质双分子中的辅酶 Q_{10}，从线粒体复合体 I［还原型烟酰胺腺嘌呤二核苷酸（NADH）脱氢酶］或复合体 II（琥珀酸脱氢酶）接受 2 个电子后变成醇式，再将电子传递给复合体 III（细胞色素 c 还原酶）。体内辅酶 Q_{10} 被大量消耗变成醇式，它既是有效的抗氧化剂，同时也是运动的电子载体，它将氢原子从其羟基转给脂质过氧化自由基，因而减少线粒体内膜的脂质过氧化物反应。在此过程中生成了与辅酶 Q_{10} 及其醇式不成比例的自由基泛半醌，或与氧发生反应形成超氧化物，自由基泛半醌在超氧化物歧化酶和过氧化氢酶的作用下转运自由基实现解毒作用，如此循环往复，呼吸链将辅酶 Q_{10} 不断再生成醇式，恢复了它的抗氧化剂活性作用。研究显示，进入 25 岁以后，人体内的辅酶 Q_{10} 会随着年龄的增长而递减，从而导致机体抗氧化能力下降、制造能量的能力下降、血液循环减弱，进而肌肤开始干燥、失去弹性、产生色斑与皱纹等老化现象。

2）抗衰老作用

随年龄的增长，人体内自由基与自由基的反应导致人体免疫功能下降。而人体内清除自由基的抗氧化物质往往不是独立存在和单独作用的，而是联合甚至协同抗氧化作用。众所周知，维生素 E 不仅具有抗氧化、消除自由基作用，而且其对机体的免疫和生殖功能具有显著的保护作用。适当剂量的维生素 E，对机体的体液免疫、细胞免疫、生殖和发育有明显的促进作用。实验表明，人体内的辅酶 Q_{10} 由醌式变成醇式后，可直接与过氧化物自由基反应，再生维生素 E。辅酶 Q_{10} 可独立并协同维生素 E 发挥抗氧化剂的作用。体外实验还发现抗氧化剂辅酶 Q_{10} 可以保护哺乳动物细胞免于线粒体氧化应激引发的凋亡，而肿瘤坏死因数（TNF）或癌基因抑活药均没有这种作用。此外，辅酶 Q_{10} 与维生素 B_6（吡哆醇）结合使用可抑制自由基对免疫细胞上受体与细胞分化和活性相关的微管系统的修饰作用，增强免疫力，延缓衰老。辅酶 Q_{10} 可以保护受紫外线损伤的皮肤，促进表皮细胞的增殖[4]。皮肤胶原蛋白抵御紫外线等氧化刺激物损伤的能力会随着年龄的增加而下降。而长期使用辅酶 Q_{10} 能够有效防止皮肤光衰老，减少眼部周围的皱纹。因为辅酶 Q_{10} 能渗透进入皮肤生长层，减弱光子的氧化反应，在生育醇的协助下可以启动特异性的磷酸化酪氨酸激酶，防止 DNA 的氧化损伤，抑制紫外光照射下皮肤成纤维母细胞胶原蛋白酶的表达，保护皮肤免于损伤[5]。广泛的研究认为辅酶 Q_{10} 抑制脂质过氧化反应，减少自由基的生成，保护超氧化物歧化酶（SOD）活性中心及其结构免受自由基氧化损伤，提高体内 SOD 等酶活性，抑制氧化应激反应诱导的细胞凋亡，具有显著的抗氧化、延缓皮肤衰老的作用。

3）抗疲劳作用

辅酶 Q_{10} 的醌环在氧化呼吸链中起传递电子和质子的作用，这种作用不仅是所有生命形式必不可少的，而且还是形成三磷酸腺苷（ATP）的关键。而 ATP 是机体能量的主要储存形式，也是所有细胞功能赖以正常发挥的重要基础。辅酶 Q_{10} 是细胞自身产生的天然抗氧化剂和细胞代谢启动剂，具有保护和恢复生物膜结构的完整性、稳定膜电位作用，是机体的非特异性免疫增强剂，因此显示出极好的抗疲劳作用。

4）抗肿瘤作用及免疫调节作用

辅酶 Q_{10} 有抗肿瘤的作用，现已报道的抗癌种类有乳房癌、前列腺癌、胰腺癌、结肠癌和肝细胞癌等。1994 年 Lockwood 等研究癌症患者体内辅酶 Q_{10} 缺乏发生率，患者服用一定剂量的辅酶 Q_{10}，并结合服用一定剂量的抗氧化剂，一年后，病人未发生肿瘤转移现象，部分患者的肿瘤还发生部分消退[6]。Oytun Portakal 等[7]通过研究癌症的发病机理，对 21 位乳腺癌患者体内的辅酶 Q_{10} 含量、抗氧化酶活力、超氧化物歧化酶（SOD）含量和丙二醛（MDA）水平等指标进行检测，结果表明病变组织的辅酶 Q_{10} 含量比正常组织显著减少，而且补充辅酶 Q_{10} 可以使病症得以减轻。Fouad[8]利用三氯乙酸诱导小鼠患上肝细胞癌症，患病小鼠按照每天 0.4 mg/kg 的剂量服用辅酶 Q_{10}，4 周后，辅酶 Q_{10} 能明显降低油脂过氧化作用，抑制谷胱甘肽和 SOD 含量的减少，并且可以防止组织坏死 α-因子和肝组织内皮素的提高。通过免疫组织化学分析得出，辅酶 Q_{10} 可以有效地减少病变肝脏中 HepPar1、甲胎蛋白、诱导一氧化氮合成酶、过氧化物合成酶及核转录因子的表达。

5）治疗心血管疾病

1970 年 Folkers 发现充血性心力衰竭患者心肌内的辅酶 Q_{10} 含量降低,提出了辅酶 Q_{10} 治疗充血性心力衰竭的基本理论。并通过 1000 余例的心肌活检证实充血性心力衰竭患者内源性辅酶 Q_{10} 含量明显低于正常人，而且发现心衰程度愈重，心肌内辅酶 Q_{10} 含量愈低，辅酶 Q_{10} 的治疗效果愈好。Singh 等选择 47 名心肌梗死和心绞痛患者，给药组 25 例，口服辅酶 Q_{10}，每次 60 mg，一日 2 次。对照组 22 例，口服安慰剂胶囊。治疗 28 天后，给药组血清脂蛋白含量明显减少，症状得以改善[9]。Kamikawa 通过随机双盲交叉临床验证，稳定型心绞痛患者通过口服辅酶 Q_{10}，气短和心悸等症状得到改善，心绞痛发作次数减少，运动耐量显著提高。Tiano 等[10]研究冠心病患者，证实了通过服用辅酶 Q_{10} 能显著增强细胞外 SOD 含量，提高血管抗氧化能力，保护心脑血管系统，对冠心病患者有较好的治疗作用。Toyama[11]通过实验证实，服用辅酶 Q_{10} 辅助药物罗苏伐他汀，并加强锻炼，可以治疗冠心病。

6）治疗帕金森病

帕金森综合征主要是因线粒体被损坏，导致多巴胺能神经元能量不足，产生自由基，进而发生退行性病变引起的。辅酶 Q_{10} 是重要的神经元保护剂，对修复多巴胺能神经元有重要作用。它能稳定线粒体膜电位，保护线粒体呼吸链和线粒体转运孔的正常工作，因此能够保护神经元，对抗神经毒素导致的神经元死亡。赵春玉等用辅酶 Q_{10} 和多巴丝肼治疗帕金森病患者 6 个月后停服辅酶 Q_{10}，再只用多巴丝肼治疗 6 个月。停用辅酶 Q_{10} 后出现病情加重或必须加大多巴丝肼用量者视为有效病例，治疗有效率为 66.7%[12]。Sharma 等首先确定了辅酶 Q_{10} 在小鼠大脑中的分布区域，然后通过研究金属硫因基因改造小鼠、纯合子韦弗突变小鼠和 SK-N-SH 细胞等，表明辅酶 Q_{10} 能明显增强线粒体复合物 I 的活性，改善肌肉运动性能，对于帕金森病人具有潜在的神经保护作用[13]。Mischley 等通过实验也证实了服用辅酶 Q_{10} 可以治疗帕金森病[14]。

7）其他活性

除了上述研究的生物活性之外，辅酶 Q_{10} 还有其他的功能逐步被发现，这也是学者热衷于辅酶 Q_{10} 研究的原因之一。有研究报道老鼠服用辅酶 Q_{10} 能提高机体免疫细胞杀死细菌的活力，并提高抗体反应；辅酶 Q_{10} 能增加白细胞的数量，增加胸腺活力，激发免疫球蛋白和抗体数量增加。通过对获得性免疫缺陷综合征（AIDS）病人研究表明，应用辅酶 Q_{10} 进行治疗能明显提高血清中的免疫球蛋白 G（IgG）的含量。辅酶 Q_{10} 的补充可明显改善人体肌肉营养失调，艰苦的体育锻炼减少了辅酶 Q_{10} 的血液含量，每日补充 60 mg 可改善运动员的技能，许多超重的人辅酶 Q_{10} 的含量较低，补充辅酶 Q_{10} 可以达到减肥的目的，这是由于辅酶 Q_{10} 可加速脂肪的代谢，使肢体和大脑能量供应充裕，精力旺盛[15]。

4. 辅酶 Q_{10} 的制备[3]

辅酶 Q_{10} 的常用制备方法主要有动植物组织提取法，化学合成法和微生物发酵法[4]。其中，动植物组织提取法是最传统的提取方法，也是国内较多采用的方法。近年来，化学合成法和微生物发酵法生产辅酶 Q_{10} 已逐渐取代动植物组织提取法，成为国内外开发研究的热点。

1）动植物组织提取法

采用动植物组织提取法制备辅酶 Q_{10} 时，随生物组织种类的不同，效率及成本都有所差异（表 7.1）。常用的提取原料有动物的心和肝脏、花生、大豆、烟草和蜂花粉等。提取方法主要有皂化法、超声波辅助提取法和超临界二氧化碳萃取法等。皂化法提取相对简单，常用一定比例的焦性没食子酸，再加入氢氧化钠-乙醇溶液搅拌，进行回流提取。张双奇等[16]研究了从提取细胞色素 c 后的牛心残渣中分离纯化辅酶 Q_{10} 的工艺。采用醇碱皂化法，经萃取、柱层析、重结晶得到辅酶 Q_{10}，纯度高达 91.2%。由于辅酶 Q_{10} 不稳定，皂化处理可能会破坏部分辅酶 Q_{10}。超声波辅助提取可以使细胞破碎更完全，有利于提高辅酶 Q_{10} 的提取率，但超滤会使温度升高，对产品造成损失。所以在操作过程中最好采用冰浴，以减少超声波产生的热量对辅酶 Q_{10} 的破坏。王改玲等[17]系统研究了利用超声波细胞破碎仪从花生中提取辅酶 Q_{10} 的工艺，提出超声波辅助提取条件对提取率影响大小的顺序为：提取功率>提取时间>单次辐射时间>料液比，在最佳条件下花生中辅酶 Q_{10} 的提取率为 92.4 μg/g。陶志杰[18]设计优化了超声波细胞破碎法提取花生中的辅酶 Q_{10}，其最大提取量可达到 461 μg/g。李春英等[19]开发了一种应用超临界二氧化碳技术从烟草提取物中同时分离茄尼醇和辅酶 Q_{10} 的方法，其茄尼醇和辅酶 Q_{10} 的提取率分别为 1.84% 和 2.07 mg/g。朱海等用超临界二氧化碳为萃取剂从干燥的棕榈残渣中得到含 30% 辅酶 Q_{10} 的油。因此，具体采用何种方法，则要视处理材料而定。动植物组织提取法得到的辅酶 Q_{10} 是侧链双键全反式构型的天然产物[20]，故质量好，易被人体吸收，但由于动植物中辅酶 Q_{10} 含量低、原料来源受限制，因此产品成本高、价格昂贵，在一定程度上限制了辅酶 Q_{10} 的规模化生产[21]。

表 7.1 辅酶 Q_{10} 在各种动植物组织中的含量[22]

动物		植物	
名称	含量/(nmol/g)	名称	含量/(nmol/g)
牛肝	40	烟叶	2140
牛心	85	大豆	35
猪肝	35	菠菜	49
猪心	98	罗望子叶	45
羊心	200	棉籽	6
羊肉	280	麸皮	463

2）微生物发酵法

1977 年，日本首次实现了发酵法生产辅酶 Q_{10}，但其效率较低，生产成本较高。目前，随着酶工程和基因工程的迅速发展，辅酶 Q_{10} 的发酵工艺有了长足进步，是极有希望实现工业化的方法。在发酵法中，菌种的选取是关键（表 7.2），辅酶 Q_{10} 产生菌大多为细菌，主要包括荚膜红细菌、类球红细菌、浑球红细菌、沼泽红假单胞菌、深红螺菌和根癌农杆菌等，对这些菌株进行改造可以进一步提高生产辅酶 Q_{10} 的能力。适当的菌种在优化的培养条件下不仅可以在发酵液中获得较高单位的辅酶 Q_{10}。同时，干菌体中的含量也很可观，这样生产成本就能大幅度下降。现有问题是菌种选取不合适造成发酵单位低和纯化费用大的缺点，在成本上还难以实现工业化生产。

表 7.2　辅酶 Q_{10} 在几种微生物体中的含量[22]

菌种名称	含量/(nmol/g)	菌种名称	含量/(nmol/g)
烟曲霉	500	根癌病土壤杆菌	290
脱氮极毛杆菌	1290	红极毛杆菌	420
胶红酵母	382	郑孢酵母	463
新型隐球酵母	267	罗伦隐球酵母	420

3）化学合成法

辅酶 Q_{10} 分子的化学结构由 2,3-二甲氧基-5-甲基-1,4-对苯醌的醌核（母核）及醌核的 6 位上连接着的 50 个 C 的侧链两部分组成。这 50 个 C 的侧链是由 10 个异戊二烯分子首尾连接生成的十聚异戊烯基多烯长链。除末端双键外，其余双键全为反式结构，且两两相邻双键之间间隔两个饱和的碳原子。以一般的化工小分子原料来从头构建合成该长链，进而合成辅酶 Q_{10} 的方法称为全合成法，而以一种从烟草或其他植物叶中提取到的已经含有由九个异戊二烯分子以同样方式聚合而成的长链醇（茄尼醇，solanesol）为原料，来构建合成其侧链，进而合成辅酶 Q_{10} 分子的方法称为半合成法。显然，半合成法要比全合成法更加容易实现。辅酶 Q_{10} 发现至今，化学合成工作者对它的合成路线一直进行着不懈地研究和探索。文献报道的辅酶 Q_{10} 的化学合成法，根据合成路线主要分为下列四种：①侧链直接引入法，即茄尼醇经多步反应制备成癸异戊烯醇衍生物，再与 2,3-二甲氧基-5-甲基-1,4-对苯醌、氢醌及其衍生物偶合的多步合成方法。该法是在主环化合物上直接引入癸异戊烯基团。②侧链延长法，即将 2,3-二甲氧基-5-甲基-1,4-对苯醌先制备成含有异戊烯结构侧链的中间体，再经偶联合成辅酶 Q_{10} 的方法。该法先在主环化合物上引入较短的侧链，然后延长短侧链。③以香叶醇(geraniol)为原料的全合成法。④重排法，利用 Claisen 重排法合成辅酶 Q_{10}。自 20 世纪 50 年代末以来，学者们对辅酶 Q_{10} 的化学半合成法进行了大量的研究，相继提出了各种合成策略，其有关合成路线及工艺不断得到改进和完善。一些合成路线和工艺已经在国外投入了工业化应用[23]。目前，我国从废烟叶中提取茄尼醇已实现了工业化生产。从近五十年来的辅酶 Q_{10} 的合成情况来看，合成工作基本上是围绕着醌核的合成，侧链的构建修饰以及二者的连接方法研究来进行的。1959 年，Ruegg等[24]提出的合成路线（图 7.4）代表了辅酶 Q_{10} 的一种最经典的半合成策略。即先将茄尼醇进行扩链，增加一个异戊烯基单元转变成十聚异戊烯基(伯)醇，然后在 Lewis 酸催化下与 2,3-二甲氧基-5-甲基-1,4-氢醌进行 Friedel-Crafts 反应引入侧链，继而再氧化得到辅酶 Q_{10}。用该路线合成出的辅酶 Q_{10} 经鉴定具有同从猪心脏组织提取物中得到的辅酶 Q_{10} 完全相同的结构特征，从而也辅证了天然辅酶 Q_{10} 的化学结构。但是，该合成策略在应用上有两个主要问题，一是茄尼醇链参与的反应过多。单是将茄尼醇进行扩链成十聚异戊烯基伯醇的反应就经过了至少七步反应。而且茄尼醇以及其溴化物等中间体的化学性质也都不十分稳定，在长时间的光照、酸、碱等条件下都很可能会发生异构化、双键移位及聚合变化。由此产生的副产物同产物物理化学性质非常相近，极难分离除去，造成各步产物都很难纯化。因此，对茄尼醇的消耗极大。二是酮核供体 2, 3-二甲氧基-5-甲基-1,4-氢醌的制备、保存及使用很不便。由于十聚异戊烯基伯醇与 2, 3-二甲氧基-5-甲基-1,4-氢醌的连接是通过 Freidel-Crafts 反应在 $ZnCl_2$ 的催化下将侧链直接引入母环，在此条件下其不饱和侧链很不稳定，双键构型易被破坏，且有苯并二氢吡喃类和侧链环化等副产物生成。因此，其总收率仅为 17%左右。另外，虽然 2, 3-二甲氧基-5-甲基-1,4-氢醌可以通过 2, 3-二甲氧基-5-甲基-1,4-对苯醌经多种还原剂还原得来，然而其纯化处理也非常麻烦。虽然如此，该合成路线的提出标志着对辅酶 Q_{10} 系统性合成研究工作的开始，具有重要的意义和深远的影响。后来的很多学者开始致力于对该合成路线的改进提高。其中，效果较为理想且适宜于工业化应用的合成路线当数 Ajinomoto 公司[25]的研究人员对这条合成路线进行的研究工作。他们以异十聚异戊烯醇和母核氢醌在三氟化硼催化下于甲苯中回流即可实现二者直接缩合，得到十聚异戊烯基取代的母核氢醌。这样使得 Ruegg 的整条合成路线及茄尼醇参与的反应操作减少了两步。然后该缩合物生成后也不必分离，直接在有机溶液中用 $FeCl_3$ 进行氧化生成辅酶 Q_{10} 后用硅胶柱层析，所得产物在异丙醇中重结晶，则可得到纯度高达 97%的辅酶 Q_{10}。用此改进后的方法合成辅酶 Q_{10} 的总收率可以达到了 46%（以异十聚异戊烯醇计），而且反应立体选择性也得到极大提高。后来他们以硝基甲烷-辛醇混合溶剂代替甲苯，可以得到更好的立体选择性（$E/Z = 99/1$）。从而使该法具有了反应条件温和、催化剂及各种试剂价廉易得、反应立体选择性好、收率较好等特点，已经适宜于工业化应用。

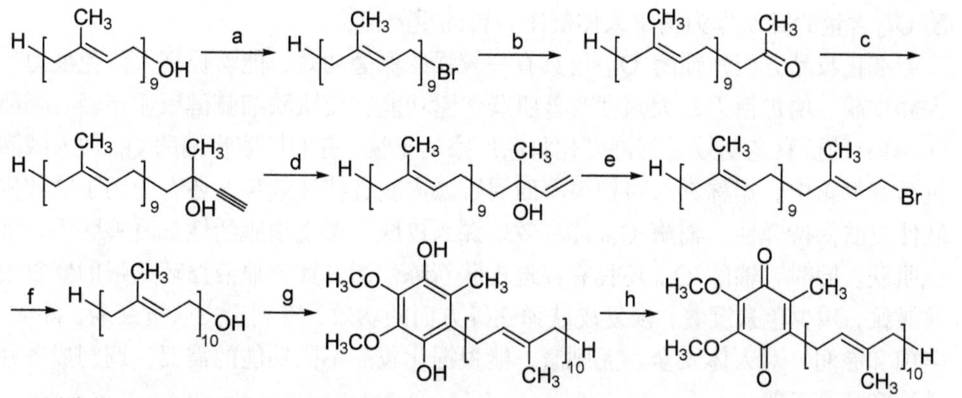

反应条件: a. PBr$_3$, Et$_2$O, 吡啶; b. 乙酰乙酸乙酯, EtONa; then NaOH, H$_2$O, 81%; c. 乙炔钠, liq. NH$_3$, 87.5%; d. Lindlar 催化剂, 1 atm H$_2$, 99%; e. PBr$_3$, 99%; f. CH$_3$COOK, NaOH, EtOH, H$_2$O, 98%; g. ZnCl$_2$, 2,3-二甲氧基-5-甲基-1,4-氢醌; h. FeCl$_3$, 17%.

图 7.4　辅酶 Q$_{10}$ 的半合成

5. 辅酶 Q$_{10}$ 的应用[22,26-30]

　　辅酶 Q$_{10}$ 是人体内不可缺少的参与代谢的重要活性物质，应用越来越广，其应用范围可分为药品、功能食品和化妆品三方面。

　　在医学上，辅酶 Q$_{10}$ 可以：①用于急慢性病毒性肝炎、亚急性重型肝炎的治疗，对其他肝病也有一定的疗效。②用于心血管疾病，如缺血性心脏病、风湿性心脏病、缩窄性心包炎、心肌炎、心绞痛、心律失常及高血压等，也用于充血性心力衰竭的辅助治疗。③用于癌症的综合治疗，能减轻放、化疗引起的某些副反应，临床上用于医治晚期急性癌症患者也有一定疗效。④用于原发性和继发性胆固醇增多症、颈部外伤后遗症、脑血管疾病、出血性休克等。⑤用于治疗坏血病、十二指肠溃疡、坏死性牙周炎及促进胰腺功能和分泌有显著作用。最新的临床试验表明，辅酶 Q$_{10}$ 的应用范围越来越广，其片剂已有效地用于肺气肿的治疗。每天注射 30 mg 针剂可改善先天再生障碍性贫血，明显增加红细胞数量。对于支气管哮喘和听觉障碍的治疗也有一定的作用。近年发现对于艾滋病的治疗也有辅助疗效。同时，辅酶 Q$_{10}$ 作为一种天然抗氧化剂，在保健美容等方面可作为一种很好治疗药。例如，每天口服一定量的辅酶 Q$_{10}$，可明显降低感冒等常见病的发病率，其在延缓衰老和提高机体免疫力方面有着不可替代的作用和广阔的应用前景。近年来国内也引进此药，并对辅酶 Q$_{10}$ 的疗效做了大量的研究工作。

　　在功能食品方面，辅酶 Q$_{10}$ 能大幅度改善人体细胞的用氧功能、营养功能和免疫增强功能。当人体内辅酶 Q$_{10}$ 的含量减少 25% 以后，各种疾病就会产生，补充足够的辅酶 Q$_{10}$ 可使人体各项功能得以保持、恢复和延缓衰老。也有提高人体免疫力、增强抗氧化性、保持青春等功效。如今，欧美等发达国家已将人体内辅

酶 Q_{10} 含量的高低作为衡量人体健康与否的重要指标。

在化妆品方面，辅酶 Q_{10} 还具有一较强的保健功效，能够提高人体免疫力，保养皮肤、增加活力，大幅度改善肌肤代谢功能，使肌肤细腻健康显年轻。辅酶 Q_{10} 具有的抗衰老功效受到许多化妆品厂家的重视，有的厂家将辅酶 Q_{10} 加入眼圈抗皱修复霜中，据称它对呵护眼圈四周娇嫩皮肤有特殊效果，还有的用于紧致皮肤使皮肤保持弹性。辅酶 Q_{10} 能有效地深入皮肤，激发细胞活性，改善肤质、细腻肌肤。同时，辅酶 Q_{10} 还具有促进皮肤新陈代谢，加速血液循环，帮助修复皮肤皱纹，减少色素沉着，恢复皮肤弹性等方面的功效，有利于皮肤抗衰老、除皱、美白和滋润。对人体安全、无刺激，能根据化妆品不同功能的需要，调制成各种乳液和膏霜等等。

在日本，辅酶 Q_{10} 已成为上市药物，而在美国和欧洲市场上，它以"食品添加剂"的名义销售。由于近几年美国国内掀起了天然保健品热，含辅酶 Q_{10} 的营养保健品与其他天然保健品一样也可以自由出售，无须医生处方。2000 年美国成为消耗辅酶 Q_{10} 原料最多的国家，其余依次为日本、西欧与澳大利亚。目前，辅酶 Q_{10} 在全球市场上供不应求，我国年消耗辅酶 Q_{10} 在 20 吨以上，其中大部分产品要从国外进口。据海关统计的数字，2000 年我国几个主要口岸辅酶 Q_{10} 的进口量达 14689 kg，出口量为 1278 kg，国内市场缺口较大。此外，近几年不少国家和地区向我国外贸部门求购辅酶 Q_{10}，据中国医药保健品进出口总公司介绍，国际市场每年对我国辅酶 Q_{10} 的询单量在 30 吨以上。

因此，以辅酶 Q_{10} 为原料开发新型保健食品、化妆品和药品市场前景极其广阔。

健康小提示：

人体对健康维持推荐的服用辅酶 Q_{10} 的每日剂量为 30 mg。在治疗各种疾病中适当增加剂量。辅酶 Q_{10} 应与含有脂肪的膳食一起服用，如与豆油或植物油一起食用可增加人体对辅酶 Q_{10} 的吸收。

7.2　保湿润肤的"角鲨烯"

角鲨烯（squalene）又名三十碳六烯、鲨萜、鲨烯，是鲨鱼肝脏中的重要化学活性物质。分子式为 $C_{30}H_{50}$，化学名称为 2, 6, 10, 15, 19, 23-六甲基-2, 6, 10, 14, 18, 22-二十四碳六烯，分子量为 410.7。角鲨烯为全反式的异构体[31]，含有六个双键，是一种高度的直链不饱和三萜类化合物，具体结构式见图 7.5。

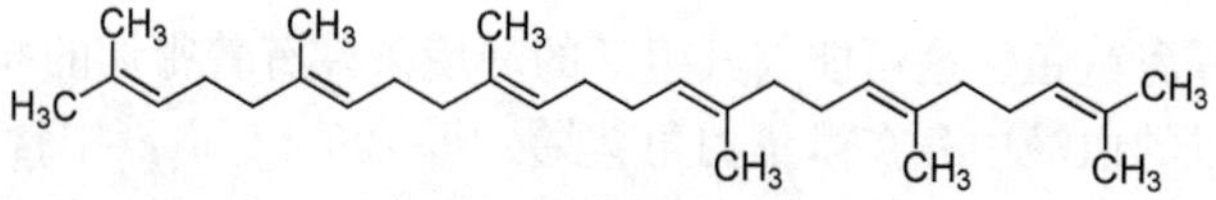

图 7.5 角鲨烯结构式

角鲨烯是无色或微黄色透明油状液体，吸氧变黏成亚麻油状。在常压 330℃下易分解，密度为 0.8584 mg/mL，闪点为 110℃，熔点为–75℃，20℃下折光率为 1.4965，黏度较低为 0.012 Pa·s。在石油醚、乙醚、丙酮中易溶，在冰醋酸和乙醇中微溶，与水不相溶[32]。

1. 角鲨烯的发现

1916 年，日本科学家 Tsujimoto 在深海 Ai-zamé 和 Heratsuno-zamé 鲨鱼肝油中发现一种新的淡黄色不饱和烃类化合物，经分离、鉴定将其命名为 "squalene"，即角鲨烯[33]。此后，研究者们对角鲨烯展开了大量的研究，近百年来不曾间断。1935 年，Thorbjarnarson 和 Drummond 在橄榄油中发现角鲨烯，首次获得植物来源的角鲨烯[34]。最近，罗章在研究西藏牦牛背最长肌的挥发性风味物质组成时发现了角鲨烯，首次获得青藏高原地区动物来源的角鲨烯[35]。

2. 角鲨烯的分布[36, 37]

角鲨烯不仅存在于动物、植物体内，而且在微生物中亦有分布。深海鲨鱼是迄今为止从自然界发现的角鲨烯含量较高的动物体之一。Tsujimoto 发现角鲨烯是鲨鱼肝脏油脂不皂化物的主要成分，其含量分别为 Ai-zamé 和 Heratsuno-zamé 鲨鱼肝脏油脂的 89.62 g/100 g 和 71.64 g/100 g[33]。深海鲨鱼肝油中角鲨烯的含量在 40 g/100 g 以上，被认为是早期角鲨烯的主要来源[37]。因鲨鱼品种、性别、年龄和生长的地理环境不同，故肝油中角鲨烯的含量存在较大的差异，其中深海同齿刺鲨肝油中角鲨烯含量在 90 g/100 g 以上，而江河鲨鱼肝油中角鲨烯的含量则较低[38]。继深海鲨鱼之后，皮脂是人们发现的角鲨烯含量较高的一个动物组织。皮脂中角鲨烯的含量大约为 13 g/100 g[37,39]。Downing 等研究发现，鼹鼠皮脂中角鲨烯的含量为 70 g/100 g[40]，显著高于人体及其他动物皮脂中角鲨烯的含量，这可能与鼹鼠适应潮湿的生活环境有着密切的联系。通常，人体皮肤长期暴露在太阳光下，紫外线易给皮肤带来氧化应激损伤，皮脂中的角鲨烯可以有效地阻断式反应，抑制皮脂发生过氧化，从而保护皮肤免受伤害。最近还有研究发现牦牛肉中有较高含量的角鲨烯。2012 年，罗章在冷冻干燥过的牦牛肉中检出角鲨烯，其含量可达 328.28 μg/kg[35]，可见，牦牛肉可作为动物源角鲨烯开发利用的新资源。Kopicov 等发现赤睛鱼等 20 种淡水鱼肌肉中角鲨烯的含量为 9.80~153.68 mg/100 g，内脏脂肪中角鲨烯的含量为 7.01~180.38 mg/100 g[42]。淡水鱼中角鲨烯的含量显著低于深海鲨鱼，这可能与其生活的环境条件有着密切的联系。Dewitt 等发现人体及大鼠的血液中存在微量的角鲨烯，每 100 mL 血液中含有 30~35 μg 角鲨烯[41]。此外，人们逐渐发现橄榄油、苋菜籽油、米糠油和棕榈油、农作物种子油及植物油脱臭馏出物等植物油及副产物中均有角鲨烯检出，特别是橄榄油和苋菜籽油中角鲨烯的含量较高，可作为制备角鲨烯的重要工业原料。粗制橄榄油是橄榄仁经压榨制得的植物油，被认为是目前植物源角鲨烯的主要来源之一，其角鲨烯含量为 100 mg/100 g~800 mg/100 g[43-45]。微生物细胞中也存在角鲨烯。Bhattacharjee 等以酿酒酵母和糖蜜中分离到的德氏孢圆酵母厌氧发酵生产角鲨烯，其干基产量分别为 4.12 mg/100 g 和 23.72 mg/100 g[46]。此外，Brid 等研究发现在葡萄球菌、汉逊德巴利酵母、深红螺菌和构巢曲霉(丝状真菌)等微生物中亦有微量角鲨烯检出[47]。通过筛选角鲨烯的高产菌株，然后采用生物发酵途径生产角鲨烯，为解决角鲨烯资源开辟了新的途径。

3. 角鲨烯的生理活性[37]

1）携氧能力

角鲨烯具有类似红细胞的携氧功能，在机体内与氧结合生成活化的氧合角鲨烯，通过血液循环中运输到机体末端细胞后释放氧，促进机体新陈代谢中的生物氧化-还原反应，从而增加组织细胞对氧的利用能力，提高机体对缺氧的耐受能力，防止因缺氧而引起的各种疾病。因角鲨烯具有类似红细胞的携氧功能，故使鲨鱼在深海的缺氧环境中具有较强的缺氧耐受能力。邱春媚等研究了角鲨烯软胶囊对小鼠缺氧耐受力的影响，结果表明，角鲨烯为推荐剂量的 20 倍和 30 倍剂量组常压缺氧时间和亚硝酸钠中毒存活时间延长。小鼠在极性脑缺血性缺氧条件下，角鲨烯推荐剂量的 10 倍、20 倍、30 倍剂量组与对照组相比，均能显著延长小鼠喘气时间，且对小鼠体重增长无影响[48]。可见，角鲨烯具有携氧能力，可提高小鼠缺氧耐受力。而高原地区牦牛中存在较高含量的角鲨烯，可能与牦牛适应缺氧、严寒和低气压的地区环境有着密切的联系。

2）调控动物体中胆固醇的代谢

20 世纪 50 年代，研究人员在研究人体胆固醇的生化代谢机制时发现一个关键的中间代谢产物，经结构鉴定为角鲨烯，这首次证实人体中有角鲨烯。角鲨烯在羊毛甾醇合成酶的作用下可以转化成羊毛甾醇，再转变成胆固醇，并进一步代谢生成胆汁酸和类固醇激素[49]。鉴于角鲨烯可以转化成胆固醇，学术界曾有一种观点：外源性的角鲨烯会提高胆固醇的合成，增加人患动脉粥样硬化疾病的风险。然而，随着研究的深入，人们发现人体摄入外源性角鲨烯不仅不会提高血清中胆固醇的水平，甚至还会降低血清中胆固醇的含量[50,51]。角鲨烯降低血清中胆固醇水平的作用机制可能是外源性角鲨烯可以降低 3-羟基-3-甲基戊二酰辅酶 A（HMG-CoA）还原酶的活性来抑制胆固醇的合成，这取决于吸收的外源性角鲨烯的数量。同时，通过胆固醇的反馈调节作用加快胆固醇转变成粪胆汁酸，随大便排出体外[52]。

3）防癌及抗癌作用

角鲨烯可以有效预防和抑制化学诱导的啮齿目动物的乳腺癌、结肠癌、胰腺癌、肺癌和皮肤癌等多种癌症的发生[53-55]。地中海地区的人群日常生活中摄入大量的橄榄油，该地区人群中患乳腺癌和胰腺癌的概率极低。这与当地居民日常膳食有密切关系，这是由于橄榄油中有较高含量的角鲨烯，该地区角鲨烯的日平均摄入量为 200~400 mg，远远高于世界上其他地区人群日平均摄入量[51]。Newmark认为，角鲨烯抑制乳腺癌和胰腺癌的机制可能是角鲨烯通过抑制 β-羟基-β-甲基戊二酰基-CoA 还原酶活性，降低致癌基因的戊烯化作用，从而有效预防乳腺癌和胰腺癌的发生。Chinthalapally 等通过雄性 F344 大鼠试验发现，角鲨烯可以有效抑制氧化偶氮甲烷（AOM）诱导的结肠癌隐窝异常病灶（ACF）的形成和增殖，其作用机制可能是角鲨烯抑制结肠黏膜细胞中羟基-甲基戊二酰-辅酶 A 还原酶的活性，从而抑制 AOM 诱导的 ACF[52]。Desai 等发现，富含角鲨烯的物质 Roidex（Roidex 是由角鲨烯、维生素 A、维生素 E 和矿物油等组成的混合物）可以抑制由 7, 12-二甲基苯蒽（DMBA）和 12-O-十二酰氟波醇-13-乙酸酯（TPA）诱导的皮肤肿瘤的生长，其机制尚不清楚，有待进一步研究[53]。Smith 等发现，膳食橄榄油和角鲨烯可以有效抑制 4-甲基亚硝氨基-1-3-吡啶基-1-丁酮（NNK）诱导的肺肿瘤的发生[54]。角鲨烯对肺肿瘤的抑制机制：①由于角鲨烯通过抑制羟基-甲基戊二酰辅酶 A（HMG-CoA）还原酶的活性来降低原癌基因的法尼基化，HMG-CoA还原酶活性受到抑制会减少法尼基焦磷酸的合成。②角鲨烯是一种单线态氧淬灭剂，角鲨烯通过清除自由基或活性氧来抑制 NNK 诱导的肺肿瘤的发生。

4）抗氧化作用

角鲨烯是由 6 个非共轭双键构成的类异戊二烯烃类化合物，具有较强的抗氧化活性。角鲨烯的抗氧化机制在于角鲨烯的低电离阈值使其能够提供或接收电子而没有破坏细胞的分子结构，并且角鲨烯可以中断脂质自动氧化途径中氢过氧化物的链式反应[55]。角鲨烯是一种有效的单线态氧淬灭剂，可以保护机体皮脂免受紫外线引起的过氧化反应[56]。Auffray 等证实皮脂中角鲨烯的过氧化反应主要是由于单线态氧引起的，在化妆品中添加没药精油可以减少皮肤因光敏氧化引起的皮肤损伤[57]。Kohno 等研究发现，人体脂质中角鲨烯的单重态氧淬灭速率常数远远大于人体皮肤中的其他脂质的单重态氧淬灭常数，可以有效地终止脂质自动氧化途径中自由基的链式反应，防止皮肤中脂质发生氧化反应[58]。Warleta 等[59]发现角鲨烯不仅可以降低细胞间 ROS 水平，抑制过氧化氢诱导的乳腺皮细胞的氧化损伤，还能保护细胞免受 DNA 氧化损伤。这为大量摄入橄榄油的地中海地区人群患乳腺癌的概率较低提供部分科学解释。橄榄油中含有丰富的角鲨烯，角鲨烯通过降低正常乳腺细胞中 ROS 水平来减少氧化应激反应，而且其在正常乳腺细胞中可选择性抑制 DNA 氧化损伤，从而抑制地中海地区人群中乳腺癌的发生。因而，角鲨烯在乳腺癌的预防方面起着非常重要的作用。

5）抗辐射能力

Storm 等[60]研究了角鲨烯对雄性小鼠的抗辐射作用，发现小鼠角鲨烯摄入组与对照组相比，可以提高小鼠机体对辐照损伤的抵抗能力。其作用机理可能是角鲨烯可以清除小鼠因辐射产生的自由基或单线态氧刺激机体的免疫应答反应，保护细胞器和提高细胞的修复能力。

6）解毒剂

Senthilkumar 等[61]研究了角鲨烯对环磷酰胺诱导的毒性效应的影响。环磷酰胺是一种广泛用于临床的抗肿瘤药物，其代谢产物的毒性会使正常细胞发生中毒反应。角鲨烯可以有效清除代谢产物的毒性，使血清中生化指标恢复到正常水平。Richter 等[62]研究发现角鲨烯可以代替液体石蜡作为六氯联苯（HCB）的解毒剂。小鼠脂肪组织中 HCB 的浓度对角鲨烯的剂量有较强的依赖性，脂肪组织中 HCB 的浓度随角鲨烯剂量的增加明显降低。角鲨烯为六氯联苯解毒剂的作用机制可能是角鲨烯可加快小鼠体内 HCB 的排泄，降低 HCB 的半衰期，减少消化道对 HCB 的吸收。

7）抑制微生物的生长

鲨鱼肝油是角鲨烯和烷基甘油的重要来源，其还含有少量的多不饱和脂肪酸。角鲨烯和烷基甘油是感染性疾病的免疫调节因子。Nowicki 等[63]研究发现，鲨鱼肝油对细菌和真菌具有较强的抑制作用，可用于皮肤干燥病或皮肤损伤引起的细菌或真菌感染性疾病。鲨鱼肝油抑制微生物生长的作用机制可能是烷基甘油通过改变血小板活性因子和甘油二酯的合成来调控免疫反应，而角鲨烯是通过提高抗原呈递和诱导的炎症反应来抑制微生物的生长繁殖[64]。

4. 角鲨烯的合成

自从 1931 年 Karrer 和 Helfenstein 首先化学合成出角鲨烯，同时也证实其化学结构的正确性以来，出现了许多合成角鲨烯的工艺途径。1970 年 Johson 和 Werthemann 等[65]利用 2, 5-二甲氧基四氢呋喃，在 60℃的 1 mol/L 磷酸溶液中，水解 2.5 h 制得的丁二醛为原料，经两次 Claisen 重排以及随后的 Wittig 反应，得到角鲨烯，合成路线如图 7.6 所示。

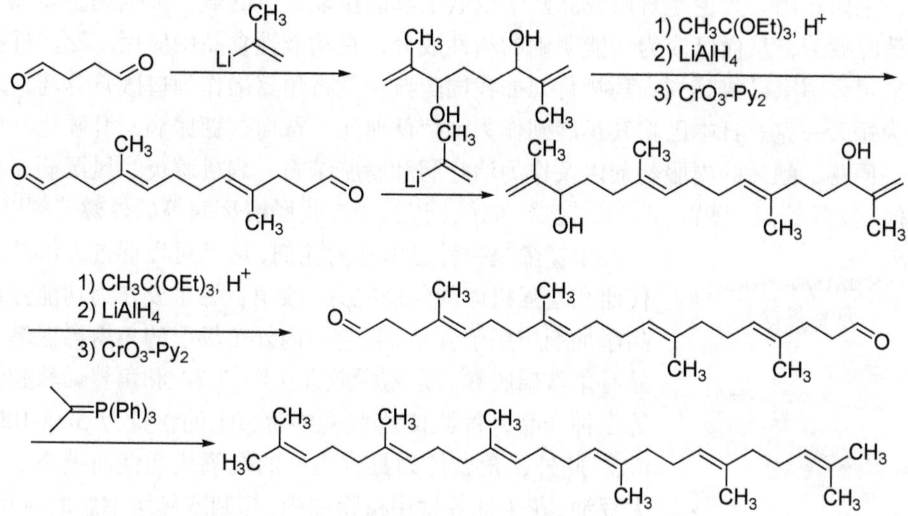

图 7.6　角鲨烯的合成

　　1980 年，Scott 等[66]从香叶基丙酮开始，先与乙炔钠反应，再经氧化偶联，还原脱水最终合成出角鲨烯。曾庆宇等以二氯丁烷为起始原料，先与亚磷酸三乙酯通过 Arbuzov 反应[67]得到膦酸酯中间体，然后在碱作用下得到叶立德，再与自产的香叶基丙酮通过 Wittig-Horner 缩合得到角鲨烯[68]，为最终实现角鲨烯的工业化生产提供了借鉴。20 世纪 80 年代，日本科学家首先人工合成了角鲨烷[69]，并以 Salangane SK 为商品名进行了短期销售，但由于其生产成本高昂，后期未见相关报道。因此，如何降低人工合成的生产成本也是解决角鲨烯资源短缺的一个重要途径。

5. 角鲨烯的应用

　　角鲨烯具有抗氧化、抵御紫外线伤害，保湿的作用，被广泛用作润肤剂。角鲨烯可以阻塞皮肤气孔且易被皮肤深层吸收，表现出较好的保湿效果。角鲨烯是构成皮脂的重要组成部分，同时给肌肤提供营养。角鲨烯还是一种角质层的保湿物质。据报道，胎儿皮脂是一种高效的润肤霜，对角质层具有保水作用。当角鲨烯与三酰基甘油、胆固醇、神经酰胺和脂肪酸混合使用时可以产生与胎儿皮脂类似的保水效果[70]。

　　为增强药物的治疗效果，药物缓释剂受到人们的普遍关注。角鲨烯作为药物缓释剂被广泛使用。含有角鲨烯乳状液药物，可以延长药物的半衰期。Wang 等报道了角鲨烯乳液通过稳定磷脂酰乙醇胺或共聚物来延缓吗啡前体药物的释放[71]。角鲨烯基乳液还可用于环丁甲羟氢吗啡的亲脂前体药物或补骨脂素胶囊的缓释[72]。在日本早年曾用角鲨烯治疗结核病。近年来由于明确角鲨烯具有渗透、扩散、杀菌作用，无论是口服或涂敷于皮肤上都能摄取大量的氧，加强细胞新陈代谢消除疲劳，从而已成为功能明确的活性成分，在功能性食品中应用广泛。近些年来很多国家已将其列入药物行列如我国药典中就将角鲨烯作为口服营养药，剂量为每天一克。日本已将其扩展到作为治疗低血压、贫血、糖尿病、肝硬化、癌症、便秘、龋牙的内服药剂以及作为治疗胆和膀胱结石、扁桃腺炎、风湿病、神经痛、支气管炎、感冒、鼻炎、气喘、痛风、胃及十二指肠溃疡病等的外敷药剂[73]。

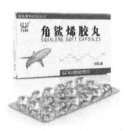

图 7.7　角鲨烯胶丸

角鲨烯是一种自由基清除剂，因其可以促进人体新陈代谢和增强机体的免疫能力，故角鲨烯主要作为功能性食品添加剂应用于食品。目前国内外市场上的角鲨烯保健食品有角鲨烯胶囊、角鲨烯胶丸（图 7.7）和角鲨烯软胶囊等多种产品，每粒胶囊/胶丸中角鲨烯的含量为 500~1000 mg。此外，角鲨烯因具有良好的抗氧化活性而被添加于大豆油、花生油等食用植物油中，抑制或延缓油脂的氧化，从而提高食用植物油的稳定性，延长产品的货架期。

7.3　抗氧化营养师"维生素 E"

维生素是维持和调节人体代谢中必不可少的有机化合物。其中，维生素 E（Vitamin E，图 7.8）是人体中不可或缺的重要营养脂溶性维生素。维生素 E 是一种透明油状液体，无色或几乎无色或浅黄色或浅黄绿色，分子式为 $C_{29}H_{50}O_2$，分子量为 430.71，沸点 485.9℃，折射率 1.495，闪点 210.2℃。

图 7.8　天然维生素 E（图片来源于百度图片）

维生素 E 主要分为天然维生素 E 和合成维生素 E 两种（维生素 E 家族的结构式见图 7.9）。天然维生素 E 又分为两类：一类是支链饱和的，根据主环上甲基的位置和数量分为四种（α、β、γ、δ）生育酚；另一类是支链不饱和的四种（α、β、γ、δ）生育三烯酚的同系物。共 8 种，且均为 D 构型，其中 α-生育酚（α-tocopherol）

的活性最强。合成维生素 E 指的是消旋的 α-生育酚混合体，存在 8 种等量的旋光异构体[74]。

天然生育酚

生育三烯酚

构型	R_1	R_2	R_3
α	CH₃	CH₃	CH₃
β	CH₃	H	CH₃
γ	H	CH₃	CH₃
δ	H	H	CH₃

图 7.9　维生素 E 家族

1. 维生素 E 的发现

　　1922 年维生素 E 被 Herbert McLean Evans 和 Katharine Scott Bishop（图 7.10）发现，因其对生殖过程的重要影响，因而又被称为生育酚。Olcott 和 Mattill 于 1931 年首次发现了维生素 E 的抗氧化作用。1935 年美国加州大学伯克利分校的 Gladys Anderson Emerson 成功分离出纯的维生素 E，并于 1938 年由 Erhard Fernholz 确定其结构。同年，由瑞士化学家 Karrer 人工合成[75]。

图 7.10　Herbert McLean Evans（左）和 Katharine Scott Bishop（右）
（图片来源于 Wikipedia）

2. 维生素 E 的生理功能与临床应用[76]

1）促生育功能

维生素 E 是一种较强的抗氧化剂，能减少抗原的产生，加强抗体的清除，保护细胞和细胞器的稳定性。可用于孕产妇胎膜早破的防治、妇科习惯性流产、不孕症等领域。早在 20 世纪 20 年代，科学家们就已经发现缺乏维生素 E 的小白鼠不能生育后代，而补充维生素 E 后的小白鼠仍可生育。体外实验表明，维生素 E 能提高人类胚胎发育率和胚胎质量[77]。维生素 E 对双酚 A（BPA）暴露可能造成的雄性生殖系统和抗氧化功能损害具有一定的保护作用[78]。BPA 暴露会导致雄性子鼠生殖毒性，机制可能是在精子生成过程中对其产生影响。而维生素 E 干预能起到一定保护作用，其机制可能是维生素 E 在精子生成后或合成分泌睾酮过程中起到保护作用，使之免受氧化损伤。此外，维生素 E 对流产也起到一定防护作用。通过对流产者与未流产者绒毛中维生素 E 含量定量分析，发现后者含量高于前者[79]，这也为未来孕产妇的科学膳食指明方向。

2）抗肿瘤功能

维生素 E 可以预防癌症，抑制肿瘤细胞的生长繁殖。维生素 E 的抗肿瘤活性可能与它增强机体的免疫功能，减少基因突变，及时清除肿瘤细胞有关。研究表明，三烯生育酚能够抑制由激素调节的肿瘤细胞的生长。如维生素 E 可以通过抑制雌激素的分泌而抑制人乳腺癌细胞的增殖。德国学者证明，男子多食含维生素 E 的食物并且少摄入动物脂质，可以有效地预防前列腺癌。男子在前列腺癌早期每天摄入 400 mg 的维生素 E，且多食用植物脂质可以有效地抑制前列腺癌的发展。此外，维生素 E 对于宫颈癌、胃癌、肺癌及皮肤癌都有一定疗效。天然维生素 E 的衍生物——微生物 E 琥珀酸酯（VES）能够特异抑制胃癌细胞生长和 DNA 合成，诱导其发生细胞凋亡核细胞分化，选择性地抑制人乳腺癌、前列腺癌等多种肿瘤细胞生长[80]。且 VES 能促进肿瘤细胞分化，遏制肿瘤细胞 DNA 的合成，对正常细胞无毒副作用。VES 在体外可调控细胞周期，阻滞细胞周期 G/S 期（即细胞 DNA 合成的前期、合成期及后期）的进展，从而达到抑制肿瘤生长的作用[81]。

3）皮肤保护功能

维生素 E 是脂溶性维生素，较易进入皮肤细胞，阻断细胞内的自由基链式反应，保护皮肤免受紫外线照射产生的自由基的损伤，减少皱纹的产生，避免皮肤提早老化。外用维生素 E 具有增加皮肤弹性、保持光滑湿润的作用，也可以预防皮肤的角质化。维生素 E 还可以促进疤痕的愈合，减少色素的沉积。故天然维生素 E 作为理想的美容产品备受人们青睐。 在治疗皮肤疾病方面，维生素 E 也发挥着独特的疗效。临床上，维生素 E 主要依靠其抗氧化作用与其他药物联合应用。维生素 E 在治疗黄褐斑领域有明确的治疗效果，且安全性好，无明显不良反应[82,83]。维生素 E 能够促进周围循环的建立，改善毛细血管的韧性，促进肉芽组织的生成，加快新皮肤的代谢生长。在不易愈合的创面局部换药中，阮莫英[84]应用维生素 E 联合治疗褥疮、感染、烫伤及其他不易愈合创面 25 例，有效率高达 98%，且明显缩短了病程。

4）保护心血管

维生素 E 的缺乏可导致骨骼肌的损害及心肌功能的受损，有时可导致心力衰竭的发生。研究表明，完全缺乏维生素 E 的小白鼠会出现心、肝、肌肉的退化。猴子缺乏维生素 E 时会出现心肌异常。而且，维生素 E 和维生素 C 可以保护心肌免受氧化性损伤。维生素 E 在血液中可以降低胆固醇，增加高密度脂蛋白（H-LDL）的含量，降低低密度脂蛋白（L-LDL）的含量。李爱阳等[85]研究了在家兔动脉粥样硬化治疗中维生素 E 的重大作用得出：维生素 E 能够通过抑制血清过氧化脂质（LPO）的产生，使 H-LDL 合成增加，促进血脂进入组织内，使血脂降低，进而降低动脉粥样硬化的风险。通过抗氧化的作用，维生素 E 可以调节血栓素和血浆前列环素的比值，抑制血小板的聚集，改善血流状况。长期摄入维生素 E 可以有效地降低心血管疾病的发生率。

5）治疗早产儿相关疾病

维生素 E 能够保护细胞膜上的不饱和脂肪酸脂质不被过氧化，如维生素 E 缺乏，可导致细胞膜破坏，如红细胞（RBC）破坏，则发生溶血性贫血[86]，镜下可见 RBC 形态改变，有时可见棘形 RBC 及碎片，体征主要是皮肤松弛部位的浮肿，甚至是全身浮肿。维生素 E 缺乏多见于人工喂养婴儿，尤其是早产儿。建议早产儿出生后需常规补充维生素 E 20 mg/d，维持 3 个月。此外，维生素 E 在治疗新生儿硬肿症上取得肯定疗效。在新生儿按摩中加入维生素 E，可促进新生儿局部血液循环，减少热量散失，使皮温升高，硬肿消退。该方法具有操作简便，节省费用等优点，有望广泛应用于临床。

6）其他生物活性

维生素 E 与硒协同可以提高胰岛 B 细胞的分泌功能，升高血清胰岛素，提高胰岛素的体内储备并且能够保护胰岛细胞，对糖尿病的治疗有积极的作用[87]。此外，维生素 E 对改善非酒精性脂肪肝有一定作用，机制可能与清除自由基，抑制脂质过氧化有关[88]。维生素 E 还可减轻肾脏损伤，提高机体免疫力[89]。维生素 E

与阿尔兹海默病的关系及相关机制已成为医疗工作者研究的热门课题[90]，但其待解决的问题也很多，二者相互作用机制一旦确立，有望迎来脑认知研究领域的新纪元。

因而，维生素 E 是机体所必需的物质，有着很广泛的生理功能。但摄入维生素 E 过多也会导致相应的过量反应或副反应，导致骨质疏松。根据日本厚生劳动省的摄取标准，成人每天摄取维生素 E 不应超过 900 mg。人体服用维生素 E 所产生的不良反应有皮肤过敏、接触性皮炎、固定性药疹、耳鸣、耳聋、黄褐斑、坐骨神经痛、胃肠道出血等。

3. 维生素 E 的合成[91,92]

20 世纪 70 年代前对维生素 E 的合成研究主要局限于非手性的合成，而这些研究成果已被工业部门采用。20 世纪 70 年代后，化合物手性的重要性被人们逐渐认识，不对称合成蓬勃发展，维生素 E 的不对称合成也得到化学家的重视。工业合成的维生素 E 基本上为非光学纯的混合物。其基本合成策略是以 2,3,5-三甲基氢醌（TMHQ）和异植醇（IPL）为原料，通过吡喃环构筑而进行合成的，合成方案如图 7.11 所示。一些维生素 E 类似物的合成也基本类似于此[93,94]。在吡喃环构筑中所采用的酸催化剂[95]各有不同。已报道的酸催化剂有：$ZnCl_2$、$AlCl_3$、$H_3PW_{12}O_{40}$、SO_2NH_2、$Sc(OTf)_3$、$La(OTf)_3$、$Y(OTf)_3$ 等。Olson 等[96]报道的合成策略则是通过构筑苯环而实现的。除此之外还有很多其他的合成策略，例如用 Wittig 反应合成维生素 E 类似物侧链[97]，通过 Grignard 试剂连接母核与侧链等[98]。维生素 E 的不对称合成包括手性苯吡喃环母核和手性侧链的合成。合成手性苯并吡喃环母核和手性侧链的策略主要有三种，即手性砌块法、酶拆分法和不对称合成[91]。例如，1979 年，Hans[99]通过用酵母发酵的方法制得 S-3-甲基-γ-丁内酯，以之为原料利用对甲苯磺酸酯与格氏试剂的偶联反应合成手性维生素 E 的侧链[100]。Chen 等利用天然产物胡薄荷酮 R-(+)-pulegone 的手性支链，合成出手性维生素 E 的侧链[101]。母核的合成是维生素 E 合成的关键部分，不对称合成的重点是构建手性季碳。由于这个季碳无法利用手性砌块，因此诸多文献报道的合成方法只能分为拆分法和不对称合成法。通过拆分技术合成手性化合物,通常情况下总是有 50% 的光学异构体被浪费。不对称合成可充分提高合成效率。不对称合成维生素 E 母核的一个比较通用的方法[102]如图 7.12 所示。

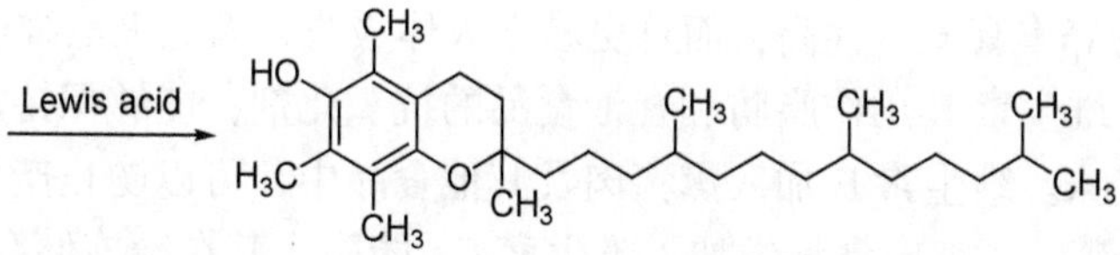

图 7.11　维生素 E 的合成

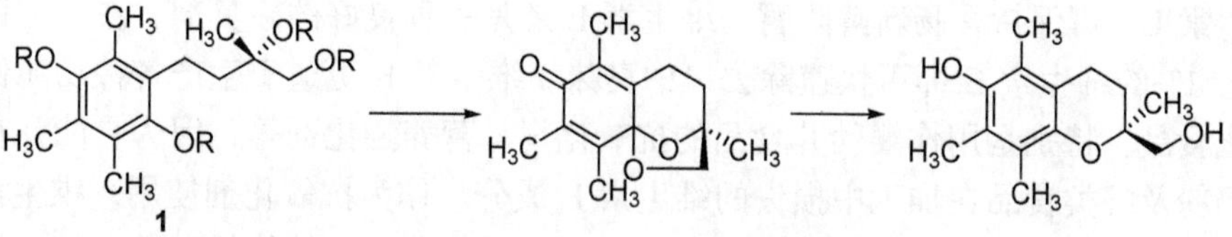

图 7.12　维生素 E 母核的合成

按照上述基本策略，不对称合成维生素 E 母核的关键是手性中间体 **1** 或其类似物的合成。从 20 世纪 80 年代开始，随着不对称合成方法蓬勃发展，对维生素 E 母核的合成也出现了许多新方法，在合成母核中的手性季碳时，出现了 Shapless 环氧化[103,104]、Shapless 双羟化[105,106]、不对称烷基化[106]等一系列方法。

4. 维生素 E 的应用[107,108]

天然维生素 E 比合成品功能好，价格也较高。维生素 E 不仅是一种常用药品兼营养保健品，在其他领域也有许多重要用途，目前已成为国际市场上用途最多、产销量极大的主要维生素品种，与维生素 C、维生素 A 一起成为维生素系列的三大支柱产品。维生素 E 因其具有耐热性，在较高温度下仍有较好的抗氧化效果，而且耐光、耐紫外线、耐放射性较强，用途非常广阔。

近年来人们对维生素 E 医用功能与作用的研究进展非常迅速。维生素 E 作为细胞内抗氧剂，能够抑制在各种组织和器官内进行的氧化-还原反应，特别是能保护细胞膜，使之免受不饱和类酯化合物过氧化产生的自由基的侵袭。动物实验证明，维生素 E 缺乏会直接影响生殖、肌肉、循环、骨骼和神经等 5 大系统的正常功能。缺乏维生素 E 还会出现脂肪组织变色、肝坏死、肺大出血、肾病变和肌酸尿等症状。维生素 E 能使各种毒剂（如铅、氯化溶剂等）、药物、若干饮食不当（如低蛋白）及环境（如高含氧、臭氧或二氧化氮等）的不良影响减轻。因此，维生素 E 在治疗动脉硬化、冠心病、血栓、习惯性流产、妇女不孕症、月经失调、内分泌机能衰退、肌肉萎缩、贫血、脑软化、肝病、癌症等许多方面，均有很好的医用价值。心脏病人每天食用维生素 E 增补品，心脏病的发作将减少 75%。维生素 E 的医用功能一直都是国内外研究的热点，医药对维生素 E 的需求量近年增长较快。

天然维生素 E 与合成品在组分、结构、生理特性及活性上均有差别，天然维生素 E 不仅营养丰富安全性高，而且更易于人体吸收，因此天然维生素 E 常用作食品添加剂。维生素 E 用作脂肪和含油食品的抗氧化剂，能够保持加工食品稳定持久的新鲜风味。维生素 E 加入熏猪肉及其他食品中，可以防止产生有致癌性的亚硝胺类化合物。在鸡肉食品中加入维生素 E，能防止其在冷冻储存中腐败变质。在鱼肉加工中添加 0.05%维生素 E，可显著改善口味；香肠原料肉中添加 0.05%维生素 E，可保持香肠新鲜防腐。维生素 E 还是一种良好的除臭剂，在口香糖中加入 1%的维生素 E 即可快速除去口中臭味。维生素 E 更适于生产各种功能保健强化食品，特别是用作婴幼儿食品的抗氧化剂、营养强化剂等，因为它能弥补脱脂奶粉及谷类食品在加工中损失的维生素 E 成分。作为抗氧化剂使用，维生素 E 有很多优点，比如沸点高，热稳定性好，因此适用于需经加热保存的食品，如方便面、人造奶油、奶粉等。

环境污染及紫外线照射会产生自由基，造成皮肤细胞及组织损伤，加速老化过程，目前已经证实涂擦维生素 E 对皮肤免受自由基损害有决定性作用。维生素 E 作为抗氧剂还能防止或延缓油脂酸败，延长化妆品及盥洗用品的货架寿命，特别是那些含天然组分的产品。维生素 E 对化妆品的另一重要作用是阻止亚硝胺的生成。化妆品组成中一般有胺或酰胺，在遇到污染物亚硝酸盐时会生成亚硝胺或亚硝酰胺，其中很多为已知的致癌物质。Roche 公司研究指出，维生素 E 用在膏霜及奶液类乳剂中对阻止亚硝胺的生成非常有效。近年来越来越多的防晒品、护肤品、唇用品及美容产品都在配方中加入了维生素 E。添加天然维生素 E 的化妆品，易被皮肤吸收，能促进皮肤的新陈代谢和防止色素沉积，改善皮肤弹性，具有美容、护肤、防衰老的特殊功能，已成为国际市场上营养性系列化妆品的主流。

维生素 E 作为饲料添加剂，既是一种抗氧化剂，又是畜禽生长必需的生物催化剂，在畜禽免疫、疾病防治、改善肉质、增加畜禽的繁殖或产蛋率等方面都有重要作用。在 20 世纪 80 年代，动物饲料添加剂是合成维生素 E 的重要用途，用量占维生素 E 总产量的 40%，近年所占比例更高。目前有人甚至在牛饲料中添加维生素 E，生产不易变色的新鲜牛肉制品。维生素 E 作为食品工业塑料薄膜等制品的抗氧化剂，不仅克服了塑料制品易氧化变脆不耐用的缺陷，更重要的是消除了目前大多数工业氧化剂对人体的伤害。将维生素 E 添加到感光材料中，能提高材料的应用性能。将维生素 E 作为橡胶助剂加入橡胶中，能减少橡胶加工中产生亚硝胺，而对胶料的硫化特性和硫化胶物性无不良影响。这些新用途将进一步扩大对维生素 E 的需求量。

目前，美国已有 35%的人经常服用维生素 E 制品。我国人口众多，如果有 5%的人服用天然维生素 E 制品，即可形成一个异常巨大的市场。我国植物油资源丰富，从其副产物中提取天然维生素 E 既是天然维生素 E 最佳制取方法，又可综合利用天然资源。因此，国内天然维生素 E 的生产以及下游产品的开发，将会是一个充满生机的新兴产业。

🖋 **生活小提示：**

日常生活中，应很好地注意养生，劳逸适度，不熬夜和保证充足的睡眠，每晚睡前用维生素E胶囊中的黏稠液对眼下部皮肤进行为期4周的涂敷及按摩，能收到消除下眼袋、减轻衰老的良好效果。

7.4　安全高效的皮肤脱色剂"熊果苷"

熊果苷（arbutin）又名熊果素，呈白色针状结晶或粉末。萃取自熊果（图 7.13）的叶子，化学名称为对羟基苯-β-D-吡喃葡萄糖苷（ hydroquinone β-D-glucopyranoside），分子式为 $C_{12}H_{16}O_7$，分子量为 272.25，熔点 198~201℃，易溶于热水、乙醇，略溶于冷水，其分子结构如图 7.14 所示。

图 7.13　熊果和熊果苷
（图片来源于百度图片）

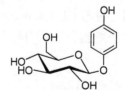

图 7.14　熊果苷的结构

市场上出售的大部分熊果苷为 β-熊果苷，α-熊果苷只有极少数厂家生产，而且价格是前者的 8 倍左右。但是美白效果是前者 15 倍以上。二者在物理性质上最大的区别就是旋光度：α-熊果苷的约为 180°，而 β-熊果苷则为–60°。

1. 熊果苷的来源

熊果苷最初是在杜鹃花科熊果属的多年生小灌木植物——熊果的叶子中被发现的。而后熊果苷又陆续在同科不同属、不同科的植物的叶子中被发现。熊果（*Arctostapylos Bearberry*），又名熊葡萄、熊莓，为杜鹃花科（Fricaceae）熊果属（*Arctostapylos*）植物，为多年生灌木。植株高 15 cm 左右，叶子形小，革质，有光泽，叶长 1025 mm，阔 5~12 mm，叶子的上表皮呈棕绿色，下表皮呈较淡的灰绿色。熊果叶子呈倒卵形，叶尖呈圆形，基部渐狭窄，形成极短的叶柄，叶子有强烈的收敛味和微苦的口感。熊果植物主要分布在北欧、西欧（西班牙为主产国）和北美的加拿大一带[109]。熊果苷在熊果叶子中的含量一般占叶子干重的 7%~9%，在熊果叶子中一般和甲基熊果苷相伴存在[110]。除了在熊果叶子中有熊果苷的存在外，在越橘、虎耳草、沙梨树等植株叶子中也发现熊果苷的存在，这些植物在我国也有大量分布[110]。

2. 熊果苷的作用

1）利尿、抗菌、抗炎作用

日本将熊果叶作为生药收入药典，有抗菌消炎的作用，但纯的熊果苷的效果不佳。德国医用委员会推荐熊果汁作为尿道炎症的治疗药[111]。王佩等[112]研究熊果苷抗炎作用及其作用机理，结果显示熊果苷可减少炎症组织 PGE2 水平及抑制大鼠腹腔巨噬细胞释放 ILB4，证明熊果苷的抗炎效果可能与抑制炎症介质 PGE2 及 ILB4 释放有关。又有研究[113]探索熊果苷与甘草酸合用对免疫性炎症的治疗作用，对福氏全佐剂诱发的大鼠原发性及继发性足肿胀具有抑制作用。熊果苷与甘草酸合用组对噁唑酮引起的小鼠两耳肿胀有抑制作用，且合用组小鼠血中 CD4+T 细胞明显降低。GL（400 mg/kg）组及合用 PGE2 相对含量显著低于模型组，合用组 PGE2 相对含量与 GL（400 mg/kg）组比较差异无统计学意义。两药合用可抑制大鼠腹腔巨噬细胞释放 LTB4，表明熊果苷与甘草酸对免疫性炎症具有协同治疗作用。

2）镇咳平喘的作用

研究显示，熊果苷能抑制氨水引起的小鼠咳嗽，对磷酸组织胺引起的豚鼠哮喘具有保护作用，能明显延长哮喘潜伏期[114]。郑晓珂等[115]研究表明熊果苷灌胃可增加动物气管分泌、延长氨水引咳潜伏期、咳嗽次数减少、气管酚红排泌量明显增多。王亚芳等[116]研究表明熊果苷能延长哮喘潜伏期，并可以显著地对抗豚鼠离体气管条的收缩。

3）美白作用

熊果苷可作为化妆品中的美白剂。由于熊果苷是源于绿色植物的天然活性物质，集"绿色植物""安全可靠"和"高效脱色"三者和谐统一于一体的皮肤脱色组分，它能迅速渗入肌肤，在不影响细胞增殖浓度的同时，能有效地抑制皮肤中的酪氨酸酶的活性，阻断黑色素的形成，通过自身与酪氨酶直接结合，加速黑色素的分解与排泄，从而减少皮肤色素沉积，祛除色斑和雀斑，而且对黑色素细胞不产生毒害性、刺激性、致敏性等副作用。因而，熊果苷是当今流行的最为安全有效的美白原料，也是 21 世纪的理想皮肤美白祛斑活性剂。20 世纪 90 年代日本资生堂公司首先将熊果苷应用于美白类化妆品中。由于熊果苷的水溶性很好，配制方便，保湿性强，使用添加熊果苷的化妆品后，肤感柔和而舒适，皮肤外表有微白净感，因而得到广泛应用。国内外市场需求十分巨大[117]。

决定人类肤色的主要因素是黑色素，黑色素是由存在于表皮内的色素细胞合成的[118]。黑色素生成原理如图 7.15 所示，人体内的酪氨酸在酪氨酸酶催化作用下生成多巴，多巴在酪氨酸酶催化作用下氧化生成多巴醌，多巴醌生成多巴色素，经过一系列反应，以不同的途径生成黑色素。若阻断黑色素生成途径，就具有美白作用。1996 年 Maeda 报道了人黑素细胞培养熊果苷抗黑色素生成作用的机理[119]，得知熊果苷能抑制培养人黑素细胞的酪氨酸酶活性，从而阻断了黑色素的生成途径，具有抗黑色素生成作用。且在实验浓度下的熊果苷对人体细胞不呈现毒性。酪氨酸酶抑制动力学和机理的研究也表明，熊果苷作为酪氨酸酶的竞争抑制剂具有可逆性。用 L-酪氨酸和 L-多巴作酪氨酸酶作用底物的研究显示，熊果苷与 L-酪氨酸能够竞争性结合酪氨酸酶的活性部位。因而，熊果苷在人体中去黑色素机理主要为酪氨酸酶活性的抑制，而不是酪氨酸酶的表达和合成。除了通过抑制酪氨酸酶的活性来抑制黑色素的生成途径之外，还可以通过抗氧化作用来抑制黑色素的生成。例如常添加于美白类化妆品中的维生素 C 就是通过抗氧化作用来抑制黑素生成达到美白效果。很多时候，这两种不同功效的美白添加剂共同添加于化妆品中，美白效果更好。

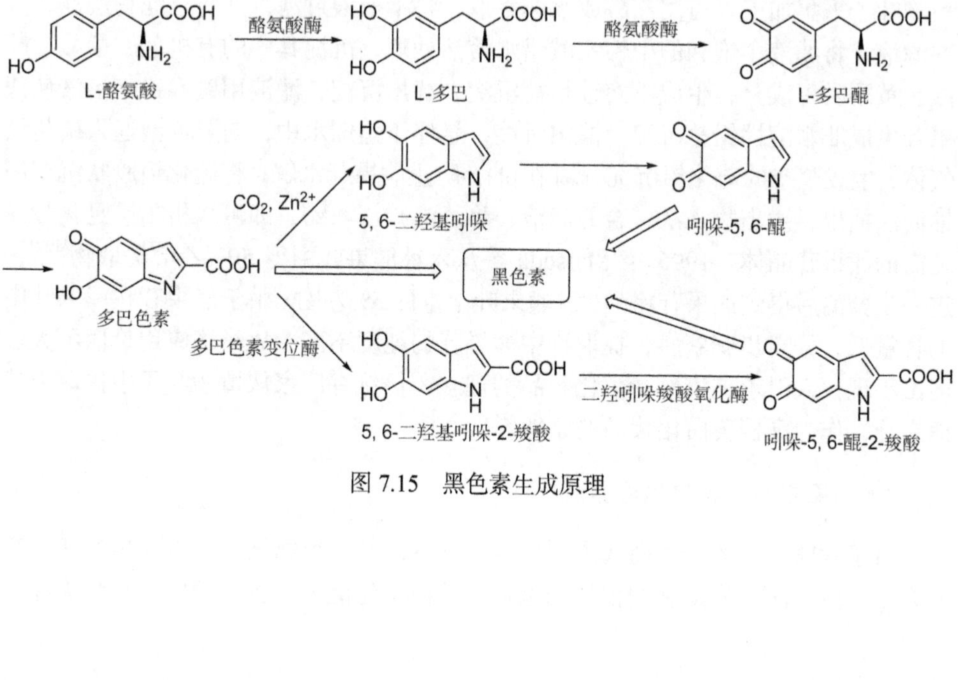

图 7.15 黑色素生成原理

4）抗氧化作用

董钦等[120]研究熊果苷对细胞的保护作用，采用体外培养人脐静脉内皮细胞ECV2304，观察细胞形态学的变化及细胞增殖活力的改变。结果表明熊果苷可以抵御过氧化氢致 ECV 2304 细胞氧化应激损伤。

5）防晒作用

有研究表明，熊果苷还具有吸收紫外线的作用。郑洪艳等[121]采用紫外分光光度法测定天然植物提取物的紫外吸收特征，同时将其复配成防晒产品。在采用封闭式斑贴试验评价防晒产品安全性的基础上，应用人体试验测定产品防晒指数（SPF 值）和长波紫外线防护指数（PFA 值）。结果发现，熊果苷表现出一定的紫外吸收能力。

3. 熊果苷的制备

熊果苷作为 21 世纪最有竞争力的美白添加剂，其制备方法得到广泛的研究。熊果苷的主要制备方法有：天然产物提取法、植物组织培养法、化学合成法和酶转化法。

1）熊果苷的天然产物提取法

熊果苷的天然产物提取法主要是利用铅盐法[122]。其一般步骤是：含熊果苷的植物叶子采集加工，再用乙醇或水作萃取，将萃取液过滤，并将过滤物洗涤，合并滤液，将滤液用饱和的中性乙酸铅水溶液处理，沉淀其中的有机酸、酚酸、鞣酸、黄酮类等成分，生成不溶性铅盐沉淀，滤出沉淀，滤液用碱性铅水溶液使熊果苷生成非水溶性铅盐沉淀，滤出沉淀，悬浮于蒸馏水中，向悬浮液通入硫化氢气体，生成胶态的硫化铅沉淀，调节 pH，防止熊果苷水解，将硫化铅胶状沉淀用抽滤法抽出，滤出物水洗，合并滤液，将滤液减压浓缩，即可离析出满足化妆品之需的熊果苷晶体。1996 年 Matsuda 等从六种熊果叶中得 50%乙醇提取物[122]，进一步分离后得到熊果苷粗品，占熊果叶干重的 5%左右。由于熊果苷在熊果叶中的含量低，分离步骤繁多，提取物中熊果苷的纯度不高，故经济应用价值不大。但由于现代人追求纯天然绿色化妆品的理念，仍然有厂家从植物叶子中提取天然熊果苷，作为高档美白化妆品的添加剂。

2）熊果苷的植物组织培养法

由于含熊果苷的天然植物来源困难，开发出利用植物细胞培养来生产熊果苷的方法。该方法主要是利用植物细胞强大的糖基化能力，将外源氢醌转化为熊果苷。1992 年，横山峰幸报道了向长春花（*Catharanthus roseus*）植物细胞培养悬浮液中加入氢醌，制得熊果苷的研究。其细胞培养时间及添加氢醌的时机对产率的影响极大，熊果苷最高产率为 9.2 g/L。林口能孝等将长春花细胞在培养基中于暗处摇床培养 8 天，过滤，将收集的细胞在新鲜培养基中再培养四天，加入浓度为 22 g/L 的氢醌水溶液，可得到熊果苷 147 mg/g（细胞干重）。2001 年赵明强等[123]将培养 22 天的人参毛状根细胞更换为含氢醌底物的培养基后，氢醌浓度为 2 mmol/L，持续转化 24 小时后，所合成的熊果苷占细胞干重的 13%，转化率可达 89%。该方法的优点在于终产物只需进行简单的处理即可添加于化妆品中。因为人参细胞本身也含有如人参皂苷等多种活性物质，适应化妆品的要求。以人参细胞培养合成熊果苷为特色的丁家宜美白化妆品（图 7.16）在市场上取得很大的成功。利用植物组织培养法生产天然药物的优点是不受环境生态和气候条件的限制，增殖速度比整

图 7.16　丁家宜美白护肤品

个植株栽培快很多。但由于其生产周期过长，有用物质含量较少，造成了后续分离困难。

3）熊果苷的化学合成法

熊果苷的化学合成法主要以葡萄糖与氢醌为原料合成熊果苷。化学合成法采用经典的 Koenigs-Knorr 反应，即将葡萄糖乙酰化，再经过溴取代后，得到溴代葡萄糖四乙酸酯，然后再与单侧链保护氢醌，在碱性催化剂作用下，缩合得到葡萄糖五乙酸酯，脱乙酰基得到熊果苷。反应过程如图 7.17 所示。

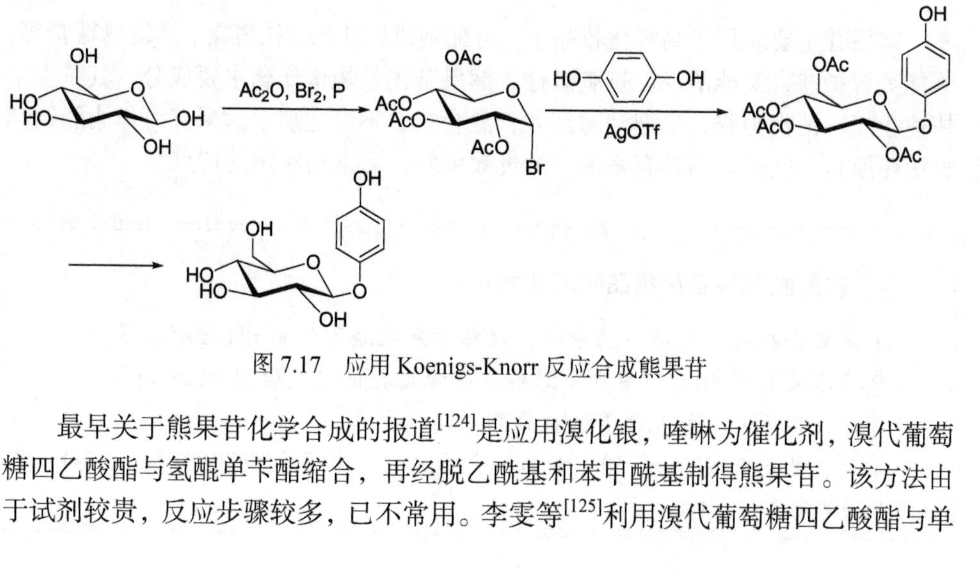

图 7.17　应用 Koenigs-Knorr 反应合成熊果苷

最早关于熊果苷化学合成的报道[124]是应用溴化银，喹啉为催化剂，溴代葡萄糖四乙酸酯与氢醌单苄酯缩合，再经脱乙酰基和苯甲酰基制得熊果苷。该方法由于试剂较贵，反应步骤较多，已不常用。李雯等[125]利用溴代葡萄糖四乙酸酯与单

乙酰氢醌，经相转移催化得到五乙酰熊果苷，再经甲醇钠-甲醇体系脱保护基后，得到熊果苷。该方法的关键步骤是单乙酰氢醌的合成，控制反应体系中氢醌与乙酸酐的物料比是反应成功的关键。化学法合成熊果苷都需要加保护基团和脱保护基团的步骤。但是利用化学法合成相对而言收率较高，成本较低，是市场上大部分熊果苷的来源。

4）熊果苷的酶转化法[126]

糖苷酶在生物体内主要用来裂解糖苷键，但在一定条件下可以通过逆水解反应和糖基转移反应催化合成糖苷。例如蔗糖磷酸化酶在生物体内裂解蔗糖，产生 α-D-葡萄糖-1-磷酸酯和果糖。Kitao 等研究表明，蔗糖磷酸化酶可以将蔗糖中的葡萄糖基转移到氢醌上，选择性地合成 α-熊果苷[127]。选择适当的酶和控制反应条件，可以控制糖基供体的一级水解和产物熊果苷的二级水解。目前已有较多的糖苷酶被运用于合成 α-熊果苷。1995 年，日本的 Shegetaka Okada 小组利用新支链淀粉酶、糖化淀粉酶等作用于单糖和氢醌，在适宜的条件下选择性地合成了 α-熊果苷[128]，该方法已经应用于化工生产，生产出活性较高毒性较小的 α-熊果苷。2000年，Iqbal 等报道了一种新的酶促反应介质——糖苷的弹性玻璃相物质。该物质由烷基糖苷、水和醇等混合组成。该催化剂减少了水解反应，提高了产率可达65%[129]。酶合成法不仅具有较高的立体选择性，而且符合环保要求。而酶源的大规模获得来源于微生物，天然微生物中酶的含量较少，那么可以利用 DNA 重组技术，将关键酶的基因片段通过载体转入新的宿主使其高效表达，从而得到大量的酶。

4. 熊果苷的应用

熊果苷主要应用于高级化妆品中，可配制成护肤霜、祛斑霜、高级珍珠膏等，既能美容护肤，又能消炎、抗刺激性。熊果苷还是烧烫伤药主要成分，其特点是快速止痛，消炎力强，迅速消除红肿，愈合快，不留疤痕。熊果苷可作为肠道消炎用药原料，此类药物具有杀菌、消炎效果好，无毒副作用的特点。

在配制熊果苷化妆品时应注意：

①熊果苷在酸性环境下易分解，注意膏霜乳液等体系 pH 控制在 5~7;

②将熊果苷在 50℃少量水中溶解，待膏霜乳化完成后 50℃加入;

③化妆品体系中加入适量的抗氧剂以阻止变色;

④膏霜乳化完成后，于 50℃下加入已用少量水溶解的 $NaHSO_3$ 和 Na_2SO_3（建议添加量在 0.3%~0.4%）;

⑤加入含油酸、亚油酸的天然植物油，可促进熊果苷协同增效作用；

⑥化妆品体系中加入 0.8%~1.0% 的氮酮，能够促进熊果苷的吸收，同时阻止熊果苷皮肤上析出。

7.5　减肥宠儿 "左旋肉碱"

左旋肉碱（L-carnitine，图 7.18）又称维生素 B_T，也叫左旋肉毒碱，是一种白色晶体或白色透明细粉（图 7.18）。化学名为(3R)-(–)-3-羟基-4-(三甲氨基)丁酸，分子式 $C_7H_{16}NO_3$，结构式如图 7.19 所示，分子量 162.2，熔点 197~198℃（分解），易溶于水和热乙醇，微溶于冷乙醇，不溶于丙酮、乙醚，$[\alpha]_D^{30}$ = –23.9°（C = 0.86，H_2O），生产和使用的通常是其盐酸盐，无色吸湿性晶体，熔点为 142℃（分解）[130]。

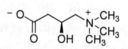

图 7.18　左旋肉碱（图片来源于百度图片）　　图 7.19　左旋肉碱的结构

在哺乳动物体内，左旋肉碱由蛋氨酸和赖氨酸在肾、肝、脑中合成，大量存在于骨骼肌、心肌和附睾丸中。新生动物无合成左旋肉碱的能力，其后发育完善。大多数饲料中含有左旋肉碱，含量各异。植物性饲料中含量较少，而动物性蛋白质（肌肉组织和肝脏等）和乳产品中富含左旋肉碱。植物性和动物性脂肪中均不含左旋肉碱。口服左旋肉碱通过主动转运机制在小肠细胞中被吸收，只有很少量的左旋肉碱在体内进行分解代谢，通过肾脏由尿排泄[131]。

1. 左旋肉碱的发展

1905 年，俄国人 Gulewitsch 和 Krimberg 从肌肉提取物中发现了左旋肉碱。直到 1940 年 Frankle 发现左旋肉碱是人体必需物质，并将其命名为 "维生素 B_T"。1959 年 Fritz 确认左旋肉碱是脂肪氧化过程中的必需载体，为机体提供能量来源，从而确认其为人体必需物质。1980 年美国食品药品监督管理局（FDA）管理手册登载左旋肉碱为天然物质。1985 年在芝加哥召开的国际营养学术会议上，维生素 B_T 被指定为 "多功能营养品"。1990 年美国药典第二十二版收载左旋肉碱。1993 年左旋肉碱获得美国食品药品监督管理局（FDA）和世界卫生组织（WHO）的认可，美国专家委员会确认左旋肉碱的安全性，德国卫生部规定使用左旋肉碱无须最高上限。1996 年中国第十六次全国食品添加剂标准化技术委员会，允许在饮料、乳饮料、饼干、固体饮料、乳粉中使用左旋肉碱。1997 年中国卫生部科教发 13 号文件认定左旋肉碱为安全营养强化剂。

2. 左旋肉碱的生理活性[132]

左旋肉碱是一种非常重要的"条件营养要素"[133]，具有多种生理功能，其最基本的功能是"运载"长链脂肪酸通过线粒体内膜，进入线粒体基质进行氧化分解。此外，在生酮作用、生热作用、生糖作用、支链氨基酸代谢、防止高血氮、防止乙酰辅酶 A 的毒性蓄积以及游离辅酶 A 的再生等方面均具有一定的作用[134]。外消旋肉碱的生理活性大致为左旋肉碱的一半，而右旋肉碱不仅没有生理活性，在有些代谢过程中还是左旋肉碱的竞争性抑制剂。自然界中只存在左旋肉碱[135]。

1）左旋肉碱与脂肪酸氧化

左旋肉碱在生物细胞中主要定位于线粒体的内膜，其主要功能是以载体形式即脂肪酸肉碱的形式将长链脂肪酸从线粒体膜外运送到膜内，促进脂肪酸的 β-氧化[136]。如图 7.20 所示，脂肪酸的氧化首先须被活化，在 ATP、SHCoA、Mg^{2+} 存在下，脂肪酸由位于内质网及线粒体外膜的脂酰 CoA 合成酶催化生成脂酰 CoA。脂肪酸活化是在胞液中进行的，而催化脂肪酸氧化的酶系又存在于线粒体基质内，故活化的脂酰 CoA 必须先进入线粒体才能氧化，但已知长链脂酰辅酶 A 是不能直接透过线粒体内膜的，因此活化的脂酰 CoA 要借助左旋肉碱才能被转运入线粒体内，在线粒体内膜的外侧及内侧分别有肉碱脂酰转移酶 I 和肉碱脂酰转移酶 II，两者为同工酶。位于内膜外侧的肉碱脂酰转移酶 I，促进脂酰 CoA 转化为脂酰肉碱，后者可借助线粒体内膜上的转位酶（或载体），转运到内膜内侧，然后，在肉碱脂酰转移酶 II 催化下脂酰肉碱释放肉碱，后又转变为脂酰 CoA。这样原本位于胞液的脂酰 CoA 穿过线粒体内膜进入基质而被氧化分解。一般 10 个碳原子以下的活化脂肪酸不需经此途径转运，而直接通过线粒体内膜进行氧化。脂酰 CoA 进入线粒体基质后，在脂肪酸 β-氧化酶系催化下，进行脱氢、加水、再经脱氢及硫解 4 步连续反应，最后使脂酰基断裂生成一分子乙酰 CoA 和一分子比原来少两个碳原子的脂酰 CoA。因反应均在脂酰 CoA 烃链的 α，β 碳原子间进行，最后 β-碳被氧化成酰基，故称为 β-氧化。Schmidt-Sommer 等体外研究发现左旋肉碱具有以下作用：①提高离体线粒体中的氧消耗。②加速离体的细胞及组织碎片中的脂解作用。③加快离体细胞中长链脂肪酸的氧化与酯化[137]。

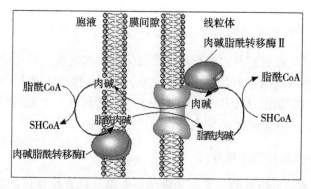

图 7.20　脂肪酸通过线粒体内膜示意图（图片来源于百度图片）

2）左旋肉碱与生热作用

任何乙酸基团与 CoA 结合都会影响 CoA 的功能，游离 CoA 用于碳水化合物的能量转化，非酯化左旋肉碱与酰基结合，并能够扩大线粒体中游离的 CoA 池，因此，左旋肉碱间接促进能量生成以满足短期行为，如短跑和跳跃的需要[131]。

3）左旋肉碱与生酮作用

酮体的产生和利用在新生儿能量代谢中占有很重要的地位，尤其在脑组织中酮体是重要的供能基质，同时也可以作为脑及其他组织脂肪生成的前体。肝脏生酮作用的起动需要高浓度的肉碱和低浓度的丙二酸单酰辅酶 A 的联合刺激。因此，肉碱缺乏时生酮过程受阻可能引起严重的代谢紊乱[138]。

4）左旋肉碱与蛋白质代谢

左旋肉碱可增加体内氮储留而有利于蛋白质的合成[139]。1990 年 Helms 等发现经左旋肉碱强化的胃肠外营养液可以提高婴儿体内的氮储留。因而，左旋肉碱可能有利于蛋白质合成并与维持脑中抑制性神经递质的浓度有关[139]。1987 年 Melegh 等对 20 名进行母乳喂养的低出生体重儿强化左旋肉碱后，发现尿氮损失减小，肾尿素排泄率和血浆尿素水平均下降。同时，蛋白质特异的分解产物——3-甲基组氨酸的排泄也减少。因此，强化适量肉碱可能有利于节约体内蛋白质。

5）左旋肉碱与防止脂酰辅酶 A 的毒性蓄积

左旋肉碱通过将脂酰基团直接转变成脂酰肉碱，后者经血运入肝脏分解，或者入肾随尿排泄，从而避免了细胞内过量积累内源性或外源性脂酰辅酶 A 化合物，这说明左旋肉碱对防止代谢性酸中毒可能有保护作用[138]。

6）左旋肉碱与代谢能的储存

左旋肉碱可将乙酰基从过氧化酶和线粒体转到细胞液，并在此合成脂肪酸，细胞液中的脂肪酰肉碱也离开细胞进入血流，到达其他组织或由肾脏排泄[134]。因此，左旋肉碱对脂肪酰基（代谢能）从一个细胞转到另一个细胞和进入适当的细胞腔也很重要，因此脂肪酰肉碱也可作为代谢能的储存形式[140]。

7）左旋肉碱的其他生理作用

左旋肉碱还是自由基的消除剂和铁的螯合剂，具有抗氧化功能[141,142]。左旋肉碱在大肠杆菌中可起到渗透调节作用，并能刺激某些微生物的生长。此外，左旋肉碱可能还有血管舒张、正性肌力、促进缺血心肌脂肪代谢、改善能量供应、提高能量供应、提高室颤阈以及对抗由缺血引起的心律失常等作用[140]。

3. 缺乏左旋肉碱引起的疾病

1）左旋肉碱与婴儿的生长发育[143]

婴儿体内左旋肉碱生物合成的能力很低，不能满足其正常的代谢需要，而且婴儿生长发育速度快，因此加大了所需的左旋肉碱的量。而外源肉碱成为维持婴儿体内左旋肉碱水平的一个重要来源。母乳中肉碱含量较高，一般情况下能满足婴儿机体的需要。如果膳食中左旋肉碱缺乏将影响婴儿的脂肪代谢和蛋白质代谢，不利于婴儿的正常生长发育，因此建议在婴儿食品中强化适量的左旋肉碱。

2）左旋肉碱与慢性肾功能衰竭

自 1974 年 Böhmer 等[144]首次报道慢性血透病人合并获得性肉碱丢失以来，肉碱已成为肾脏病学家非常感兴趣的研究课题。因为慢性肾衰病人血透过程中血浆和肌肉的游离肉碱水平明显降低，肉碱丢失于透析液中，并认为血透病人并发的高脂血症、神经肌肉病变及心肌病等部分与肉碱缺乏有关。研究表明，补充外源性左旋肉碱后慢性血透病人的 HDL 水平恢复正常，血浆 TG 水平降低；肌肉肉碱浓度恢复正常或高于正常，减轻了透析后综合征；心律失常明显好转，使慢性血透病人心脏肥大好转；血透病人红细胞内异常高的 ATP 浓度降低，可通过促进摄取结构脂的增加而间接稳定红细胞膜。因而，补充外源性左旋肉碱对改善血透患者的营养状况，避免并发症的发生有一定的治疗作用。

3）左旋肉碱与心脏疾病[145]

由于左旋肉碱合成的最后一步是在肝、肾内进行的，肌组织不能合成左旋肉碱，所以左旋肉碱向肌肉转运发生障碍时，也会造成左旋肉碱缺陷。由于肌组织尤其是心肌是在有氧条件下依靠脂肪取得大部分能量，可见，左旋肉碱缺陷使心肌和骨骼肌受累最为严重。自1973年发现第一例人类左旋肉碱缺陷以来，心肌疾病与左旋肉碱的代谢和缺陷的关系越来越引起人们的重视。左旋肉碱缺陷一般分为原发性和继发性，原发性肉碱缺陷为常染色体隐性遗传，又可区分为肌病型和全身型。肌病型肉碱缺陷时，因肉碱向肌组织转运障碍会导致进行性骨骼肌软弱。而全身型肉碱缺陷除肌软弱外，可能因肉碱合成障碍或肾脏排泄肉碱增多，出现反复发作的急性脑病，伴高血氨和非酮症性低血糖症。两型合并统计，心肌病发生率约1/3。继发性肉碱缺陷可以归因于其他遗传性中间代谢障碍，尤其是各种脂肪酸CoA脱氢酶缺陷，外源性有机酸血症如丙戊酸治疗，营养障碍如全胃肠道外营养、蛋白质营养不良，以及未成熟新生儿肉碱合成能力低下。大量文献资料表明，肉碱对缺血心肌有明显的保护作用[146-148]。在缺血缺氧条件下，心肌转向依靠糖解供能，胞浆中长链脂肪酸CoA堆积，与更多的游离肉碱作用，使后者浓度降低。而脂肪酸CoA的堆积可抑制线粒体内膜腺苷转位酶的活性，使线粒体氧化磷酸化过程受阻，ATP产量减低，从而造成心肌能代谢状况恶化，心肌功能障碍，甚至发生某些形态学异常。所以，外源性肉碱的输入，可使脂肪酰CoA转化为酸基肉碱，从尿中排出得到解毒。人类慢性心力衰竭时，心肌组织发现游离肉碱明显减少，而长链酰基肉碱增多，后者反映了对心肌代谢有害的长链酰基CoA的堆积。Trovatto等报道，补充左旋肉碱可减少心律失常和心绞痛的发生率。鉴于口服肉碱几乎无副作用，因而，左旋肉碱被认为是一种有希望的抗心衰治疗药物[145]。

4）左旋肉碱与代谢性酸中毒

有机酸血症是一种遗传性代谢疾病，由于体内脂肪和有机酸积累，导致生长阻滞，肌肉张力减退，蛋白质过敏，高血氨和酮酸中毒，许多症状与系统性肉碱缺乏症相似、左旋肉碱对防止代谢性酸中毒有保护作用，口服左旋肉碱后症状得到改善[138]。

4. 左旋肉碱的制备

由于左旋肉碱在临床上的显著成果，并且作为人体必需的营养物质、机能性食品和饲料的添加剂，世界各国对左旋肉碱的研究开发非常热衷。左旋肉碱的制备方法主要有提取法、微生物发酵法、酶转化法和化学合成法。

提取法一般是从动物肉或乳汁中进行提取。1952年Cart等从450g牛肉浸膏中提取出0.6g纯的肉碱，但提取纯化的步骤比较复杂。日本的中山清等报道了酵母、曲霉、毒霉、根霉等许多属种的菌种中含有肉碱。微生物液体发酵法一般含左旋肉碱0.3~0.4 mg/g干菌体。Charles等筛选了能消耗D-肉碱而积累左旋肉碱的微生物，以 2% D-肉碱做原料，25℃发酵 44 h，积累左旋肉碱 0.4%。发酵法中另一个突出的研究方向是用固体培养的方法生产含左旋肉碱的微生物菌体，提取肉碱或直接作为饲料添加剂，目前的最好水平可达到发酵 6 天，每千克粗培养物（干）含肉碱 1 g 左右，粗品作为饲料添加剂已经成功。酶法转化主要有 D-肉碱衍生物的酶拆分法、β-脱氢肉碱的酶转化法、反式巴豆甜菜碱的酶水解法、丁基甜菜碱的酶羟化法。D-肉碱衍生物的酶拆分法是将 D-肉碱进行乙酰化，制备成酰胺、腈等酰化物，筛选动物、微生物中存在的酯酰、酰胺酶或腈水解酶等进行生物转化。β-脱氢肉碱的酶转化法是较早进行酶法制备左旋肉碱的方法，法国石油研究所 1980 年已报道了这方面的研究。Jean Paul V.等用恶臭假单胞菌提取的肉碱脱氢酶，转化 β-脱氢肉碱，产物达 4.5%，转化率为 95%，而且可以用超滤器回收菌体的方法进行连续生产，生产率达到 1.67 g/(h·L)，但由于脱氢还原过程中需要昂贵的辅酶 NADH，不适宜于工业化生产。反式巴豆甜菜碱是生物合成左旋肉碱的一种代谢途径的前体。据研究报道，很多微生物中具有这种水解酶，能够水解反式巴豆甜菜碱生成左旋肉碱，其中产酶活力较高的菌株有变形杆菌、大肠杆菌、假单胞菌、柠檬酸杆菌等，某些霉菌、酵母、放线菌亦有产此酶能力。反式巴豆甜菜碱的酶水解法有其独特优点，底物便宜，且可利用拆分废物 D-肉碱进行脱水制备，但一般菌株均不耐巴豆甜菜碱，产物含量偏低，且转化率偏低，仅 40%~50%残余底物巴豆甜菜碱又难以分离回收，影响成本，影响产品质量。但瑞士 Kulia 报道了突变菌株改变此酶特性取得了突破，用突变菌株 HK1331 并且用分批补料法 150~155h 转化液中累积肉碱达 61 g/L，转化率为 90%以上。γ-丁基甜菜碱是左旋肉碱生物合成的直接前体。动物体内由赖氨酸、甲硫氨酸等物质生物合成 ε-三甲基-β-羟基赖氨酸，再由醛缩酶、醛氧化酶合成 γ-丁基甜菜碱，最后由羟化酶转化为左旋肉碱[130]。

左旋肉碱的化学合成法可分为不对称合成[130]和化学拆分。美国专利 3151149 报道了使用 D-(+)-樟脑-10-磺酸进行化学拆分，但此方法要使用 $AgNO_3$ 以除去 Cl^-，因而成本高，收率低（<50%），纯度低，生产条件苛刻。左旋肉碱比较经典的化学拆分法是先合成肉碱消旋体然后再进行拆分。以环氧氯丙烷为起始原料，经胺化、腈化、水解而得到肉碱消旋体。此法的优点是避开了有毒的氰化物等有毒物质，且无须离子交换树脂，操作简单安全，但合成步骤多、收率不高。利用微生物专一降解右旋肉碱的能力也可以生产左旋肉碱。Charles选育出降解右旋肉碱有特效的菌株，经过 25℃，44 h 的培养，右旋肉碱全部消失，左旋肉碱剩下 38%，由此可见，尽管纯度很高，但收率太低。用催化剂的不对称中心来诱导产生物的手性。这是指只合成光学异构体中的一个方法。Kitamura等通过不对称催化氢化 γ-氯-乙酰乙酸酯合成出制备左旋肉碱的重要中间体 γ-氯-β-羟基丁酸酯。反应得到中间体的光学纯度为 97%，这种方法简便、快捷、纯度高，但反应条件苛刻。Mccarthy

发明了一种简单的方法，就是以(S)-3-羟基丁酸内酯为原料，经过两步反应，直接得到左旋肉碱，光学纯度高达95%。

5. 左旋肉碱的应用

自从1905年俄国化学家在肉浸汁中发现肉碱以来，越来越多的科研结果表明它是一种非常重要的营养剂。我国卫生部也已将其列为营养强化剂。近年来，国内已有含左旋肉碱的营养品上市[149]。从各国的研究报道看，左旋肉碱的应用主要是作为机能性食品添加剂和饲料添加剂及临床药物使用。

1）作为机能性食品添加剂

左旋肉碱作为一种人体营养强化和补充物质已经被人们接受，其应用主要是添加在婴儿用奶粉、运动员饮料以及减肥健美食品中。周建鸿、刘冬生对肉碱与婴儿营养的关系作了详尽的综述，目前国内已有添加肉碱的母乳上市。关于运动与肉碱关系的研究很多，认为补充肉碱促进体内脂肪氧化作为能源，对提高运动持久力、提高爆发力有好处。桑田有等设计了一种在常规的运动员饮料中添加适量左旋肉碱。柳本行雄也报道了一种体力增强剂，用二十八烷醇和左旋肉碱配制，有相乘作用，能使全身肌肉松弛。同时又以提高爆发力，提高维持长时间高运动量的耐力，提高基础代谢率，改善心肌层的营养状态。所以可以将左旋肉碱作为机能性食品，一日一次摄取肉碱7.5~10 g，就能起到相当好的增强体力的效果。

早在20世纪70年代，就有肉碱用于治疗肥胖症的专利报道。如果体内缺乏肉碱，脂肪类代谢发生紊乱，一方面会造成肌肉供能不足，产生肌体疲劳及导致相关的心血管疾病，另一方面还会造成脂类物质在肌纤维和肝脏中积聚产生肥胖、脂肪肝等。桑田有等认为运动不足的肥胖类型的人蓄积脂肪多，体内肉碱生物合成能力低下，在运动员饮料中加入左旋肉碱后，能有效地将体内蓄积的脂肪转变成能量，提高运动的持久力，同时左旋肉碱也有防上肥胖的效果。添加左旋肉碱的降脂健美食品在美国和欧洲市场上十分受欢迎，我国广州等地也推出了用进口左旋肉碱配制的营养品上市。

2）作为饲料添加剂

左旋肉碱对于动物生长亦有相应的促进作用，国外已进行了添加左旋肉碱于饲料、饵料进行饲养猪、鸡、鱼等素食类、食草类动物的试验。在仔猪日粮添加50 mg/kg左旋肉碱可提高仔猪体重，其日体重和饲料转化率为在家禽饲料中添加10~20 mg/kg左旋肉碱。对于母鸡可提高孵生产，降低雏死亡率，降低体脂肪含量，改善饲料中脂肪的利用率。在鱼饲料中添加10~120 mg/kg左旋肉碱，可提高鱼体重，降低鱼体脂，提高饲料蛋白质的效率，提高繁殖率。

3）作为治疗用药物

很多的临床试验表明左旋肉碱可用于治疗心血管疾病、肝病、糖尿病、急性氨毒、昏迷及神经系统疾病等。我国1982年也有商品名为"康胃素"的肉碱盐酸盐作为消化药。

现在左旋肉碱已经在医疗、保健、食品等领域得到广泛的应用，市场潜力大，随着人们生活水平的提高，保健意识的加强，对左旋肉碱的需求量也必将大幅度增加。目前只有瑞士、意大利、日本等少数几个国家能生产。1997年世界左旋肉碱的销售量500 t。1995年我国进口左旋肉碱酒石酸盐7 t多，左旋肉碱的市场需求正逐年上升。

参 考 文 献

[1] 国家药典委员会. 中华人民共和国药典（二部）[M]. 北京：化学工业出版社，2005: 689

[2] Littarru G P. Biomedical and clinical aspects of coenzyme Q [J]. The Clinical investigator, 1993, 71(8): 587-588

[3] 秦云，朴美子，王凤舞. 辅酶Q10的分离纯化及生物活性的研究进展. 青岛农业大学学报(自然科学版), 2014, 31(2): 136-141

[4] Rusciani L, Proietti I, Rusciani A. Low plasma coenzyme Q_{10} levels as an independent prognostic factor for melanoma progression [J]. Journal of the American Academy of Dermatology, 2006, 54(2): 234-235

[5] 洪钢，方红. 天然抗氧化剂维生素E、维生素C、辅酶Q_{10}的光保护作用 [J]. 国外医学皮肤性病学分册, 2003, 29(4): 241-242

[6] 吴祖芳，翁佩芳，陈坚. 辅酶Q_{10}的功能研究进展[J]. 宁波大学学报, 2001, 14(2): 85-88

[7] Portakal O, Erdeninal M. Coenzyme Q_{10} concentrations and antioxidant status in tissues of breast cancer patients [J].Clinical Biochemistry, 2000, 36(4): 279-284

[8] Fouad A A, Al-Mulhim A S, Jresat I. Therapeutic effect of coenzyme Q_{10} against experimentally-induced hepatocellular carcinoma in rats [J]. Environmental Toxicology and Pharmacology, 2013, 35(1): 100-108

[9] Singh R, Niaz M. Serum concentration of lipoprotein (a) decreases on treatment with hydrosoluble coenzyme Q_{10} in patients with coronary artery disease: Discovery of a new role [J]. International Journal of Cardiology, 1999, 69(1): 23-29

[10] Tiano L, Belardinelli R. Effect of coenzyme Q_{10} administration on endothelial function and extracellular superoxide dismutase in patients with ischaemic heart disease: A double-blind, randomized controlled study [J]. European Heart Journal, 2007, 28(18): 2249-2255

[11] Toyama K, Sugiyama S. Rosuvastatin combined with regular exercise preserves coenzyme Q_{10} levels associated with a significant increase in high-density lipoprotein cholesterol in patients with coronary artery disease [J]. Atherosclerosis, 2011, 217(1): 158-164

[12] 赵春玉，赵宝东，王雅君，等. 辅酶Q_{10}在帕金森病中的应用[J]. 中华神经科杂志, 2003, 36 (4): 314

[13] Sharma S K, Hesham E R, Manuchair E. Complex-1activity and ^{18}F-DOPA uptake in genetically engineered mouse model of Parkinson's disease and the neuroprotective role of coenzyme Q_{10} [J]. Brain Research Bulletin, 2006, 70: 22-32

[14] Mischley L K, Allen J, Bradley R. Coenzyme Q_{10} deficiency in patients with Parkinson's disease[J]. Journal of the Neurological Sciences, 2012, 318(1-2): 72-75

[15] 李琼. 辅酶Q_{10}的作用及在日化用品中的应用[J]. 口腔护理用品工业, 2012, 22(2): 37-39

[16] 张双奇，昝林森，田万强，等. 牛心肌中辅酶Q_{10}的提取及测定 [J]. 中国农学通报, 2007, 23(4): 16-17

[17]　王改玲, 宋瑞雯, 陶志杰, 等. 花生中辅酶 Q_{10} 的提取工艺及含量测定 [J]. 食品与发酵工业, 2012 (5): 236-239

[18]　陶志杰, 曹迪, 王改玲, 等. 超声波法辅助提取花生中辅酶 Q_{10} 的工艺优化 [J]. 食品科学, 2012, 33(18): 53-56

[19]　李春英, 赵春建, 祖元刚, 等. 超临界二氧化碳同时分离烟草提取物中的茄尼醇和辅酶 Q_{10} [J]. 林产化学与工业, 2010, 30(6): 1-6

[20]　杨立军. 辅酶 Q_{10} 的现代研究进展 [J]. 海峡药学, 2008, 20(12): 135-137

[21]　黄伟, 徐建忠, 冯晓亮. 辅酶 Q_{10} 研究新进展 [J]. 河南化工, 2003 (2): 12-14

[22]　林富荣, 辅酶 Q 的合成研究, 杭州: 浙江大学博士学位论文, 2004: 4

[23]　Terao S, Kato K, Shiraishi M, et al. Synthesis of ubiquinones. Elongation of the heptaprenyl side-chain in ubiquinone-7. Journal of the Chemical Society, Perkin Transaction I, Organic and Bioorganic Chemistry, 1978, 10: 1101-1110

[24]　Ruegg R, Gloor U, Goel G, et al. Synthesis of ubiquinone 45 and ubiquinone 50. Helvetica Chimica Acta, 1959, 2616-2621

[25]　Lipshutz B H, Mollard P, Pfeiffer S S, et al. A practical, cost-effective synthesis of coenzyme Q_{10}. Journal of the American Chemical Society, 2002, 124(48): 14282-14283

[26]　杨学义, 宿燕岗, 陈灏珠, 等. 辅酶 Q_{10} 的药理和临床应用[J].中国药理学通报, 1994, 10(2): 88-91

[27]　王曾礼. 辅酶 Q_{10} 的临床应用[J]. 心血管病学进展, 1990, 11(2): 51-54

[28]　解汝庆. 辅酶 Q_{10} 临床试验协作组对原发性高血压的作用机理 [J]. 国外医药合成药、生化药、制剂分册, 1993, 14(5): 309

[29]　孙宇, 曹广智. 辅酶 Q_{10} 在心血管病的临床应用进展 [J]. 医学理论与实践, 1997, 10(11): 491-493

[30]　黄智武, 尹瑞兴. 辅酶 Q_{10} 治疗心力衰竭研究进展 [J]. 医学文选, 2000, 19(5): 785-786

[31]　Hye J C, Taylor W, Timothy P, et al. Vibrational spectra and DFT calculations of squalene [J]. Journal of Molecular Structure, 2013, 1032: 203-206

[32]　Batista I, Nunes M L. Characterisation of shark liver oils [J]. Fisheries Research, 1992, 14(4): 329-334

[33]　Tsujimoto M. A highly unsaturated hydrocarbon in shark liver oil [J]. Journal of Industrial Engineering Chemistry, 1916, 8(10): 889-896

[34]　Thorbjarnarson T, Drummond J C. Occurrence of an unsaturated hydrocarbon in olive oil [J]. Analyst, 1935, 60(706): 23-29

[35]　罗章. 西藏牦牛肉品质及加工特性研究 [D]. 武汉: 华中农业大学, 2012

[36]　刘纯友, 马美湖, 靳国锋, 等. 角鲨烯及其生物活性研究进展, 中国食品学报, 2015, 15(5):147-156

[37]　Kin S, Karadeniz F. Biological importance and application of squalene and squalane [J]. Advances in Food and Nutrition Research, 2012, 65: 223-233

[38]　Heller J H, Heller M S, Springer S E. Clear. Squalene content of various shark livers [J]. Nature, 1957, 179: 919-920

[39]　Pragst F, Auwärter V, Kiessling B, et al. Wipe-test and patch-test for alcohol misuse based on the concentration ratio of fatty acid ethyl esters and squalene C FAEE/C SQ in skin surface lipids[J]. Forensic science international, 2004, 143(2): 77-86

[40]　Dowing D T, Stewart M E. Skin surface lipids of the mole *Scalopus aquaticus* [J]. Comparative Biochemistry Physiology B, 1987, 86(4): 667-670

[41]　S. Dewitt, Goodman. Squalene in human and rat blood plasma [J]. Journal of Clinical Investigation, 1964, 43(7):1480-1485

[42]　Kopicova Z, Vavreinova S. Occurrence of squalene and cholesterol in various species of Czech freshwater fish[J]. Czech Journal of Food Science, 2007, 25(4): 195-201

[43]　Lou-Bonafonate J M, Arnal C, Navarro M A, et al. Efficacy of bioactive compounds from extra virgin olive oil to modulate atherosclerosis development[J]. Molecular Nutrition and Food Research, 2012, 56(7): 1043-1057

[44] Becker R. Preparation, composition and nutrition and nutritional implications of amaranth seed oil[J]. Cereal Foods World, 1989, 34: 950-953

[45] Liu C K, Ahrens E H, Crouse R, et al. Measurement of squalene in human tissues and plasma: Validation and application[J]. Journal of Lipid Research, 1976, 17(1): 38-45

[46] Bhattacharjee P, Shukla V B, Singhal R S, et al. Studies on fermentative production of squalene[J]. World Journal of Microbiology & Biotechnology, 2001, 17(8): 811-816

[47] Brid C W, Lynch J M, Pirt F J, et al. Steroids and squalene in *Methylococcus capsulatus* grown on methane [J]. Nature, 1971, 230: 473-474

[48] 邱春媚, 殷光玲. 角鲨烯软胶囊提高缺氧耐受力的影响[J]. 中国粮油学报, 2013, 28(2): 52-54

[49] Harivardhan L R, Couvreur P. Squalene: A natural triterpene for use in disease management and therapy[J]. Journal of Advanced Drug Delivery Reviews, 2009, 61(15): 1412-1426

[50] Smith T J. Squalene: potential chemopreventive agent[J]. Expert Opinion on Investigational Drugs, 2000, 9(8): 1841-1848

[51] Chan P, Tomlison B, Lee C B, et al. Effectiveness and safety of low-dose pravastatin and squalene, alone and in combination, in elderly patient with hypercholesterolemia[J]. Journal of Clinic Pharmacology, 1996, 36(5): 422-427

[52] Chinthalapally V R, Newmark H L, Bandaru S R. Chemopreventive effect of squalene on colon cancer[J]. Carcinogenesis, 1998, 19(2): 287-290

[53] Desai K N, Wei H, Lamartiniere C A. The preventive and therapeutic of the squalene-containing compound, Roidex, on tumor promotion and regression [J]. Cancer Letter, 1996, 101(1): 93-96

[54] Smith T J. Inhibition of 4-(methylnitrosamino)-1-(3-pyridyl)-1-butanone-induced lung tumorigenesis by dietary olive oil and squalene [J]. Carcinogenesis, 1998, 19(4): 703-706

[55] Preez H D. Squalene-antioxidant of the future? [J]. Natural Medicine, 2008, 33: 106-112

[56] Kelly G S. Squalene and its potential clinical uses [J]. Alternative Medicine Review, 1999, 4(1): 30-36

[57] Auffray B. Protection against singlet oxygen, the main actor of sebum squalene peroxidation during sun exposure, using *Commiphora myrrha* essential oil [J]. International Journal of Cosmetic Science, 2007, 29(1): 23-29

[58] Kohno Y, Egawa Y, Itoh S, et al. Kinetic study of quenching reation of singlet oxygen and scavenging reaction of free radical by squalene in *n*-butanol[J]. Biochimica et Biophysica Acta(BBA)-Lipids and Lipid Metabolism, 1995, 1256(1): 52-56

[59] Warleta F, Campos M, Allouche Y, et al. Squalene protects against oxidative DNA damage in MCF10A human mammary epithelial cells but not in MCF7 and MDA-MB-231 human breast cancer cells[J]. Food and Chemical Toxicology, 2010, 48(4): 1092-1100

[60] Storm H M, Oh S Y, Kimler B F, et al. Radioprotection of mice by dietary squalene [J]. Lipids, 1993, 28(6): 555-559

[61] Senthilkumar S, Devaki T, Manohar B M, et al. Effect of squalene on cyclophosphamide-induced toxicity [J]. Clinica Chimica Acta, 2006, 364(1): 335-342

[62] Richter E, Schafer S G. Effect of squalane on hexachlorobenzene (HCB) concentrations in tissues of mice[J]. Journal of Environmental Science and Health B, 1982, 17(3): 195-203

[63] Nowicki R, Baraska-Rybak W. Shark liver oil as a supporting therapy in atopic dermatitis [J]. Polski Merkuriusz Lekarski, 2007, 22(130): 312-313

[64] Lewkowicz N, Lewkowicz P, Kurnatowska A, et al. Biological action and clinical application of shark liver oil [J]. Polski Merkuriusz Lekarski: organ Polskiego Towarzystwa Lekarskiego, 2006, 20(119): 598-601

[65] Johnson W S, Werthemann L, Bartlett W R, et al. A simple stereoselective version of the Claisen rearrangement leading to transtrisubstituted olefinic bonds [J]. Journal of the American Chemical Society, 1970, 92(3): 741-743

[66] Scott J W, Valentine D J. Facile catalytic syntheses of squalene [J]. Organic Preparations and Procedures International, 1980, 12(1-2): 7-11

[67] Kosolapoff G M. Topics in Phosphorus Chemistry. Vol, 1. New York: Interscience Publishers [M], 1964

[68] 曾庆宇, 张剑平, 李小军, 等. 合成角鲨烯的新方法. 医药化工, 2012, 43(7): 32-34

[69] Nishida T, Ninagawa Y, Itoi K., et al. New industrial synthesis of squalane [J]. Bulletin of the Chemical Society of Japan, 1983, 56(9): 2805-2810

[70] Rissmann R, Oudshoorn M H, Kocks E, et al. Lanolin-derived lipid mixtures mimic closely the lipid composition and organization of vernix caseosa lipids [J]. Biochimica et Biophysica Acta (BBA)-Biomembranes, 2008, 1778(10): 2350-2360

[71] Wang J J, Sung K C, Yeh C H, et al. The delivery and antinociceptive effects of morphine and its ester prodrugs from lipid emulsions [J]. International of Journal of Pharmaceutics, 2008, 353(1): 95-104

[72] Fang J Y, Fang C L, Liu C H, et al. Lipid nanoparticles as vehicles for topical psoralen delivery: Solid lipid nanoparticles versus nanostructured lipid carriers(NLC) [J]. European Journal of Pharmaceutics and Biopharmaceutics, 2008, 70(2): 633-640

[73] 吴时敏. 角鲨烯开发利用. 粮食与油脂, 2001, 1:36

[74] Yang W Y, Cahoon R E, Hunter S C, et al. Vitamin E biosynthesis: Functional characterization of the monocot homogentisate geranyl transferase [J], The Plant Journal, 2011, 65:206-217

[75] Bell E F. History of vitaminE in infant nutrition [J], American Journal of Clinical Nutrition, 1987, 46(1): 183-186

[76] 许艳萍, 沙宪政. 维生素 E 功能浅析, 中国医学工程, 2014, 22(3): 186-187

[77] 周瑞年, 李瑞文. 添加抗氧化物维生素 E 对人类胚胎体外发育的影响[J]. 实用妇产科杂志, 2010, 26(12): 936-938

[78] 房玥晖, 周逸婷, 钟燕, 等. 维生素 E 对双酚 A 暴露的发育期雄性小鼠生殖系统及抗氧化能力的影响[J]. 卫生研究, 2013, 42(1): 18-22.

[79] 吴思萍, 康阳, 马静, 等. 自然流产者绒毛组织中维生素 A、E 含量及流产影响因素分析[J].中华疾病控制杂志, 2012, 16(11): 926-929

[80] Dorreiyn P, Sylvester O, Anh T, et al. Vitamin E succinate inhibits suivivin and induces apoptosis in pancreatic cancer cells [J]. Genes & Nutrition, 2012, 7(1): 83-89

[81] Neuzil J. Vitamin E succinate and cancer treatment: A vitamin E prototype for selective antitumor activity [J]. British Journal of Cancer, 2003, 89(10): 1822-1826

[82] 余土根, 郑敏, 方红, 等. 天然维生素 E 胶丸治疗黄褐斑有效性与安全性的多中心随机开放临床观察[J]. 中国皮肤性病学杂志, 2012, 26(4): 367-368.

[83] Handog E B, Galang D A, Leon Codinez de M A, et al. A randomized, double-blind, placebo cont rolled trial of oral procyanidin with vitamins A, C, E for melasma among Filipino women [J]. International Journal of Dermatology, 2009, 48(8): 896-901.

[84] 阮莫英. 维生素 E 在不易愈合的创面局部换药中的妙用[J]. 中华现代护理学杂志, 2007, 4(3): 20-21.

[85] 李爱阳, 吴丽萍, 郭丽君. 维生素 E 对实验性动脉粥样硬化家兔血流变学的影响[J]. 白求恩医科大学学报, 2000, 26(2): 155.

[86] 张丽, 张四维. 维生素 E 的合理应用[J]. 中华现代中西医杂志, 2003, 1(1): 10-11.

[87] 潘长玉. Joslin 糖尿病学[M]. 北京: 人民卫生出版社, 2007: 842-843

[88] 徐明, 孙申, 张洋. 维生素 C 和维生素 E 单用及联用对慢性酒精性肝损伤模型大鼠的预防性保护作用[J]. 中国药房, 2010, 21(45): 4240-4242

[89] Ozkaya D, Naziroglu M, Armagan A, et al. Dietary vitamin C and E modulates oxidative stress induced-kidney and lens injury in diabetic aged male rats through modulating glucose homeostasis and antioxidant systems [J]. Cell Biochemistry and Function, 2011, 29(4): 287-293.

[90] 王晓楠, 刘淑芹, 牛迎东. 维生素 E 治疗阿尔茨海默病的有关研究[J]. 微量元素与健康研究, 2013, 3(30): 21-22

[91] 黄贤贵, 李涛, 金荣华, 等. 维生素 E 的不对称合成. 有机化学, 2006, 26(10): 1353-1361

[92] 王国庆, 吕惠生, 闫莉, 等. 合成维生素 E 的研究进展. 食品工业科技, 2013, 5: 380-387

[93] Fernholz E, Finkelstein J. Vitamin E: Ethers of durohydroquinone. Journal of America Chemical Society, 1938, 60(10): 2402-2404.

[94] Odinokov V N, Spivak A Y, Emelianova G A, et al. Synthesis of α-tocopherol analogs with unsaturated side chain and their transformation into the corresponding chromans with ω-functionalized side chain. Russian Chemical Bulletin, 2001, 50(11): 2227-2230

[95] Duan H Y, Wang Z H, et al. Improvement of the synthesis of vitamin E catalyzed by montmorillonite. Synthetic Communications, 2003, 33(11): 1867-1872

[96] Olson G L, Cheung H C, Morgan K, et al. A new synthesis of α-tocopherol. Journal of Organic Chemistry, 1980, 45(5): 803-805

[97] Suarna C, Dean R T, Southwellkeely P T. Synthesis of α-tocopherol analogs. Australian Journal of Chemistry, 1997, 50(12): 1129-1135

[98] Cohen N, Schaer B, Scalone M. Synthesis of (2RS,4'R,8'R)-α-tocopherol and related compounds via a 2-chlorochroman. Journal of Organic Chemistry, 1992, 57(21): 5783-5785

[99] Hans L, Walter B, Richard B, et al. Total synthesis of natural α-tocopherol. 1. Preparation of bifunctional optically active precursors for the synthesis of the side chain using microbiological transformations. Helvetica Chimica Acta, 1979, 62(2): 455-463

[100] Max S, Reinhard Z. Total synthesis of natural α-tocopherol. 2. Formation of the side chain using (−)-S-3-methyl-γ-butyrolactone. Helvetica Chimica Acta, 1979, 62(2): 464-473

[101] Chen C Y, Nagumo S, Akita H. A synthesis of (2R,4'R,8'R)-α-tocopherol (vitamin E) side chain. Chemical and Pharmaceutical Bulletin, 1996, 44(11): 2153-2156

[102] Cohen N, Lopresti R J, Saucy G. A novel total synthesis of (2R,4'R,8'R)-α-tocopherol (vitamin E). Construction of chiral chromans from an optically active, nonaromatic precursor. Journal of America Chemistry Society, 1979, 101(22): 6710-6716

[103] Takano S, Sugihara T, Ogasawara K. An efficient stereoselective preparation of vitamin E (α-tocopherol) from phytol. Synlett, 1990, 451-452

[104] Mizuguchi E, Achiwa K. Asymmetric synthesis of (S)-chromanethanol as a useful synthetic unit of vitamin E analogs. Synlett, 1995, 1255-1256

[105] Tietze L F, Gorlitzer J. Synthesis of enantiopure vitamin E via Sharpless bishydroxylation of an enyne. Synlett, 1996, 1041-1042

[106] Tietze L F, Gorlitzer J. Preparation of enantiopure precursors for the vitamin E synthesis. A comparison of the asymmetric allylation of ketones and the Sharpless bishydroxylation. Synlett, 1997, 1049-1050

[107] 汪多仁. 维生素 E 的开发与进展. 饮料工业, 2012, 15(2): 20-24

[108] 王洪记. 维生素 E 开发应用现状及发展前景. 江苏化工, 2000, 28(6): 7-10

[109] 李安良, 杨淑琴, 郭秀茹, 等. 熊果苷的研究进展. [J] 日用化学工业, 2000, 4(2): 62-65

[110] 刘新民. 熊果苷—一种源于绿色植物的皮肤脱色组分[J]. 北京日化, 1996, 9-14

[111] 杨陈俊. 欧美国家植物药研究应用近况[J]. 中成药, 1998(11): 56

[112] 王佩, 赖琪, 吴锡铭. 熊果苷抗炎作用的研究[J]. 中华中医药学刊, 2008, 26(9): 19336

[113] 王佩, 赖瑛, 吴锡铭. 熊果苷与甘草酸合用对免疫性炎症的治疗作用[J]. 中国中医药信息杂志, 2009, 16(1): 31

[114] 王亚芳, 周宇辉, 张建军. 熊果苷镇咳、祛痰及平喘的药效学研究[J]. 中草药, 2003, 34(8): 739-741

[115] 郑晓珂, 毕跃峰, 冯卫生. 卷柏化学成分研究[J]. 药学学报, 2004, 39(4): 266-268

[116] 王亚芳, 周宇娜, 张建军. 熊果苷镇咳、祛痰及平喘的药效学研究[J]. 中草药, 2003, 34(8): 739-741

[117] 李咏悦, 陈雅英. 熊果苷在化妆品中的用途[J]. 日用化学工业, 1995, 6: 31-33

[118] 宋琦如, 李吴萍, 沈光祖, 等. 熊果苷对皮肤黑素细胞的生物学效应用. 宁夏医学院学报, 2004, 26(5): 313-316

[119] Maeda K, Fukuda M. Arbutin: Mechanism of its depigmenting action in human melanocyte culture [J]. Journal of Pharmacology and Experimental Therapeutics, 1996, 276(2): 765-769

[120] 董钦, 张春晶, 周宏博, 等. 熊果苷拮 H_2O_2 损伤的研究[J]. 哈尔滨医科大学学报, 2005, 8(2): 241

[121] 郑洪艳, 庞建平, 苏宁. 天然植物紫外线防护效果[J]. 香料香精化妆品, 2013, 5, 33-35

[122] Matsuda H, Higashino M, Nakai Y. Inhibitory effects of some *Arctostaphyios* plants on melanin biosynthesis [J]. Biological & Pharmaceutical Bulletin, 1996, 19(1): 153-156

[123] 赵明强, 丁家宜, 刘峻, 等. 人参毛状根生物合成熊果苷的研究[J]. 中国中药杂志, 2001, 26(12): 819-821

[124] Alexander R, et al. Syntheses of glucosides. VI Preparation of β-glucosides of phenols. Journal of Chemical Society, 1930, 2729-2733

[125] 李雯, 刘宏民, 章亚东, 等. 熊果苷的相转移催化合成法[J]. 郑州工业大学学报, 1999, 20(2): 42-44

[126] 李晓娇, 刘忆明. α-熊果苷合成研究进展, 保山学院学报. 2014, 2: 18-21

[127] Kitao S, Shimaoka Y, Sekine H. Production of phenol glycoside. JP: 06153976 [P], 1994.

[128] Wang P, Brett D, Sang H, et al.Multienzymic synthesis ploy (hydroquinone) for use as a redox polymer [J]. Journal of America Chemistry Society, 1995, 117(51): 12885-12886

[129] Iqbal G, Rao V. Enzymatic glycosylation in plasticized glass phases: A novel and efficient route to synthesize *O*-glycoside [J]. Angewandte Chemie-International Edition, 2000, 39(21): 3804-3808

[130] 詹豪强. L-肉碱的不对称合成, 广西化工, 1998, 27(1): 38

[131] 刘晓辉. 左旋肉碱在动物营养中的作用, 中国饲料, 1996 (14):28

[132] 漆淑华. 左旋肉碱盐酸盐的合成. 桂林: 广西师范大学硕士学位论文, 2000

[133] Feller A G, et al. Role of carnitine in human nutrition, Journal of Nutrition, 1988, 118: 541-547

[134] Golodman A S, et al. Human Lactation, the effects of human milk on the recipient infant, New York: Plenum Press, 1987: 175-181

[135] 蒋建雄, 张惠展. L-肉碱生物合成降解途径及生产方法, 生物工程进展, 1998, 18(4): 41-45

[136] Kendler B S, et al. Carnitine: An overview of its role in preventive medicine. Preventive medicine, 1986, 15(4): 373-390

[137] Schmidt S, et al. Carnitine and total parenteral nutrition of the neonate. Biology of the Neonate, 1990, 58: 81-88

[138] 刘武. 肉碱的生物学新功用. 生命的化学, 1991, 11 (4):17-18

[139] Helms R A, et al. Effect of intravenous L-carnitine on growth parameters and fat metabolism during parenteral nutrition in neonates. Journal of Parenteral and Enteral Nutrition, 1990, 14: 448-453

[140] 邱长斌, 等. 肉毒碱与慢性肾功能衰竭. 国外医学. 泌尿系统分册, 1989, 9(2):49

[141] 杨能, 张惟杰. L-肉碱的生理功能与生物学方法生产, 生物化学与生物物理进展, 1992, 19(2):81-85

[142] 孙志浩, 王雷. L-肉碱制备和应用研究的概况. 食品与发酵工业, 1996 (2): 64-68

[143] Novak M, et al. Acetylcarnitine and free carnitine in body fluids before and after birth. Pediatric research, 1979, 13: 10-15

[144] Böhmer T, et al. Carnitine levels in human serum in health and disease. Clinica Chimica Acta, 1974, 57:55-61

[145] 周同甫, 等. 肉毒碱与心脏疾病. 国外医学, 心血管疾病分册, 1990, 17(2):92-94

[146] Fearray D, et al. Metabolism of long-chain fatty acids in normal and pathological hearts: Effects of ischemia. Diabete & Metabolisms, 1984, 10: 316-323

[147] Shug A L, et al. Acyl-CoA inhibition of adenine nucleotide translocation in ischemic myocardium. American Journal of Physiology, 1975, 228: 689-692

[148] Silverman N A, et al. Effect of carnitine on myocardial function and metabolism following global ischemia. The Annals of thoracic surgery, 1985, 40: 20-24

[149] 肖萍. L-肉碱的营养保健作用 [J]. 食品工业, 1997 (3): 23